计算机基础与实训教材系列

# 电脑办公自动化实用教程

## (第三版)

张 敏 徐丽媛 祝 玮 主编

清华大学出版社

北 京

## 内 容 简 介

本书由浅入深、循序渐进地介绍了使用电脑进行办公自动化的方法和技巧。全书共分 11 章，分别介绍电脑办公自动化基础知识，Windows 7 办公基础操作，常用电脑办公软、硬件，使用 Word 2010 制作文档，文档排版和高级应用，使用 Excel 2010 制作表格，管理表格数据和图表，使用 PowerPoint 2010，设计和放映幻灯片，网络化办公应用，办公电脑的维护和优化等内容。

本书内容丰富，结构清晰，语言简练，图文并茂，具有很强的实用性和可操作性，是一本适合高等院校、职业学校及各类社会培训学校的优秀教材，也是广大初、中级电脑用户的自学参考书。

本书对应的电子教案、实例源文件和习题答案可以到 http://www.tupwk.com.cn/edu 网站下载。



**图书在版编目(CIP)数据**

电脑办公自动化实用教程 / 张敏，徐丽媛，祝玮 主编. —3 版. —北京：清华大学出版社，2015（2021.7重印）

(计算机基础与实训教材系列)

ISBN 978-7-302-40240-4

Ⅰ. ①电… Ⅱ. ①张… ②徐… ③祝… Ⅲ. ①办公自动化—应用软件—教材 Ⅳ. ①TP317.1

中国版本图书馆 CIP 数据核字(2015)第 101255 号

**责任编辑**：胡辰浩　马玉萍
**装帧设计**：孔祥峰
**责任校对**：成凤进
**责任印制**：宋　林

**出版发行**：清华大学出版社　　　　**地　址**：北京清华大学学研大厦 A 座
http://www.tup.com.cn　　　　**邮　编**：100084
**社 总 机**：010-62770175　　　　**邮　购**：010-62786544
**投稿与读者服务**：010-62776969, c-service@tup.tsinghua.edu.cn
**质 量 反 馈**：010-62772015, zhiliang@tup.tsinghua.edu.cn

**印 刷 者**：北京富博印刷有限公司
**装 订 者**：北京市密云县京文制本装订厂
**经　销**：全国新华书店
**开　本**：190mm×260mm　　**印　张**：19.25　　**字　数**：505 千字
**版　次**：2008 年 12 月第 1 版　　2015 年 7 月第 3 版　　**印　次**：2021 年 7 月第 8 次印刷
**定　价**：69.00元

---

产品编号：058512-03

# 编审委员会

计算机基础与实训教材系列

# 丛书序



计算机已经广泛应用于现代社会的各个领域，熟练使用计算机已经成为人们必备的技能之一。因此，如何快速地掌握计算机知识和使用技术，并应用于现实生活和实际工作中，已成为新世纪人才迫切需要解决的问题。

为适应这种需求，各类高等院校、高职高专、中职中专、培训学校都开设了计算机专业的课程，同时也将非计算机专业学生的计算机知识和技能教育纳入教学计划，并陆续出台了相应的教学大纲。基于以上因素，清华大学出版社组织一线教学精英编写了这套“计算机基础与实训教材系列”丛书，以满足大中专院校、职业院校及各类社会培训学校的教学需要。

## 一、丛书书目

本套教材涵盖了计算机各个应用领域，包括计算机硬件知识、操作系统、数据库、编程语言、文字录入和排版、办公软件、计算机网络、图形图像、三维动画、网页制作以及多媒体制作等。众多的图书品种可以满足各类院校相关课程设置的需要。

⊙ 已出版的图书书目

| | |
|---|---|
| 《计算机基础实用教程（第二版）》 | 《中文版 Office 2007 实用教程》 |
| 《计算机基础实用教程(Windows 7+Office 2010 版)》 | 《中文版 Word 2007 文档处理实用教程》 |
| 《电脑入门实用教程（第二版）》 | 《中文版 Excel 2007 电子表格实用教程》 |
| 《电脑入门实用教程（Windows 7+Office 2010）》 | 《Excel 财务会计实战应用（第二版）》 |
| 《电脑办公自动化实用教程（第二版）》 | 《中文版 PowerPoint 2007 幻灯片制作实用教程》 |
| 《计算机组装与维护实用教程（第二版）》 | 《中文版 Access 2007 数据库应用实例教程》 |
| 《中文版 Word 2003 文档处理实用教程》 | 《中文版 Project 2007 实用教程》 |
| 《中文版 PowerPoint 2003 幻灯片制作实用教程》 | 《中文版 Office 2010 实用教程》 |
| 《中文版 Excel 2003 电子表格实用教程》 | 《中文版 Word 2010 文档处理实用教程》 |
| 《中文版 Access 2003 数据库应用实用教程》 | 《中文版 Excel 2010 电子表格实用教程》 |
| 《中文版 Project 2003 实用教程》 | 《中文版 PowerPoint 2010 幻灯片制作实用教程》 |
| 《中文版 Office 2003 实用教程》 | 《Access 2010 数据库应用基础教程》 |
| 《中文版 Word 2010 文档处理实用教程》 | 《中文版 Access 2010 数据库应用实例教程》 |
| 《中文版 Excel 2010 电子表格实用教程》 | 《中文版 Project 2010 实用教程》 |
| 《计算机网络技术实用教程》 | 《Word+Excel+PowerPoint 2010 实用教程》 |
| 《中文版 AutoCAD 2012 实用教程》 | 《中文版 AutoCAD 2013 实用教程》 |

(续表)

| | |
|---|---|
| 《AutoCAD 2014 中文版基础教程》 | 《中文版 AutoCAD 2014 实用教程》 |
| 《中文版 Photoshop CS5 图像处理实用教程》 | 《中文版 Photoshop CS6 图像处理实用教程》 |
| 《中文版 Dreamweaver CS5 网页制作实用教程》 | 《中文版 Dreamweaver CS6 网页制作实用教程》 |
| 《中文版 Flash CS5 动画制作实用教程》 | 《中文版 Flash CS6 动画制作实用教程》 |
| 《中文版 Illustrator CS5 平面设计实用教程》 | 《中文版 Illustrator CS6 平面设计实用教程》 |
| 《中文版 InDesign CS5 实用教程》 | 《中文版 InDesign CS6 实用教程》 |
| 《中文版 CorelDRAW X5 平面设计实用教程》 | 《中文版 CorelDRAW X6 平面设计实用教程》 |
| 《网页设计与制作(Dreamweaver+Flash+Photoshop)》 | 《Mastercam X5 实用教程》 |
| 《ASP.NET 4.0 动态网站开发实用教程》 | 《Mastercam X6 实用教程》 |
| 《ASP.NET 4.5 动态网站开发实用教程》 | 《多媒体技术及应用》 |
| 《Java 程序设计实用教程》 | 《中文版 Premiere Pro CS5 多媒体制作实用教程》 |
| 《C#程序设计实用教程》 | 《中文版 Premiere Pro CS6 多媒体制作实用教程》 |
| 《SQL Server 2008 数据库应用实用教程》 | 《Windows 8 实用教程》 |
| 《Excel 财务会计实战应用（第三版）》 | 《AutoCAD 2015 中文版基础教程》 |
| 《中文版 Flash CC 动画制作实用教程》 | 《中文版 Photoshop CC 图像处理实用教程》 |
| 《电脑办公自动化实用教程（第三版）》 | 《中文版 Dreamweaver CC 网页制作实用教程》 |
| 《中文版 Illustrator CC 平面设计实用教程》 | 《中文版 AutoCAD 2015 实用教程》 |
| 《计算机基础实用教程（第三版）》 | 《Access 2013 数据库应用基础教程》 |

## 二、丛书特色

### 1. 选题新颖，策划周全——为计算机教学量身打造

本套丛书注重理论知识与实践操作的紧密结合，同时突出上机操作环节。丛书作者均为各大院校的教学专家和业界精英，他们熟悉教学内容的编排，深谙学生的需求和接受能力，并将这种教学理念充分融入本套教材的编写中。

本套丛书全面贯彻“理论→实例→上机→习题”4 阶段教学模式，在内容选择、结构安排上更加符合读者的认知习惯，从而达到老师易教、学生易学的目的。

### 2. 教学结构科学合理、循序渐进——完全掌握“教学”与“自学”两种模式

本套丛书完全以大中专院校、职业院校及各类社会培训学校的教学需要为出发点，紧密结合学科的教学特点，由浅入深地安排章节内容，循序渐进地完成各种复杂知识的讲解，使学生

能够一学就会、即学即用。

对教师而言，本套丛书根据实际教学情况安排好课时，提前组织好课前备课内容，使课堂教学过程更加条理化，同时方便学生学习，让学生在学习完后有例可学、有题可练；对自学者而言，可以按照本书的章节安排逐步学习。

### 3. 内容丰富，学习目标明确——全面提升“知识”与“能力”

本套丛书内容丰富，信息量大，章节结构完全按照教学大纲的要求来安排，并细化了每一章内容，符合教学需要和计算机用户的学习习惯。在每章的开始，列出了学习目标和本章重点，便于教师和学生提纲挈领地掌握本章知识点，每章的最后还附带有上机练习和习题两部分内容，教师可以参照上机练习，实时指导学生进行上机操作，使学生及时巩固所学的知识。自学者也可以按照上机练习内容进行自我训练，快速掌握相关知识。

### 4. 实例精彩实用，讲解细致透彻——全方位解决实际遇到的问题

本套丛书精心安排了大量实例讲解，每个实例解决一个问题或是介绍一项技巧，以便读者在最短的时间内掌握计算机应用的操作方法，从而能够顺利解决实践工作中的问题。

范例讲解语言通俗易懂，通过添加大量的“提示”和“知识点”的方式突出重要知识点，以便加深读者对关键技术和理论知识的印象，使读者轻松领悟每一个范例的精髓所在，提高读者的思考能力和分析能力，同时也加强了读者的综合应用能力。

### 5. 版式简洁大方，排版紧凑，标注清晰明确——打造一个轻松阅读的环境

本套丛书的版式简洁、大方，合理安排图与文字的占用空间，对于标题、正文、提示和知识点等都设计了醒目的字体符号，读者阅读起来会感到轻松愉快。

## 三、读者定位

本丛书为所有从事计算机教学的老师和自学人员而编写，是一套适合于大中专院校、职业院校及各类社会培训学校的优秀教材，也可作为计算机初、中级用户和计算机爱好者学习计算机知识的自学参考书。

## 四、周到体贴的售后服务

为了方便教学，本套丛书提供精心制作的 PowerPoint 教学课件(即电子教案)、素材、源文件、习题答案等相关内容，可在网站上免费下载，也可发送电子邮件至 wkservice@vip.163.com 索取。

此外，如果读者在使用本系列图书的过程中遇到疑惑或困难，可以在丛书支持网站(http://www.tupwk.com.cn/edu)的互动论坛上留言，本丛书的作者或技术编辑会及时提供相应的技术支持。咨询电话：010-62796045。

# 推荐课时安排



| 章　　名 | 重点掌握内容 | 教学课时 |
| --- | --- | --- |
| 第 1 章　电脑办公自动化基础知识 | 1. 电脑办公自动化概述<br>2. 构建电脑办公硬件平台<br>3. 认识电脑软件平台 | 2 学时 |
| 第 2 章　Windows 7 办公基础操作 | 1. Windows 7 桌面组成<br>2. 创建个性化办公环境<br>3. 管理办公文件和文件夹<br>4. 电脑办公输入的操作 | 3 学时 |
| 第 3 章　常用电脑办公软、硬件 | 1. 安装和卸载办公软件<br>2. 压缩软件——WinRAR<br>3. 图片浏览软件——ACDSee<br>4. 阅读软件——Adobe Reader<br>5. Office 2010 简介<br>6. 管理电脑硬件设备<br>7. 使用电脑办公设备 | 3 学时 |
| 第 4 章　使用 Word 2010 制作文档 | 1. Word 2010 办公基础<br>2. Word 文档基本操作<br>3. Word 文本输入操作<br>4. 设置文档格式<br>5. 设置项目符号和编号<br>6. 设置边框和底纹 | 3 学时 |
| 第 5 章　文档排版和高级应用 | 1. 插入表格<br>2. 编辑图文混排文档<br>3. 编辑办公长文档<br>4. 设置文档页面 | 3 学时 |
| 第 6 章　使用 Excel 2010 制作表格 | 1. Excel 2010 办公基础<br>2. 使用工作簿<br>3. 使用工作表<br>4. 使用单元格<br>5. 输入单元格数据<br>6. 设置表格格式 | 3 学时 |

(续表)

| 章　　名 | 重点掌握内容 | 教学课时 |
|---|---|---|
| 第 7 章　管理表格数据和图表 | 1. 使用公式<br>2. 使用函数<br>3. 表格数据管理<br>4. 使用图表分析表格数据<br>5. 制作数据透视图表<br>6. 添加表格修饰元素 | 3 学时 |
| 第 8 章　使用 PowerPoint 2010 | 1. PowerPoint 2010 办公基础<br>2. 创建演示文稿<br>3. 幻灯片基本操作<br>4. 编辑幻灯片文本<br>5. 插入其他元素 | 3 学时 |
| 第 9 章　设计和放映幻灯片 | 1. 设计幻灯片<br>2. 添加幻灯片切换效果<br>3. 添加幻灯片动画效果<br>4. 放映幻灯片<br>5. 打包和发布演示文稿 | 3 学时 |
| 第 10 章　网络化办公应用 | 1. 组建办公局域网络<br>2. 办公局域网共享资源<br>3. 使用网络办公资源<br>4. 网络办公交流 | 2 学时 |
| 第 11 章　办公电脑的维护和优化 | 1. 电脑设备日常维护<br>2. 办公电脑系统维护<br>3. 办公电脑系统优化<br>4. 防范电脑病毒和木马 | 2 学时 |

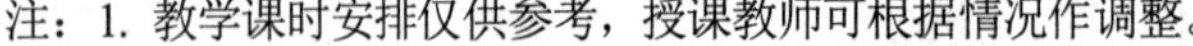

注：1. 教学课时安排仅供参考，授课教师可根据情况作调整。

2. 建议每章安排与教学课时相同时间的上机练习。

# 前言



电脑是现代信息社会的重要标志，在办公行业中扮演着得力助手的角色。掌握丰富的电脑办公知识、正确熟练地操作电脑已成为信息时代对每个办公人员的基本要求。以提高办公效率为目标的电脑办公自动化技术已被广泛应用于各类办公领域，并发挥着越来越大的作用。

本书从教学实际需求出发，合理安排知识结构，从零开始、由浅入深、循序渐进地讲解了电脑办公的基础知识和操作方法，本书共分为 11 章，主要内容如下。

第 1 章介绍了电脑办公自动化的概述，电脑办公的软、硬件平台的相关内容。

第 2 章介绍了 Windows 7 操作系统的组成、创建办公环境以及文件管理等相关操作。

第 3 章介绍了比较常用的电脑办公软、硬件的操作内容。

第 4 章介绍了 Word 2010 基础操作，包括新建文档、输入文本和文档格式等内容。

第 5 章介绍了 Word 2010 高级操作，包括插入表格、图文混排、编辑长文档等内容。

第 6 章介绍了 Excel 2010 基础操作，包括单元格、工作表和工作簿的基本操作等内容。

第 7 章介绍 Excel 2010 高级操作，包括应用公式和函数、数据的排序和筛选等内容。

第 8 章介绍了 PowerPoint 2010 基础操作，包括新建演示文稿、幻灯片的基本操作等内容。

第 9 章介绍了 PowerPoint 2010 的高级使用方法，包括设计幻灯片和添加动画效果等内容。

第 10 章介绍了网络办公的操作基础知识。

第 11 章介绍了系统维护和电脑安全，包括系统日常维护、查杀木马和病毒等操作。

本书图文并茂，条理清晰，通俗易懂，内容丰富，在讲解每个知识点时都配有相应的实例，方便读者上机实践。同时在难于理解和掌握的部分内容上给出相关提示，让读者能够快速地提高操作技能。此外，本书配有大量综合实例和练习，让读者在实际操作中更加牢固地掌握书中讲解的内容。

本书由沧州职业技术学院信息工程系的张敏、徐丽媛、祝玮三位老师合作完成，其中张敏老师编写第 1、2、4、7 章，徐丽媛老师编写第 3、5、9、11 章，祝玮老师编写第 6、8、10 章。另外，参加本书编写的人员还有陈笑、曹小震、高娟妮、李亮辉、洪妍、孔祥亮、陈跃华、杜思明、熊晓磊、曹汉鸣、陶晓云、王通、方峻、李小凤、曹晓松、蒋晓冬、邱培强等。由于作者水平有限，本书难免有不足之处，欢迎广大读者批评指正。我们的邮箱是 huchenhao@263.net，电话是 010-62796045。

本书对应的电子教案、实例源文件和习题答案可以到 http://www.tupwk.com.cn/edu 网站下载。

作者

2015 年 2 月

# 目 录

CONTENTS

# 第1章 电脑办公自动化基础知识

## 学习目标

电脑是现代信息社会的重要标志，在办公领域中扮演着得力助手的角色。电脑的普及，使其在办公领域起着举足轻重的作用，使用电脑办公，可以简化办公流程，提高办公效率。本章主要介绍电脑办公自动化以及电脑软、硬件平台的一些基础知识。

## 本章重点

- 电脑办公自动化
- 电脑办公硬件平台
- 电脑办公软件平台

## 1.1 电脑办公自动化概述

随着电脑的普及，目前在几乎所有的公司中都能看到电脑的身影，尤其是一些金融投资、动画制作、广告设计、机械设计等公司，更是离不开电脑的协助。电脑已经成为人们日常办公中不可或缺的工具。

### 1.1.1 电脑办公自动化的概念

办公自动化(Office Automation，OA)，是一个不断成长的概念，是利用先进的科学技术(主要是计算机技术)，使办公室部分工作逐步物化于各种现代化设备中，由办公室人员与设备共同构成服务于某种目标的人机信息处理系统；其目的是尽可能充分利用现代技术资源与信息资源，提高生产效率、工作效率和工作质量，辅助决策，以取得更好的效果。

电脑办公自动化主要强调以下3点。

- 利用先进的科学技术和现代化办公设备。
- 办公人员和办公设备构成人机信息处理系统。
- 提供效率是电脑办公的目的。

## 1.1.2 电脑办公自动化的功能和特点

电脑在办公操作中的用途有很多，例如制作办公文档、财务报表、3D 效果图，进行图片设计等。电脑公办自动化是当今信息技术高速发展的重要标准之一，具有如下特点。

- 电脑办公是一个人机信息系统。在电脑办公中，“人”是决定因素，是信息加工的设计者、指导者和成果享用者；而“机”是指电脑及其相关办公设备，是信息加工的工具和手段。信息是被加工的对象，电脑办公综合并充分体现了人、机器和信息三者之间的关系。
- 电脑办公可以实现办公信息一体化处理。电脑办公通过不同技术的电脑办公软件和设备，将各种形式的信息组合在一起，使办公室真正具有综合处理信息的功能。
- 电脑办公是为了提高办公效率和质量的。电脑办公是人们处理更高价值信息的一个辅助手段，它借助一体化的电脑办公设备和智能电脑办公软件，来提高办公效率，以获得更大效益，并对信息社会产生积极的影响。



电脑的主要功能就是利用现代化先进的技术与设备，实现办公的自动化，提高办公效率。电脑办公的具体功能如下。

- 公文编辑：使用电脑输入和编辑文本，使公文的创建和制作更加方便、快捷和规范化。
- 活动安排：主要负责办公室对领导的工作和活动进行统一的协调和安排，包括一周的活动安排和每日活动安排等。
- 个人用户管理：可以用个人用户工作台对本人的各项工作进行统一管理，如安排日程和活动、查看处理当日工作、存放个人的各项资料和记录等。
- 电子邮件：完成信息共享、文档传递等工作。
- 远程办公：通过网络连接远程电脑，完成所有相关办公的信息传递。
- 档案管理：对数据进行管理，如将员工资料与考勤、工资管理、人事管理相结合，实现高效、实时的查询管理，有效提高工作效率，降低管理费用。

## 1.1.3 电脑办公自动化所需条件

电脑办公所需的 3 个基本条件为办公人员、办公电脑和常用的办公设备。

### 1. 办公人员

办公人员大致分为 3 类：管理人员、办公操作人员和专业技术人员。不同的办公人员在实

现办公系统的自动化中扮演不同的角色。

- 管理人员：管理人员需要考虑如何对现有的办公自动化体制做出改变，以适应办公的需要。在办公过程中，负责整理和优化办公流程，分析办公流程中的各个环节的业务处理过程。
- 办公操作人员：办公操作人员直接参与系统工作，完成办公任务。办公操作人员应有较高的业务素质，不但要熟悉本岗位的业务操作规范，而且要注意和其他环节的操作人员在工作上相互配合，有系统的整体概念。
- 专业技术人员：专业技术人员应了解办公室应用的各项办公事务和有关的业务，善于把电脑信息处理技术恰当地应用在这些业务处理过程中。

### 2. 办公电脑

办公电脑已经成为日常办公中必不可少的设备之一。随着电脑的普及，其自身也发展出了不同的类型，以便适应不同用户的需求。

- 根据使用方式分类：电脑根据使用方式的不同可以分为台式电脑与笔记本电脑两种。台式电脑是目前最为普遍的电脑类型，它拥有独立的机箱、键盘以及显示器，并拥有良好的散热性与扩展性；笔记本电脑是一种便携式的电脑，它将显示器、主机、键盘等必需设备集成在一起，方便用户随身携带。
- 根据购买电脑的方式分类：根据购买电脑的方式，可以将电脑分成兼容电脑与品牌电脑两种。兼容电脑就是用户自己单独选购各硬件设备，然后组装起来的电脑，也就是常说的 DIY 电脑，其拥有较高的性价比与灵活的配置，用户可以按自己的要求和实际情况来配置兼容电脑；品牌电脑是由一定规模和技术实力的电脑生产厂商生产并标识商标品牌的电脑，拥有出色的稳定性以及全面的售后服务。品牌电脑的常见品牌包括联想、方正、惠普和戴尔等。

### 3. 常用的办公设备

要实现电脑办公不仅需要办公人员和电脑，还需要其他的电脑办公设备，例如要打印文件时需要打印机；要将图纸上的图形和文字保存到电脑中时需要扫描仪；要复印图纸文件时需要复印机等。下面将介绍一些常用的办公设备的作用。

- 打印机：通过打印机可以将在电脑中制作的工作文档打印出来。在现代办公和生活中，打印机已经成为电脑最常用的输出设备之一。
- 扫描仪：通过扫描仪，用户可以将办公中所有的重要文字资料或照片输入到电脑当中保存或者经过电脑处理后刻录到光盘中永久保存。
- 复印机：通过复印机，用户可以将照片等文档直接复制到原地的另一用户手中，从而实现资源共享。
- 移动存储设备：通过移动存储设备，可以在不同电脑间进行数据交换。

# 1.2 构建电脑办公硬件平台

要想使用电脑办公，首先要构建电脑办公的软硬件平台。本节将介绍如何构建电脑办公的硬件平台，包括电脑的主要硬件组成部分和连接方法，以及键盘和鼠标的使用基础。

## 1.2.1 电脑的主要组成部件

目前常用的办公电脑按照使用方式(是否便于携带)划分，可以分为台式电脑和笔记本电脑两种。

笔记本电脑比较轻便，便于携带，适合于经常外出办公的人员使用，如图 1-1 所示。在大部分公司中，用于日常办公的电脑多为台式电脑，与笔记本电脑相比，台式电脑的性能更加稳定，如图 1-2 所示。



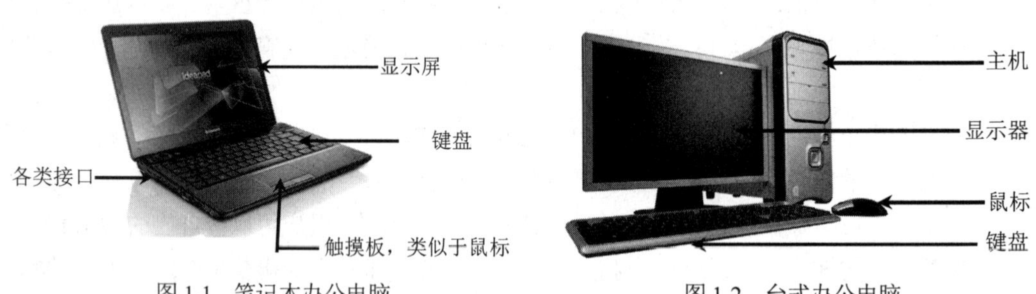


图 1-1　笔记本办公电脑　　图 1-2　台式办公电脑

这两种电脑在外形上有着很大的差异，但是其硬件组成和工作原理基本相同。下面对台式电脑和笔记本电脑的主要组成部件进行简要的介绍。

### 1. 电脑的三大件

电脑的三大件指的是主板、CPU 和内存，它们是电脑主机的核心组成部分。

- 主板：主板是整个电脑硬件系统中最重要的部件之一，它不仅是承载主机内其他重要配件的平台，还负责协调各个配件之间进行有条不紊的工作。如图 1-3 所示为电脑内的主板。主板的类型和档次决定着整个电脑系统的类型和档次，主板的性能影响着整个电脑系统的性能。
- CPU：CPU 也叫中央处理器，它的英文全称是 Central Processing Unit。CPU 的作用和人的大脑比较类似，它主要负责处理和运算电脑内的所有数据，是电脑的核心组成部分。当今生产 CPU 比较优秀的两大厂商是 Intel 和 AMD。而 Intel 的酷睿 i 系列多核处理器是当前比较流行的处理器，如图 1-4 所示为酷睿 i7CPU。

图 1-3　主板

图 1-4　CPU

- 内存：内存又称为内存储器，它与 CPU 直接进行沟通，并暂时存放系统中当前使用的数据和程序，一旦关闭电源或发生断电，其中的程序和数据就会丢失。它的特点是存储容量较小，但运行速度较快，如图 1-5 所示。

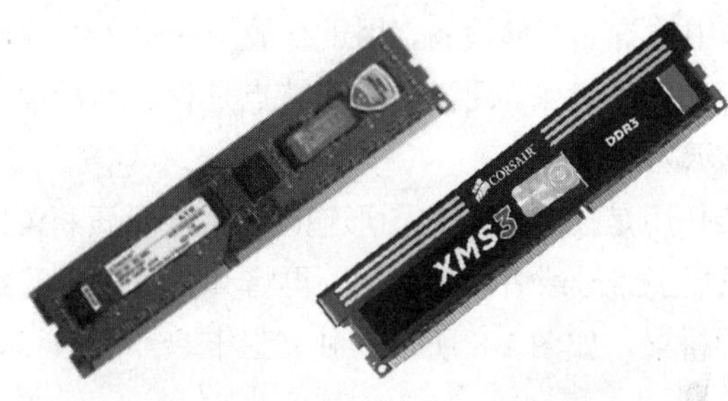


图 1-5　内存

### 2. 电脑主机箱

机箱是主机中各个硬件设备的载体，机箱分为立式和卧式两种，目前最常见的为立式机箱。机箱的正面设有电源按钮、重启按钮、指示灯和光驱等部件。一般来说电源按钮会标有⏻符号或写有 Power 字样，重启按钮会标有 Reset 字样，指示灯主要用来指示电脑的工作状态。如图 1-6 所示为机箱的正面和背面。

图 1-6　机箱

机箱的背面主要是一些接口，主要包括电源输入接口、PS/2 接口、串行接口、USB 接口、音频设备接口、并行接口、网卡接口和视频设备接口等。

- 电源输入接口：用来连接电源，为主机供电。
- PS/2 接口：机箱后面共有紫色和绿色两个 PS/2 接口，其中绿色接口用于连接鼠标，紫色接口用于连接键盘。
- 串行接口：主要用于连接外置的 Modem 和手写板等串口设备。
- USB 接口：主要用于连接带有 USB 接口的设备，例如 U 盘、移动硬盘、MP3、数码相机、摄像头和手机等。
- 音频设备接口：主要用于连接音频设备，包括音箱、麦克风等。
- 并行接口：用于连接具有并口数据线的设备，例如某些打印机、扫描仪等。
- 网卡接口：用于连接网线。
- 视频接口：通过数据线与显示器相连，输出视频信号到显示器。

机箱内部除了安装主板和 CPU 之外，还安装了硬盘、显卡、声卡、网卡等硬件设备。



- 硬盘：硬盘是电脑中的重要存储设备，用于存放一些永久性的数据，电脑中几乎所有的数据和资料都存储在硬盘中。硬盘的主要特点是存储容量较大，但存取速度比内存要慢。如图 1-7 所示为硬盘。
- 显卡：显卡的主要作用是控制电脑的图形输出，主要负责将 CPU 送来的影像数据经过处理后，转换成数字信号或者模拟信息，再将其传输到显示器上，它是主机与显示器之间进行沟通的桥梁。如图 1-8 所示为独立显卡。

图 1-7　硬盘

图 1-8　显卡

- 声卡：声卡也叫音频卡，是多媒体电脑中的重要部件，可以实现声波/数字信号的相互转换，如图 1-9 所示。声卡主要对送来的声音信号进行处理，然后再由数据线送到音箱进行还原。目前几乎所有的主板都集中了功能强劲的声卡，可满足大多数用户的需求。
- 网卡：网卡(Network Interface Card)也称网络适配器，它是连接电脑与网络的硬件设备，是电脑联网必备的硬件之一。主板上的网卡接口如图 1-10 所示，主要用于连接 RJ-45 类型接口的网线。

图 1-9　声卡

图 1-10　网卡接口

3. 显示器、键盘和鼠标

显示器是电脑中必不可少的输出设备，它将电脑中的文字、图片和视频数据转换成为人的肉眼可以识别的信息显示出来，为用户和电脑之间提供了一个信息交流的桥梁。

显示器主要分为 CRT(Cathode Ray Tube，即阴极显示管)显示器和 LCD(Liquid Crystal Display，即液晶显示器)显示器两种，目前 CRT 显示器已经被淘汰，LCD 显示器已经成为标配。LCD 显示器通常被称为液晶显示器，与 CRT 显示器相比，具有体积小、厚度薄、重量轻、耗能少、无辐射、无闪烁并能直接与 CMOS 集成电路相匹配等优点，如图 1-11 所示。

键盘和鼠标是电脑中最基本的也是最重要的输入设备，如图 1-12 所示。通过键盘用户可以向电脑输入字母、文字和标点符号等信息，从而实现数据的输入和控制功能。鼠标又称 Mouse，可以说是操作系统的“钥匙”，它的发明主要是为了让操作系统更加方便易用，鼠标的方便性和灵活性使它成为电脑中使用最为频繁的设备之一。

图 1-11　显示器

图 1-12　键盘和鼠标

## 1.2.2　连接电脑硬件

一般情况下，办公电脑的主机内部硬件设备无须用户自行安装与连接。用户只需要掌握将外部设备与主机连接的方法。电脑外设主要包括显示器、音箱、鼠标、键盘和电源线这几种。连接外部设备时应做到“辨清接头，对准插上”的原则。

1. 显示器的连接

显示器有两根连线，即电源线和数据线。电源线一般为三相插头，显示器的数据线接口如

图 1-13 所示。连接显示器时，应将显示器的数据线对准显卡的数据输出接口，然后微微用力向前推进，直到将其插牢，插牢后，旋转数据线接头两边的螺丝，将数据线牢牢固定在显卡上，如图 1-14 所示。

图 1-13　显示器数据线接口

图 1-14　连接显示器

2. 键盘和鼠标的连接

键盘和鼠标比较常见的接口一般有两种，即 PS/2 接口和 USB 接口(还有一种串行接口已经不太常见，在此不作介绍)。如果用户使用的是 PS/2 接口，那么可以按照如图 1-15 所示的方法连接；如果用户使用的是 USB 接口的键盘和鼠标，则只需要将它们的数据线 USB 插头插入机箱后面的 USB 接口即可，如图 1-16 所示。

图 1-15　连接 PS/2 接口

图 1-16　连接 USB 接口

3. 网线的连接

如果用户的电脑需要连接互联网，那么就需要连接网线，以使用双绞线为例，用户只需要将网线的水晶头插入到网卡接口中即可，如图 1-17 所示。

图 1-17　连接网线

#### 4. 主机电源线的连接

主机需要电源供电，将主机电源线的一端连接主机电源，另一端连接家用 220V 电源插座。连接示意图如图 1-18 所示。

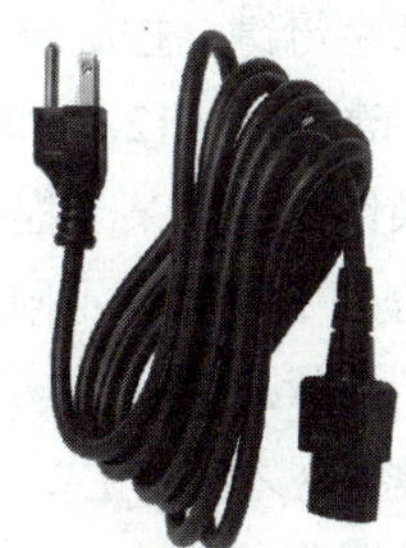

图 1-18　连接主机电源线

**知识点**

电源是一种安装在主机箱内的封闭式独立部件。它的作用是将交流电通过一个开关电源变压器转换为 5V、-5V、+12V、-12V，+3.3V 等稳定的直流电，为主机箱内各个部件的正常运行提供电力保证。

### 1.2.3　键盘的使用

键盘是电脑最常用的输入设备，用户向电脑发出的命令、编写的程序等都要通过键盘输入到电脑中，使电脑能够按照用户发出的指令来操作，实现人机对话。

#### 1. 键盘分区

目前常用的键盘在原有标准键盘的基础上，增加了许多新的功能键。不同的键盘多出的功能键也不相同。本节主要以 107 键的标准键盘为例来介绍键盘的按键组成以及它们的功能。

107 键的标准键盘共分为 5 个区。如图 1-19 所示，上排为功能键区，下方左侧为主键区，中间为光标控制键区，右侧为小键盘区，右上侧为 3 个状态指示灯。

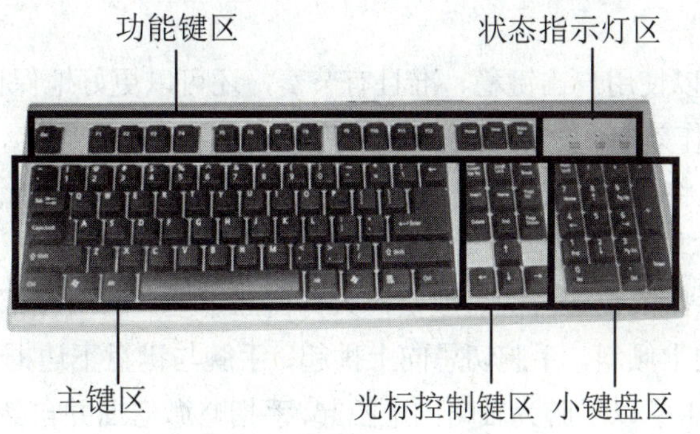


图 1-19　键盘分区

下面介绍这 5 个区里面常用按键的功能。

- 主键区：又称打字键区，是键盘中最重要的区域，也是 4 个键区中键数最多的区域。该区域一共有 61 个键，其中包括 24 个字母键、21 个数字符号键和 14 个控制键。主键盘区主要用于输入英文字母、数字和符号，包括字母键、控制键、数字与符号键。
- 功能键区：功能键区位于键盘的最上方，包括 Esc 键、F1~F12 键和几个功能键。Esc 键统称为强行退出键或取消键，用于放弃当前的操作或结束某个程序；F1~F12 键统称为功能键，这 12 个功能键在不同的应用软件和程序中有各自不同的定义；Wake Up 键统称为恢复键，用于使电脑从睡眠状态恢复到初始状态。
- 光标控制键区：共有 13 个键，位于标准键区和小键盘区之间，主要用来移动光标和翻页操作。其各个按键的功能如下。PrtScn SysRq 键是屏幕打印键，用于将屏幕的内容输出到剪贴板或打印机。Scroll Lock 键是屏幕锁定键，在 DOS 状态下按下该键使屏幕停止滚动，直到再次按下此键为止。Pause Break 键是暂停键，用于使正在滚动的屏幕显示停下来，或是用于终止某一程序的运行。同时按下 Ctrl 键和 Pause Break 键，可强行终止程序的运行。Insert 键是插入键，该键用来转换插入和替换状态。按下该键，可以在插入和改写字符状态之间进行切换。Home 键是起始键，用于使光标直接移至首行，按下该键，光标移至当前行的行首。同时按下 Ctrl 键和 Home 键，光标移至当前页的首行行首。End 键是终止键，用于使光标直接移至行尾。按下该键，光标移至当前行的行尾。同时按下 Ctrl 键和 End 键，光标移至当前页的末行行尾。
- 小键盘区：位于键盘的右下角，主要用于快捷输入数字，一共有17个键，包括10个数字键、Num Lock 键、Enter 键和符号键。其中大部分按钮都是双字符键，上档符号是数字，下档符号具有编辑和光标控制功能。上下档的切换由 Num Lock 键来实现。
- 状态指示灯区：状态指示灯区位于小键盘区的上方，该区一共有 3 个指示灯，主要用于提示用户键盘目前的工作状态。其中 Num Lock(即键盘上的 1 灯)，灯亮表示可以用小键盘区输入数字，否则只能使用下档符号；Caps Lock(即键盘上的 A 灯)，灯亮表示按字母键时输入的是大写字母，否则输入的是小写字母；Scroll Lock(即键盘上的【锁定】灯)，灯亮表示在 DOS 状态下不能滚动显示屏幕，否则就可以滚动显示。

### 2. 键盘录入姿势

正确的录入姿势可以使用户击键稳、准且有节奏，还可以更好地保护用户的视力，减轻身体的疲劳，从而提高工作效率。

- 坐姿：平坐且将身体重心置于椅子上，腰背挺直，身体稍偏于键盘右方，身体向前微微倾斜，身体与键盘的距离保持约 20cm。
- 手臂、肘和手腕的位置：两肩放松，大臂自然下垂，肘与腰部的距离为 5~10cm。小臂与手腕略向上倾斜，手腕切忌向上拱起，手腕与键盘下边框保持 1cm 左右的距离。
- 手指的位置：手掌以手腕为轴略向上抬起，手指略微弯曲并自然下垂轻放在基本键上，左右手拇指轻放在空格键上。

◉ 输入时的要求：将位于显示器正前方的键盘右移 5cm。书稿稍斜放在键盘的左侧，使视线和字成平行线。打字时，不看键盘，只专注书稿或屏幕，稳、准、快地击键。

3. 键盘指法分工

键盘指法分工是指手指和键位的搭配，即把键盘上的全部字符合理地分配给 10 个手指，并且规定每个手指打哪几个字符键。

在使用键盘按键之前，双手需要固定在一个位置上，且按下按键后，应立即还原到固定的位置准备下一次击键。这些手指放置的固定位置就叫“基准键位”。

基准键位位于主键盘区第三行，包括 A、S、D、F、J、K、L 和【；】8 个键。其中，F 键和 J 键，称为原点键或者定位键，该键上均有一个“短横线”或“小圆点”，用于定位手指在键盘上的分布，即用户利用它们快速地触摸定位。其中，F 键和 J 键固定左右手的食指，其余 6 个手指依次放下就能找到基准键位，即左手小指、无名指、中指和食指分别放在 A、S、D、F 键上；右手食指、中指、无名指和小指分别放在 J、K、L 和【；】键上，如图 1-20 所示。

键盘上的字符分布是根据字符的使用频率确定的，将键盘一分为二，左右手分管两边，每个手指负责击打一定的键位。即将字母键及一些符号键划分为 8 个区域，分别分配给大拇指外的 8 个手指，而双手大拇指则只负责空格键的敲击，如图 1-21 所示。利用手指在键盘上的合理分工以达到快速、准确地敲击键盘的目的。

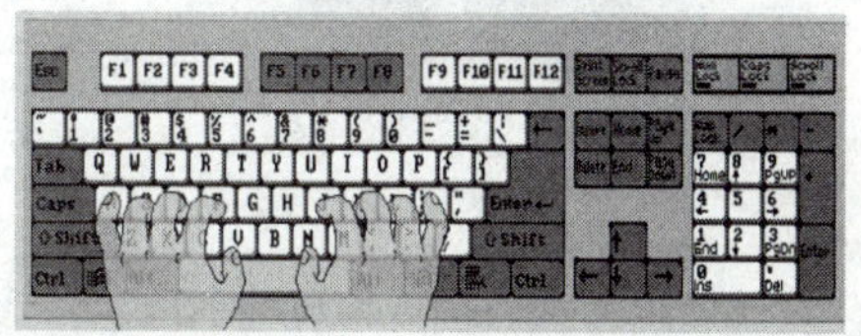

图 1-20　手指定位

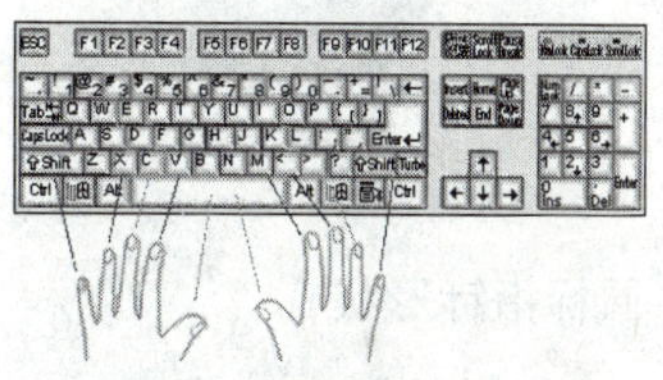

图 1-21　指位分布

左右手各手指的具体分工如下。

◉ 左手小指主要分管 5 个键：1、Q、A、Z 和左 Shift 键。此外，还分管左边的一些控制键。
◉ 左手无名指分管 4 个键：2、W、S 和 X。
◉ 左手中指分管 4 个键：3、E、D 和 C。
◉ 左手食指分管 8 个键：4、R、F、V、5、T、G、B。
◉ 右手小指主要分管 5 个键：0、P、【；】、【/】和右 Shift 键。此外，还分管右边的一些控制键。
◉ 右手无名指分管 4 个键：9、O、L、【.】。
◉ 右手中指分管 4 个键：8、I、K、【，】。
◉ 右手食指分管 8 个键：6、Y、H、N、7、U、J、M。
◉ 大拇指专门击打空格键。当左手击完字符键需要按空格键时，用右手大拇指击空格键；反之，则用左手大拇指击空格键。击打空格键时，大拇指瞬间发力后立即反弹。

## 1.2.4 鼠标的使用

在 Windows 操作系统中，鼠标是必不可少的输入设备，如果想熟练地操作电脑，就必须要能熟练地操作鼠标。

电脑中最为常用的鼠标为带滚轮的三键光电鼠标。它共分为左右两键和中间的滚轮，其中中间的滚轮也称为中键，如图 1-22 所示。

使用鼠标之前应掌握正确握住鼠标的姿势。其正确姿势为：用手掌心轻压鼠标，拇指和小指抓住鼠标的两侧，再将食指和中指自然弯曲，轻贴在鼠标的左键和右键上，无名指自然落下跟小指一起压在侧面，此时拇指、食指和中指的指肚贴着鼠标，无名指和小指的内侧面接触鼠标侧面，重量落在手臂上，保持手臂不动，左右晃动手腕，即控制住了鼠标，如图 1-23 所示。

图 1-22　三键鼠标

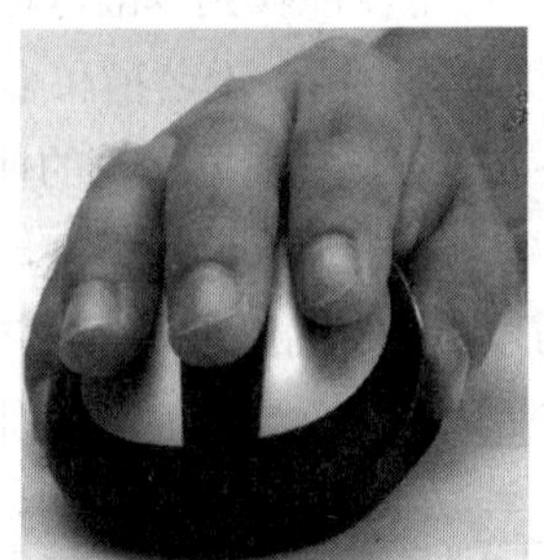

图 1-23　鼠标握姿



### 1. 鼠标指针形状

使用鼠标时，鼠标指针的形状并非固定不变，它会随着鼠标的移动和位置的变化而改变其形状。在不同位置和状态下，鼠标指针形状各不相同，其代表的含义也不相同。如表 1-1 所示为鼠标指针形状的各自含义。

表 1-1 常见鼠标指针形态及其含义

| 鼠标指针 | 表示的状态 | 鼠标指针 | 表示的状态 | 鼠标指针 | 表示的状态 |
|---|---|---|---|---|---|
|  | 准备状态 |  | 调整对象垂直大小 |  | 精确调整对象 |
|  | 帮助选择 |  | 调整对象水平大小 |  | 文本输入状态 |
|  | 后台处理 |  | 等比例调整对象 1 |  | 禁用状态 |
|  | 忙碌状态 |  | 等比例调整对象 2 |  | 手写状态 |
|  | 移动对象 |  | 其他选择 |  | 链接状态 |

### 2. 鼠标基本操作

鼠标的基本操作主要有 6 种：单击、双击、右击、拖动、范围选取和使用滚轮。

- 单击：单击鼠标指的是用右手食指轻点鼠标左键并快速释放，此操作通常用于选择对象。单击操作是最常用的鼠标操作。

- 双击：双击指的是用右手食指在鼠标左键上快速单击两次，此操作用于执行命令或打开文件等。例如，在桌面上双击【计算机】图标，即可打开【计算机】窗口。
- 右击：右击指的是用右手中指按下鼠标右键并快速释放，此操作一般用于弹出当前对象的快捷菜单，便于快速选择相关的命令。右击的对象不同，弹出的快捷菜单也不同，例如在电脑桌面空白处右击鼠标可弹出如图 1-24 所示的右键快捷菜单。
- 范围选取：范围选取主要指的是用鼠标指针选定集中在一起的多个对象。方法是单击需选定对象外的一点并按住鼠标左键不放，移动鼠标将需要选中的所有对象包括在虚线框中，此时选中的所有对象呈深蓝色显示，表示处于选定状态，选定后释放鼠标左键即可，如图 1-25 所示。

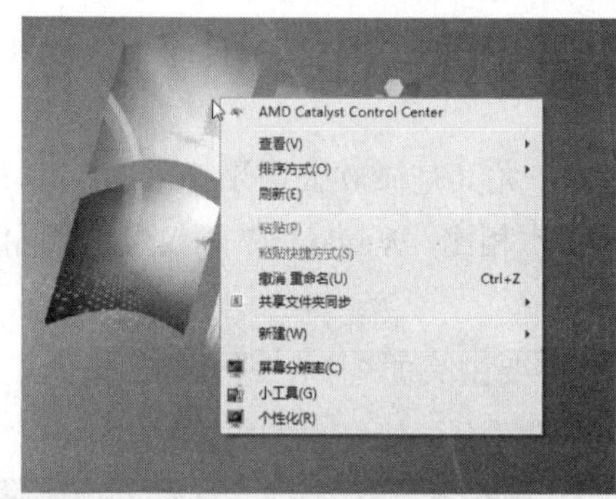


图 1-24　右击弹出快捷菜单

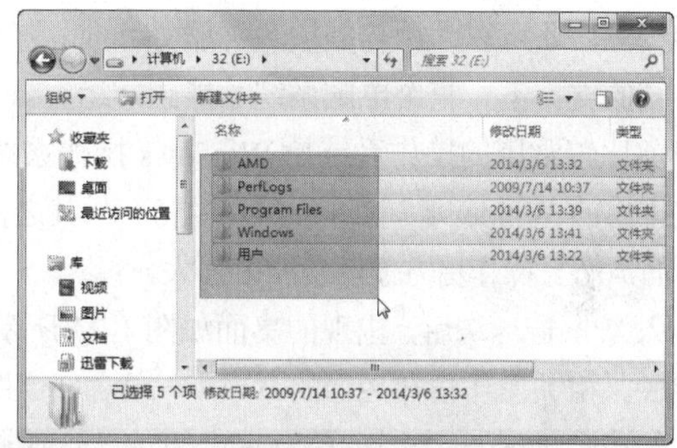


图 1-25　范围选取

- 拖动：拖动指的是将鼠标指针移动至需要移动的对象上，然后按住鼠标左键不放，将该对象从屏幕的一个位置拖到另一个位置，然后释放鼠标左键。使用鼠标拖动对象时，可一次拖动一个对象，也可以一次拖动多个对象。拖动多个对象时，应先将这多个对象选定进行拖动，如图 1-26 所示。

图 1-26　拖动对象

- 使用滚轮：滚动或按下滚轮可滚动显示页面。滚轮是用户浏览网页的好助手。用户在浏览网页和长文档时，用手指滚动滚轮即可上下滚动浏览页面。

# 1.3 认识电脑软件平台

硬件是电脑的基础，软件是电脑的灵魂，组装完电脑硬件设备后，还需要为电脑搭建一个软件平台。本节将介绍电脑最基本的软件平台系统——操作系统。

## 1.3.1 认识 Windows 7 操作系统

操作系统(Operating System，OS)是电脑运行时的一种必不可少的系统软件，它可以管理系统中的资源，还可以为用户提供各种服务界面。操作系统是所有应用软件运行的平台，只有在操作系统的支持下，整个电脑系统才能正常运行。

目前比较常用的操作系统是 Windows 操作系统系列，尤其是微软公司于 2009 年 10 月 23 日正式推出的 Windows 7 操作系统中文版。与其之前的版本相比，Windows 7 不仅具有靓丽的外观和桌面，而且操作更方便，功能更强大。



进入 Windows 7 后，出现的桌面如图 1-27 所示，其主要由桌面图标、【开始】按钮、任务栏等组成。相关操作将在后面的章节一一详细介绍。

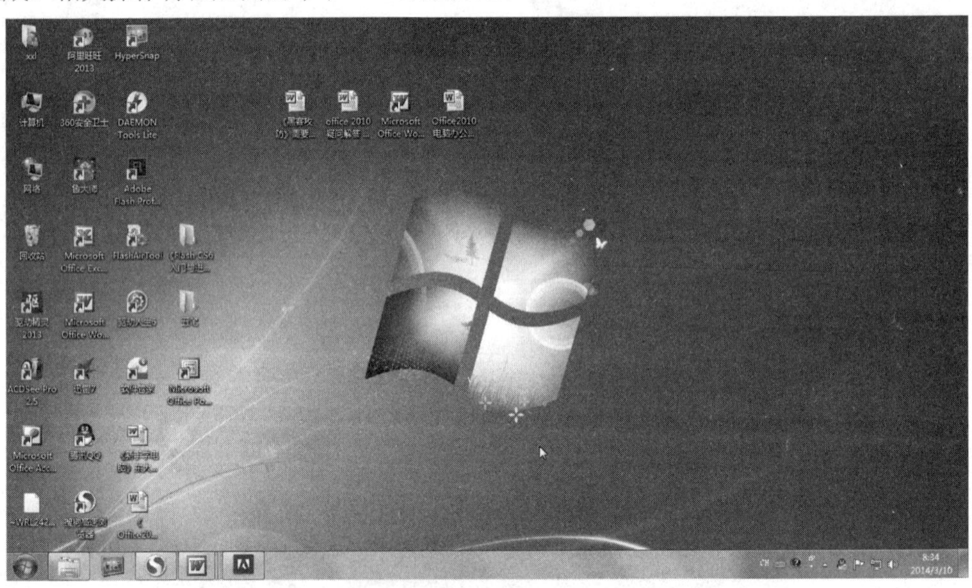

图 1-27 Windows 7 桌面

- 桌面图标：桌面图标就是整齐排列在桌面上的一系列图片，图片由图标和名称两部分组成。有的图标左下角有一个箭头，这些图标被称为“快捷方式”，双击此类图标即可快速启动相应的程序，如图 1-28 所示。
- 任务栏：任务栏是位于桌面下方的一个条形区域，它显示了系统正在运行的程序、打开的窗口和当前时间等内容，如图 1-29 所示。

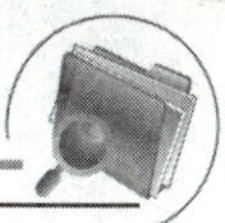

图 1-28　桌面图标

图 1-29　任务栏

- 【开始】按钮：单击该按钮可以打开如图 1-30 所示的【开始】菜单，在该菜单中可以启动电脑中已安装的程序或执行电脑管理任务。

图 1-30　【开始】菜单

**提示**

【开始】菜单是 Windows 操作系统中的重要元素，其中存放了操作系统或系统设置的绝大多数命令，而且还可以使用当前操作系统中安装的所有程序，因此【开始】菜单被称为是操作系统的中央控制区域。

## 1.3.2　启动和关闭电脑

启动和关闭电脑俗称为“开关机”，是操作 Windows 7 系统的第一步。用户应掌握开关机的正确方法，以免电脑遭受不必要的损害。

### 1. 启动电脑

要操作 Windows 7 系统的办公电脑，首先要启动 Windows 7，在登录系统后才可以进行操作。启动电脑应按照一定的顺序来操作。

【例 1-1】使用正确的开机顺序，逐步启动办公电脑。

(1) 检查电脑显示器和主机的电源是否插好后，确定电源插板已通电，然后按下显示器上的电源按钮，打开显示器，如图 1-31 所示。

(2) 按下电脑主机前面板上的电源按钮⏻，如图 1-32 所示，此时主机前面板上的电源指示灯将会变亮，电脑随即将被启动，执行系统开机自检程序。

图 1-31　打开显示器

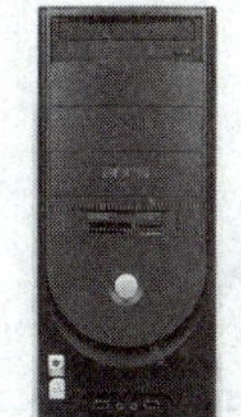

图 1-32　启动主机

(3) 在启动过程中，电脑会进行自检并进入操作系统，屏幕依次显示如图 1-33 所示。

图 1-33　开始启动 Windows 7

(4) 如果系统设置有密码，则需要输入密码，如图 1-34 所示。

(5) 输入密码后，按下 Enter 键，稍后即可进入 Windows 7 系统的桌面，如图 1-35 所示。

图 1-34　输入密码

图 1-35　进入系统桌面



## 2. 关闭电脑

当不再使用电脑工作时，可退出操作系统，同时关闭电脑，在关闭电脑前，应先关闭所有的应用程序，以免造成数据的丢失。

【例 1-2】使用正确的关机顺序，逐步关闭办公电脑。

(1) 单击【开始】按钮，在弹出的【开始】菜单中选择【关机】命令，Windows 7 开始注销操作系统，如图 1-36 所示。

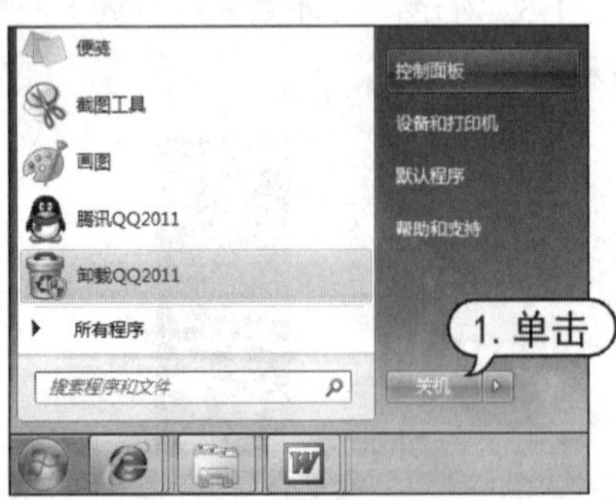

图 1-36　选择【关机】命令

(2) 如果有更新会自动安装更新文件，安装完成后便会自动关闭系统，如图 1-37 所示。

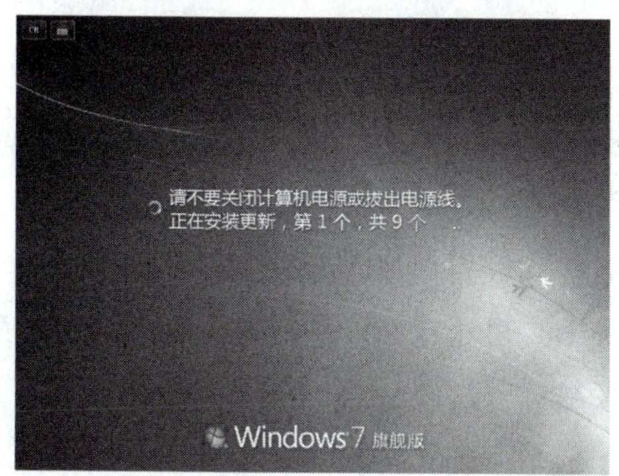


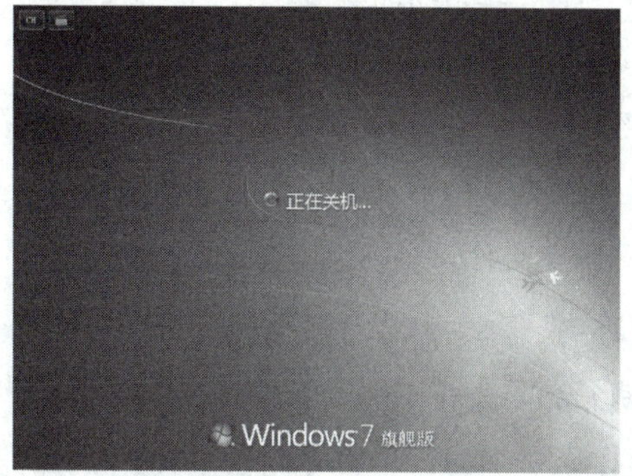


图 1-37　更新后关机

### 3. 重启电脑

在使用电脑的过程中，有时会遇到问题需要重新启动电脑，此时用户可以用“热启动”和“复位启动”等方法进行电脑重启。

- “热启动”：单击【开始】按钮，在面板上的【关机】按钮旁，有个▶按钮，单击后弹出下拉菜单，选择其中的【重新启动】命令即可，如图 1-38 所示。
- “复位启动”：有时电脑运行过程中会出现系统没反应的情况，这时可以使用复位启动的方法。只需要按下主机上的 Reset 按钮(通常在电源按钮的下方)，电脑会自动黑屏重新启动，然后按照正常开机的步骤输入密码、登录系统。
- “睡眠”、“休眠”和“锁定”：“睡眠”是操作系统的一种节能状态，是将运行中的数据保存在内存中并将计算机置于低功耗状态，可以用 Wake UP 键唤醒；“休眠”是保存数据并直接关闭计算机，再次打开计算机时，系统会还原数据；“锁定”是进入登录状态，如果有设置密码，必须输入密码方能进入到锁定前的状态，这三个命令都在【开始】菜单里，和上文的【重新启动】位于同一下拉菜单里。“睡眠”和“锁定”时若已经设置过登录密码，重新进入系统还需要输入密码，如图 1-39 所示。

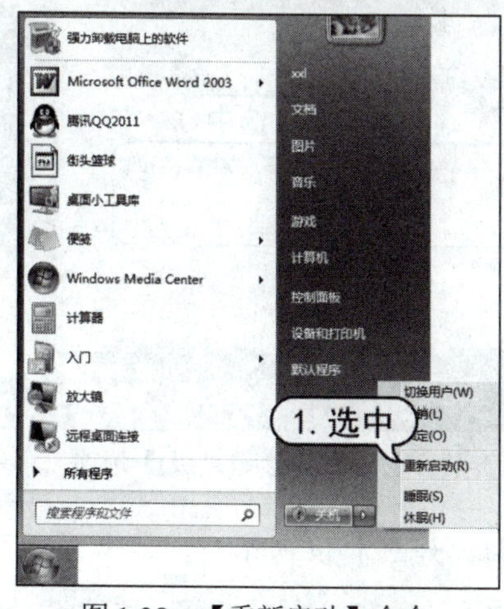


图 1-38　【重新启动】命令

图 1-39　输入密码

## 1.4 上机练习

本章上机练习主要是全新安装 Windows 7 操作系统，从而巩固本章所学知识。

(1) 将电脑的启动方式设置为光盘启动，然后将光盘放入到光驱中。重新启动电脑后，系统将开始加载文件。

(2) 等系统加载完毕后，进入 Windows 7 安装界面，用户可在该界面内设置时间等选项，选择完成后，单击【下一步】按钮，如图 1-40 所示。

(3) 打开界面，单击【现在安装】按钮，如图 1-41 所示。

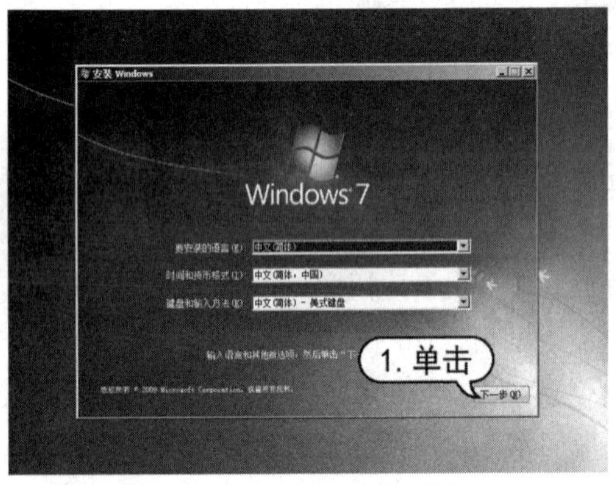


图 1-40 单击【下一步】按钮

图 1-41 单击【现在安装】按钮

(4) 打开【请阅读许可条款】界面，在该界面中必须要选中【我接受许可条款】复选框，才能继续安装，然后单击【下一步】按钮，如图 1-42 所示。

(5) 打开【您想进行何种类型的安装？】界面，有【升级】和【自定义(高级)】两种选择，这里选择【自定义(高级)】选项，如图 1-43 所示。

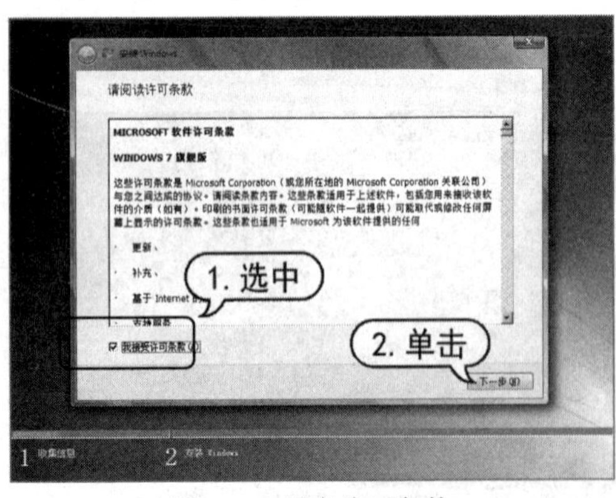


图 1-42 同意许可条款

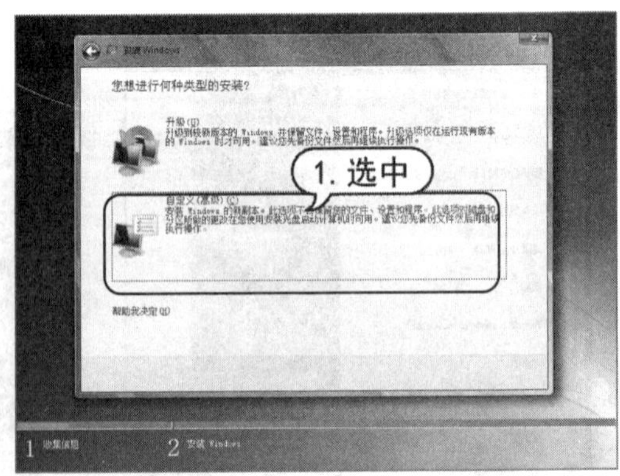


图 1-43 选择【自定义(高级)】选项

(6) 选择要安装的目标分区，然后单击【下一步】按钮，如图 1-44 所示。

(7) 开始复制文件并安装 Windows 7，这个过程大概需要 15~25 分钟的时间。在安装的过程

中，系统会多次重新启动，用户无须参与，如图 1-45 所示。

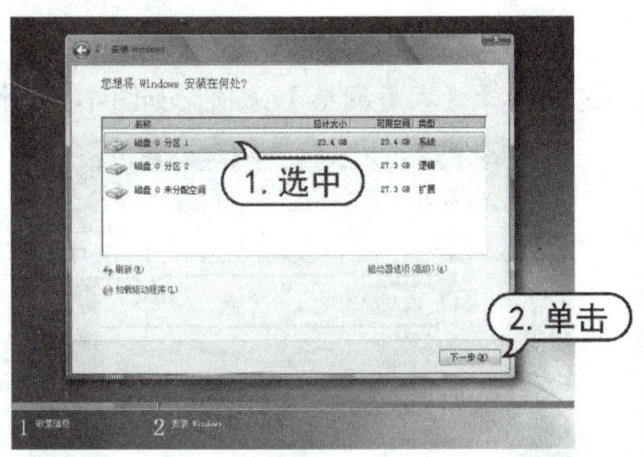

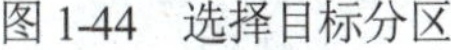

图 1-44　选择目标分区

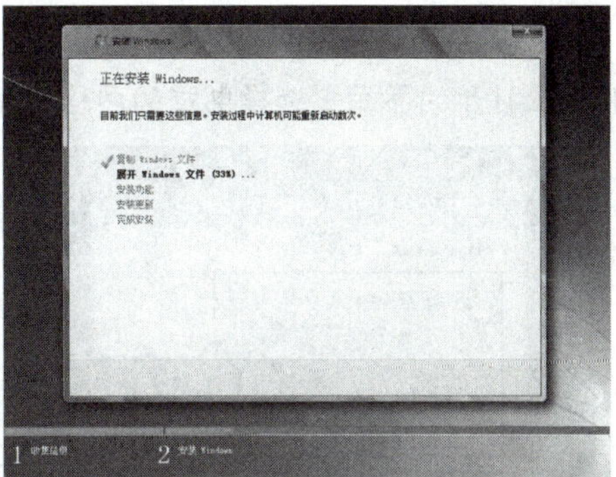


图 1-45　安装过程

(8) 安装结束后将进入系统的后期设置阶段，在打开的界面中，可设置用户名和计算机名，然后单击【下一步】按钮，如图 1-46 所示。

(9) 打开界面，用户可根据需要设置用户密码，单击【下一步】按钮，如图 1-47 所示。

图 1-46　设置用户名

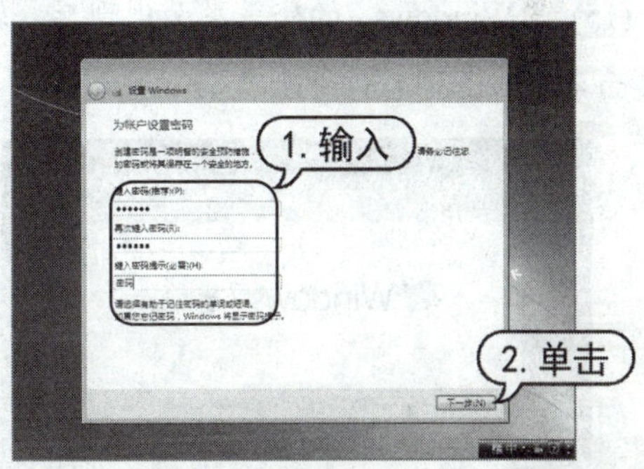


图 1-47　设置密码

(10) 此时要求用户输入产品密钥(用户可在光盘的包装盒上找到产品密钥)，然后单击【下一步】按钮，如图 1-48 所示。

(11) 设置 Windows 更新，这里选择【使用推荐设置】选项，如图 1-49 所示。

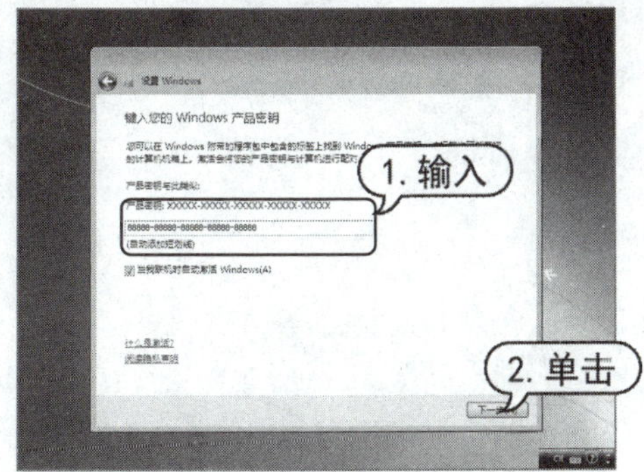


图 1-48　输入产品密钥

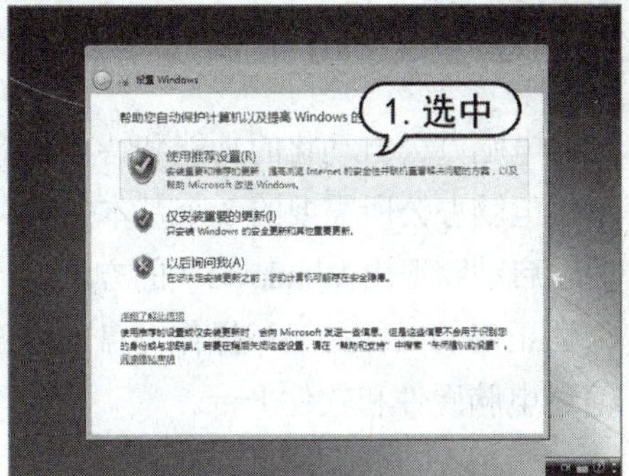


图 1-49　选择【使用推荐设置】选项

(12) 设置系统的日期和时间，通常保持默认设置即可，然后单击【下一步】按钮，如图 1-50 所示。

(13) 在打开的界面中选择电脑的网络位置，这里选择【家庭网络】选项，如图 1-51 所示。

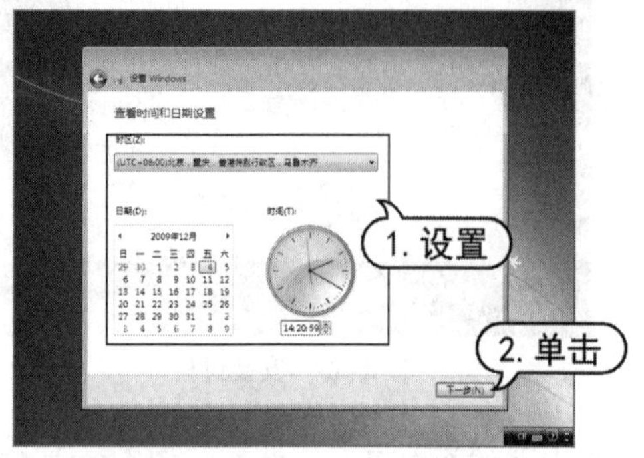


图 1-50 设置日期和时间

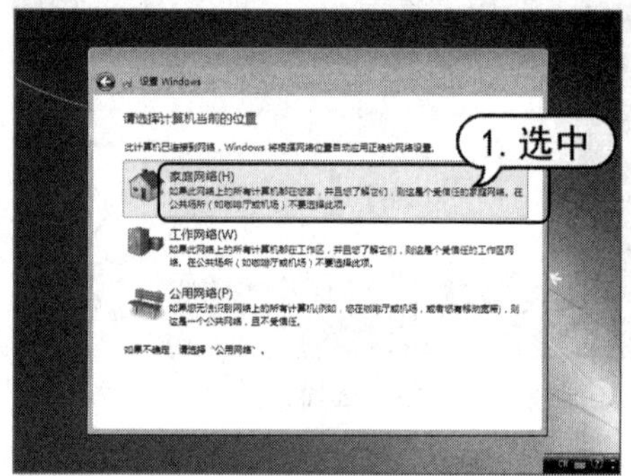


图 1-51 选择【家庭网络】选项

(14) 接下来 Windows 7 会启用刚刚的设置，并显示如图 1-52 所示界面。

(15) 当Windows 7的登录界面出现后，输入登录密码，再按下Enter键，即可进入Windows 7的桌面系统，如图1-53所示。

图 1-52 启用设置

图 1-53 输入登录密码

## 1.5 习题

1. 简述电脑办公自动化的功能和特点。
2. 简述电脑办公所需要的 3 个基本条件。
3. 简述启动和退出 Windows 7 的方法。
4. 简述正确的鼠标握姿和操作键盘的方法。
5. 简述电脑硬件和软件平台。

# 第2章 Windows 7 办公基础操作

## 学习目标

操作系统是电脑进行办公的基础，学会 Windows 7 的基本操作和设置系统环境可以使用户更加流利方便地操作电脑，促进办公自动化。本章主要介绍有关 Windows 7 基本操作的方法，以及设置办公环境、管理文件等办公操作内容。

## 本章重点

- Windows 7桌面元素
- 设置系统环境
- 管理办公文件
- 操作输入法

## 2.1 Windows 7 桌面组成

在 Windows 7 操作系统中，“桌面”是一个重要的概念，它指的是当用户启动并登录操作系统后，用户所看到的一个主屏幕区域。桌面是用户进行工作的一个平面，它由图标、【开始】按钮、任务栏、窗口等几个部分组成。

### 2.1.1 使用图标

常用的桌面系统图标有【计算机】、【网络】、【回收站】和【控制面板】等。除了添加系统图标之外，用户还可以添加快捷方式图标。

### 1. 添加系统图标

第一次进入 Windows 7 操作系统的时候，发现桌面上只有一个回收站图标，要增加其他常用系统图标，可以使用下面的方法进行操作。

【例 2-1】在桌面上添加【计算机】和【网络】两个系统图标。

(1) 在桌面空白处右击鼠标，在弹出的快捷菜单中选择【个性化】命令，如图 2-1 所示。

(2) 单击打开的【个性化】窗口左侧的【更改桌面图标】文字链接，如图 2-2 所示。

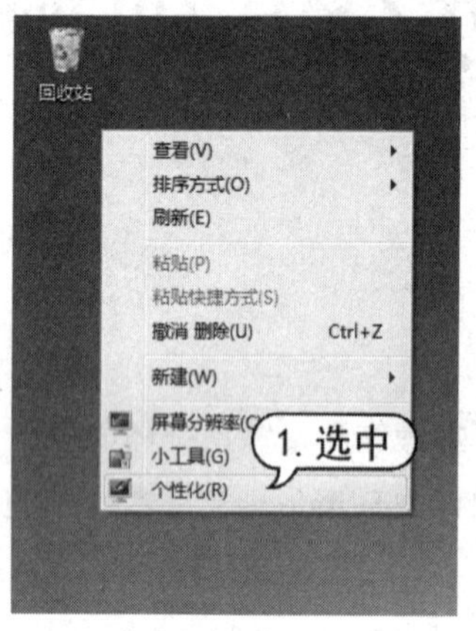


图 2-1 右键快捷菜单

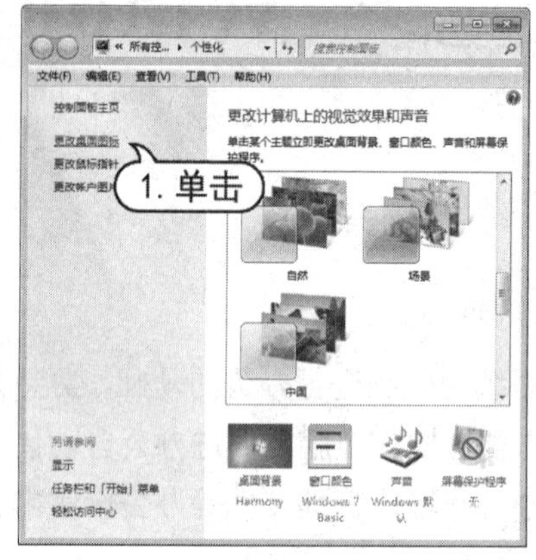


图 2-2 单击【更改桌面图标】链接

(3) 打开【桌面图标设置】对话框，选中【计算机】和【网络】两个复选框，然后单击【确定】按钮，如图 2-3 所示。即可在桌面上添加这两个图标，如图 2-4 所示。

图 2-3 添加图标设置

图 2-4 桌面图标添加

### 2. 添加快捷方式图标

除了系统图标，还可以添加其他应用程序或文件夹的快捷方式图标。一般情况下，安装了一个新的应用程序后，都会自动在桌面上建立相应的快捷方式图标，如果该程序没有自动建立快捷方式图标，可采用以下方法来添加。

在程序的启动图标上右击鼠标，在弹出的快捷菜单中选择【发送到】|【桌面快捷方式】命令，即可创建一个快捷方式，并将其显示在桌面上，如图 2-5 所示。

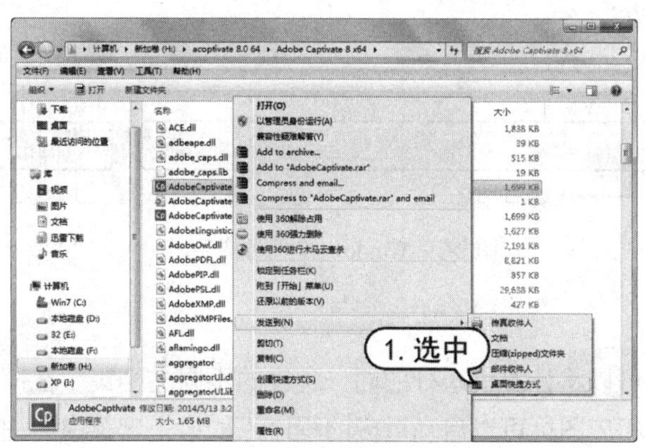


图 2-5 发送到桌面快捷方式

### 3. 排列图标

当用户安装了新的程序后，桌面也添加了更多的快捷方式图标。为了让用户更方便快捷地使用图标，可以将图标按照自己的要求排列顺序。排列图标除了用鼠标拖曳图标随意安放，用户也可以按照名称、大小、类型和修改日期来排列桌面图标。

例如在桌面空白处右击鼠标，在弹出的快捷菜单中选择【排序方式】下的【项目类型】命令，桌面上的图标即可按照类型进行排序，如图 2-6 所示。

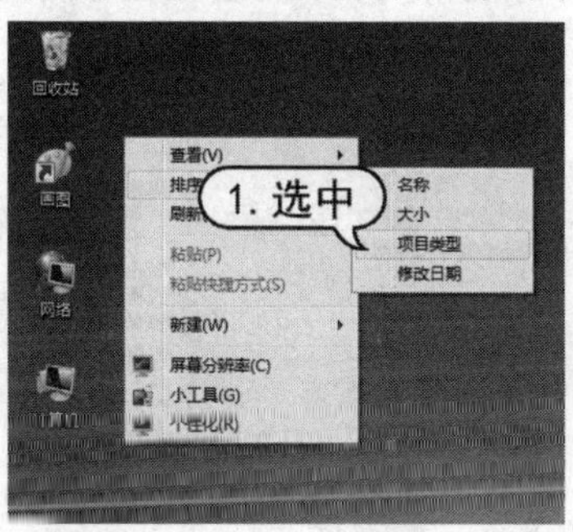


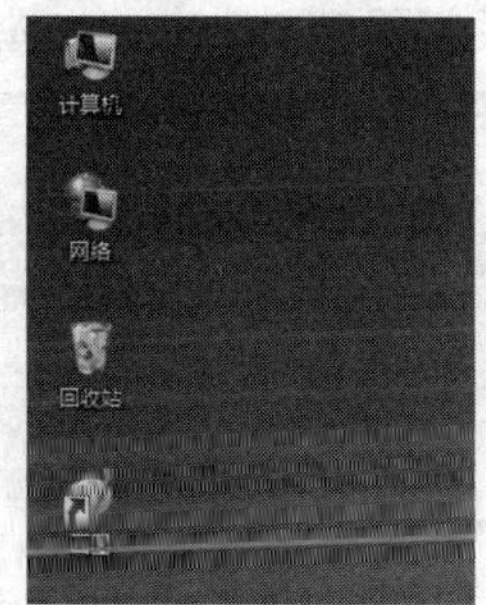

图 2-6 图标按类型排序

## 2.1.2 使用任务栏

任务栏是位于桌面下方的一个条形区域，它显示了系统正在运行的程序、打开的窗口和当前时间等内容，用户通过任务栏可以完成许多操作。任务栏最左边的圆形(球状)的立体按钮便是【开始】菜单按钮，在【开始】按钮的右边依次是快速启动区(包含 IE 图标和库图标等系统自带程序、当前打开的窗口和程序等)、语言栏(输入法语言)、通知区域(系统运行程序的设置显示和系统时间日期)、【显示桌面】按钮(单击该按钮即可显示完整桌面，再单击即会还原)，如图 2-7 所示。

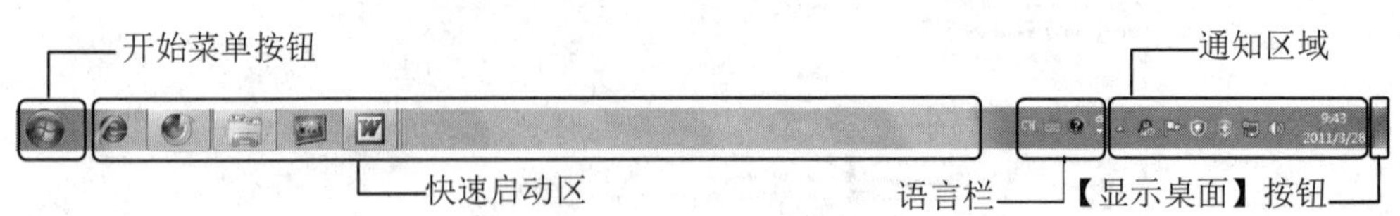


图 2-7　Windows 7 任务栏

### 1. 任务栏按钮

Windows 7 的任务栏可以将计算机运行的同一程序的不同文档集中在同一个图标上，如果是尚未运行的程序，单击相应图标可以启动对应的程序；如果是运行中的程序，单击图标则会将此程序放在最前端。在这些任务栏上，用户可以通过鼠标的各种按键操作来实现不同的功能。

- 左键单击：如果图标对应的程序尚未运行，单击鼠标左键即可启动该程序；如果已经运行，单击左键则会将对应的程序窗口放置于最前端。如果该程序打开了多个窗口和标签，左键单击可以查看该程序所有窗口和标签的缩略图，再次单击缩略图中的某个窗口，即可将该窗口显示于桌面的最前端，如图2-8所示。
- 中键单击：中键单击程序的图标后，会新建该程序的一个窗口。如果鼠标上没有中键，也可以单击滚轮实现中键单击的效果。
- 右键单击：右键单击一个图标，可以打开跳转列表、查看该程序历史记录和解锁任务栏以及关闭程序的命令，如图2-9所示。

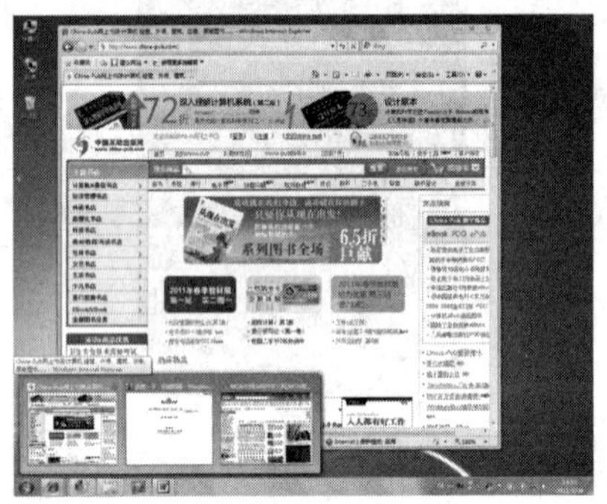

图 2-8　显示程序缩略图

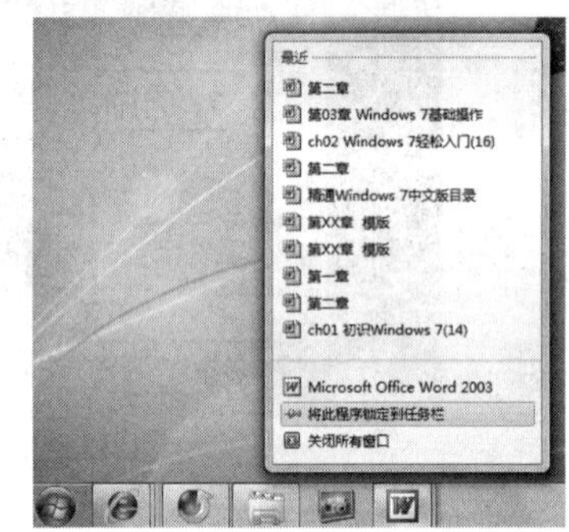


图 2-9　打开跳转列表

**知识点**

任务栏的快速启动区图标可以用鼠标左键拖动，来改变它们的顺序。对于已经启动的程序的任务栏按钮，Windows 7 还有一些特别的视觉效果。

### 2. 任务进度监视

在 Windows 7 操作系统中，任务栏中的按钮具有任务进度监视的功能。例如用户在复制某个文件时，在任务栏的按钮中同样会显示复制的进度，如图 2-10 所示。

图 2-10　进度监视

## 2.1.3　使用【开始】菜单

在 Windows 7 操作系统中【开始】菜单主要由固定程序列表、常用程序列表、所有程序菜单、启动菜单列表、搜索文本框以及关闭和锁定电脑按钮等组成，如图 2-11 所示。

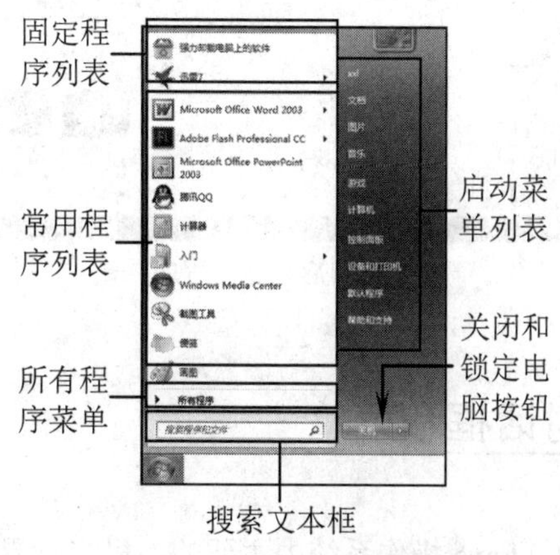


图 2-11　【开始】菜单组成

通过【开始】菜单，用户可以访问硬盘上的文件或者运行安装好的程序。

【例 2-2】通过【开始】菜单搜索运行硬盘上的【迅雷】软件。

(1) 单击【开始】按钮，打开【开始】菜单，在【搜索程序和文件】中输入“迅雷”两字，如图 2-12 所示。

(2) 系统自动搜索出与关键字“迅雷”相匹配的内容，并将结果显示在【开始】菜单中，如图 2-13 所示。

图 2-12　搜索框

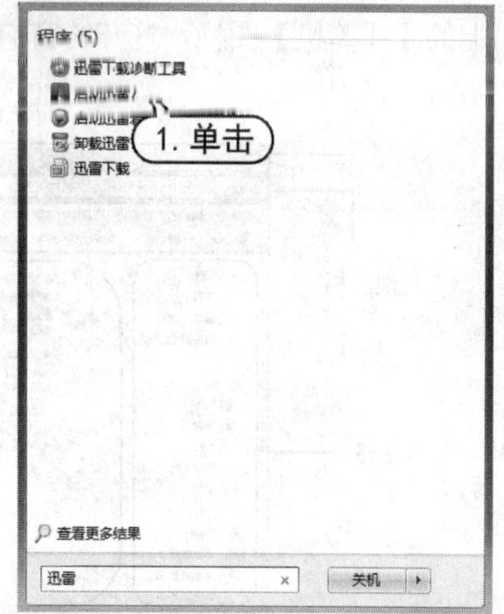


图 2-13　关键字“迅雷”的搜索结果

(3) 单击【启动迅雷 7】命令，即可启动迅雷应用程序，如图 2-14 所示。

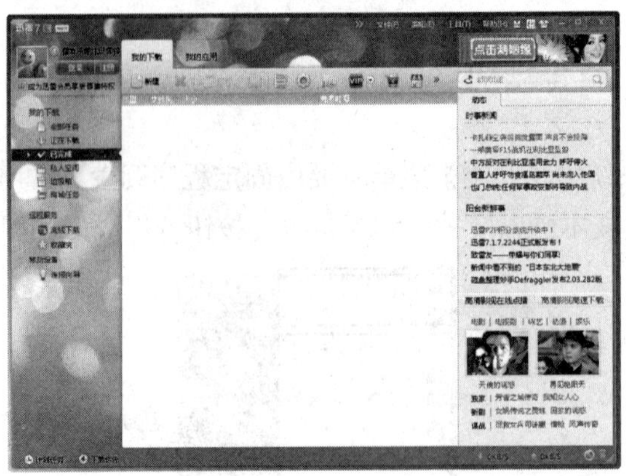

图 2-14　启动迅雷程序

## 2.1.4　管理窗口、对话框和菜单



窗口、对话框和菜单是 Windows 操作系统中主要的人机交互界面，用户对 Windows 系统的操作也主要是对窗口、对话框和菜单的操作。

### 1. 窗口

窗口是 Windows 操作系统中的重要组成部分，很多操作都是通过窗口来完成的。窗口相当于桌面上的一个工作区域，用户可以在窗口中对文件、文件夹或者对某个程序进行操作。在 Windows 中最为常用的就是【计算机】窗口、【资源管理器】窗口和一些应用程序的窗口，它们的组成元素基本相同。

双击桌面上的【计算机】图标，打开的窗口就是 Windows 7 系统下的一个标准窗口，该窗口的组成部分如图 2-15 所示。

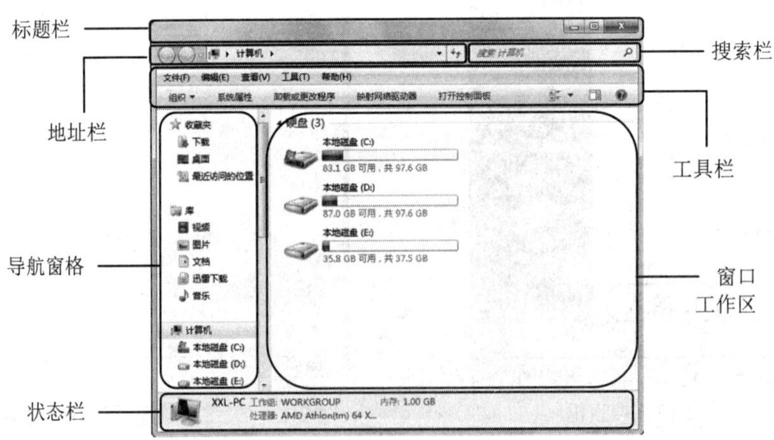


图 2-15　窗口

窗口中组成元素的各自作用如下。

- 标题栏：标题栏位于窗口的最顶端，标题栏最右端显示【最小化】、【最大化/还原】、【关闭】3个按钮。通常情况下，用户可以通过标题栏来进行移动窗口、改变窗口的大小和关闭窗口操作。
- 地址栏：用于显示和输入当前浏览位置的详细路径信息，Windows 7的地址栏提供按钮功能，单击地址栏文件夹后的按钮，弹出一个下拉菜单，里面列出了与该文件夹同级的其他文件夹，在菜单中选择相应的路径便可跳转到对应的文件夹。
- 搜索栏：Windows 7窗口右上角的搜索栏与【开始】菜单中的“搜索框”作用和用法相同，都具有在计算机中搜索各种文件的功能。搜索时，地址栏中显示搜索进度情况。
- 工具栏：工具栏位于地址栏的下方，提供了一些基本工具和菜单任务。
- 窗口工作区：用于显示主要的内容，如多个不同的文件夹、磁盘驱动等。它是窗口中最主要的部分。
- 导航窗格：导航窗格位于窗口左侧的位置，它给用户提供了树状结构文件夹列表，从而方便用户迅速地定位所需的目标。窗格从上到下分为不同的类别，通过单击每个类别前的箭头，可以展开或者合并。
- 状态栏：位于窗口的最底部，用于显示当前操作的状态及提示信息，或当前用户选定对象的详细信息。

用户可以通过对窗口的拖动来改变窗口的大小，只需要将鼠标指针移动到窗口四周的边框或4个角上，当光标变成双箭头形状时，按住鼠标左键不放进行拖动即可拉伸或收缩窗口。

Windows 7 系统特有的 Aero 特效功能也可以改变窗口大小，下面举例说明。

【例 2-3】通过 Aero 特效功能改变窗口大小。

(1) 双击桌面上的【计算机】图标，打开【计算机】窗口。

(2) 用鼠标光标拖动【计算机】窗口标题栏至屏幕的最上方，当光标碰到屏幕的上方边沿时，会出现放大的【气泡】，同时将会看到 Aero Peek 效果(窗口边框里面透明)填充桌面，如图 2-16 所示。

(3) 此时松开鼠标左键，【计算机】窗口即可全屏显示，如图 2-17 所示。若要还原窗口，只需将最大化的窗口向下拖动即可。

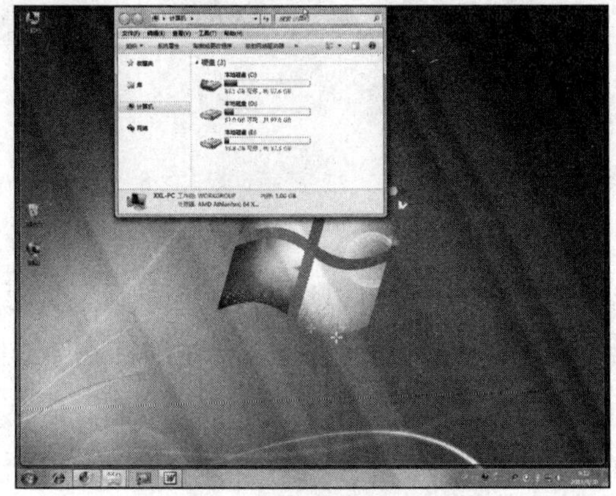

图 2-16　光标碰到上沿

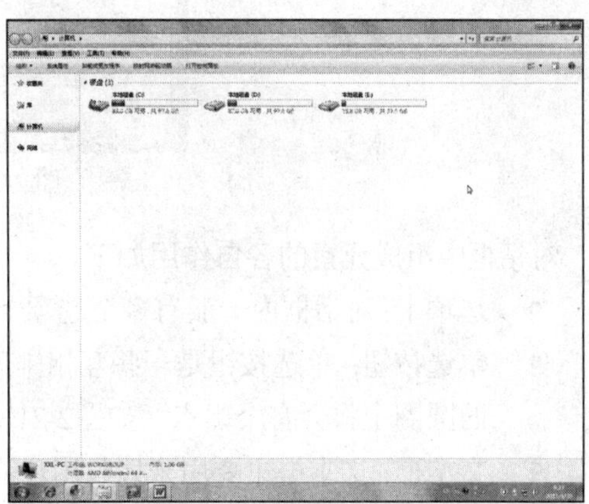

图 2-17　窗口全屏显示

(4) 将窗口用拖动标题栏的方式移动到屏幕的最右边，当光标碰到屏幕的右边沿时，会看到 Aero Peek 效果填充至屏幕的右半边，如图 2-18 所示。

(5) 同理，将窗口移动到屏幕左边沿也会将窗口大小变为屏幕靠左边的一半区域，如图 2-19 所示。若要还原窗口原来大小，只需将窗口向下拖动即可。

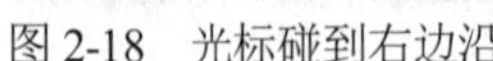

图 2-18　光标碰到右边沿

图 2-19　光标碰到左边沿

### 2. 对话框

Windows 7 中的对话框多种多样，一般来说，对话框中的可操作元素主要包括命令按钮、选项卡、单选按钮、复选框、文本框、下拉列表框和数值框等，如图 2-20 所示，但并不是所有的对话框都包含以上所有的元素。

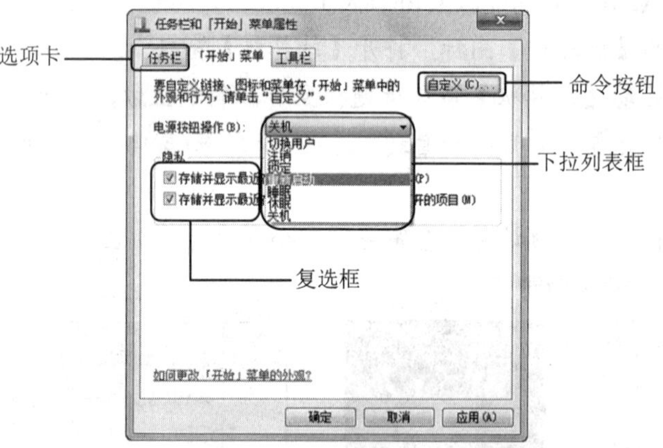



图 2-20　对话框

对话框中组成元素的各自作用如下。

- 选项卡：对话框内一般有多个选项卡，选择不同的选项卡可以切换到相应的设置页面。
- 单选按钮：单选按钮是一些互相排斥的选项，每次只能选择其中的一个项目，被选中的圆圈中将会有个黑点，如图2-21所示。
- 文本框：文本框主要用来接收用户输入的信息，以便正确地完成操作。如图2-22所示，【数值数据】选项下方的矩形白色区域即为文本框。

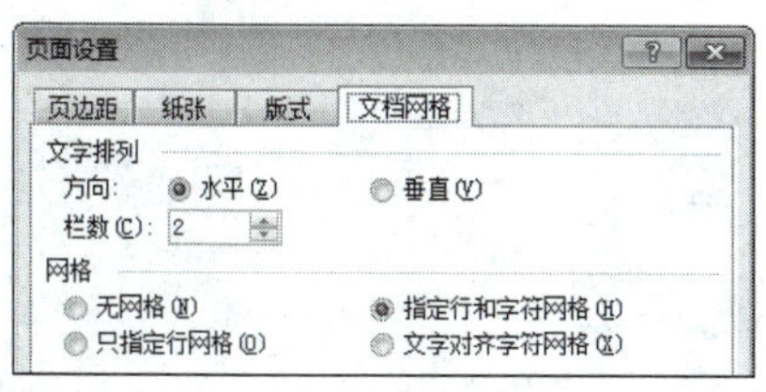


图 2-21　单选按钮

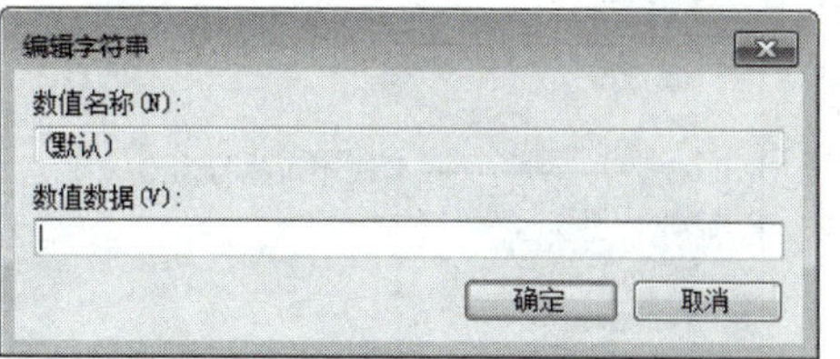


图 2-22　文本框

- 数值框：数值框用于输入或选中一个数值，它由文本框和微调按钮组成。在数值框中，单击上三角的微调按钮，可增加数值；单击下三角的微调按钮，可减少数值。也可以在文本框中直接输入需要的数值，如图2-23所示。
- 复选框：复选框中所列出的各个选项是不互相排斥的，用户可根据需要选择其中的一个或几个选项。当选中某个复选框时，框内出现一个“√”标记，一个选择框代表一个可以打开或关闭的选项。在空白选择框上单击便可选中它，再次单击这个选择框便可取消选择，如图2-24所示。

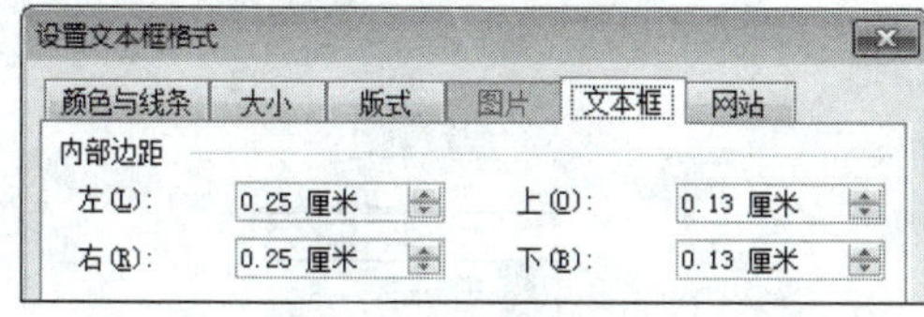


图 2-23　数值框

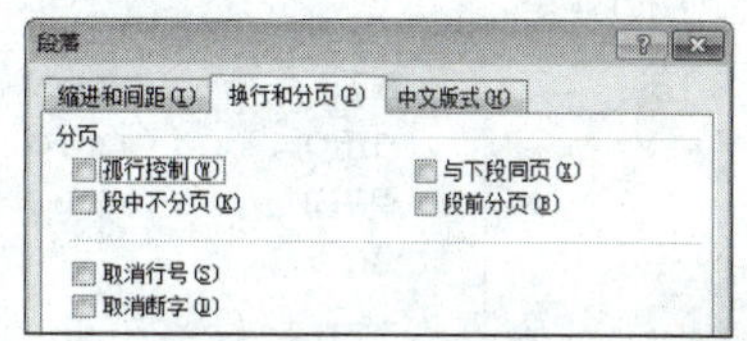


图 2-24　复选框

- 下拉列表框：下拉列表框是一个带有下拉按钮的文本框，用来在多个项目中选择一个，选中的项目将在下拉列表框内显示。当单击下拉列表框右边的下三角按钮时，将出现一个下拉列表供用户选择。

**提示**

移动和关闭对话框的操作和窗口的有关操作一样，不过对话框不能像窗口那样任意改变大小，在其标题栏上也没有【最小化】、【最大化】按钮，取而代之的是【帮助】按钮 ? 。

### 3. 菜单

菜单是应用程序中命令的集合，一般都位于窗口的菜单栏里，菜单栏通常由多层菜单组成，每个菜单又包含若干个命令。要打开菜单，用鼠标单击需要执行的菜单选项即可。

一般来说，菜单中的命令包含以下几种。

- 可执行命令和暂时不可执行命令：菜单中可以执行的命令以黑色字符显示，暂时不可执行的命令以灰色字符显示，在满足相应的条件下，暂时不可执行的命令才能变为可执行命令，灰色字符也会变为黑色字符，如图2-25所示。
- 快捷键命令：有些命令的右边有快捷键，用户通过使用这些快捷键，可以快速直接地执行相应的菜单命令，如图2-26所示。

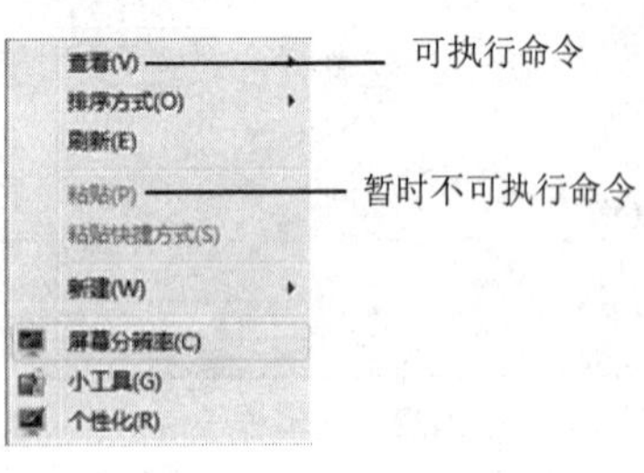


图 2-25　可执行和暂时不可执行命令

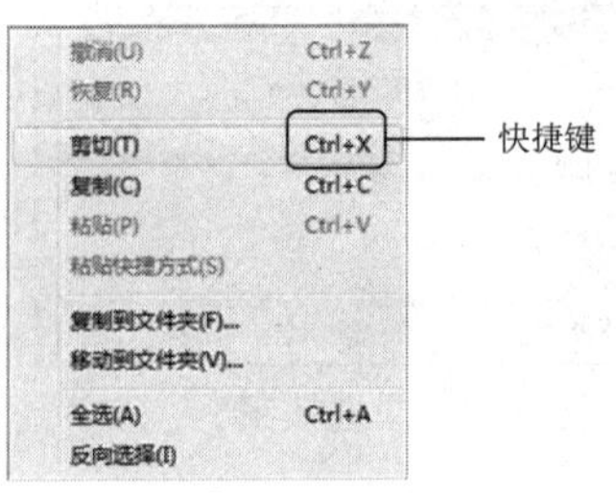


图 2-26　快捷键命令

- 带大写字母的命令：菜单命令中有许多命令的后面都有一个括号，括号中有一个大写字母(为该命令英文第一个字母)。当菜单处于激活状态时，在键盘上按下相应字母，可执行该命令，如图2-27所示。
- 带省略号的命令：命令的后面有省略号“…”，表示选择此命令后，将弹出一个对话框或者一个设置向导，这种命令表示可以完成一些设置或者更多的操作，如图2-28所示。

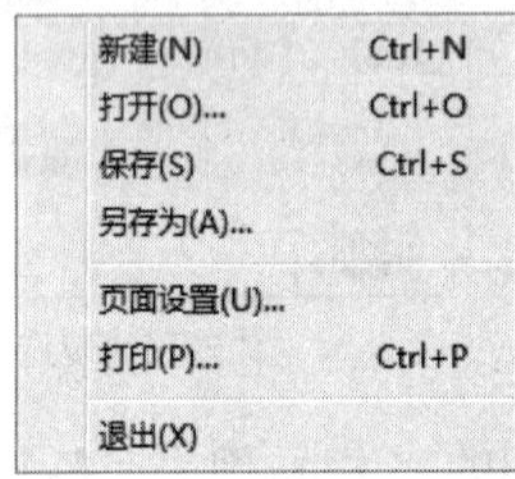


图 2-27　带大写字母的命令

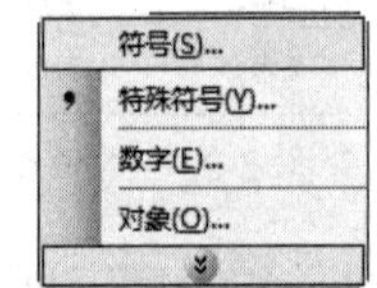


图 2-28　带省略号的命令

- 单选命令：有些菜单命令中，有一组命令每次只能有一个命令被选中，当前选中的命令左边出现一个单选标记“●”。选择该组的其他命令，标记“●”出现在选中命令的左边，原先命令前面的标记“●”将消失，这类命令称为单选命令。
- 复选命令：有些菜单命令中，选择某个命令后，该命令的左边出现一个复选标记“√”，表示此命令正在发挥作用；再次选择该命令，命令左边的标记“√”消失，表示该命令不起作用，这类命令称为复选命令。
- 子菜单命令：有些菜单命令的右边有一个向右的箭头，当光标指向此命令后，会弹出一个下级子菜单，子菜单通常给出某一类选项或命令，有时是一组应用程序，如图2-29所示。

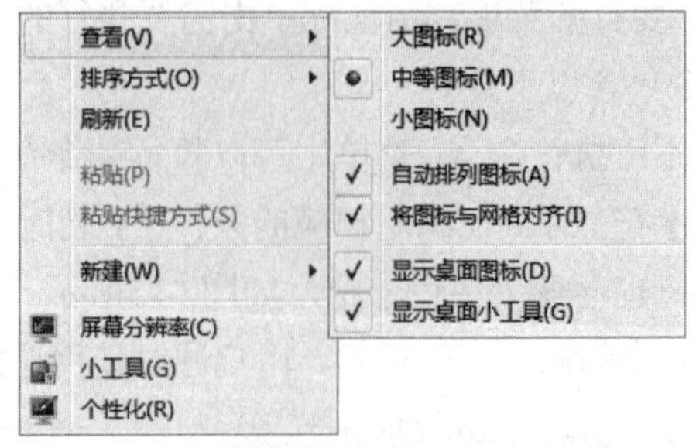


图 2-29　子菜单、单选命令、复选命令

# 2.2 创建个性化办公环境

在使用 Windows 7 进行电脑办公时，用户可根据自己的习惯和喜好为系统设置一个个性化的办公环境。其中主要包括设置桌面背景、更改系统时间，以及创建用户账户等。

## 2.2.1 设置桌面背景

桌面背景就是 Windows 7 系统桌面的背景图案，又叫墙纸。除了系统安装时默认的设置桌面以外，用户还可以根据自己的喜好更换桌面背景。

【例 2-4】更换 Windows 7 系统的桌面背景。

(1) 启动 Windows 7 系统后，右击桌面空白处，在弹出的快捷菜单中选择【个性化】命令，如图 2-30 所示。

(2) 打开【个性化】窗口，单击窗口下方的【桌面背景】图标，如图 2-31 所示。

图 2-30 选择【个性化】命令

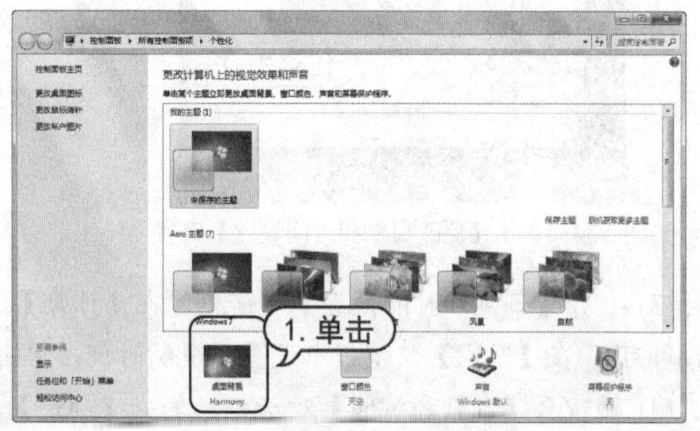


图 2-31 单击【桌面背景】图标

(3) 打开【选择桌面背景】对话框，单击【全面清除】按钮，然后在选项框内选择一幅图片，单击【保存修改】按钮，如图 2-32 所示。

(4) 此时桌面背景已经改变，如图 2-33 所示。

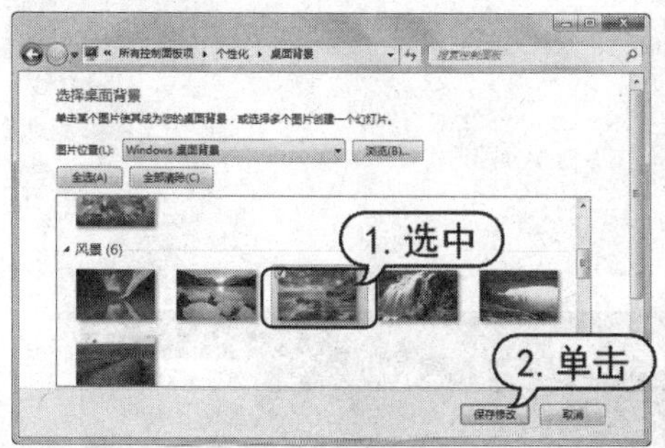


图 2-32 选择图片

图 2-33 更改桌面背景

## 2.2.2 更改系统时间

Windows 7 系统的日期和时间都显示在桌面的任务栏里，如果系统时间和现实生活中的不一致，用户可以对系统时间和日期进行调整。

【例 2-5】更换 Windows 7 系统的日期和时间。

(1) 单击任务栏最右侧的时间显示区域，打开显示日期和时间的对话框，然后在该对话框中单击【更改日期和时间设置】链接，如图 2-34 所示。

(2) 打开【日期和时间】对话框，单击【更改日期和时间】按钮，如图 2-35 所示。

图 2-34　单击【更改日期和时间设置】链接

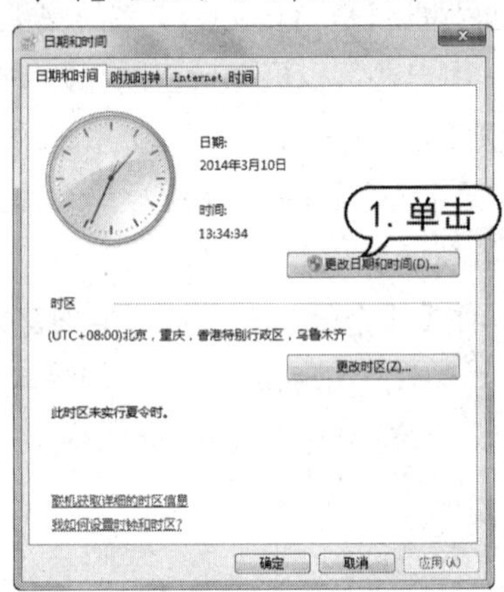


图 2-35　单击【更改日期和时间】按钮

(3) 打开【日期和时间设置】对话框，在【日期】选项区域中设置系统的日期(单击具体的日期即可)，在【时间】数值框中设置系统的时间，单击【确定】按钮，如图 2-36 所示。

(4) 返回至【日期和时间】对话框，单击【确定】按钮，返回至系统桌面，即可查看设置后的日期和时间，如图 2-37 所示。

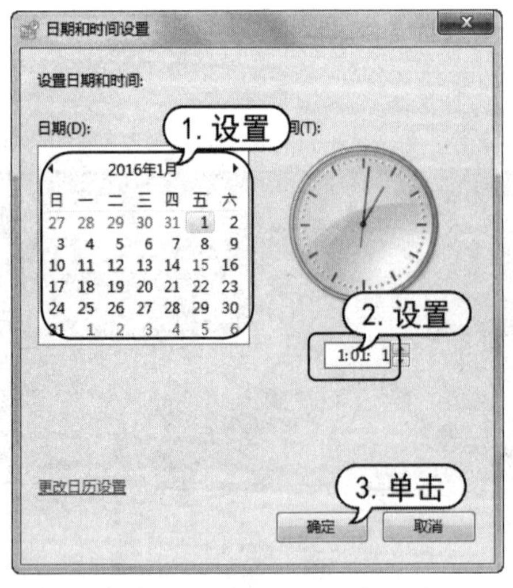


图 2-36　设置日期和时间

图 2-37　查看日期和时间

## 2.2.3　创建用户账户

Windows 7 是一个多用户、多任务的操作系统，它允许每个使用电脑的用户建立自己的专用工作环境。一般来说，用户账户有以下 3 种：计算机管理员账户、标准用户账户和来宾账户。

- 计算机管理员账户：计算机管理员账户拥有对全系统的控制权，它可改变系统设置，可以安装和删除程序，能访问计算机上所有的文件。除此之外，它还拥有控制其他用户的权限。
- 标准用户账户：标准用户账户是权限受到限制的账户，这类用户可以访问已经安装在计算机上的程序，可以更改自己的账户图片，还可以创建、更改或删除自己的密码，但无权更改大多数计算机的设置，不能删除重要文件，无法安装软件或硬件，也不能访问其他用户的文件。
- 来宾账户：来宾账户则是给那些在计算机上没有用户账户的人用的，只是一个临时用户，因此来宾账户的权限最小，它没有密码，可以快速登录，能做的事情仅限于查看电脑中的资源、检查电子邮件、浏览 Internet 等。

**知识点**

用户在安装 Windows 7 的过程中，第一次启动时建立的用户账户就属于“管理员”类型，在系统中只有“管理员”类型的账户才能创建新账户。

【例 2-6】在 Windows 7 中创建一个用户账户，并为其设置图标和密码。

(1) 单击【开始】按钮，选择【控制面板】命令，打开【控制面板】窗口，单击【用户账户和家庭安全】链接，如图 2-38 所示。

(2) 打开【用户账户和家庭安全】窗口，单击【用户账户】链接，如图 2-39 所示。

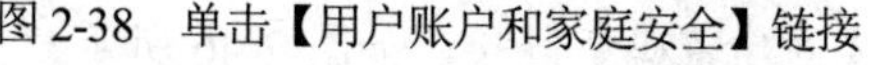
图 2-38　单击【用户账户和家庭安全】链接

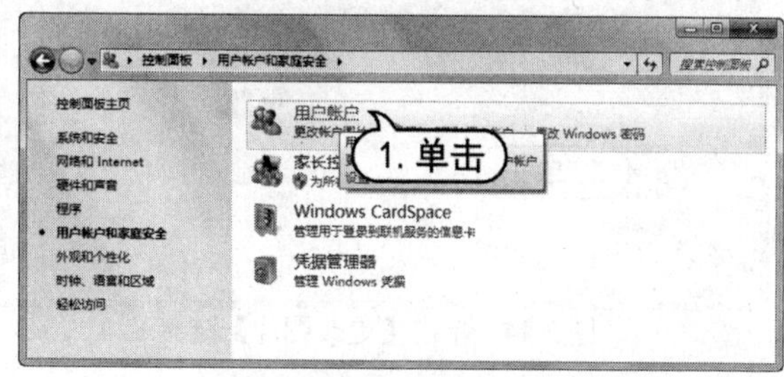


图 2-39　单击【用户账户】链接

(3) 在打开的【用户账户】窗口中单击【管理其他账户】链接，如图 2-40 所示。

(4) 打开【管理账户】窗口，窗口单击【创建一个新账户】链接，如图 2-41 所示。

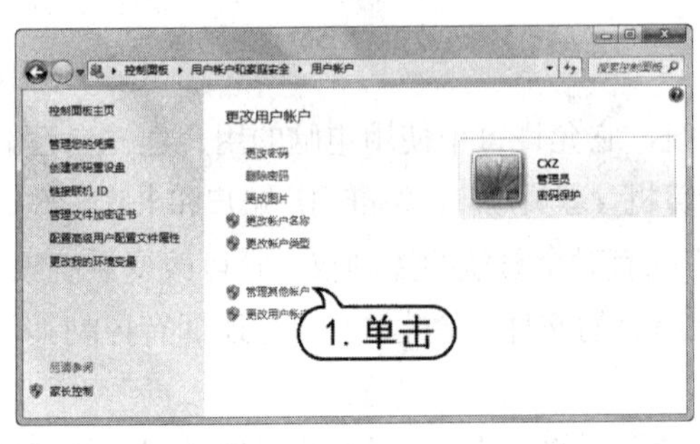


图 2-40　单击【管理其他账户】链接

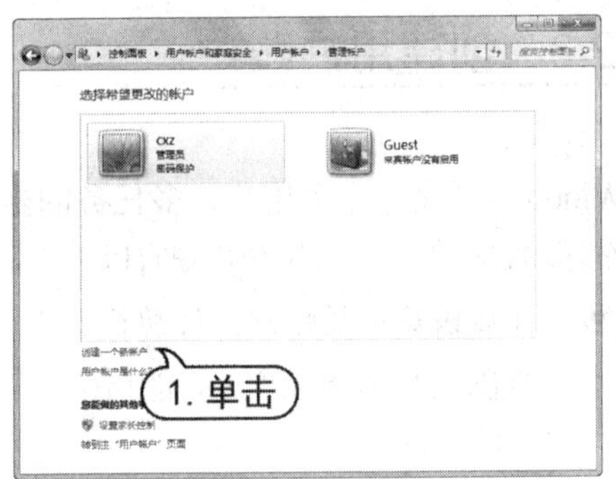


图 2-41　单击【创建一个新账户】链接

(5) 打开【创建新账户】窗口，在【命名账户并选择账户类型】文本框内输入文字“客户”，选中【标准用户】单选按钮，单击【创建账户】按钮，如图 2-42 所示。

(6) 此时【管理账户】窗口中显示【客户】图标，单击该图标，如图 2-43 所示。

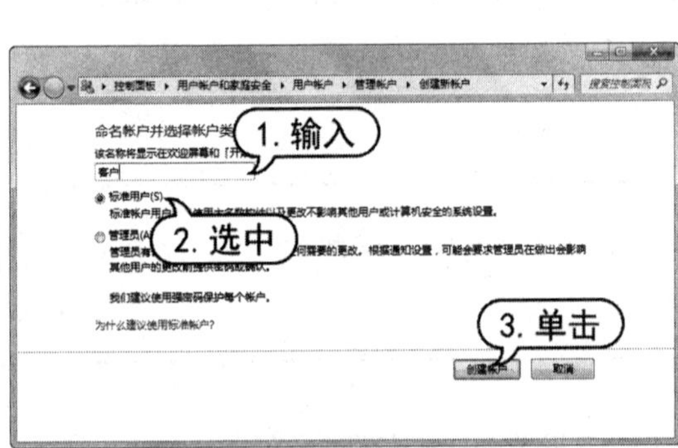


图 2-40　命名账户

图 2-43　单击【客户】图标

(7) 打开【更改账户】窗口，单击【更改图片】链接，如图 2-44 所示。

(8) 打开【更改图片】窗口，选中一张图片，单击【更改图片】按钮，如图 2-45 所示。

图 2-44　单击【更改图片】链接

图 2-45　选择图片

(9) 此时【更改账户】窗口显示图标图片，单击【创建密码】链接，如图 2-46 所示。

(10) 打开【创建密码】窗口，用户可以在其中为“客户”账户设置密码，单击【创建密码】按钮，如图 2-47 所示。

图 2-46　单击【创建密码】链接

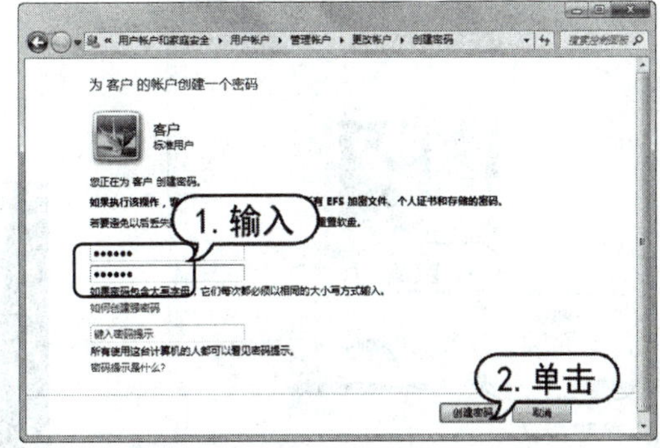


图 2-47　设置密码

(11) 此时会在账户图标中显示“密码保护”信息。下次登录系统时，进入“客户”账户则需要输入密码。

## 2.2.4　设置屏幕保护程序

屏幕保护程序是指在一定时间内没有使用鼠标或键盘进行任何操作而在屏幕上显示的画面。设置屏幕保护程序可以对电脑显示器起到保护作用，使电脑处于节能状态。

【例 2-7】在 Windows 7 中设置一种屏幕保护程序。

(1) 在桌面上右击，在弹出的快捷菜单中选择【个性化】命令，如图 2-48 所示。

(2) 打开【个性化】窗口，单击下方的【屏幕保护程序】图标，如图 2-49 所示。

图 2-48　选择【个性化】命令

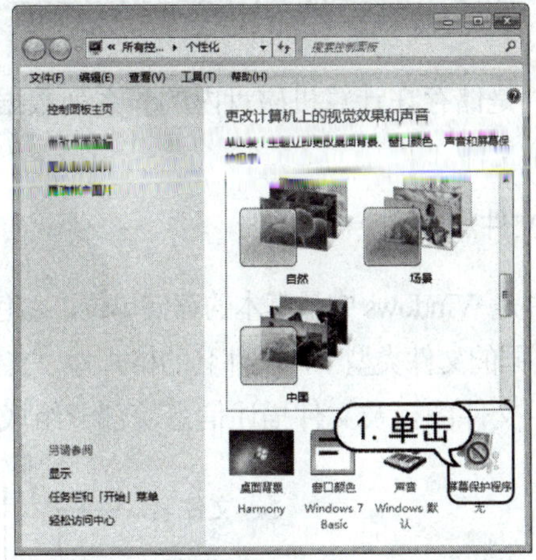


图 2-49　单击【屏幕保护程序】图标

(3) 打开【屏幕保护程序设置】对话框，在【屏幕保护程序】下拉菜单中选择【气泡】选项，在【等待】数值框中设置时间为 1 分钟，设置完成后单击【确定】按钮，如图 2-50 所示。

(4) 当屏幕静止时间超过设定的等待时间时(鼠标、键盘均没有任何动作)，系统即可自动启动屏幕保护程序，如图 2-51 所示。

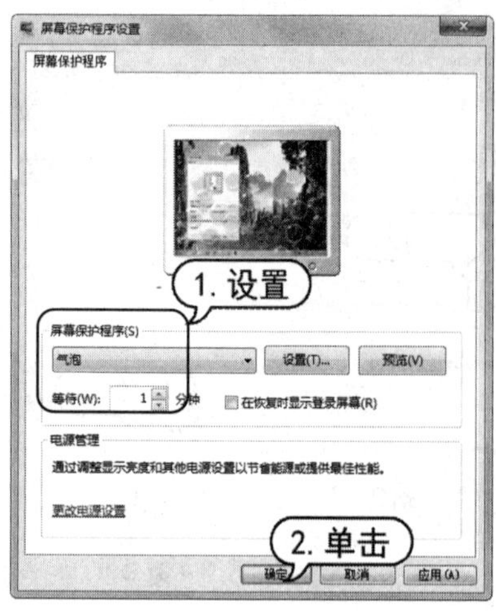


图 2-50 设置屏幕保护程序

图 2-51 启动屏幕保护程序

## 2.3 管理办公文件和文件夹

电脑中的一切数据都是以文件的形式存放在电脑中的，而文件夹则是文件的集合。要想把电脑中的资源管理得井然有序，首先要掌握文件和文件夹的操作方法。

### 2.3.1 文件和文件夹的概念

文件是储存在计算机磁盘内的一系列数据的集合，而文件夹则是文件的集合，用来存放单个或多个文件。

1. 文件

文件是 Windows 中最基本的存储单位，它包含文本、图像及数值数据等信息。不同的信息种类保存在不同的文件类型中，文件名的格式为“文件名.扩展名”。文件主要由文件名、文件扩展名、分隔点、文件图标及文件描述信息等部分组成，如图 2-52 所示。

图 2-52 文件的组成

文件的各组成部分作用如下。

- 文件名：标注当前文件的名称，用户可以根据需求来自定义文件的名称。
- 文件扩展名：标注当前文件的系统格式，如图2-52中文件扩展名为 doc，表示这个文件是一个 Word 文档文件。
- 分隔点：用来分隔文件名和文件扩展名。
- 文件图标：用图例表示当前文件的类型，是由系统里相应的应用程序关联建立的。
- 文件描述信息：用来显示当前文件的大小和类型等系统信息。

#### 2. 文件夹

文件夹用于存放计算机中的文件，是为了更好地管理文件而设计的。通过将不同的文件保存在相应的文件夹中，可以让用户方便快捷地找到想找的文件。

文件夹的外观由文件夹图标和文件夹名称组成，如图 2-53 所示。文件和文件夹都是存放在电脑的磁盘中的。文件夹中可以包含文件和子文件夹，子文件夹中又可以包含文件和子文件夹。

当打开某个文件夹时，在资源管理器的地址栏中即可看到该文件夹的路径，路径的结构一般包括磁盘名称、文件夹名称，如图 2-54 所示。

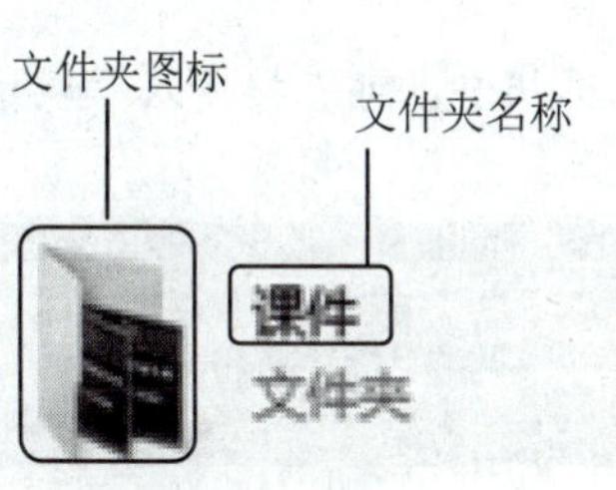


图 2-53　文件夹的组成

图 2-54　文件和文件夹路径

### 2.3.2　文件和文件夹基本操作

要将电脑中的资源管理得井然有序，首先要掌握文件和文件夹的基本操作方法。文件和文件夹的基本操作主要包括新建文件和文件夹，文件和文件夹的选择、重命名、移动、复制、删除等。

#### 1. 新建文件和文件夹

在使用电脑时，用户新建文件是为了存储数据或者满足使用应用程序的需要。下面将举例介绍新建文件和文件夹步骤。

【例 2-8】新建一个文本文件和文件夹。

(1) 打开【计算机】窗口，然后双击【本地磁盘(E:)】盘符，打开 E 盘，在窗口空白处单击鼠标右键，在弹出的快捷菜单中选择【新建】|【文本文档】命令，如图 2-55 所示。

(2) 此时窗口出现“新建文本文档.txt”文件，并且文件名“新建文本文档”呈可编辑状态。用户输入“看电影”，则变为【看电影】文件，如图 2-56 所示。

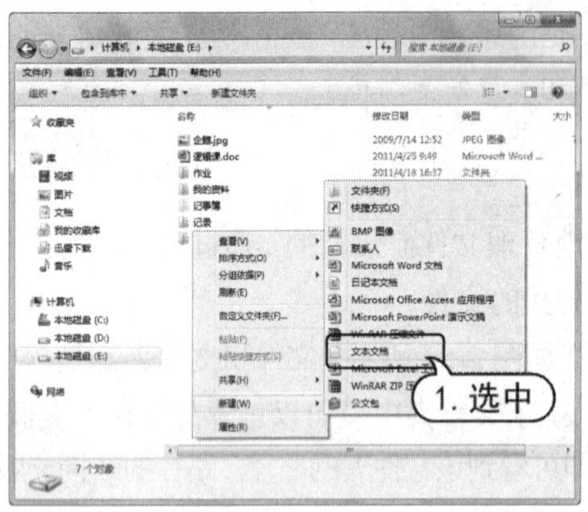

图 2-55　选择【新建】|【文本文档】命令

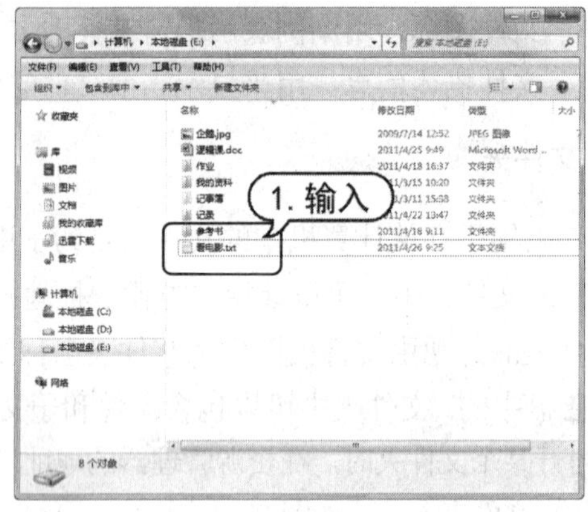

图 2-56　输入文件名

(3) 在窗口空白处右击鼠标，在弹出的快捷菜单中选择【新建】|【文件夹】命令，如图 2-57 所示。

(4) 出现【新建文件夹】文件夹，由于文件夹名呈可编辑状态，可直接输入“娱乐休闲”，则变成【娱乐休闲】文件夹，如图 2-58 所示。

图 2-57　选择【新建】|【文件夹】命令

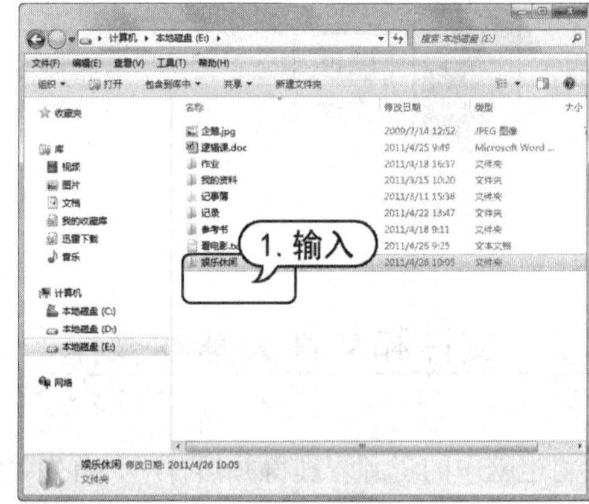

图 2-58　输入文件夹名

## 2. 选择文件和文件夹

为了便于用户快速选择文件和文件夹，Windows 系统提供了多种文件和文件夹的选择方法，分别介绍如下。

- 选择单个文件或文件夹：用鼠标左键单击文件或文件夹图标即可将其选中。
- 选择多个不相邻的文件或文件夹：选择第一个文件或文件夹后，按住 Ctrl 键，逐一单击要选择的文件或文件夹，如图2-59所示。

- 选择所有的文件或文件夹：按 Ctrl+A 组合键即可选中当前窗口中所有的文件或文件夹。
- 选择某一区域的文件和文件夹：在需要选择的文件或文件夹起始位置处按住鼠标左键进行拖动，此时在窗口中出现一个蓝色的矩形框，当该矩形框包含了需要选择的文件或文件夹后松开鼠标，即可完成选择，如图2-60所示。

图 2-59　选择多个不相邻文件或文件夹

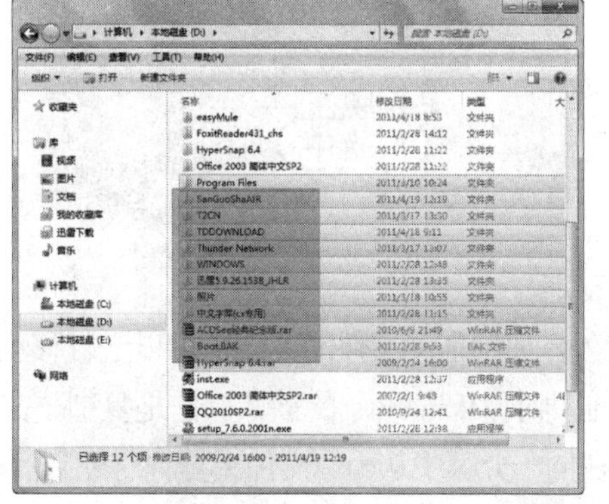

图 2-60　选择某一区域的文件或文件夹

### 3. 重命名文件和文件夹

用户在新建文件和文件夹后，已经给文件和文件夹命名了，不过在实际操作过程中，为了方便用户管理和查找文件和文件夹，可能要根据用户需求对其进行重新命名。

用户只需右击该文件或文件夹，在弹出的快捷菜单中选择【重命名】命令，如图 2-61 所示，则文件名变为可编辑状态，此时输入要改的名称即可，如图 2-62 所示。

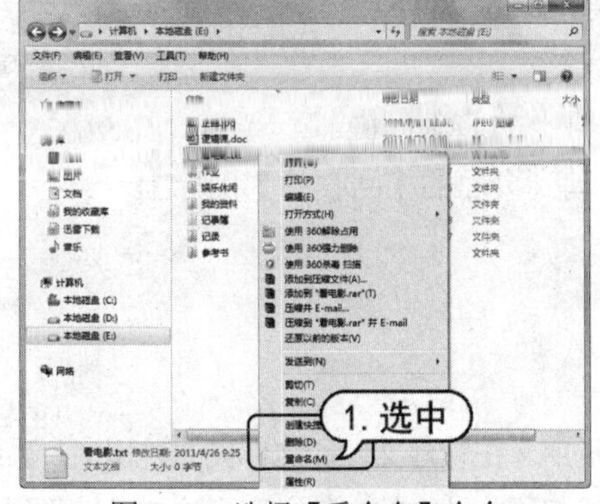


图 2-61　选择【重命名】命令

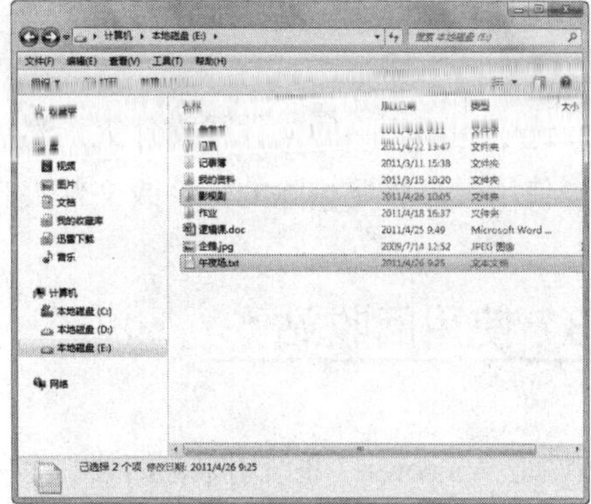

图 2-62　重命名文件和文件夹

### 4. 移动、复制文件和文件夹

移动文件和文件夹是指将文件和文件夹从原先的位置移动至其他的位置，移动的同时，会删除原先位置下的文件和文件夹。在 Windows 7 系统中，用户可以使用鼠标拖动的方法，或者使用右键快捷菜单中的【剪切】和【粘贴】命令，对文件或文件夹进行移动操作，如图 2-63 所示。

复制文件和文件夹是将文件或文件夹复制一份到硬盘的其他位置上，源文件依旧存放在原先位置。用户可以选择用右键快捷菜单中的【复制】和【粘贴】命令，对文件或文件夹进行复制操作，如图 2-64 所示。

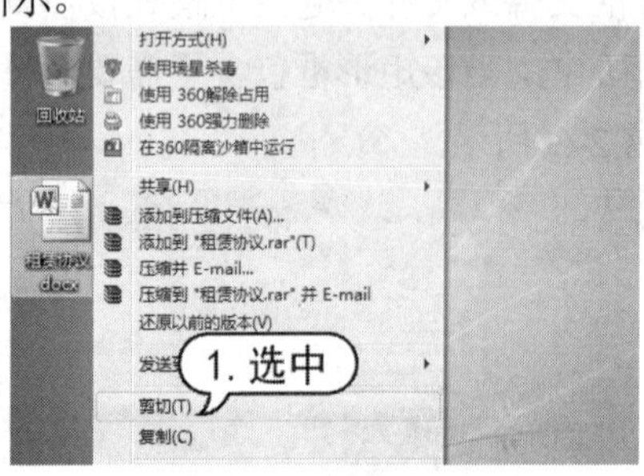

图 2-63　选择【剪切】命令

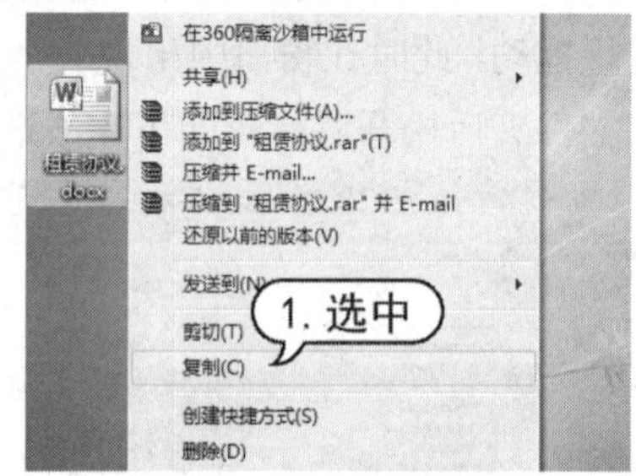

图 2-64　选择【复制】命令

此外，使用拖动文件的方法也可以进行移动和复制的操作。将文件和文件夹在不同磁盘分区之间进行拖动时，Windows 的默认操作是复制。在同一分区中拖动时，Windows 的默认操作是移动。如果要在同一分区中从一个文件夹复制对象到另一个文件夹，必须在拖动时按住 Ctrl 键，否则将会移动文件。同样，若要在不同的磁盘分区之间移动文件，则必须要在拖动的同时按下 Shift 键。

#### 5. 删除文件和文件夹

为了保持电脑中文件系统的整洁、有条理，同时也为了节省磁盘空间，用户经常需要删除一些已经没有用的或损坏的文件和文件夹。有如下几种删除文件和文件夹的方法。

- 右击要删除的文件或文件夹(可以是选中的多个文件或文件夹)，然后在弹出的快捷菜单中选择【删除】命令。
- 在【Windows 资源管理器】窗口中选中要删除的文件或文件夹，然后选择【组织】|【删除】命令。
- 选中想要删除的文件或文件夹，然后按键盘上的 Delete 键。
- 使用鼠标将要删除的文件或文件夹直接拖动到桌面的【回收站】图标上。

### 2.3.3　使用回收站

回收站是 Windows 7 系统用来存储被删除文件的场所。在管理文件和文件夹的过程中，系统将被删除的文件自动移动到回收站中，可以根据需要，选择将回收站中的文件彻底删除或者恢复到原来的位置，这样可以保证数据的安全性和可恢复性。

#### 1. 还原文件和文件夹

从回收站中还原文件和文件夹有两种方法，第一种方法是右击要还原的文件或文件夹，在弹出的快捷菜单中选择【还原】命令，这样即可将该文件或文件夹还原到被删除之前的磁盘目录位置，如图 2-65 所示。第二种方法则是直接单击回收站窗口中工具栏上的【还原此项目】按钮，效果和第一种方法相同，如图 2-66 所示。

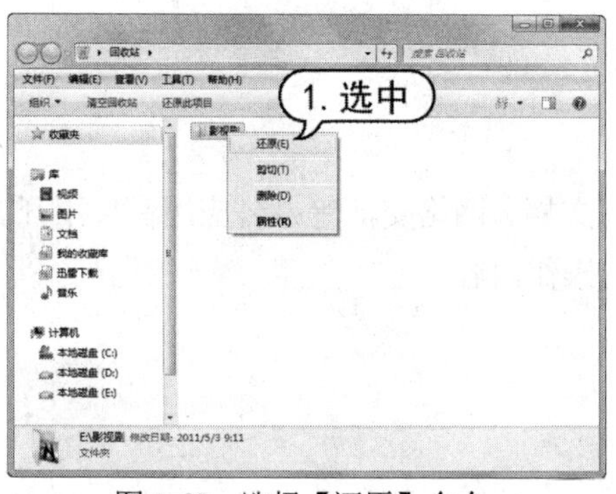


图 2-65　选择【还原】命令

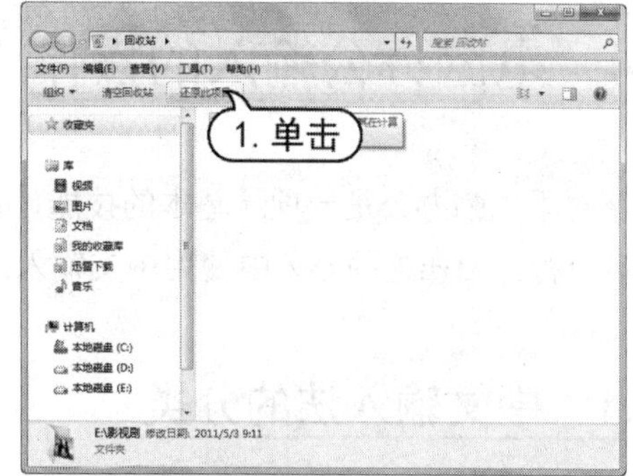


图 2-66　单击【还原此项目】按钮

### 2. 删除回收站文件

在回收站中删除文件和文件夹是永久删除，方法是右击要删除的文件，在弹出的快捷菜单中选择【删除】命令，如图 2-67 所示，然后会弹出提示对话框，单击【是】按钮，如图 2-68 所示，该文件则被永久删除。

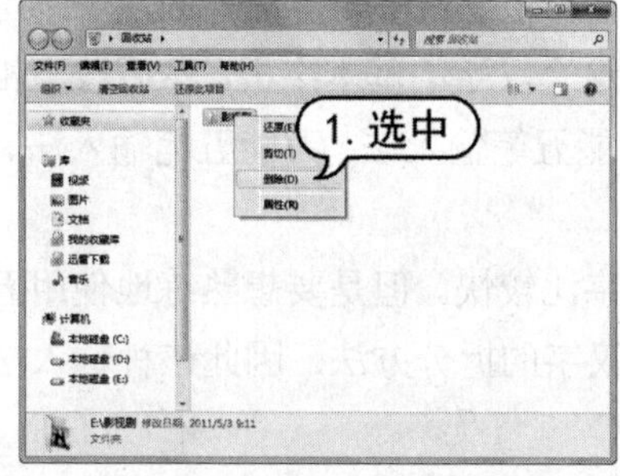


图 2-67　选择【删除】命令

图 2-68　单击【是】按钮

### 3 清空回收站

清空回收站是将回收站里的所有文件和文件夹全部永久删除，此时用户就不必去选择要删除的文件，直接右击桌面【回收站】图标，在弹出的快捷菜单中选择【清空回收站】命令，如图 2-69 所示。此时也和删除一样会弹出提示对话框，单击【是】按钮即可清空回收站，清空后回收站里就一无所有了，如图 2-70 所示。

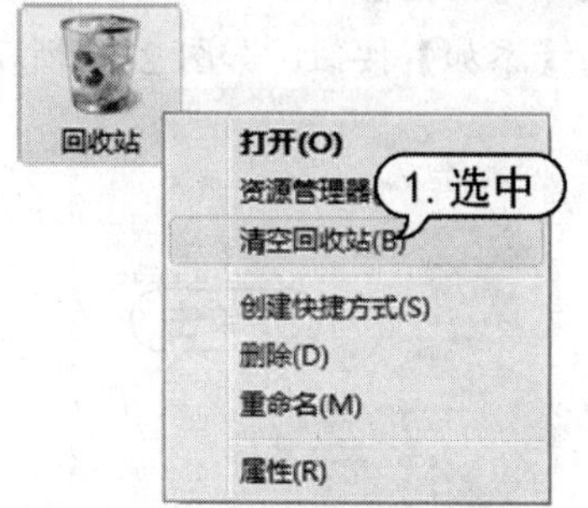


图 2-69　选择【清空回收站】命令

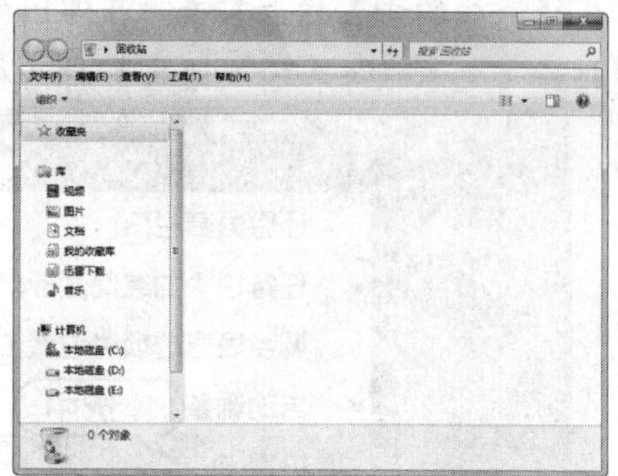

图 2-70　清空后回收站效果

# 2.4 电脑办公输入的操作

打字对于电脑办公是一项最基本的技能，编写文档、网络交流等办公应用都离不开文字的输入。本节将介绍在电脑办公中使用中文输入法的操作内容。

## 2.4.1 中文输入法的分类

常用的中文输入法一般分为拼音输入法和五笔输入法。

- 拼音输入法是以汉语拼音为基础的输入法，用户只要会用汉语拼音，就可以使用拼音输入法轻松地输入汉字。目前常见的拼音输入法有紫光拼音输入法、微软拼音输入法和搜狗拼音输入法等。
- 五笔字型输入法：五笔字型输入法是一种以汉字的构字结构为基础的输入法。它将汉字拆分成为一些基本结构，并称其为“字根”，每个字根都与键盘上的某个字母键相对应。要在电脑上输入汉字，就要先找到构成这个汉字的基本字根，然后按下相应的按键，即可输入。常见的五笔字型输入法有智能五笔输入法、万能五笔输入法、王码五笔输入法和极品五笔输入法等。

五笔字型输入法是根据汉字结构来输入的，输入汉字比较快。但是要想熟练地使用五笔字型输入法，必须要花大量的时间来记忆字根和键位以及汉字的拆分方法，因此该种输入法一般为专业打字工作者使用。

## 2.4.2 添加输入法

Windows 7 中文版自带了几种输入法供用户使用，在安装系统后自动显示在输入法列表中，用户可以自行添加合适的输入法。

【例 2-9】在 Windows 7 操作系统中添加【简体中文全拼】输入法。

(1) 在任务栏的语言栏上右击，在弹出的快捷菜单中选择【设置】命令，如图 2-71 所示。

(2) 打开【文本服务和输入语言】对话框，单击右侧的【添加】按钮，如图 2-72 所示。

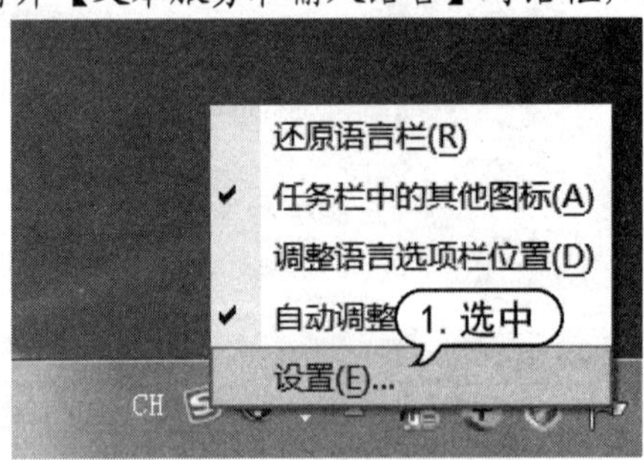


图 2-71 选择【设置】命令

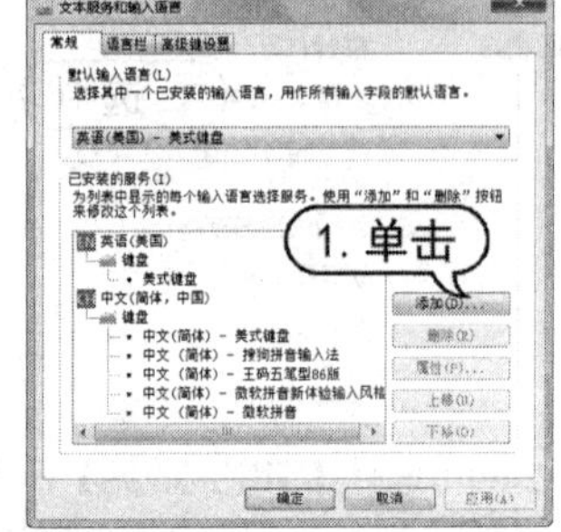


图 2-72 单击【添加】按钮

(3) 打开【添加输入语言】对话框，在该对话框中选中【简体中文全拼】复选框，然后单击【确定】按钮，如图 2-73 所示。

(4) 返回【文本服务和输入语言】对话框，此时可在【已安装的服务】选项组中的输入法列表中，看到刚刚添加的输入法，单击【确定】按钮完成设置，如图 2-74 所示。

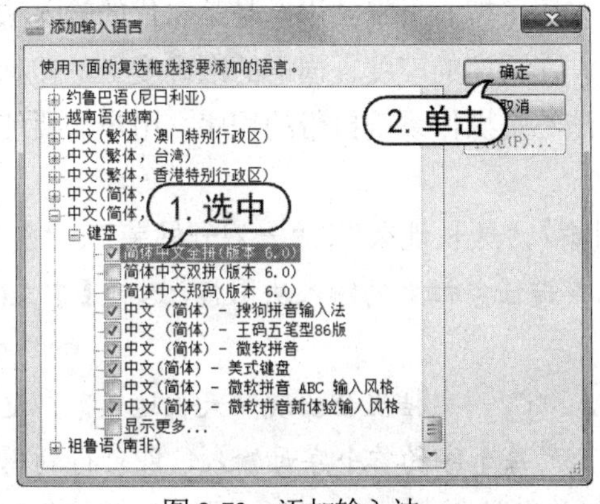


图 2-73　添加输入法

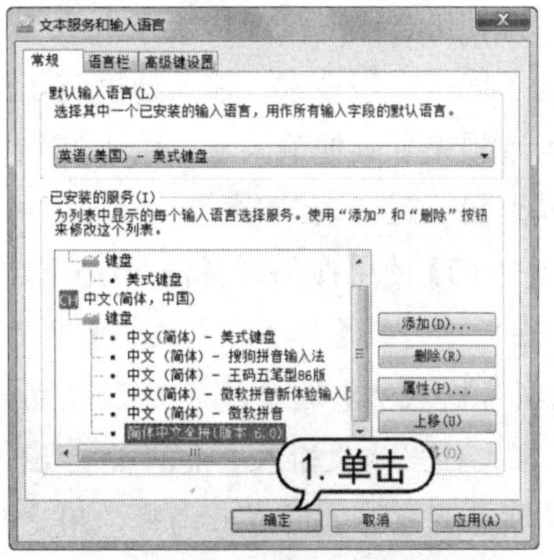


图 2-74　单击【确定】按钮

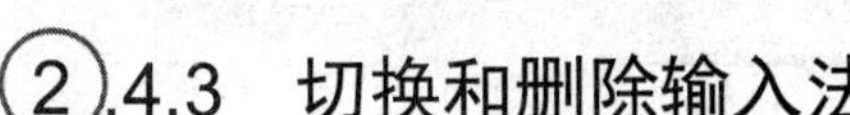

## 2.4.3　切换和删除输入法

在 Windows 7 操作系统中，默认状态下，用户可以使用 Ctrl+空格键在中文输入法和英文输入法之间进行切换，使用 Ctrl+Shift 组合键来切换输入法。Ctrl+Shift 组合键采用循环切换的形式，在各个输入法和英文输入方式之间依次进行转换。

选择中文输入法也可以通过单击任务栏上的输入法指示图标来完成，这种方法比较直接。在 Windows 桌面的任务栏中，单击代表输入法的图标，在弹出的输入法列表中单击要使用的输入法即可。当前使用的输入法名称前面将显示“√”标记，如图 2-75 所示。

如果用户不需要一些输入法，还可以删除。例如要删除【简体中文全拼】输入法，只需要打开【文本服务和输入语言】对话框，在【已安装的服务】列表框里选择【简体中文全拼】选项，然后单击【删除】按钮，最后单击【确定】按钮即可，如图 2-76 所示。

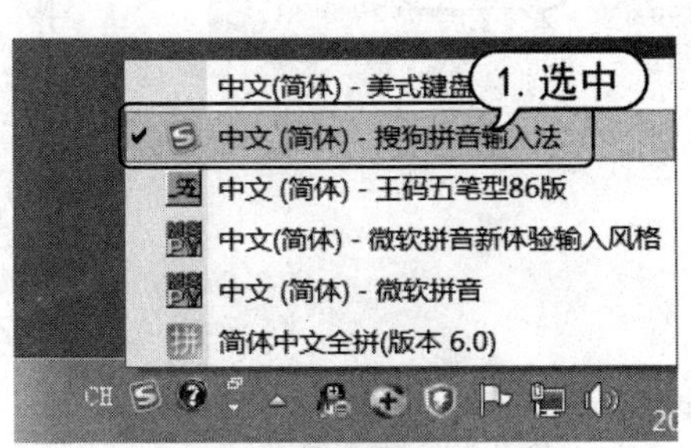


图 2-75　切换输入法

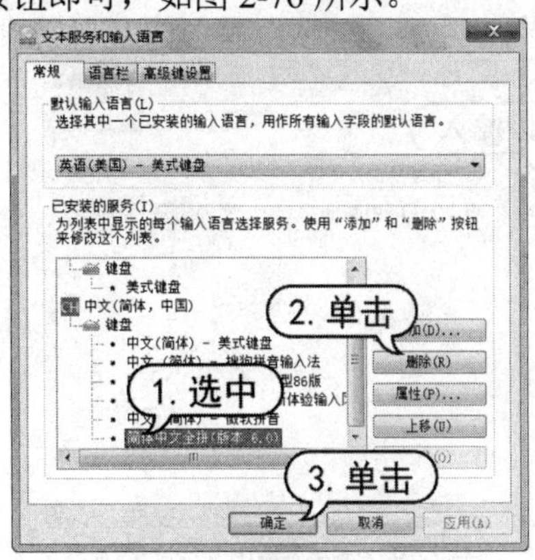


图 2-76　删除输入法

## 2.4.4 使用搜狗拼音输入法

搜狗拼音输入法是搜狐公司推出的一款汉字拼音输入法软件，是目前国内主流的拼音输入法之一。搜狗拼音输入法与传统输入法不同的是，采用了搜索引擎技术，是第二代的输入法。由于采用了搜索引擎技术，输入速度有了质的飞跃，在词库的广度、词语的准确度上，搜狗输入法都远远领先于其他输入法。由于搜狗拼音输入法不是操作系统自带的程序，用户需要使用它，可以上网下载安装。

【例 2-10】使用搜狗拼音输入法在文档里分别输入“天长地久”、“一岁一枯荣”、“△”。

(1) 在已建好的【新建文本文档】里插入光标，单击任务栏上的输入法图标，选择【中文(简体)-搜狗拼音输入法】选项，如图 2-77 所示。

(2) 在文档里依次输入“tian”、“c”、“d”、“j”。文档里会出现“天长地久”。这是因为搜狗拼音拥有丰富的专业词库，用户只要把成语的每个字的首个字母输入，即可得到想要的成语，不过为了区分有可能出现的重码，可以把首字的拼音“tian”全部输入，如图 2-78 所示。

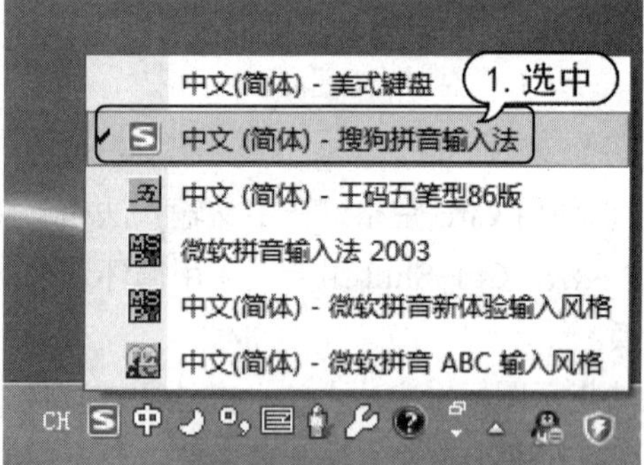


图 2-77 选择输入法

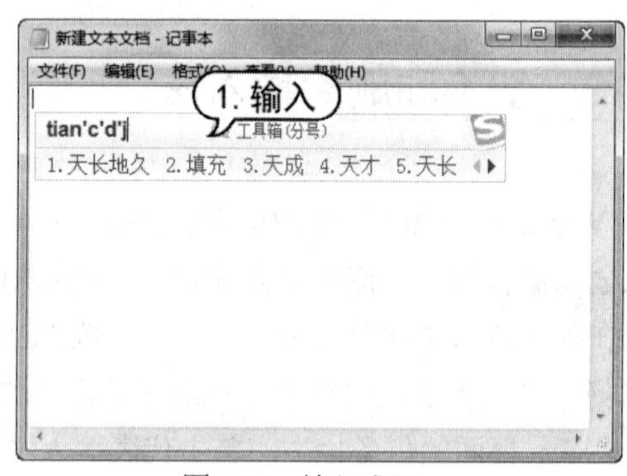


图 2-78 输入成语

(3) 搜狗拼音的专业词库也包含古诗词，所以用户可以在文档里依次输入“y”、“s”、“y”、“k”、“r”，得出“一岁一枯荣”这句诗，如图 2-79 所示。

(4) 像“△”这样的符号，在搜狗拼音里直接用“三角形”的拼音“san”、“jiao”、“xing”，然后在候选词语中找到“△”符号，按所对应的数字键 5 即可完成输入，如图 2-80 所示。

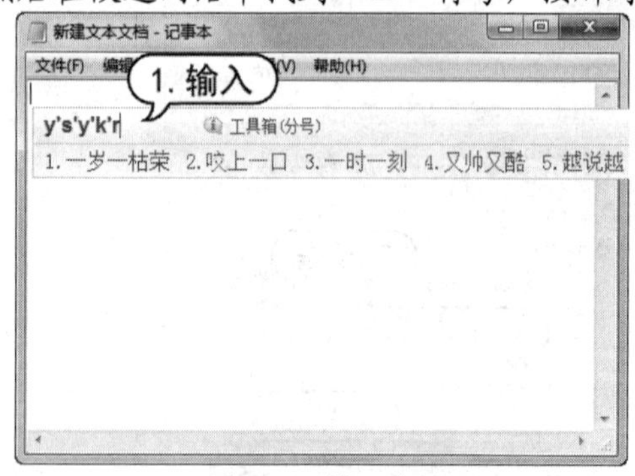


图 2-79 输入诗句

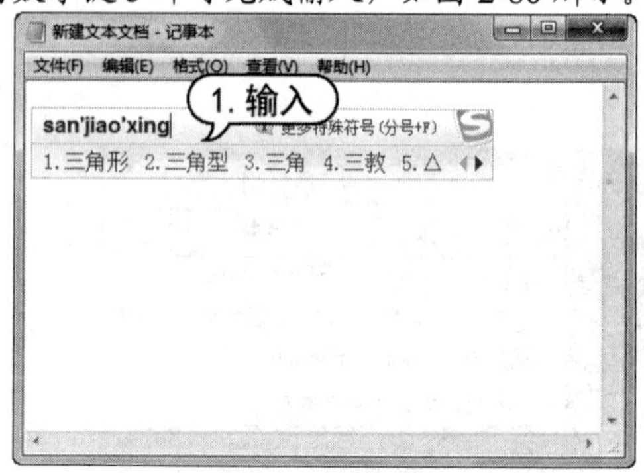


图 2-80 输入符号

## 2.5　上机练习

本章的上机实验主要练习设置个性化桌面图标，使用户学习自定义图标样式和大小等属性的使用方法。

(1) 在桌面上右击鼠标，在弹出的快捷菜单中选择【个性化】命令，如图 2-81 所示。

(2) 打开【个性化】窗口，单击窗口左侧的【更改桌面图标】链接，如图 2-82 所示。

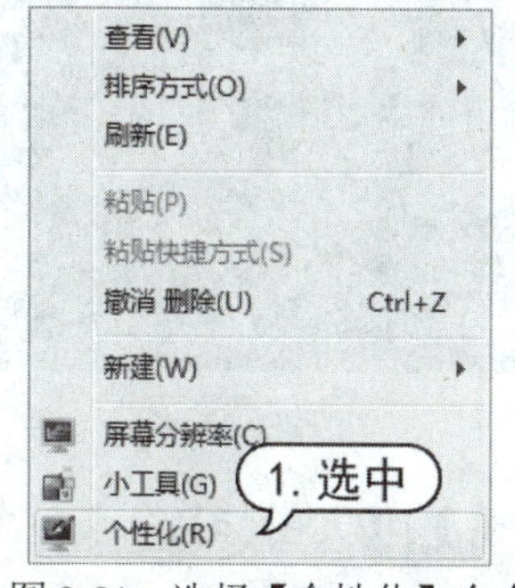


图 2-81　选择【个性化】命令

图 2-82　单击【更改桌面图标】链接

(3) 打开【桌面图标设置】对话框，选中【计算机】图标，单击【更改图标】按钮，如图 2-83 所示。

(4) 打开【更改图标】对话框，选择一个图标样式，单击【确定】按钮，如图 2-84 所示。

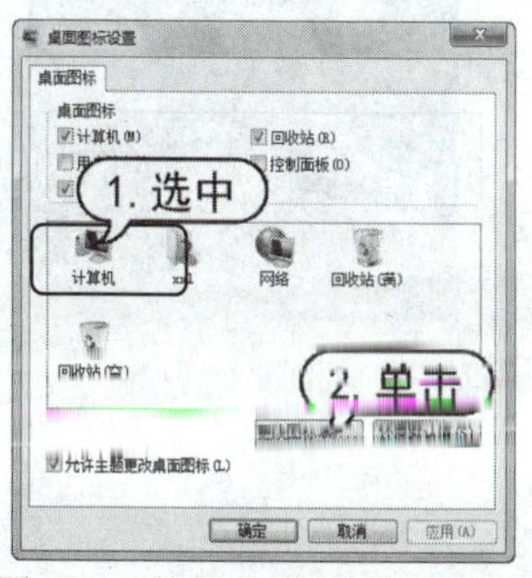


图 2-83　单击【更改图标】按钮

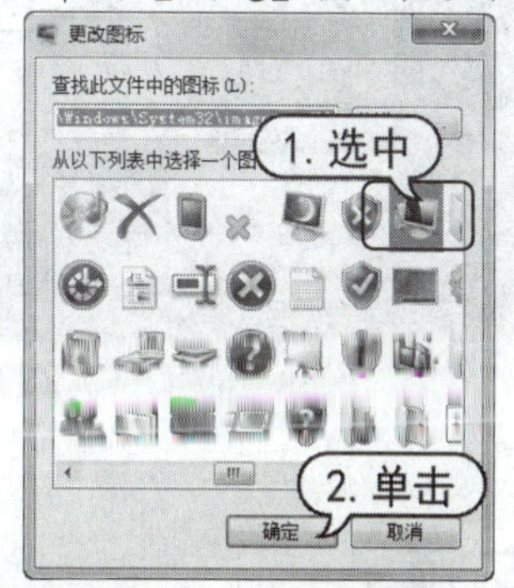


图 2-84　选择图标样式

(5) 返回至【桌面图标设置】对话框，单击【确定】按钮，即可完成桌面上【计算机】图标样式的更改，如图 2-85 所示。

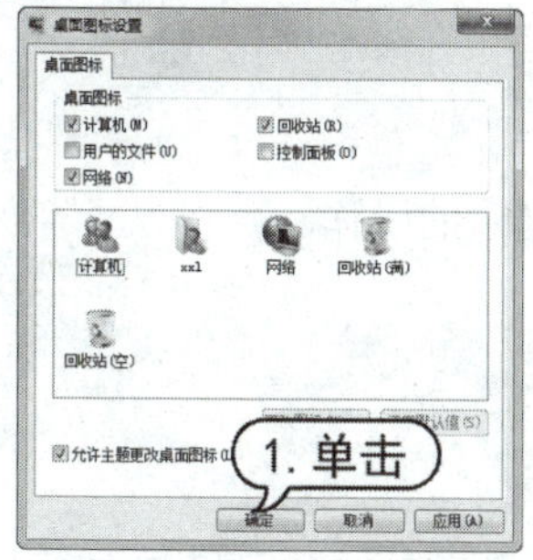

图 2-85　更改桌面【计算机】图标样式

(6) 选中【计算机】图标，右击，在打开的快捷菜单中选择【重命名】命令，将图标名称“计算机”更改为“我的电脑”，如图 2-86 所示。

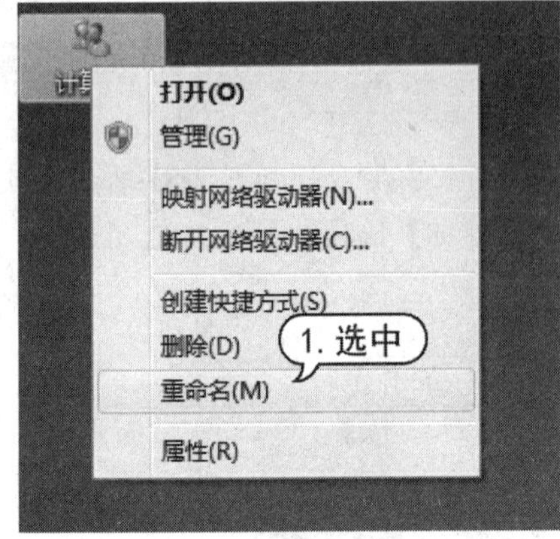

图 2-86　更改图标名称

(7) 在桌面空白处右击，在打开的快捷菜单中选择【查看】|【大图标】命令，桌面图标即可变大，如图 2-87 所示。

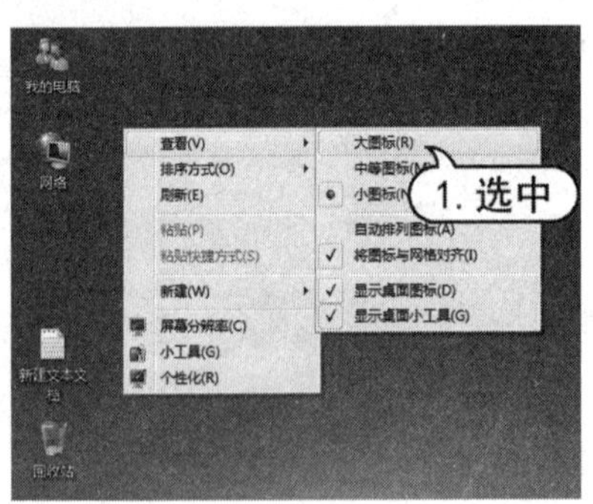


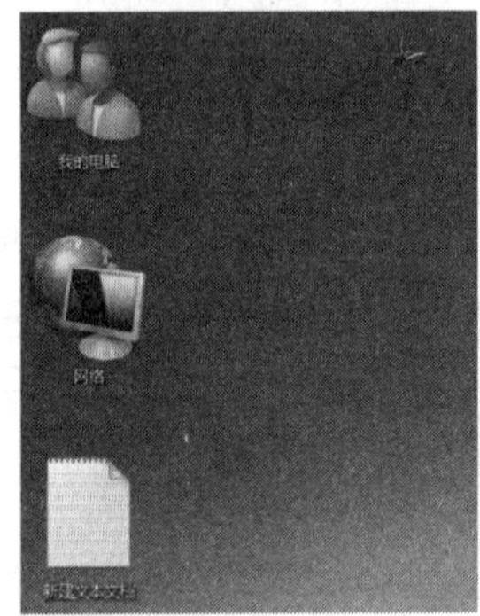


图 2-87　更改图标大小

## 2.6　习题

1. Windows 7 桌面主要由哪些元素组成？
2. 如何使用【开始】菜单运行软件？
3. 菜单一般包含哪几种命令？
4. 创建一个新的管理员用户账户。
5. 新建一个文件和文件夹，进行重命名、复制，然后删除的操作。

# 第3章 常用电脑办公软、硬件

## 学习目标

电脑系统是由软件和硬件组成的，在电脑办公过程中，常常需要很多工具软件和硬件外设加以辅助，例如使用压缩软件、看图软件、电子阅读软件等软件，使用打印机等硬件外设。本章主要介绍常用办公软件和外部硬件设备的使用和操作内容。

## 本章重点

- 安装软件
- 压缩与解压缩软件
- 看图软件
- PDF 阅读软件
- 使用打印机

## 3.1 安装和卸载办公软件

在电脑中使用某个办公软件，必须要将这个软件安装到电脑中，才能打开它并进行相关的操作。如果不想再使用安装后的软件，还可以将其卸载。

### 3.1.1 安装电脑软件

用户首先要选择好适合自己的需求和硬件允许安装的软件，然后再选择安装方式和步骤来安装应用程序软件。

首先用户需要检查自己当前电脑的配置，是否能够运行该软件，一般软件尤其是大型软件，对硬件的配置要求是不尽相同的。除了硬件配置，操作系统的版本兼容性也要考虑到。

然后用户需要获取软件的安装程序，用户可以通过两种方式来获取安装程序：第一种是从网上下载安装程序，网络上有很多共享的免费软件提供下载，用户可以上网查找并下载这些安装程序。第二种是购买安装光盘，一般软件销售都以光盘的介质为载体，用户可以到软件销售商处购买安装光盘，然后将光盘放入计算机光驱内执行安装。

**知识点**

安装程序的可执行文件一般的扩展名为“.exe”，其名称一般为“Setup”或“Install”，用户找到该文件，双击即可启动安装程序。

软件安装的步骤大致都相同，下面通过介绍安装 Office 2010 来说明软件的安装方法。

【例 3-1】在 Windows 7 系统中安装办公软件 Office 2010。

(1) 双击 Office 2010 软件安装程序文件(setup.exe)后，系统将打开【用户账户控制】对话框，单击【是】按钮，如图 3-1 所示。

(2) 系统将弹出一个对话框，开始初始化软件的安装程序，如图 3-2 所示。

图 3-1　单击【是】按钮

图 3-2　安装初始化

(3) 如果此时系统中安装有旧版本的 Office 软件，稍等片刻，系统将打开【选择所需的安装】对话框，用户可在该对话框中选择软件的安装方式，本例选择【自定义】安装方式，单击【自定义】按钮，如图 3-3 所示。

(4) 在【升级】选项卡中，可选择是否保留早期版本。本例选中【保留所有早期版本】单选按钮，如图 3-4 所示。

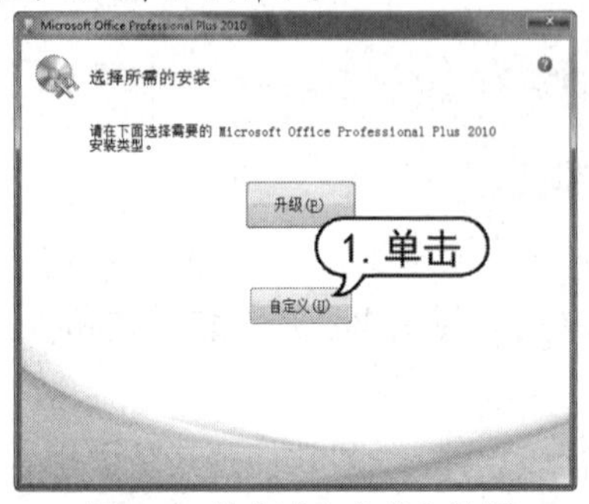


图 3-3　单击【自定义】按钮

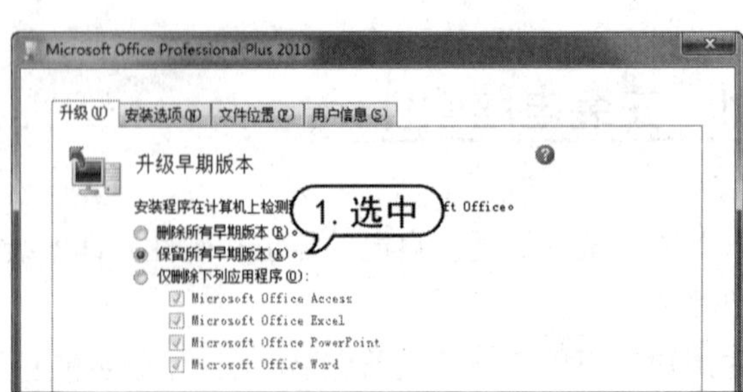


图 3-4　选中【保留所有早期版本】单选按钮

(5) 切换至【安装选项】选项卡，在该选项卡中，用户可选择关闭不需要安装的文件，如图 3-5 所示。

(6) 切换至【文件位置】选项卡，然后在该选项卡中设置文件安装的位置，如图 3-6 所示。

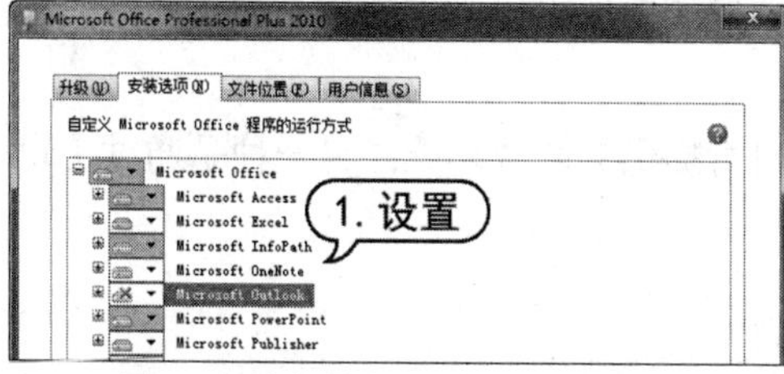


图 3-5　选择关闭不需要安装的文件

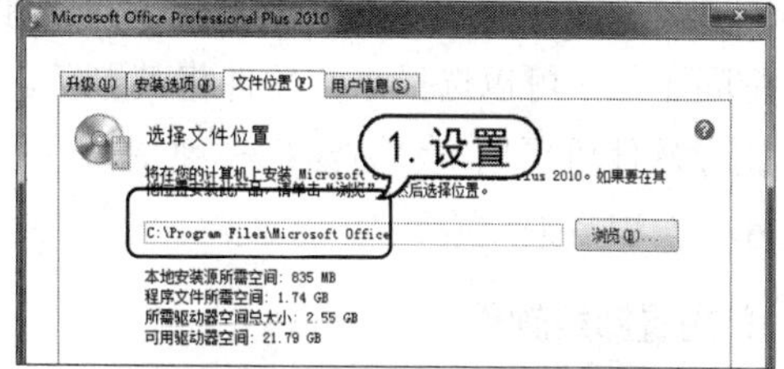


图 3-6　设置文件安装的位置

(7) 切换至【用户信息】选项卡，在该选项卡中可设置用户的相关信息。设置完成后，单击【立即安装】按钮，如图 3-7 所示。

(8) 系统即可按照设置开始安装 Office 2010，并显示安装进度和安装信息，如图 3-8 所示。

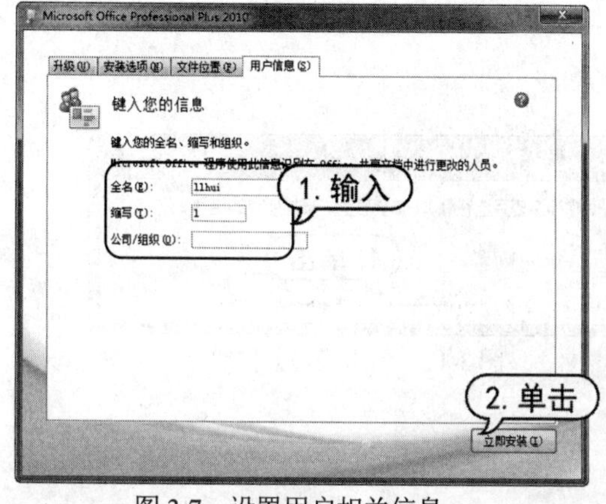


图 3-7　设置用户相关信息

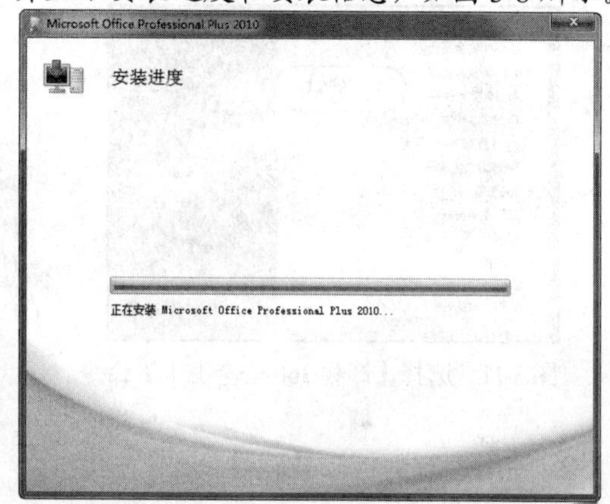


图 3-8　显示安装进度信息

(9) 安装完成后，系统自动打开安装完成的对话框，单击【关闭】按钮，如图 3-9 所示。

(10) 系统提示用户需重启系统才能完成安装，单击【是】按钮，重启系统后，即完成 Office 2010 的安装，如图 3-10 所示。

图 3-9　单击【关闭】按钮

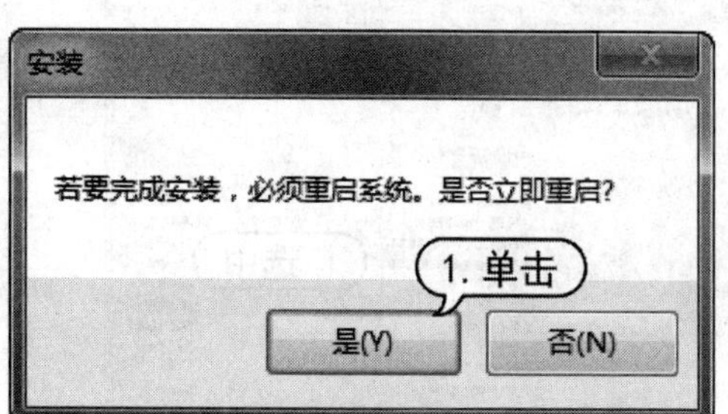


图 3-10　单击【是】按钮

## 3.1.2 卸载电脑软件

卸载软件就是将该软件从电脑硬盘内删除，软件如果使用一段时间后不再需要，或者由于磁盘空间不足，可以选择一些软件将其删除。

删除软件可采用两种方法：一种是通过软件自身提供的卸载功能；另一种是通过【卸载或更改程序】窗口来完成。

### 1. 内置卸载软件

大部分软件都提供了内置的卸载功能，例如要卸载360安全卫士，可单击【开始】按钮，选择【所有程序】|【360安全卫士】|【卸载360安全卫士】命令，如图3-11所示。此时，系统会打开卸载提示对话框，提示用户是否删除软件，单击【是】按钮，即可开始卸载软件，如图3-12所示。

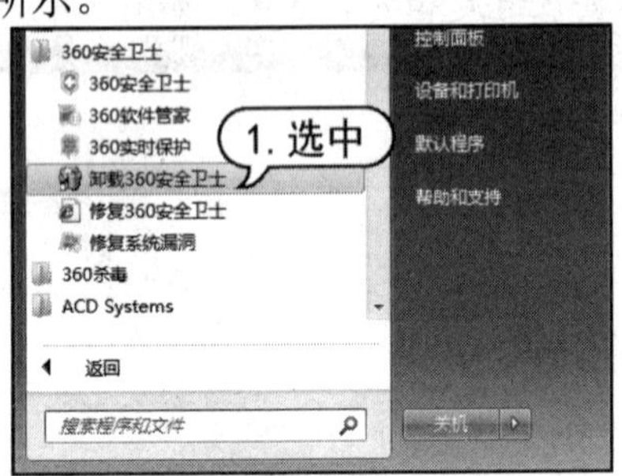


图3-11　选择【卸载360安全卫士】命令

图3-12　单击【是】按钮

### 2. 使用控制面板卸载软件

如果该程序没有自带卸载功能，则可以通过控制面板中的【程序和功能】窗口来卸载该程序。

首先选择【开始】|【控制面板】命令，打开【控制面板】窗口后，在该窗口中双击【程序和功能】图标，打开【卸载或更改程序】窗口，在程序列表中右击需要卸载的软件，在弹出的快捷菜单中选择【卸载/更改】命令，如图3-13所示。打开【卸载程序】对话框，单击【下一步】按钮，按提示进行操作即可完成卸载，如图3-14所示。

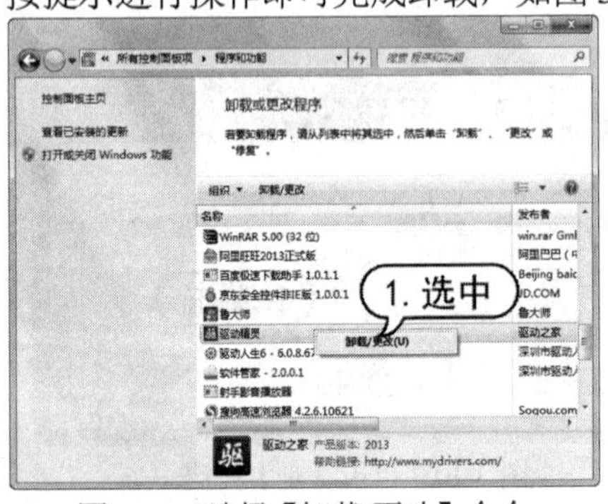


图3-13　选择【卸载/更改】命令

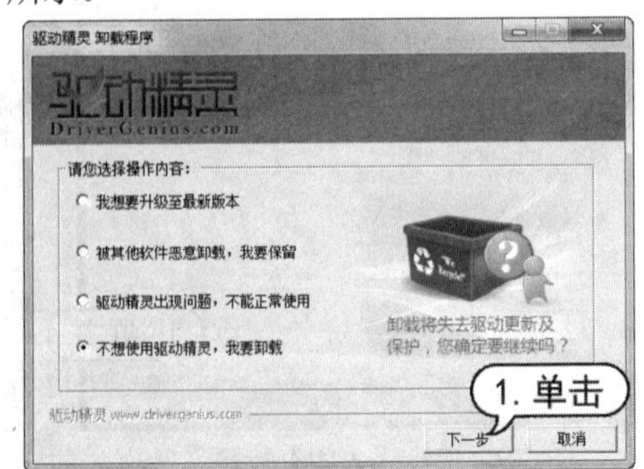


图3-14　单击【下一步】按钮

# 3.2　压缩软件——WinRAR

在进行电脑办公的过程中，用户经常会需要交流或存储容量较大的文件，使用压缩软件 WinRAR 可以将这些文件的容量进行压缩，以便加快传输速度和节省硬盘空间。

## 3.2.1　压缩文件

WinRAR 是目前最流行的一款文件压缩软件，使用该软件可以将体积比较大的文件或者比较零碎的文件进行压缩，以方便用户管理和查看。

【例 3-2】使用 WinRAR 将多张相片压缩为一个压缩文件。

(1) 双击桌面 WinRAR 图标，启动 WinRAR 软件，打开其主界面，如图 3-15 所示。

(2) 单击【路径】文本框最右侧的▾按钮，选择要压缩的文件夹的路径，然后在下面的列表中选中要压缩的多张图片，单击工具栏中的【添加】按钮，如图 3-16 所示。

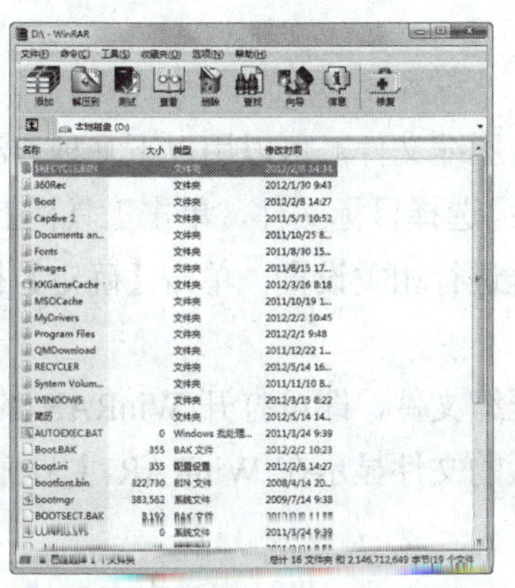

图 3-15　WinRAR 主界面

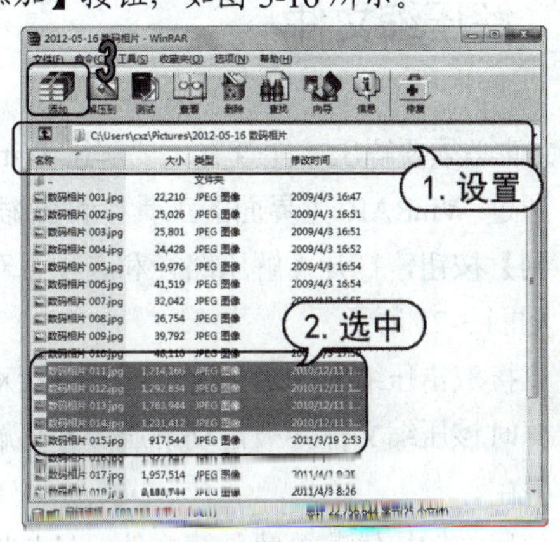


图 3-16　选择要压缩的图片

(3) 打开【压缩文件名和参数】对话框，在【压缩文件名】文本框中输入文件名“我的小家”，单击【浏览】按钮，如图 3-17 所示。

(4) 打开【查找压缩文件】对话框，选择压缩文件存放路径，单击【确定】按钮，如图 3-18 所示。

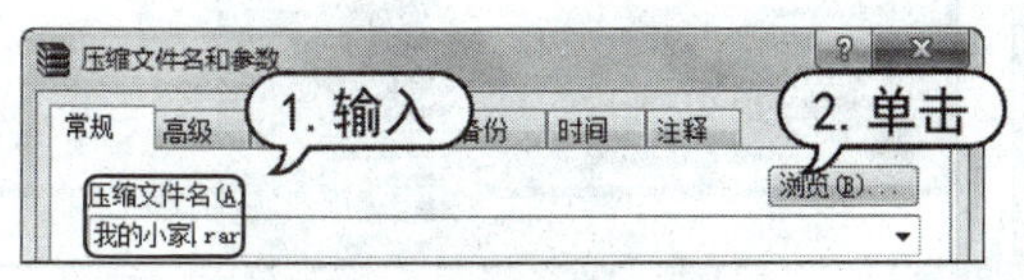


图 3-17　输入压缩文件名

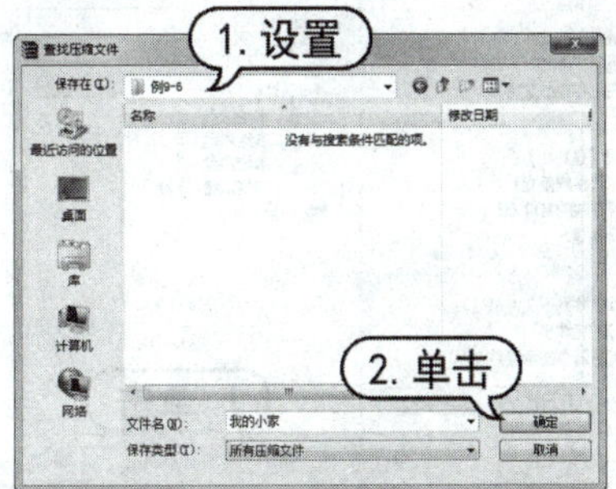


图 3-18　选择压缩文件存放路径

(5) 返回至【压缩文件名和参数】对话框，单击【确定】按钮压缩文件，如图 3-19 所示。

(6) 此时自动弹出进度对话框，显示压缩进度，如图 3-20 所示。

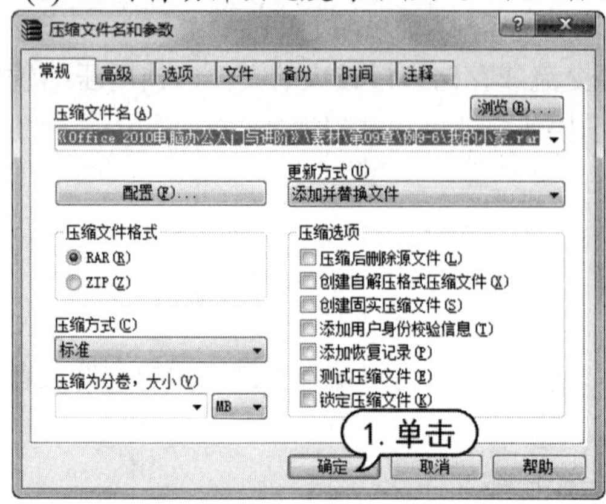


图 3-19 单击【确定】按钮

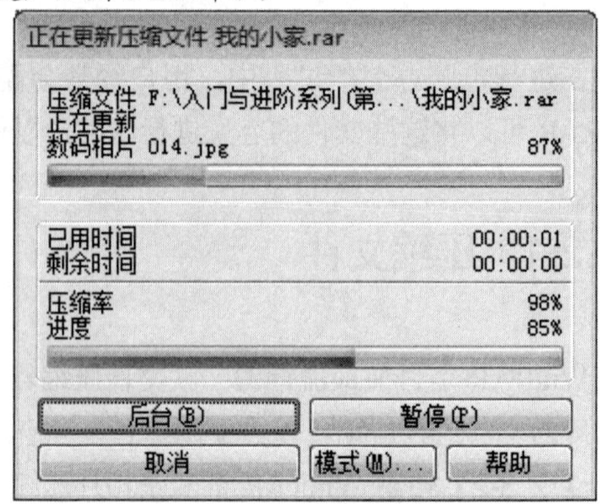


图 3-20 显示压缩进度

## 3.2.2 解压缩文件

压缩文件必须要解压才能查看。要解压 WinRAR 压缩文件，可以用以下几种方法。

- 通过 WinRAR 主界面的工具栏解压缩文件：选择目标文件，单击工具栏上的【解压到】按钮，打开【解压路径和选项】对话框进行相关设置，单击【确定】按钮即可，如图 3-21 所示。
- 直接双击压缩文件进行解压缩：直接双击压缩文件，即可打开 WinRAR 的主界面，同时该压缩文件会被自动解压，并将解压后的文件显示在 WinRAR 主界面的文件列表中。
- 使用右键快捷菜单解压缩文件：右击要解压缩的文件，此时将弹出右键快捷菜单，其中列出了【解压文件】、【解压到当前文件夹】和【解压到……】3 个相关命令，供用户执行解压缩操作，选择要解压的文件即可，如图 3-22 所示。

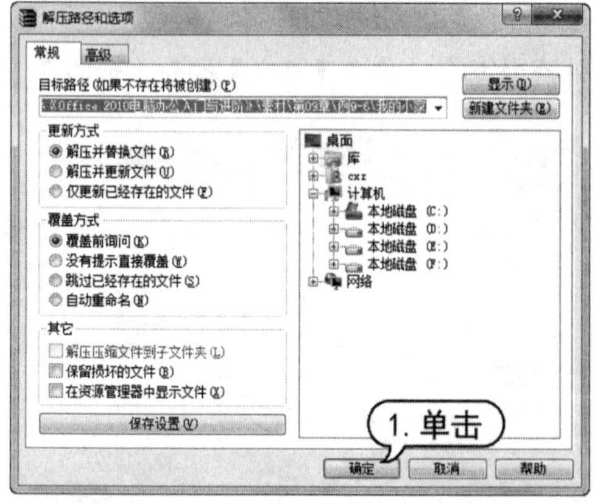


图 3-21 【解压路径和选项】对话框

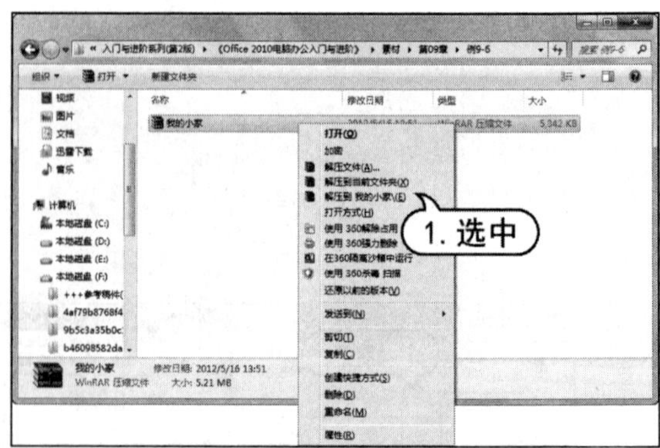


图 3-22 右键快捷菜单解压缩文件

# 3.3 图片浏览软件——ACDSee

在日常办公的过程中，用户经常需要浏览大量的图片，ACDSee 是一款非常好用的图像查看处理软件，它被广泛地应用在图像获取、管理以及优化等各个方面。

## 3.3.1 浏览图片

ACDSee 提供了多种查看方式供用户浏览图片，用户在安装 ACDSee 软件后，双击桌面上的软件图标启动软件，即可启动 ACDSee 主界面，如图 3-23 所示。

在主界面左侧的【文件夹】列表框中选择图片的存放位置，然后双击某张图片的缩略图，即可查看该图片，如图 3-24 所示。

图 3-23　ACDSee 主界面

图 3-24　双击查看图片

## 3.3.2 编辑图片

使用 ACDSee 不仅能够浏览图片，还可以对图片进行简单的编辑。

【例 3-3】新建一个文本文件和文件夹。

(1) 启动 ACDSee 软件后，在其主界面左侧的【文件夹】列表框中依次展开【桌面】|【计算机】|【本地磁盘(D:)】|【壁纸】选项，在图片列表框中选择【橙子】图片，如图 3-25 所示。

(2) 双击名为【橙子】的图片，打开图片查看窗口，如图 3-26 所示。

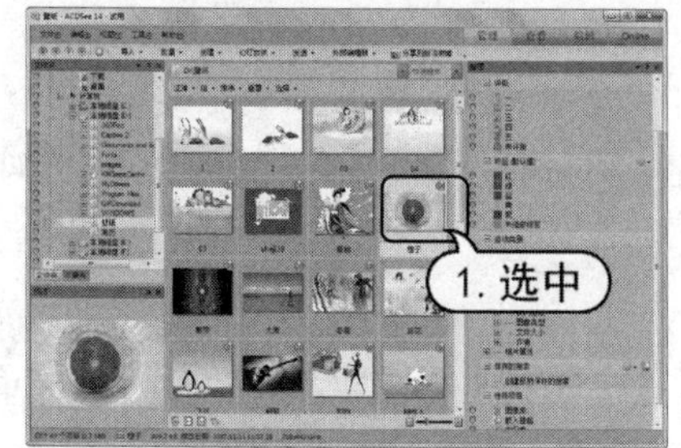


图 3-25 选择图片

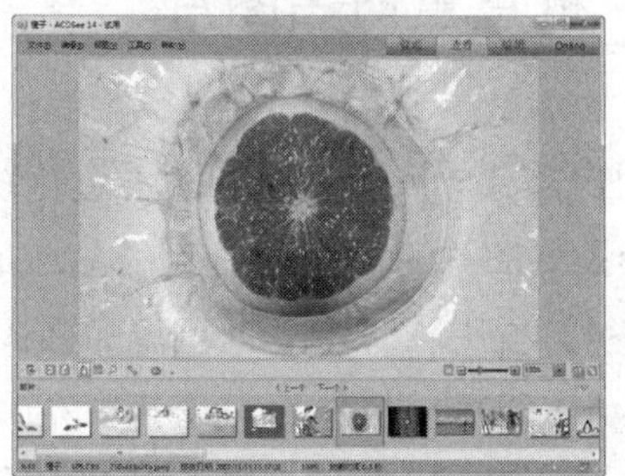

图 3-26　查看图片

(3) 单击图片查看窗口右上方的【编辑】按钮，打开图片编辑面板，如图 3-27 所示。

(4) 单击左侧的【曝光】选项，打开其参数设置面板，然后在【预设值】下拉列表框中选择【加亮阴影】选项，拖动其下方的【曝光】、【对比度】和【填充光线】滑块，调整曝光的相应参数值。完成以上设置后，单击【完成】按钮，如图 3-28 所示。

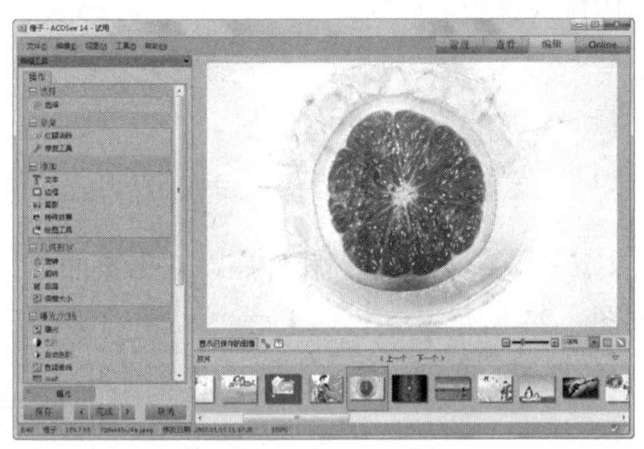
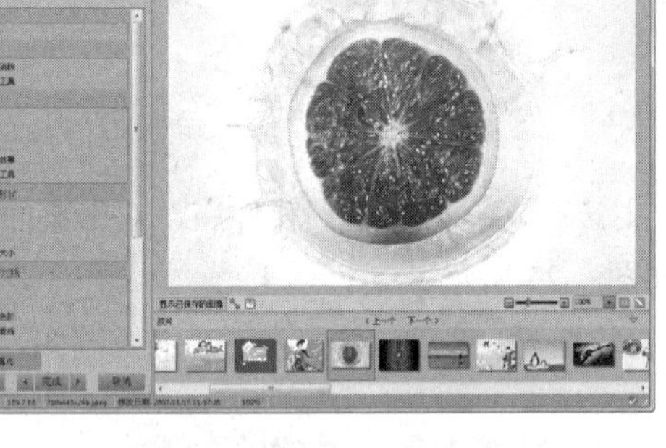

图 3-27　打开图片编辑面板

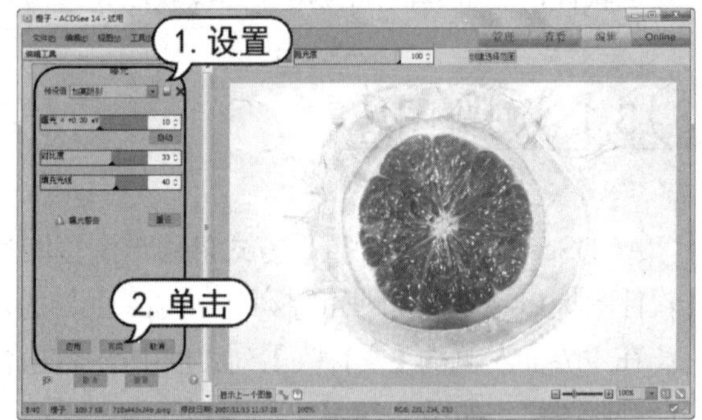


图 3-28　设置曝光参数选项



(5) 返回图片管理器窗口，单击左侧工具条中的【裁剪】按钮，打开【裁剪】面板，拖动图片显示区域的 8 个控制点来选择图像的裁剪范围，单击【完成】按钮，如图 3-29 所示。

(6) 完成图片的裁剪后，单击【保存】按钮，从弹出的快捷菜单中选择【另存为】选项，即可对图片进行保存设置，如图 3-30 所示。

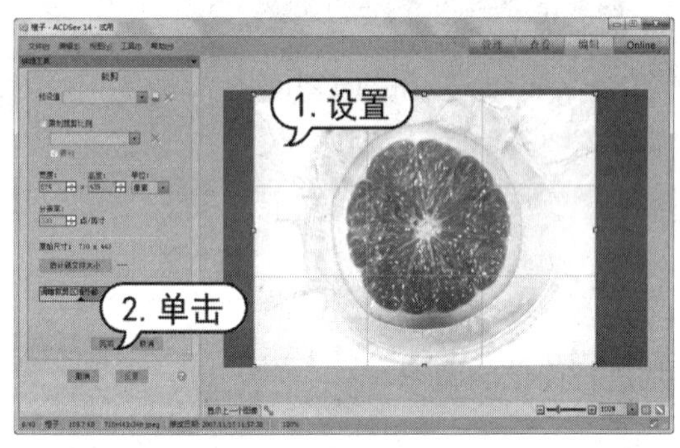


图 3-29　裁剪图片

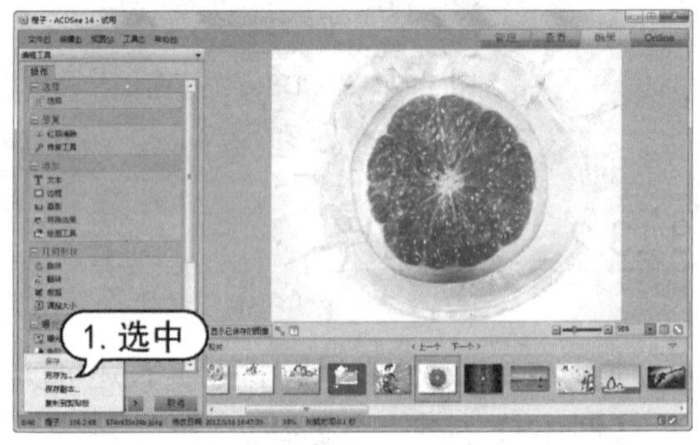


图 3-30　保存设置

## 3.3.3　批量重命名图片

如果用户需要一次对大量的图片进行统一命名，可以使用 ACDSee 的批量重命名功能快速重命名一个系列图片的名称。

【例 3-4】使用 ACDSee 批量重命名图片。

(1) 启动 ACDSee 软件后，在其主界面左侧的【文件夹】列表框中依次展开【桌面】|【计算机】|【本地磁盘(D:)】|【壁纸】选项，如图 3-31 所示。

(2) 按 Ctrl+A 组合键，选定该文件夹中的所有图片，单击工具栏中的【批量】按钮，从弹

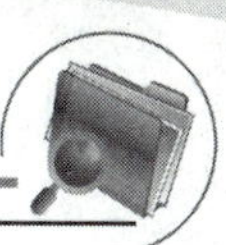

出的下拉菜单中选择【重命名】命令，如图 3-32 所示。

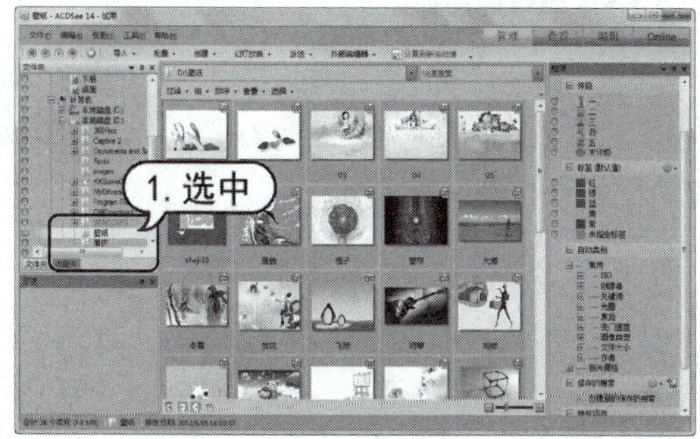

图 3-31　选择图片

图 3-32　选择【重命名】命令

(3) 打开【批量重命名】对话框，选中【使用模板重命名文件】复选框，在【模板】文本框中输入新图片的名称“我的壁纸###”；选中【使用数字替换#】单选按钮，在【固定值】微调框中设置数值为1，此时在【预览】列表框中将会显示重命名前后的图片名称，单击【开始重命名】按钮，如图3-33所示。

(4) 打开【正在重命名】对话框，并显示命名进度，完成后单击【完成】按钮，如图 3-34 所示。

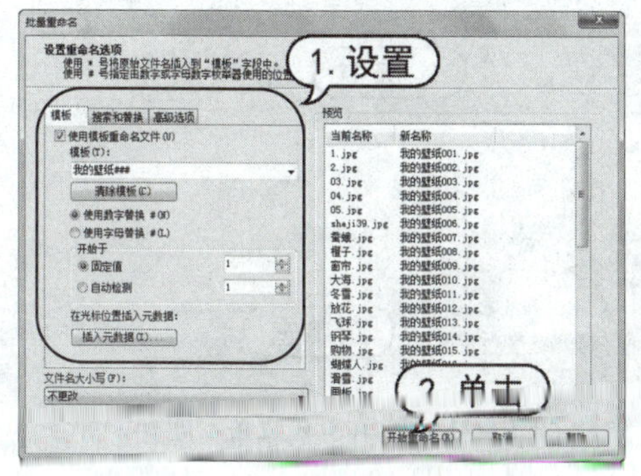


图 3-33　【批量重命名】对话框

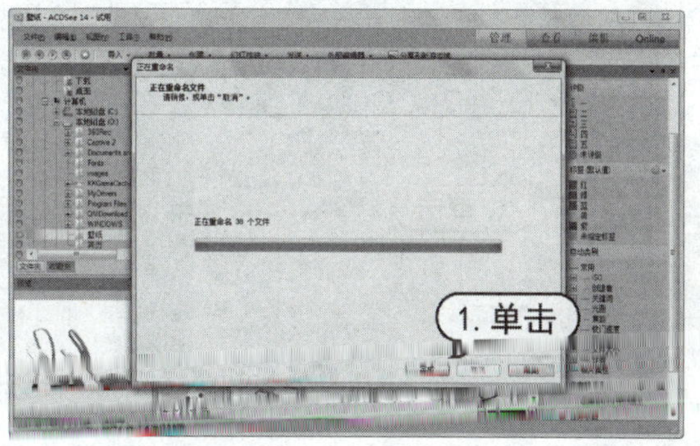


图 3-34　单击【完成】按钮

(5) 批量重命名操作结束后，在 ACDSee 的图片文件列表框中将显示图片名称效果，此时自动以序号代替名称后的“###”，如图 3-35 所示。

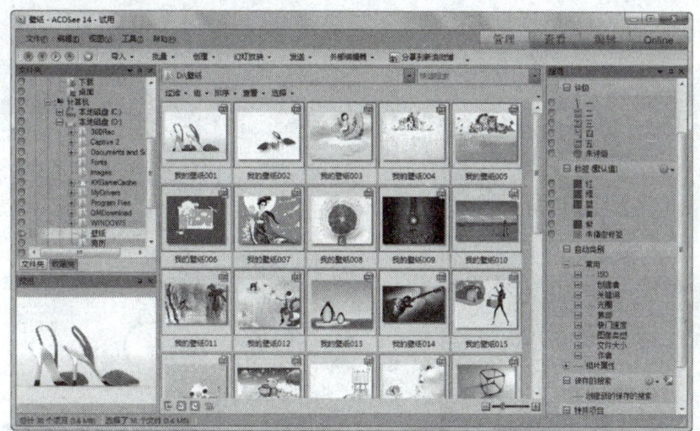

图 3-35　显示更改后的图片名称

# 3.4 PDF阅读软件——Adobe Reader

PDF全称Portable Document Format，译为可移植文档格式，是一种电子文件格式。电子阅读软件(Adobe Reader) 是一个查看、阅读和打印 PDF 文件的最佳工具。

## 3.4.1 阅读PDF电子书

Adobe Reader是一款电子阅读器，除了支持PDF格式的文件以外，还支持其他格式的电子文档，是机关、企业作为编辑、收发、阅读电子文档的主要工具之一。启动Adobe Reader，打开PDF文档后，才能对文档进行阅读。

【例3-5】使用Adobe Reader阅读PDF电子书。

(1) 启动Adobe Reader软件，进入其主界面，单击【打开】按钮，如图3-36所示。

(2) 打开【打开】对话框，选择要打开的“物流高手-包赢天下”PDF电子书，然后单击【打开】按钮，如图3-37所示。

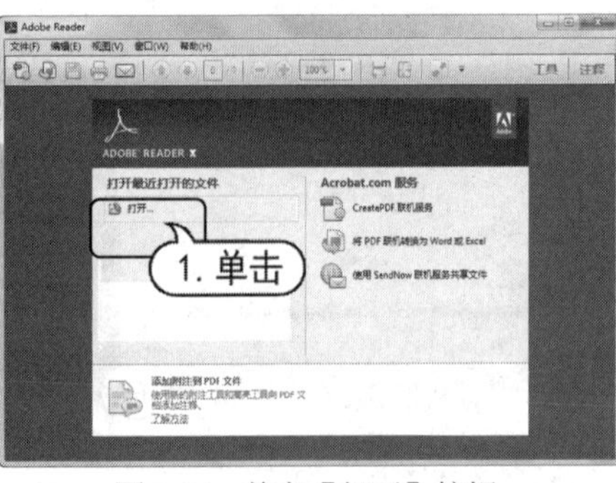


图3-36 单击【打开】按钮

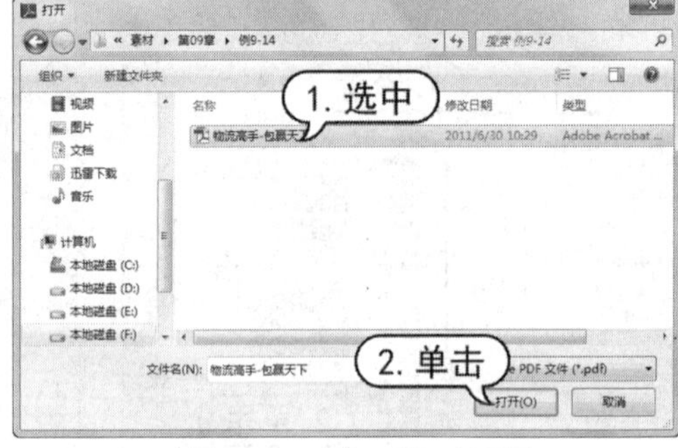


图3-37 【打开】对话框

(3) 此时可以看到Adobe Reader的工作区由导航窗格和文件浏览区组成，在导航窗格中单击【页面】按钮，如图3-38所示。

(4) 在导航窗格中将显示每一页的缩略图，单击某一缩略图，即可在文档浏览区中显示该页内容，如图3-39所示。

图3-38 单击【页面】按钮

图3-39 单击某一缩略图

(5) 在工具栏上单击【上一页】按钮，可以查看上一页的内容，如图 3-40 所示。

(6) 单击【下一页】按钮，可以查看下一页的内容，如图 3-41 所示。

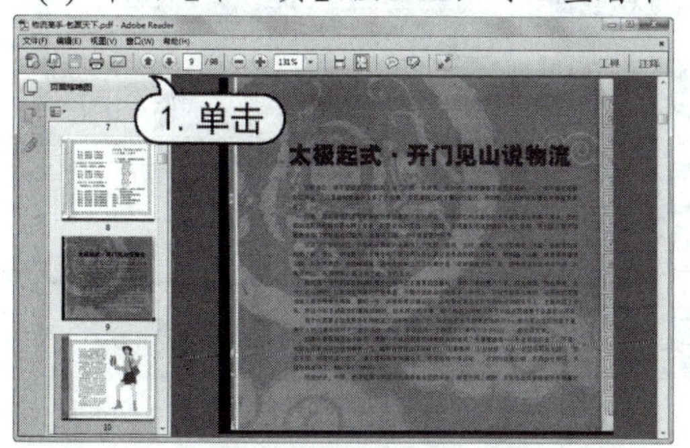

图 3-40　单击【上一页】按钮

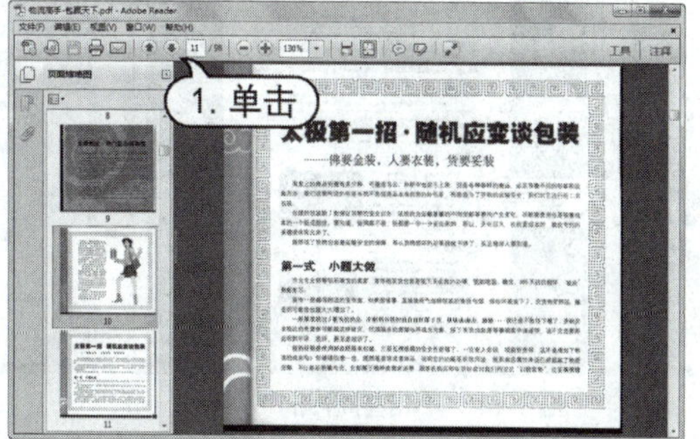


图 3-41　单击【下一页】按钮

(7) 在阅读文档时，右击，在弹出的快捷菜单中选择【手形工具】命令，如图 3-42 所示。

(8) 将鼠标指针移动到文档中，此时变成【手形】图标，拖动鼠标滚轮，即可逐页阅读文档，如图 3-43 所示。

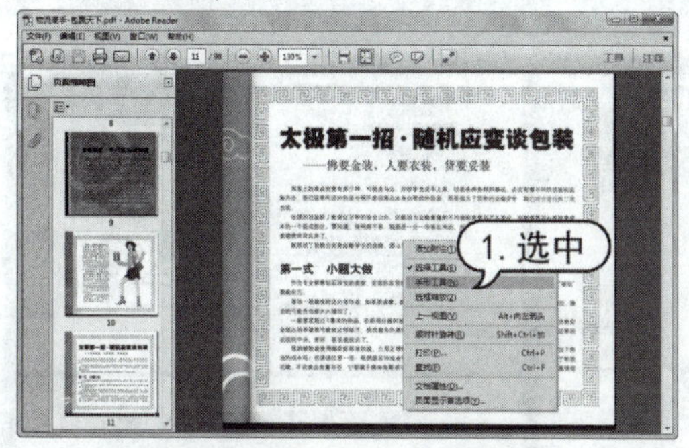


图 3-42　选择【手形工具】命令

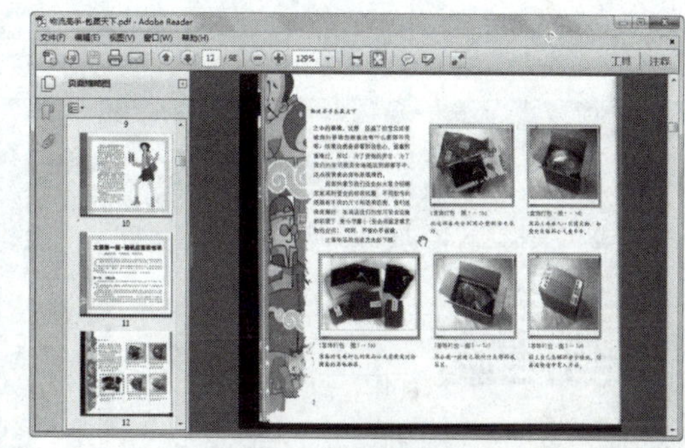

图 3-43　逐页阅读文档

## 3.4.2　复制文档内容

使用 Adobe Reader 阅读 PDF 文档的同时，用户可将 PDF 中的文字复制下来，以方便用作其他用途。

**【例 3-6】**使用 Adobe Reader 复制 PDF 文档内容。

(1) 打开 PDF 文档“电脑日常维护”，在导航窗格中单击一页缩略图，在文档浏览窗格中显示文本内容，如图 3-44 所示。

(2) 右击，从弹出的快捷菜单中选择【选择工具】命令，切换至选择工具模式。在工具栏上单击【显示比例】下拉按钮，从弹出的列表中选择【75%】选项，调节窗口的显示比例。

(3) 将鼠标指针移动到要选择的文本处单击，并按住左键不放，拖动鼠标选取文本，然后选择【编辑】|【复制】命令，如图 3-45 所示。

图 3-44　单击缩略图

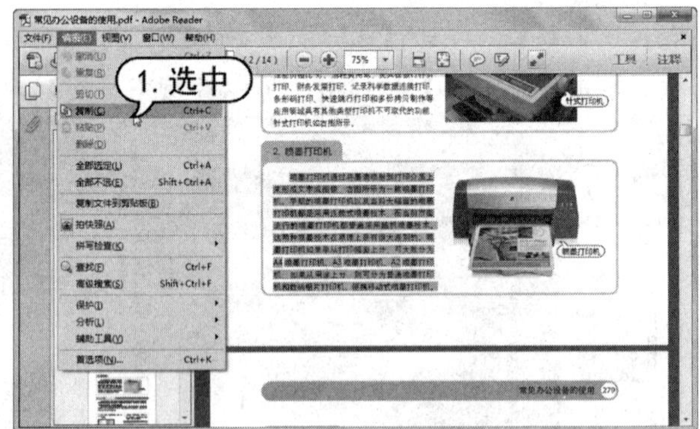


图 3-45　选择【复制】命令

(4) 启动【写字板】应用程序，然后右击文档编辑区，从弹出的快捷菜单中选择【粘贴】命令，即可粘贴 PDF 文档中所选的文本至写字板中，如图 3-46 所示。

(5) 返回到当前 Adobe Reader 主界面中，单击喷墨打印机图片，然后右击选中的图片，从弹出的快捷菜单中选择【复制图像】命令，如图 3-47 所示。

图 3-46　粘贴文字

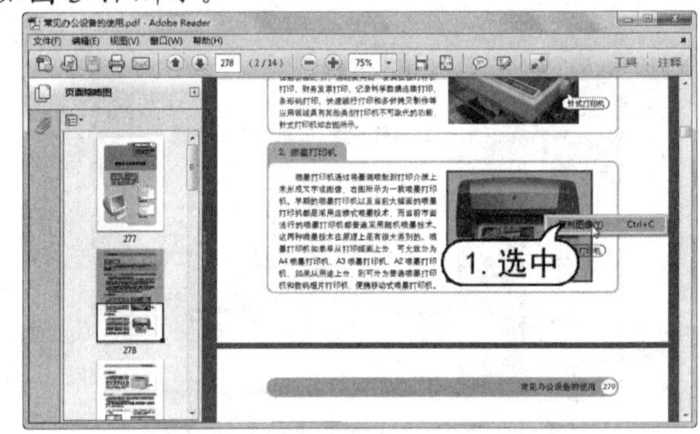


图 3-47　选择【复制图像】命令

(6) 切换至【写字板】窗口，将插入点定位到目标位置，按 Ctrl+V 快捷键，即可将图片粘贴到目标位置，如图 3-48 所示。

图 3-48　粘贴图片

# 3.5　Office 2010 简介

Office 2010 是 Microsoft 公司推出的继 Office 2003 和 Office 2007 之后最新的办公软件。其界面清爽，操作方便，并且集成了 Word、Excel、PowerPoint 等多种常用办公软件，是办公人员必备的办公软件。

## 3.5.1　Office 2010 各组件的功能

Office 2010 组件主要包括 Word、Excel、PowerPoint 等，它们可分别帮助用户完成文档处理、数据处理、制作演示文稿等工作。

- Word 2010：它是专业的文档处理软件，能够帮助用户快速完成报告、合同等文档的编写。其强大的图文混排功能，能够帮助用户制作图文并茂且效果出众的文档，其界面如图 3-49 所示。
- Excel 2010：它是专业的数据处理软件，通过它用户可方便地对数据进行处理，包括数据的排序、筛选和分类汇总等，是办公人员进行财务处理和数据统计的好帮手，其界面如图 3-50 所示。

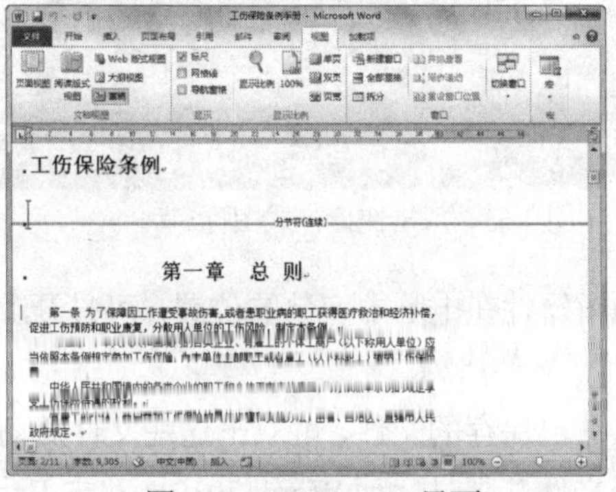


图 3-49　Word 2010 界面

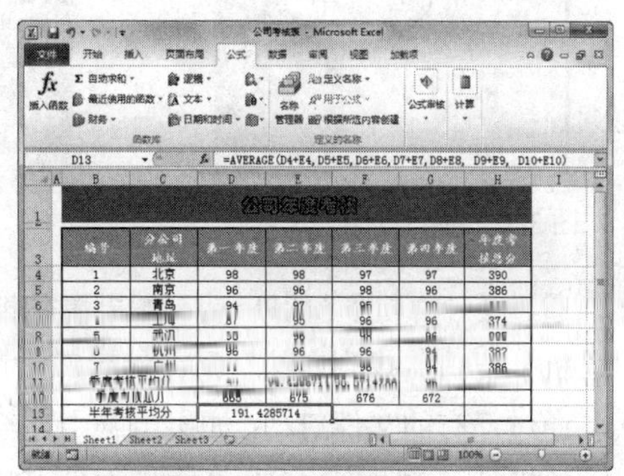


图 3-50　Excel 2010 界面

- PowerPoint 2010：它是专业的演示文稿制作软件，它能够集文字、声音和动画于一体制作生动形象的多媒体演示文稿，例如方案、策划、会议报告等，如图 3-51 所示。

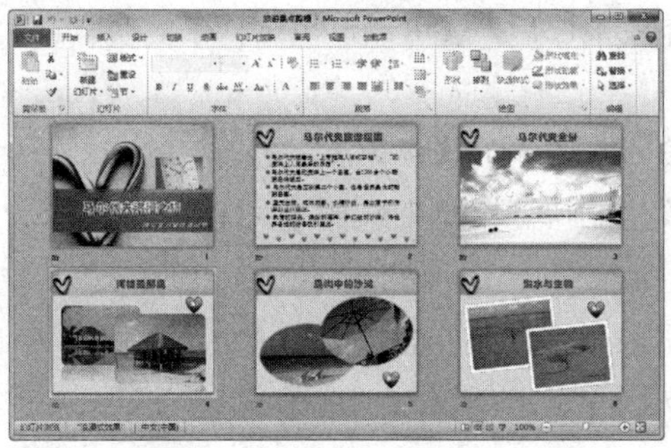

图 3-51　PowerPoint 2010 界面

## 3.5.2　Office 软件的启动和退出

认识了 Office 2010 的各个组件后，就可以根据不同的需要选择不同的软件来完成操作。各个组件启动和退出的步骤基本一样，只是工作界面有所不同。

### 1. 启动 Office 2010

启动 Office 2010 中的组件可采用多种不同的方法，下面分别进行简要介绍。

- 通过【开始】菜单启动：单击【开始】按钮，选择【所有程序】| Microsoft Office | Microsoft Word 2010 命令，可启动 Word 2010 软件，如图 3-52 所示，同理也可启动其他组件。
- 双击快捷方式图标启动：通常软件安装完成后会在桌面上建立快捷方式图标，双击这些图标即可启动相应的组件，如图 3-53 所示。

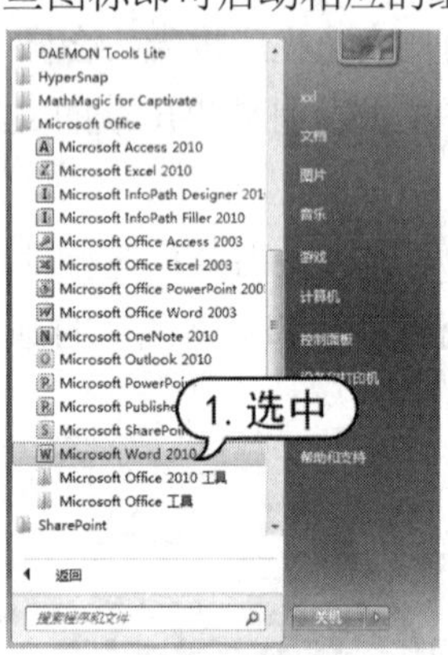


图 3-52　通过开始菜单启动

图 3-53　双击快捷方式图标启动

- 通过【计算机】窗口启动：如果清楚地知道软件在电脑中安装的位置，可打开【计算机】窗口，找到安装目录，然后双击可执行文件启动。
- 通过已有的文件启动：如果电脑中已经存在已保存的文件，可双击这些文件启动相应的组件。例如双击 Word 文档文件可打开文件并同时启动 Word 2010，双击 Excel 工作簿可打开工作簿并同时启动 Excel 2010。

### 2. 退出 Office 2010

使用 Office 2010 组件完成工作后，就可以退出软件了。以 Word 2010 为例，退出软件的方法通常有以下几种。

- 单击 Word 2010 窗口右上角的【关闭】按钮。
- 右击标题栏，在弹出的快捷菜单中选择【关闭】命令。
- 双击任务栏左侧的按钮。
- 单击【文件】按钮，在打开的界面中选择【关闭】命令关闭当前文档，选择【退出】命令，关闭当前文档并退出 Word 2010 程序。

## 3.5.3　Office 软件的工作界面

Office 2010 中各个组件的工作界面大致相同，本书主要介绍 Word、Excel 和 PowerPoint 这 3 个组件，下面以 Word 2010 为例来介绍它们的共性界面。

启动 Word 2010 后，用户可看到如图 3-54 所示的工作界面，该界面主要由标题栏、快速访问工具栏、功能区、导航窗格、文档编辑区、状态栏与视图栏等组成。

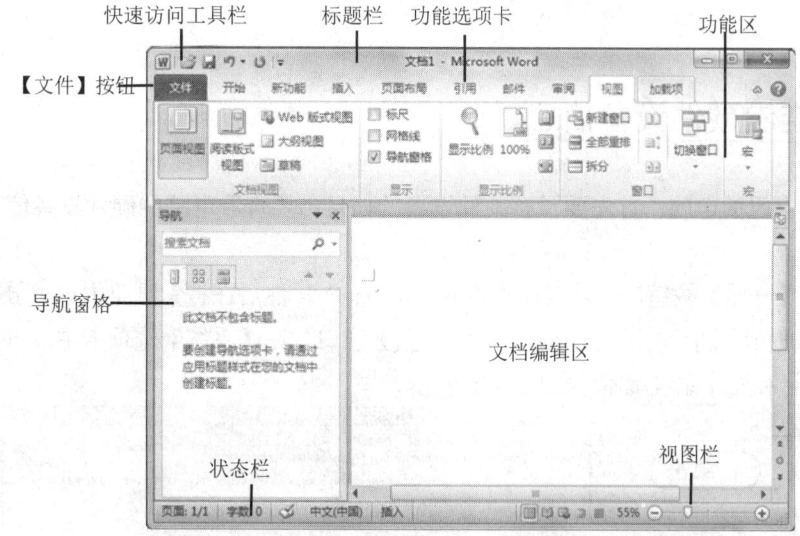


图 3-54　Word 2010 工作界面组成

下面分别对该软件操作界面各组成部分进行介绍。

- 标题栏：位于窗口的顶端，用于显示当前正在运行的程序名及文件名等信息。标题栏最右端有 3 个按钮，分别用来控制窗口的最小化、最大化和关闭应用程序。
- 【文件】按钮：位于界面的左上角，取代了 Word 2007 版本中的 Office 按钮，单击该按钮，弹出快捷菜单，执行新建、打开、保存和打印等操作。
- 快速访问工具栏：位于标题栏界面顶部，使用它可以快速访问频繁使用的命令。在默认状态中，快速访问工具栏中包含 3 个快捷按钮，分别为【保存】按钮、【撤销】按钮和【恢复】按钮。
- 功能选项卡：单击相应的标签，即可打开对应的功能选项卡，如【开始】、【插入】、【页面布局】等选项卡。
- 功能区：包含许多按钮和对话框的内容，单击相应的功能按钮，将执行对应的操作。
- 文档编辑区：它是 Word 中最重要的部分，所有的文本操作都将在该区域中进行，用来显示和编辑文档、表格、图表等。
- 状态栏：用于显示与当前工作有关的信息。
- 视图栏：用于切换文档视图的版式和调整文档的显示比例。
- 导航窗格：在 Word 中导航窗格主要显示文档的标题及文字，以方便用户快速查看文

档，单击其中的标题，即可快速跳转到相应的位置。在 PowerPoint 2010 中导航窗格主要显示幻灯片的缩略图。

# 3.6 管理电脑硬件设备

硬件是电脑的基础，要想使电脑发挥出出色的性能，就要管理好电脑的硬件设备。Windows 7 操作系统在硬件设备的管理配置方面同样也有出色的表现，可以帮助用户轻松地查看和管理硬件设备。

## 3.6.1 查看硬件设备信息

要想了解自己的电脑，首先要了解硬件设备的信息，要查看电脑的硬件设备信息，可按照以下方式进行。

首先单击【开始】按钮，在搜索框中输入“dxdiag”，然后在搜索结果中单击 dxdiag.exe 选项，如图 3-55 所示。随后打开【DirectX 诊断工具】窗口，在【系统】选项卡中，可查看详细的计算机硬件信息和操作系统版本，如图 3-56 所示。

图 3-55　单击 dxdiag.exe 选项

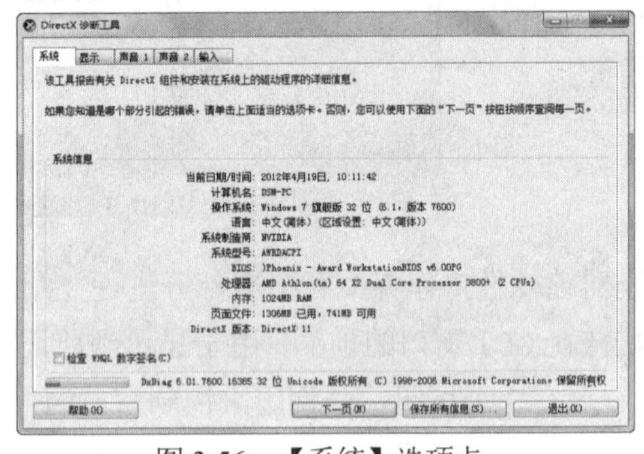

图 3-56　【系统】选项卡

另外，还可通过【设备管理器】来查看硬件设备的信息。打开【控制面板】窗口，单击【硬件和声音】，打开【硬件和声音】窗口，然后单击【设备管理器】链接，打开【设备管理器】窗口，如图 3-57 所示。在该窗口中可查看电脑各个硬件设备的信息，例如要查看网卡的型号，可单击展开【网络适配器】节点，即可显示网卡的信息，如图 3-58 所示。

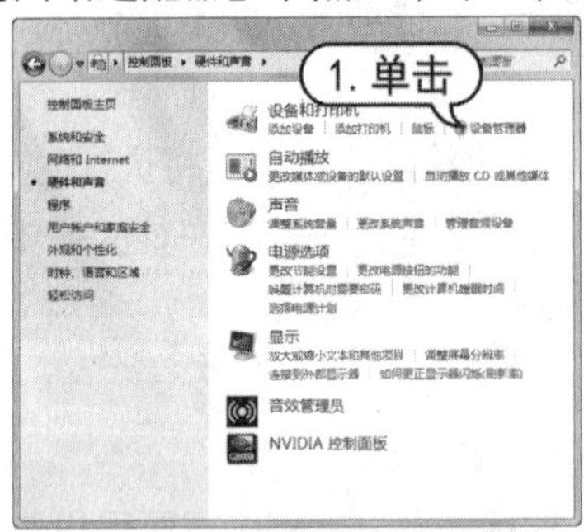


图 3-57　单击【设备管理器】链接

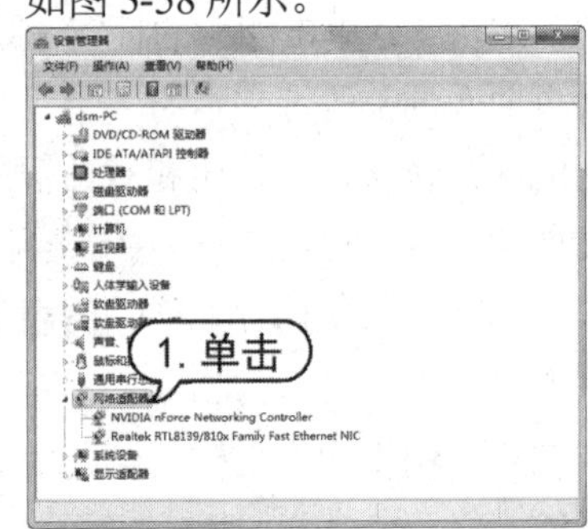


图 3-58　单击展开【网络适配器】节点

## 3.6.2　安装和更新驱动程序

驱动程序(Device Driver)全称为“设备驱动程序”，其作用就是将硬件的功能传递给操作系统，操作系统才能控制好硬件设备。

通常在安装新硬件设备时，系统会提示用户需要为硬件设备安装驱动程序，此时可以使用光盘、本机硬盘、联网等方式寻找与硬件相符的驱动程序。安装驱动程序可以先打开【设备管理器】窗口，选择菜单栏上的【操作】|【扫描检测硬件改动】命令，系统会自动寻找新安装的硬件设备，如图 3-59 所示为安装高清晰度音频设备驱动程序，由于该驱动存储于系统硬盘上，所以系统直接安装驱动程序即可。

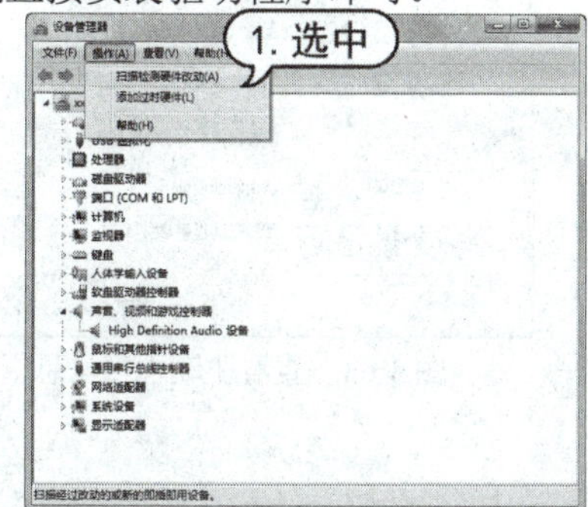

图 3-59　安装驱动程序

驱动程序也和其他应用程序一样，随着系统软硬件的更新，软件厂商会对相应的驱动程序进行版本升级，通过更新驱动程序来完善计算机硬件性能。用户可以通过光盘或联网等方式安装更新的驱动程序版本，下面举例介绍更新驱动程序的步骤。

【例 3-7】在 Windows 7 系统中，更新电脑硬件设备驱动。

(1) 单击【开始】按钮，选择【控制面板】命令，打开【控制面板】窗口，然后单击该窗口中的【设备管理器】图标，打开【设备管理器】窗口，并双击【显示适配器】选项，右击显卡的名称，在弹出的快捷菜单中选择【更新驱动程序软件】命令，如图 3-60 所示。

(2) 在打开的对话框中单击【浏览计算机以查找驱动程序软件】按钮，如图 3-61 所示。

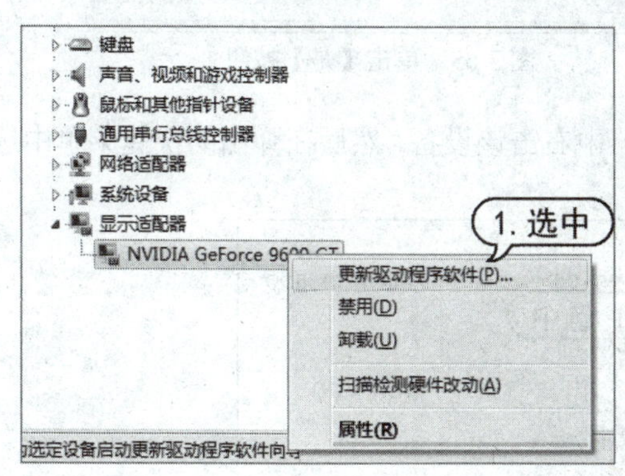


图 3-60　选择【更新驱动程序软件】命令

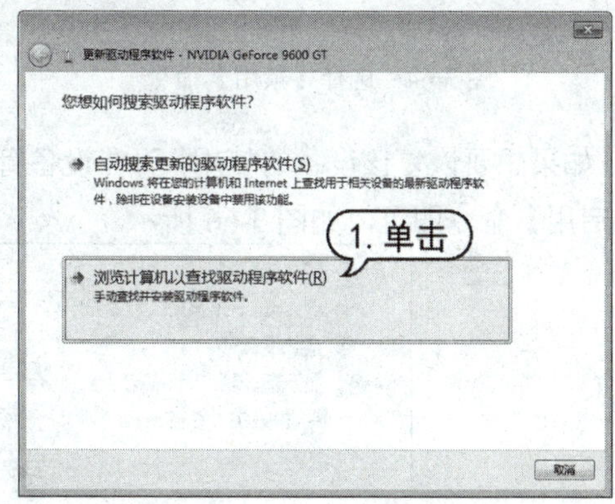


图 3-61　单击【浏览计算机以查找驱动程序软件】按钮

(3) 打开【浏览计算机上的驱动程序文件】对话框，单击【浏览】按钮，设置驱动程序所在的位置，然后单击【下一步】按钮，如图 3-62 所示。

(4) 系统开始自动安装驱动程序。安装完成后，可在【设备管理器】窗口中右击显卡的名称，在弹出的快捷菜单中选择【属性】命令，接着在打开的对话框中查看驱动程序的信息，如图 3-63 所示。

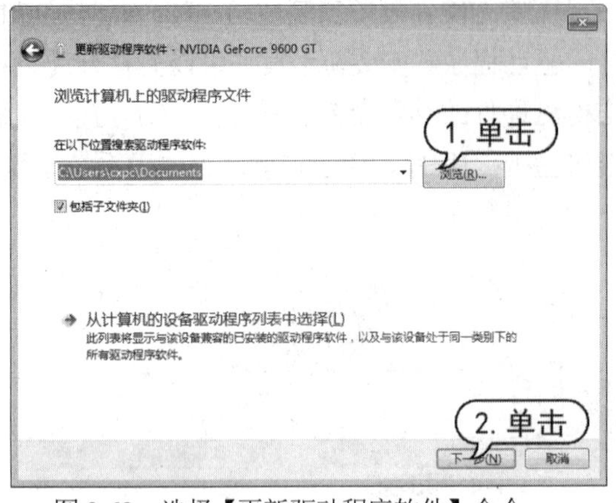


图 3-62　选择【更新驱动程序软件】命令

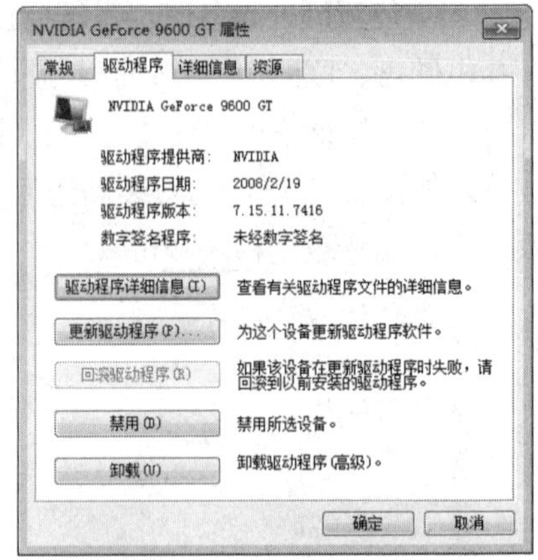


图 3-63　查看驱动程序信息

## 3.6.3　禁用和启用硬件设备

在实际办公应用中，为了方便工作，有时用户需要将某个硬件设备禁用。要禁用硬件设备，可打开【设备管理器】窗口，在要禁用的设备上右击，在弹出的快捷菜单中选择【禁用】命令，如图 3-64 所示。弹出提示对话框，单击【是】按钮，即可将该设备禁用，如图 3-65 所示。

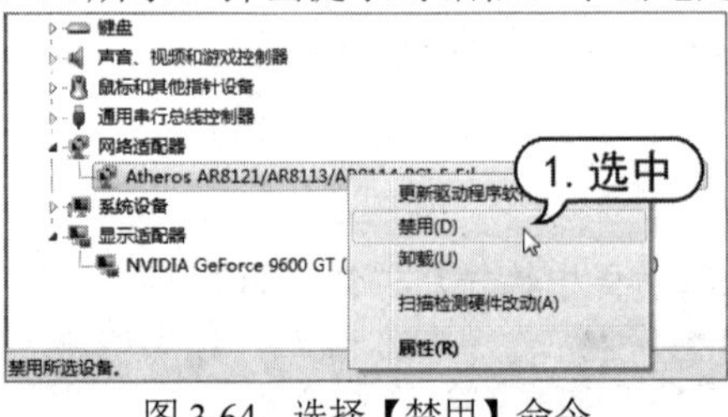


图 3-64　选择【禁用】命令

图 3-65　单击【是】按钮

如果想要恢复该设备的使用，可在设备管理器中右击该设备，然后在弹出的快捷菜单中选择【启用】命令即可，如图 3-66 所示。

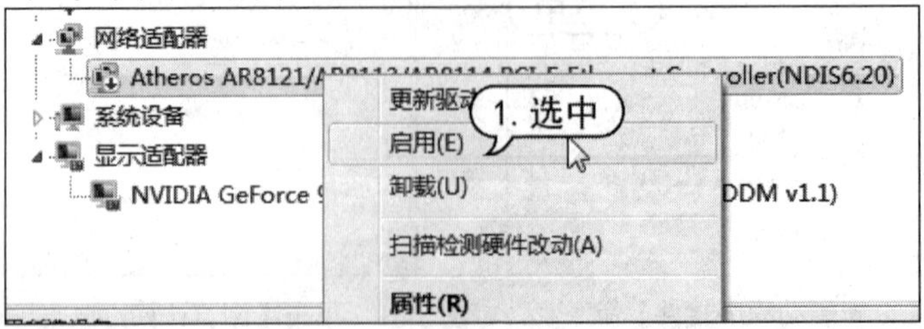


图 3-66　选择【启用】命令

## 3.6.4　卸载硬件设备

在使用电脑过程中，如果某些硬件暂时不需要运行，或者该硬件同其他硬件设备产生冲突而导致无法正常运行电脑的时候，用户可以在 Windows 7 系统中卸载该设备。

卸载硬件设备的步骤很简单，用户只需打开【设备管理器】窗口，右击要卸载的硬件设备选项，在弹出的快捷菜单中选择【卸载】命令，如图 3-67 所示为卸载声卡设备。在弹出的对话框中单击【确定】按钮即可开始卸载，如图 3-68 所示。当卸载完成后，声卡设备将显示为不可用状态。

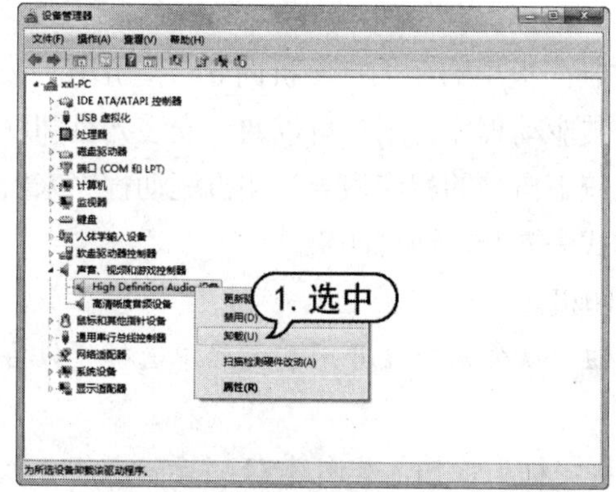


图 3-67　选择【卸载】命令

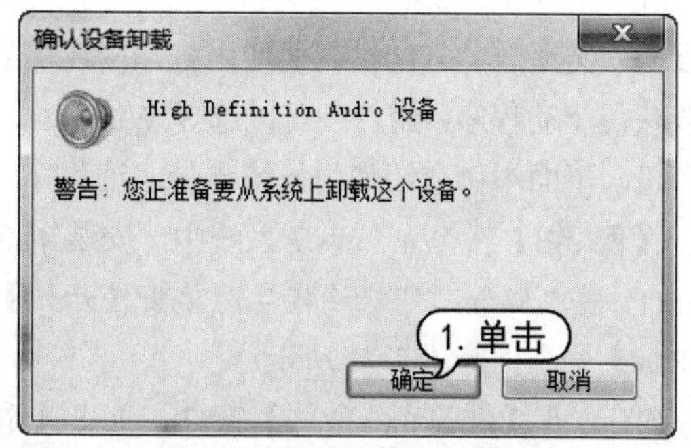


图 3-68　单击【确定】按钮

# 3.7　使用电脑办公设备

在使用电脑办公时，经常会用到一些外设，例如打印机、扫描仪和传真机等。另外，用户还可使用 U 盘或移动硬盘等移动存储设备来拷贝文件。

## 3.7.1　使用打印机

打印机的主要作用是将电脑编辑的文字、表格和图片等信息打印在纸张上，以方便用户查看。目前常见的打印机主要是喷墨打印机和激光打印机两种。

- 喷墨打印机：喷墨打印机就是通过将墨滴喷射到打印介质上来形成文字和图像的打印机。它的优点是能打印彩色的图片，并且在色彩和图片细节方面优于其他打印机，可完全达到铅字印刷质量。但缺点是打印速度慢、墨水较贵且消耗量较大，主要适用于打印量不大、打印速度要求不高的家庭和小型办公室等场合，如图 3-69 所示。
- 激光打印机：激光打印机具有很高的稳定性，且打印速度快、噪音低、打印质量高，是最理想的办公打印机，如图 3-70 所示。激光打印机可分为黑白激光打印机和彩色激光打印机两类。黑白激光打印机是当今办公打印市场的主流，彩色打印机主机和耗材比较昂贵。激光打印机除了可打印普通的文本文件外，还可以进行胶片打印、多页打印、邮件合并、手册打印、标签打印、海报打印、图像打印和信封打印等。

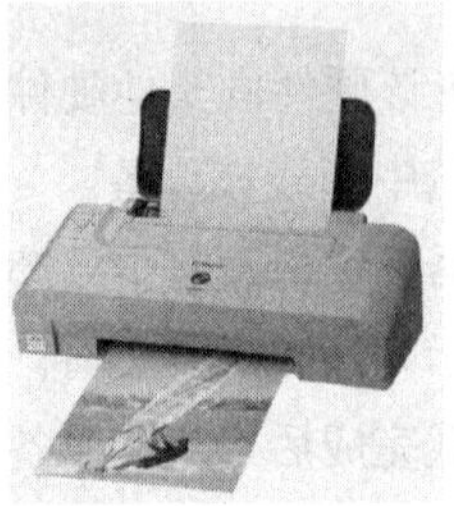
图 3-69　喷墨打印机

图 3-70　激光打印机

在 Windows 7 系统下安装打印机，可以使用控制面板中的添加打印机向导，指引用户按照步骤来安装适合的打印机。要使用打印机还需要安装驱动程序，用户可以通过安装光盘和联网下载获得驱动程序；用户还可以选择 Windows 7 系统下自带的相应型号打印机驱动程序来安装打印机，下面举例介绍使用系统自带驱动程序的方式来安装本地打印机。

【例 3-8】在 Windows 7 系统中，安装本地打印机。

(1) 将电脑和打印机连接后，单击【开始】按钮，从弹出的【开始】菜单中选择【设备和打印机】命令，如图 3-71 所示。

(2) 打开【设备和打印机】窗口，单击【添加打印机】按钮，如图 3-72 所示。

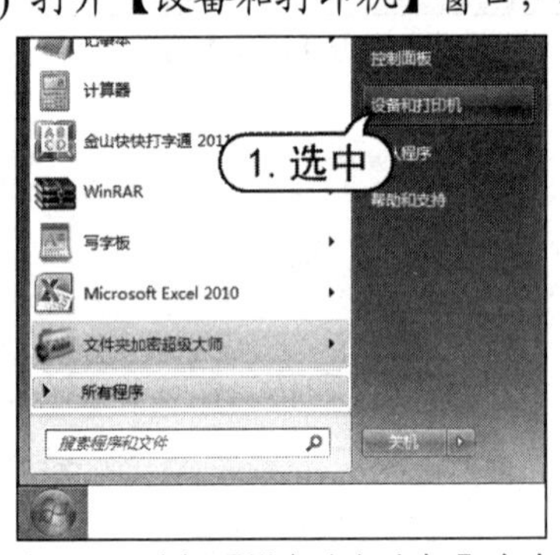

图 3-71　选择【设备和打印机】命令

图 3-72　单击【添加打印机】按钮

(3) 打开【添加打印机】对话框，单击【添加本地打印机】链接，如图 3-73 所示。

(4) 在打开的【选择打印机端口】对话框中，单击【下一步】按钮，如图 3-74 所示。

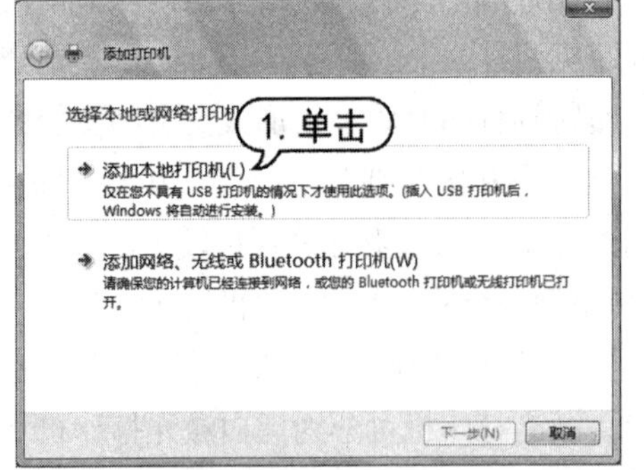

图 3-73　单击【添加本地打印机】链接

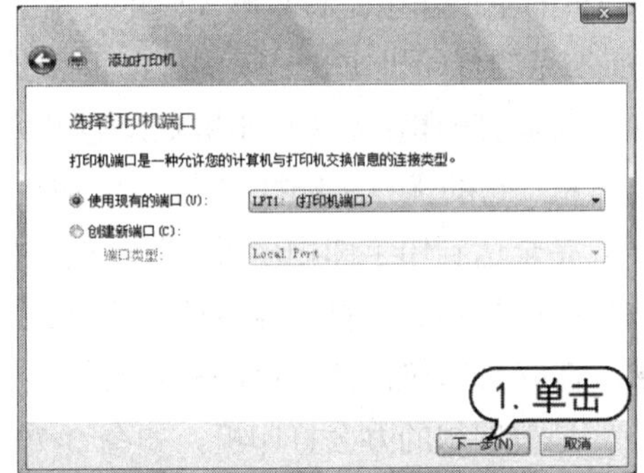

图 3-74　单击【下一步】按钮

(5) 打开【安装打印机驱动程序】对话框，选中当前所使用的打印机驱动程序，单击【下一步】按钮，如图 3-75 所示。

(6) 接下来在打开的【键入打印机名称】对话框中，保持默认设置，单击【下一步】按钮，即可开始在 Window 7 系统中安装打印机驱动，完成安装后，在打开的对话框中单击【完成】按钮即可，如图 3-76 所示。

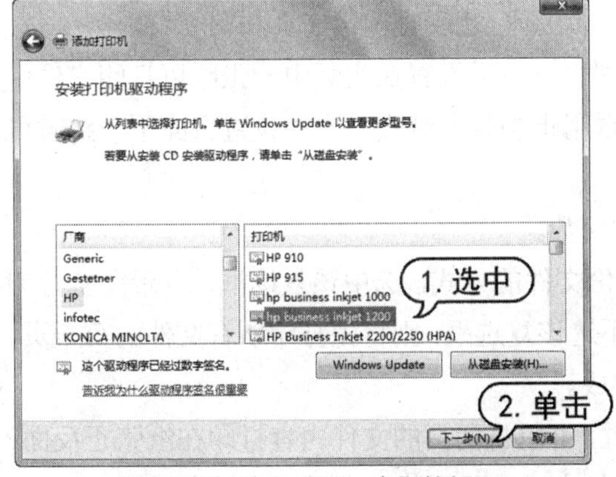


图 3-75 单击【下一步】按钮

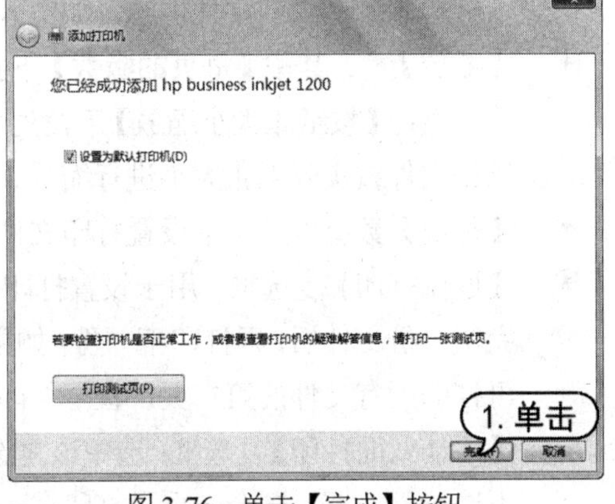


图 3-76 单击【完成】按钮

(7) 此时在【设备和打印机】窗口中，可以看到新添加的打印机，如图 3-77 所示。

图 3-77 显示新添加打印机

打印机的作用就是将电脑的文档或图片通过打印机打印在纸张上，一般能查看文档和图片的软件都支持打印功能。例如使用 Word 软件打印一份文档文件，选择菜单栏上的【文件】|【打印】命令，打开【打印】对话框，如图 3-78 所示。在该对话框中可以进行打印设置，包括设置打印范围、打印份数、打印模式等内容，最后单击【确定】按钮，打印机就开始打印该文档。

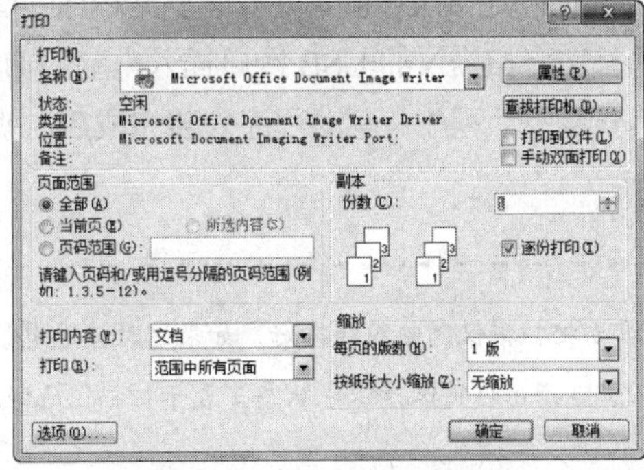


图 3-78 【打印】对话框

计算机基础与实训教材系列

【打印】对话框中各常用选项设置的功能如下。

- 【名称】下拉列表框：用于选择当前使用的打印机名称。
- 【页面范围】栏：用于设置文件的打印范围。选中【全部】单选按钮表示打印整个文件的内容；选中【当前页】单选按钮表示打印鼠标光标插入的当前页；选中【页码范围】单选按钮，在旁边的文本框中可以设置打印的页码范围，例如输入“5-9”，表示打印 5 到 9 页的文件内容，如输入“5，9”，表示打印第 5 页和第 9 页。
- 【缩放】栏：其中【每页的版数】下拉列表框用于设置在实际中一张纸可打印文件中的几页；【按纸张大小缩放】下拉列表框用于当打印纸张与文件设置页面不一致时可以使文件按实际纸张大小进行缩放。
- 【份数】数值框：用于设置打印文件的份数。
- 【逐份打印】复选框：用于设置打印多份文件的方式，选中该复选框，表示完整打印完第一份文件后，再打印下一份；如果不选该复选框，则将先打印所有文件的第一页，再打印所有文件的第二页，直至打印完成。
- 【手动双面打印】复选框：选中该复选框，可以将两页的文件内容打印在纸张正反面；不选该复选框，则会一页只打印在一张纸上，下一页打印在下一张纸上。



## 3.7.2 使用扫描仪

扫描仪是一种高科技产品，是一种输入设备，它可以将图片、照片、胶片以及文稿资料等书面材料或实物的外观扫描后输入到电脑当中并以图片文件格式保存起来。扫描仪主要分为平板式扫描仪和手持式扫描仪两种，如图 3-79 所示。

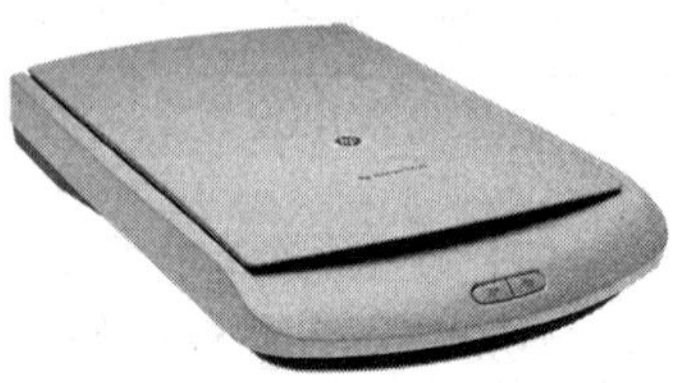
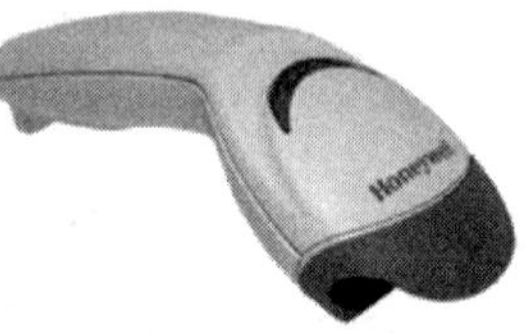


图 3-79　扫描仪

使用扫描仪前首先要将其正确连接至电脑，并安装驱动程序。扫描仪的硬件连接方法与其他办公设备的连接方法类似，只需将扫描仪的 USB 接口插入电脑的 USB 接口中即可。扫描仪连接完成后，一般来说还要为其安装驱动程序，驱动程序安装完成后，就可以使用扫描仪来对文件进行扫描。

 **知识点**

扫描仪与电脑连接后，需要把扫描仪的电源线接好，如果这时接通电脑，扫描仪会先进行自动测试。测试成功后，扫描仪上面的 LCD 指示灯将保持绿色状态，表示扫描仪已经准备好，可以开始使用。

扫描文件需要软件支持，一些常用的图形图像软件都支持使用扫描仪，例如 Microsoft Office 的 Microsoft Office Document Imaging 程序，用户可以通过【开始】菜单打开软件进行操作，如图 3-80 所示。

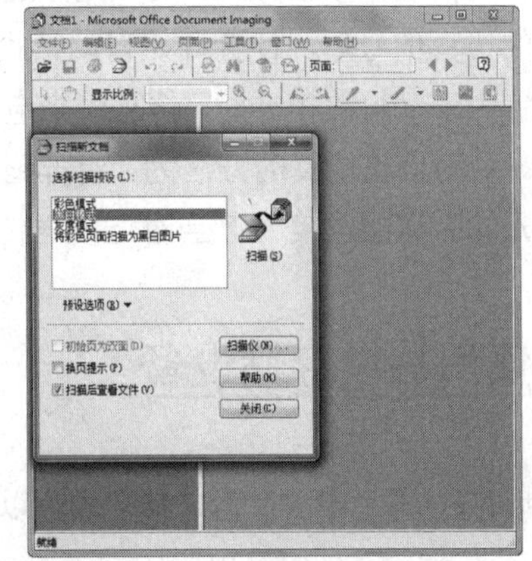


图 3-80　操作扫描程序

## 3.7.3　使用传真机

传真机在日常办公中发挥着非常重要的作用，因其可以不受地域限制地发送信号，且具有传送速度快、接收的副本质量好、准确性高等特点已成为众多企业传递信息的重要工具。

传真机通常具有普通电话机的功能，但其操作比电话机复杂一些。传真机的外观与结构各不相同，但一般都包括操作面板、显示屏、话筒、纸张入口和纸张出口等组成部分，如图 3-81 所示。其中，操作面板是传真机最为重要的部分，它包括数字键、“免提”键、“应答”键和“重拨/暂停”键等，另外还包括“自动/手动”键、“功能”键和“设置”键等，以及一些工作状态指示灯。

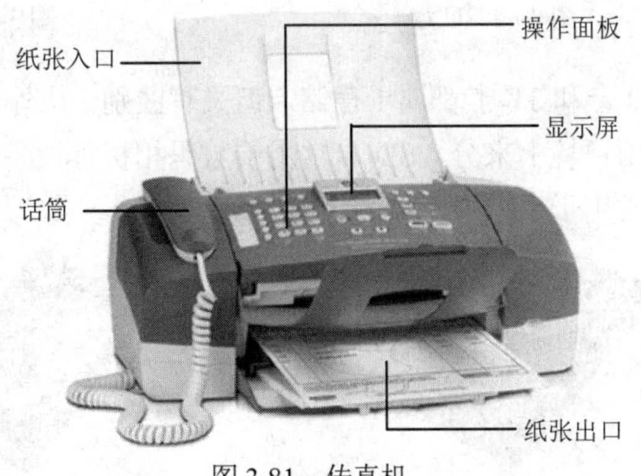


图 3-81　传真机

在连接好传真机之后，就可以使用传真机传递信息了。首先将传真机的导纸器调整到需要发送的文件的宽度，再将要发送的文件的正面朝下放入纸张入口中，在发送时，应把先发送的文件放置在最下面。然后拨打接收方的传真号码，要求对方传输一个信号，当听到从接收方传真机传来的传输信号(一般是“嘟”声)时，按“开始”键即可进行文件的传输。

接收传真的方式有两种：自动接收和手动接收。

- 设置为自动接收模式时，用户无法通过传真机进行通话，当传真机检查到其他用户发来的传真信号后，便会开始自动接收。
- 设置为手动接收模式时，传真的来电铃声和电话铃声一样，用户需手动操作来接收传真。手动接收传真的方法为：当听到传真机铃声响起时拿起话筒，根据对方要求，按“开始”键接收信号。当对方发送传真数据后，传真机将自动接收传真文件。

## 3.7.4 使用移动存储设备

移动存储设备主要包括 U 盘、移动硬盘以及各种存储卡，使用这些设备可以方便地将办公文件随身携带或传递到其他办公电脑中。

- U 盘：U 盘是 USB 盘的简称，是一种常见的移动存储设备，如图 3-82 所示。它的特点是体型小巧、存储容量大和价格便宜。目前常见的 U 盘的容量为 8GB、16GB 和 32GB 等。
- 移动硬盘：移动硬盘是以硬盘为存储介质并注重便携性的存储产品，如图 3-83 所示。相对于 U 盘来说，它的存储容量更大，存取速度更快，但是价格相对昂贵一些。目前常见移动硬盘的容量为 500GB 到 2TB。

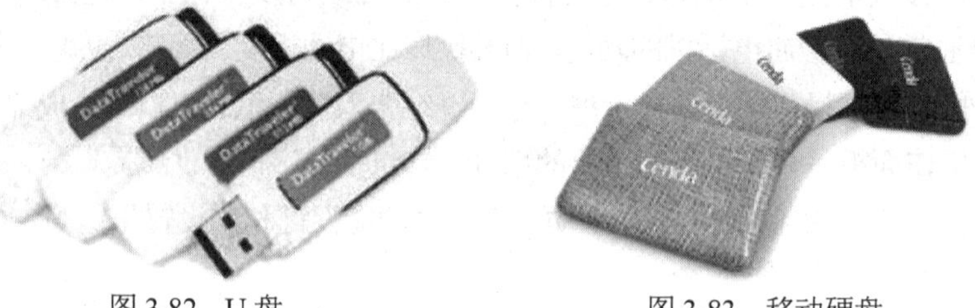


图 3-82 U 盘　　　　图 3-83 移动硬盘

- 存储卡： SD 卡和 TF 卡都属于存储卡但又有区别。从外形上来区分，SD 卡比 TF 卡要大；从使用环境上来分，SD 卡常用于数码相机等设备中，如图 3-84 所示。而 TF 卡比较小，常用于手机中，如图 3-85 所示。

图 3-84 SD 卡　　　　图 3-85 TF 卡

移动存储设备的使用方法基本类似，下面将以具体实例来介绍使用移动存储设备传递数据的方法。

【例 3-9】使用 U 盘进行复制数据的操作。

(1) 将 U 盘的数据线插入到电脑主机的 USB 接口中，在桌面任务栏右下角的通知区域中将显示连接 USB 设备的图标，此时系统自动打开【自动播放】窗口，【可移动磁盘(G:)】列表框中提供了多个选项，选择【打开文件夹以查看文件】选项，如图 3-86 所示。

(2) 此时打开【可移动磁盘(G:)】窗口，查看 U 盘内容，如图 3-87 所示。

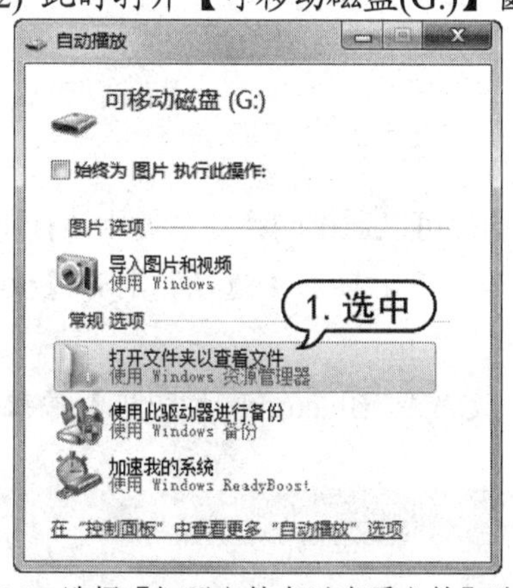


图 3-86 选择【打开文件夹以查看文件】选项

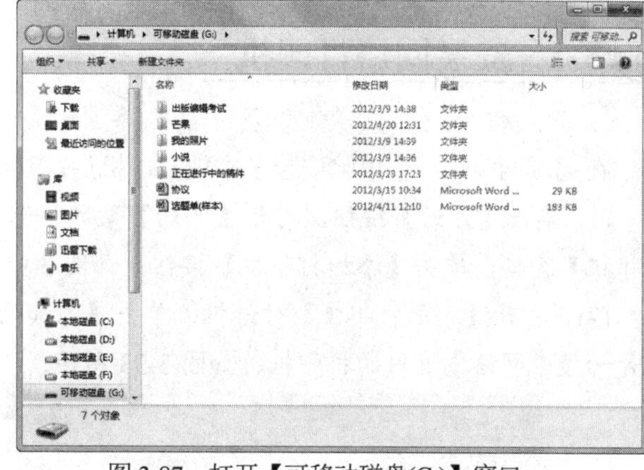

图 3-87 打开【可移动磁盘(G:)】窗口

(3) 打开【计算机】窗口，双击【本地磁盘(C: )】图标，进入 C 盘根目录。选择【办公计划】文件夹，按 Ctrl+C 快捷键复制该文件夹，如图 3-88 所示。

(4) 切换至【可移动磁盘(G: )】窗口，按 Ctrl+V 快捷键，粘贴该文件夹，如图 3-89 所示。

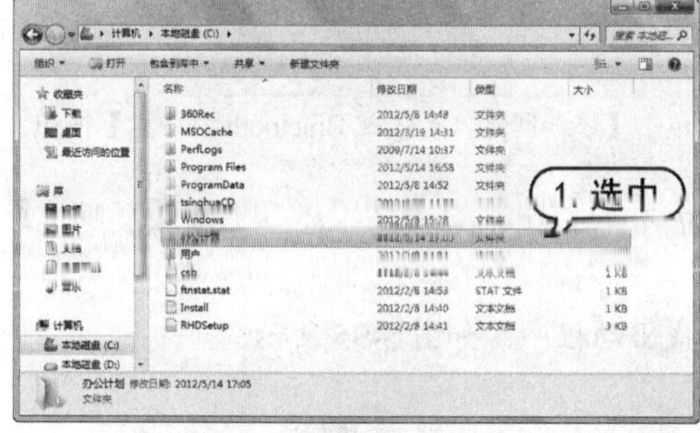


图 3-88 复制文件夹

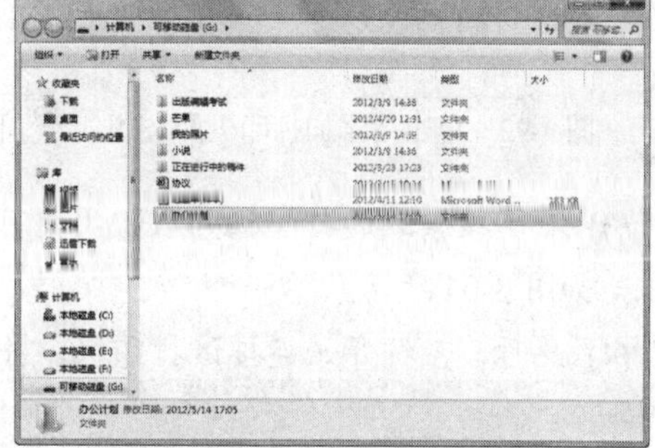

图 3-89 粘贴文件夹

(5) 复制完成后，单击【关闭】按钮，关闭【可移动磁盘(G: )】窗口。

(6) 单击任务栏右边的图标，选择【弹出 Cruzer Blade】命令，如图 3-90 所示。

(7) 当桌面的右下角出现【安全地移除硬件】提示框，此时即可将 U 盘的 USB 接口从电脑主机上拔下，如图 3-91 所示。

图 3-90 选择【弹出 Cruzer Blade】命令

图 3-91 拔出 U 盘

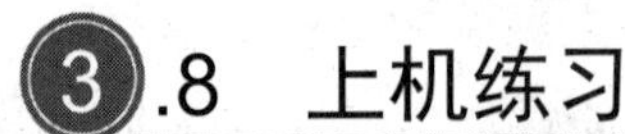

# 3.8 上机练习

本章的上机实验主要练习安装网络打印机和设置 WinRAR 加密，用户通过练习从而巩固本章所学知识。

## 3.8.1 安装网络打印机

在局域网中，一台电脑安装了本地打印机后，其他电脑都可以通过网络共享使用该打印机。

(1) 单击【开始】按钮，打开【开始】菜单，选择【设备和打印机】选项，打开【设备和打印机】窗口，单击【添加打印机】按钮，如图 3-92 所示。

(2) 打开【添加打印机】对话框，单击【添加网络、无线或 Bluetooth 打印机】按钮，系统开始搜索网络中可用的打印机，如图 3-93 所示。

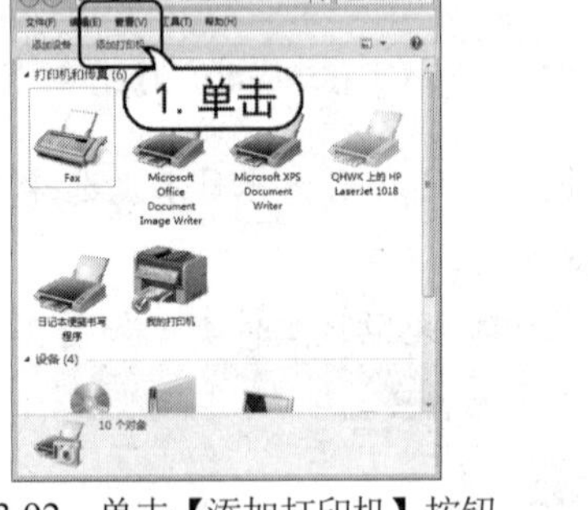

图 3-92 单击【添加打印机】按钮　　图 3-93 单击【添加网络、无线或 Bluetooth 打印机】按钮

(3) 显示搜索到的打印机列表，用户可选中要添加的打印机的名称，然后单击【下一步】按钮，如图 3-94 所示。

(4) 此时，系统开始连接该打印机，并自动查找驱动程序，如图 3-95 所示。

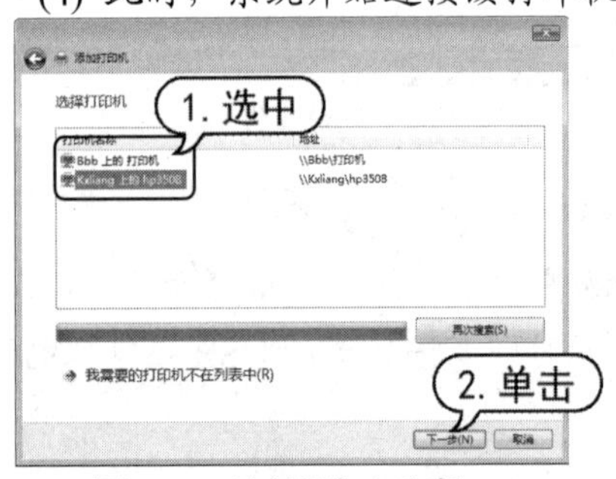


图 3-94 选择添加打印机

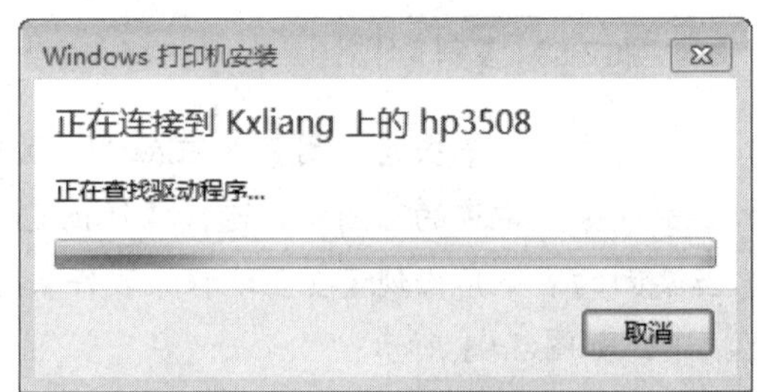


图 3-95 自动查找驱动程序

(5) 打开【打印机】提示窗口，提示用户需要从目标主机上下载打印机驱动程序，单击【安装驱动程序】按钮，如图 3-96 所示。

(6) 此时，系统自动下载并安装打印机驱动程序，成功下载驱动程序并安装完成会弹出对

话框，提示用户已成功添加打印机，单击【下一步】按钮，如图 3-97 所示。

图 3-96　单击【安装驱动程序】按钮

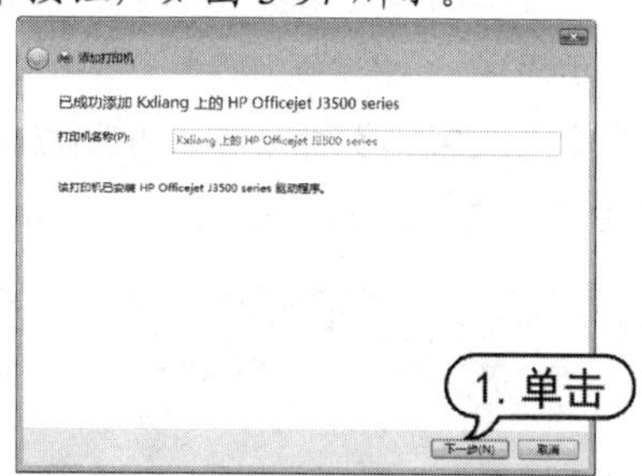


图 3-97　单击【下一步】按钮

(7) 在打开的对话框中，选中【设置为默认打印机】复选框，然后单击【完成】按钮，如图 3-98 所示。

(8) 返回【设备和打印机】窗口，显示打钩的即为添加的网络打印机，如图 3-99 所示。

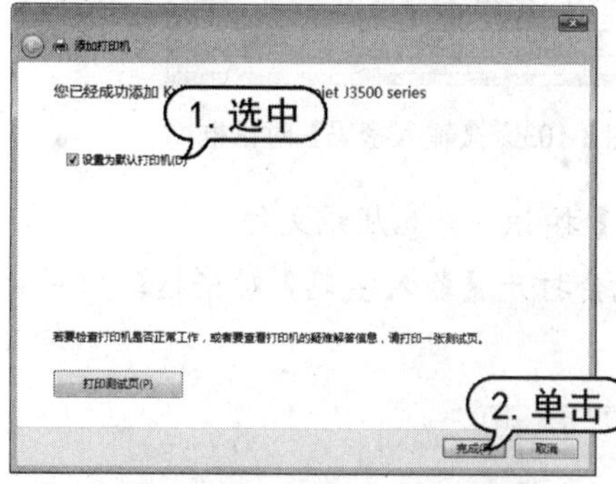


图 3-98　单击【完成】按钮

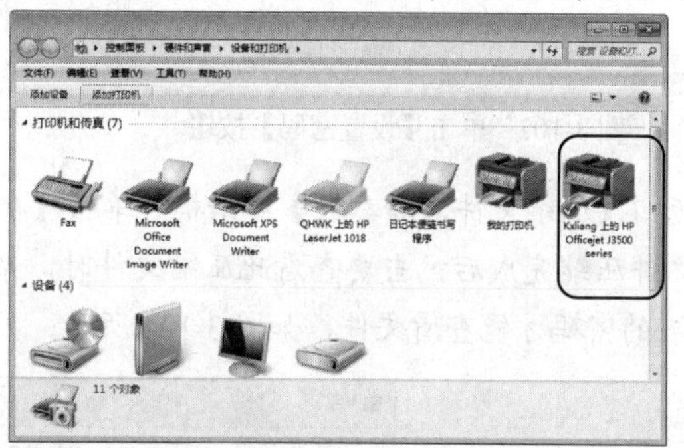

图 3-99　显示新添加打印机

## 3.8.2　设置 WinRAR 加密

使用 WinRAR 可以将添加文件压缩并进行加密，用户要想查看必须输入正确的密码。

(1) 启动 WinRAR 软件，找到并双击该压缩文件，进行解压缩操作，然后单击【添加】按钮，如图 3-100 所示。

(2) 打开【请选择要添加的文件】对话框，选择所需添加到压缩文件中的图片，然后单击【确定】按钮，如图 3-101 所示。

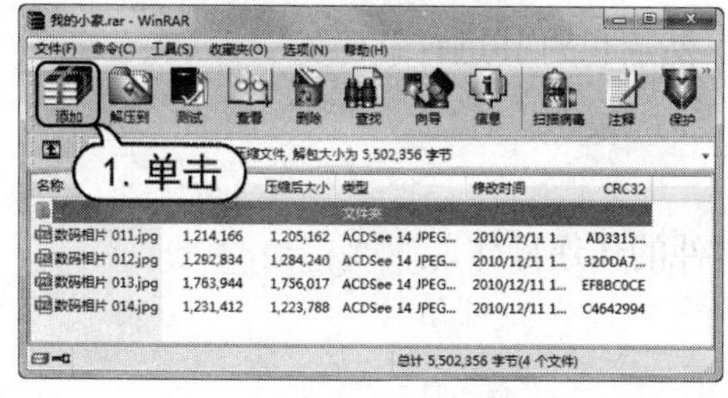


图 3-100　单击【添加】按钮

图 3-101　选择图片

(3) 返回至【压缩文件名和参数】对话框，打开【高级】选项卡，单击【设置密码】按钮，如图 3-102 所示。

(4) 打开【输入密码】对话框，在相应的文本框中输入两次密码，然后选中【加密文件名】复选框，单击【确定】按钮，如图 3-103 所示。

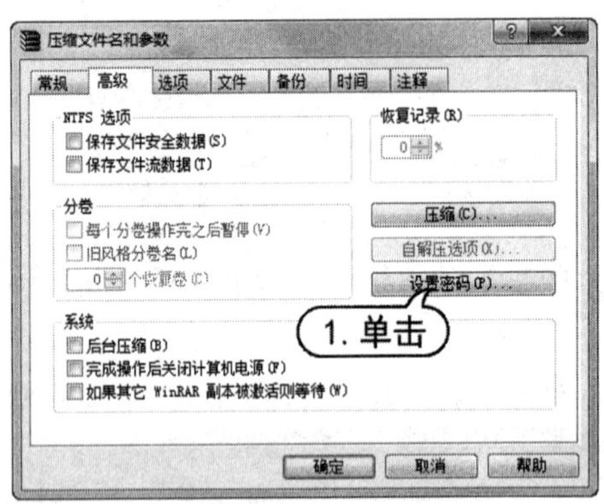


图 3-102　单击【设置密码】按钮

图 3-103　【输入密码】对话框

(5) 返回【压缩文件名和参数】对话框，单击【确定】按钮，开始压缩文件。

(6) 文件压缩完成后，当要查看此压缩文件时，系统会打开【输入密码】对话框，用户必须输入正确的密码才能查看文件，如图 3-104 所示。

图 3-104　输入密码

## 3.9 习题

1. 使用打印机打印办公文件。
2. 使用扫描仪扫描图片。
3. 使用 WinRAR 压缩本地电脑中一个文件夹，然后再对其进行解压。
4. 使用 Adobe Reader 阅读 PDF 格式的办公文件。
5. 使用 ACDSee 查看本地电脑中的图片。
6. 使用移动存储设备在两台办公电脑间实现文件的传递操作。

# 第4章 使用 Word 2010 制作文档

## 学习目标

Word 2010 是 Office 软件系列中的文字处理软件，它拥有良好的图形界面，可以方便地进行文字、图形、图像和数据处理，是最常使用的文档处理软件之一。本章从最基础的知识入手，介绍在 Word 2010 中如何新建文档、输入文本、设置文本格式等操作内容。

## 本章重点

- Word 2010 视图模式
- Word 文档基本操作
- Word 文本输入操作
- 设置文本格式
- 设置边框和底纹

## 4.1 Word 2010 办公基础

Word 2010 是 Office 2010 的组件之一，也是目前文字处理软件中最受欢迎的、用户使用最多的文字处理软件。使用 Word 2010 来处理文件，大大提高了企业办公自动化的效率。

### 4.1.1 Word 2010 办公应用

Word 2010 是一个功能强大的文档处理软件。它既能够制作各种简单的办公商务和个人文档，又能满足专业人员制作用于印刷的版式复杂的文档。Word 2010 主要有以下几种办公应用。

- 文字处理功能：Word 2010 是一个功能强大的文字处理软件，利用它可以输入文字，并可设置不同的字体样式和大小。

- 表格制作功能：Word 2010 不仅能处理文字，还能制作各种表格，可以更好地解释和补充文字说明，如图 4-1 所示。
- 图形图像处理功能：在 Word 2010 中可以插入图形图像对象，例如文本框、艺术字和图表等，制作出图文并茂的文档，如图 4-2 所示。

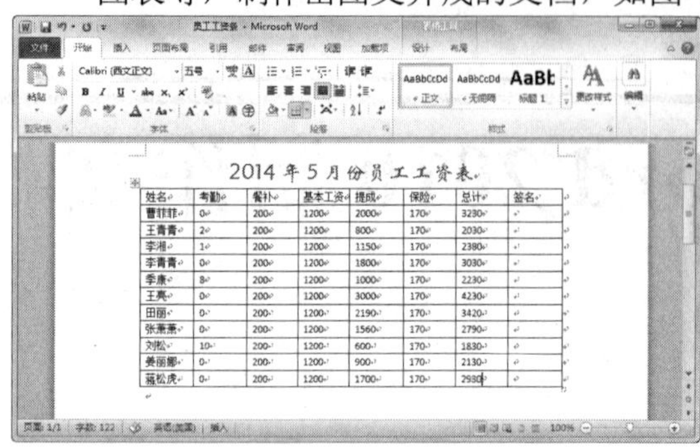


图 4-1　Word 表格

图 4-2　插入图像

- 文档组织功能：在 Word 2010 中可以建立任意长度的文档，还能对长文档进行各种管理。
- 页面设置及打印功能：在 Word 2010 中可以设置出各种大小不一的版式，以满足不同用户的需求，使用打印功能可轻松地将电子文本转换到纸上。



## 4.1.2　Word 2010 工作界面

启动 Word 2010 后，桌面上就会出现 Word 2010 的工作界面，该界面主要由标题栏、快速访问工具栏、功能选项卡、功能区、文档编辑区、水平滚动条和状态与视图栏等组成，如图 4-3 所示。

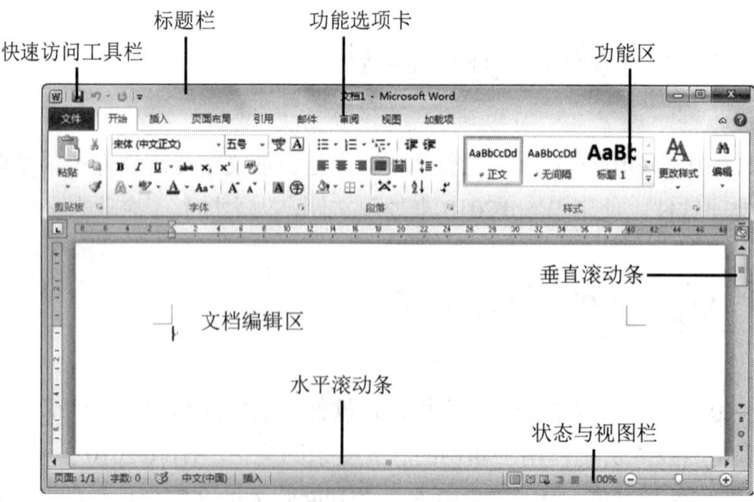


图 4-3　Word 2010 工作界面

Word 2010 的工作界面主要组成部分的各自作用如下。

- 标题栏：标题栏位于窗口的顶端，用于显示当前正在运行的程序名及文件名等信息。标题栏最右端有 3 个按钮，分别用来控制窗口的最小化、最大化和关闭。
- 快速访问工具栏：快速访问工具栏中包含最常用操作的快捷按钮，方便用户使用。在默认状态中，快速访问工具栏中包含 3 个快捷按钮，分别为【保存】按钮、【撤销】按钮和【恢复】按钮。
- 功能选项卡：单击相应的标签，即可打开对应的功能选项卡，如【开始】、【插入】、【页面布局】等选项卡。
- 文档编辑区：它是 Word 中最重要的部分，所有的文本操作都将在该区域中进行，用来显示和编辑文档、表格等。
- 状态与视图栏：位于 Word 窗口的底部，显示了当前的文档信息，如当前显示的文档是第几页、当前文档的总页数和当前文档的字数等；还提供有视图方式、显示比例和缩放滑块等辅助功能，以显示当前的各种编辑状态。

## 4.1.3　Word 2010 视图模式

Word 2010 提供了 5 种文档显示的方式，即页面视图、Web 版式视图、阅读版式视图、大纲视图和草稿视图。

- 页面视图：页面视图是 Word 2010 的默认视图方式，该视图方式是按照文档的打印效果显示文档，显示与实际打印效果完全相同的文件样式。打开【视图】选项卡，在【文档视图】组中单击【页面视图】按钮，或者在视图栏中的视图按钮组中单击【页面视图】按钮，即可切换至页面视图模式，如图 4-4 所示。
- Web 版式视图：Web 版式视图以网页的形式显示 Word 2010 文档，适用于发送电子邮件、创建和编辑 Web 页。在 Web 版式视图模式下，可以看到背景和为适应窗口而换行显示的文本，且图形位置与在 Web 浏览器中的位置一致。打开【视图】选项卡，在【文档视图】组中单击【Web 版式视图】按钮，或者在视图栏中的视图按钮组中单击【Web 版式视图】按钮，即可切换至 Web 版式视图模式，如图 4-5 所示。

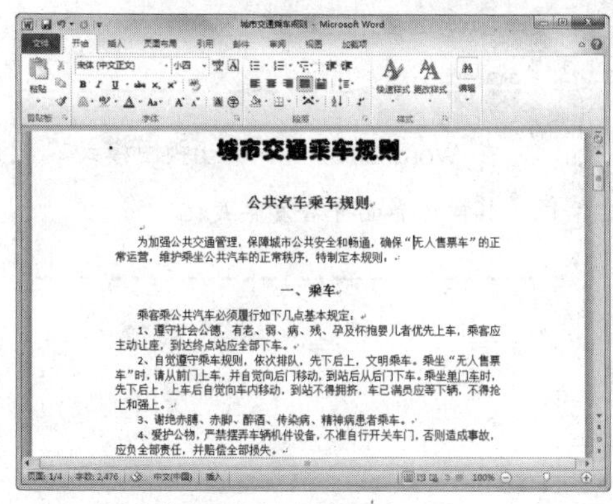

图 4-4　页面视图

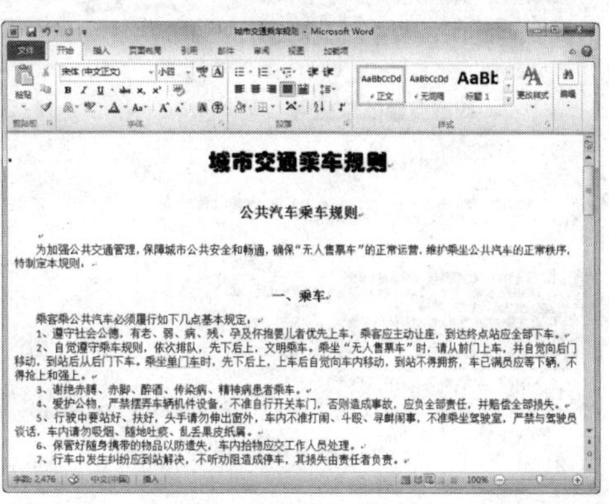

图 4-5　Web 版式视图

◉ 阅读版式视图：阅读版式视图是模拟书本阅读方式，即以图书的分栏样式显示，将两页文档同时显示在一个视图窗口的一种视图方式。打开【视图】选项卡，在【文档视图】组中单击【阅读版式视图】按钮，或者在视图栏中的视图按钮组中单击【阅读版式视图】按钮，即可切换至阅读版式视图，它以最大的空间来阅读或批注文档，如图 4-6 所示。

◉ 大纲视图：大纲视图主要用于设置 Word 2010 文档的设置和显示标题的层级结构，并可以方便地折叠和展开各种层级的文档。大纲视图广泛用于 Word 2010 长文档的快速浏览和设置中。使用大纲视图，可以查看文档的结构，还可以通过拖动标题来移动、复制和重新组织文本。打开【视图】选项卡，在【文档视图】组中，单击【大纲视图】按钮，或者在视图栏中的视图按钮组中单击【大纲视图】按钮，即可切换至大纲视图，如图 4-7 所示。

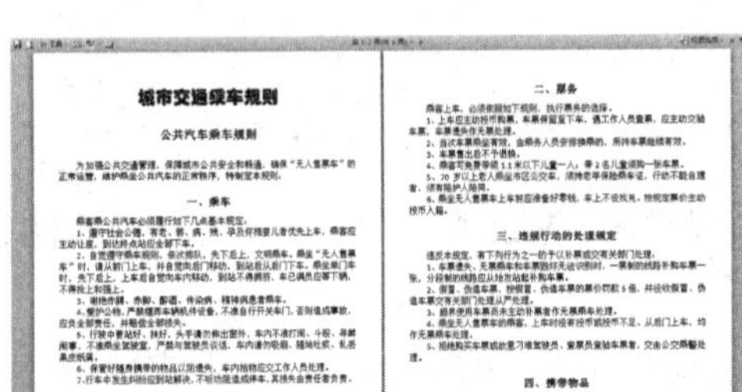

图 4-6　阅读版式视图

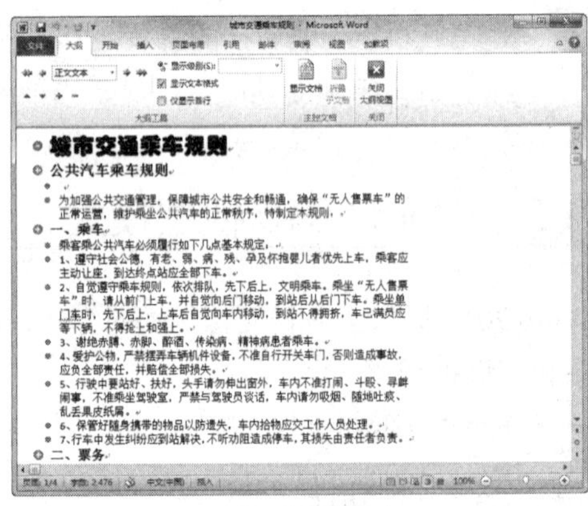

图 4-7　大纲视图

◉ 草稿视图：草稿视图主要用于查看草稿形式的文档，便于快速编辑文本。草稿视图取消了页面边距、分栏、页眉页脚和图片等元素，仅显示标题和正文。打开【视图】选项卡，在【文档视图】组中单击【草稿】按钮，或者在视图栏中的视图按钮组中单击【草稿】按钮，即可切换至草稿视图模式，如图 4-8 所示。

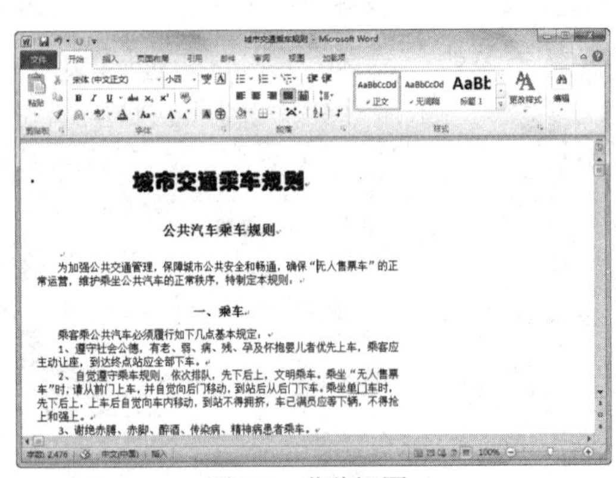

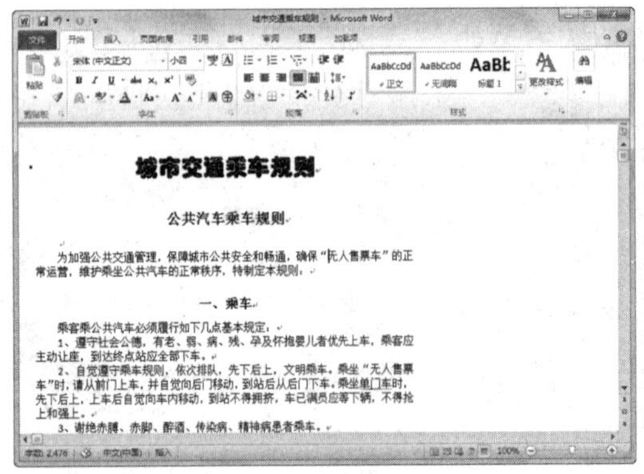

图 4-8　草稿视图

**提示**

在 Word 2010 中，由于视图模式不同，其操作界面也会发生变化。

## 4.2　Word 2010 文档基本操作

在使用 Word 2010 创建文档之前，必须掌握文档的一些基本操作，主要包括新建、保存、打开和关闭文档。

### 4.2.1　新建文档

在 Word 2010 中，创建的文档可以是空白文档，也可以是基于模板的文档。

#### 1. 新建空白文档

启动 Word 2010 后，系统会默认自动建立一个名为“文档 1”的空白文档。另外，用户还可以单击【文件】按钮，从弹出的菜单中选择【新建】命令，在【可用模板】列表框中选择【空白文档】选项，单击【创建】按钮，即可创建一个名为“文档 2”的空白文档，如图 4-9 所示。

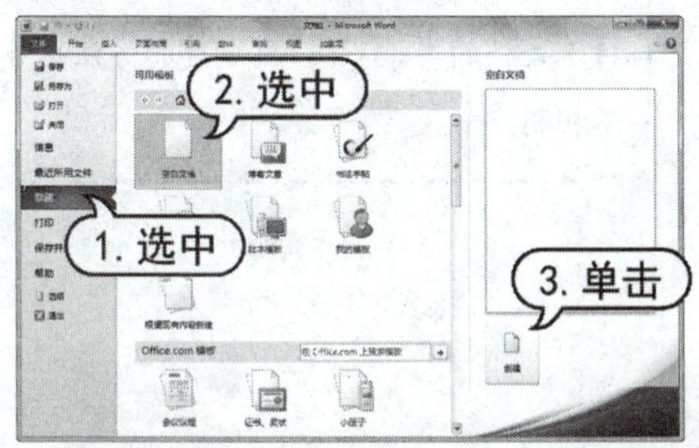


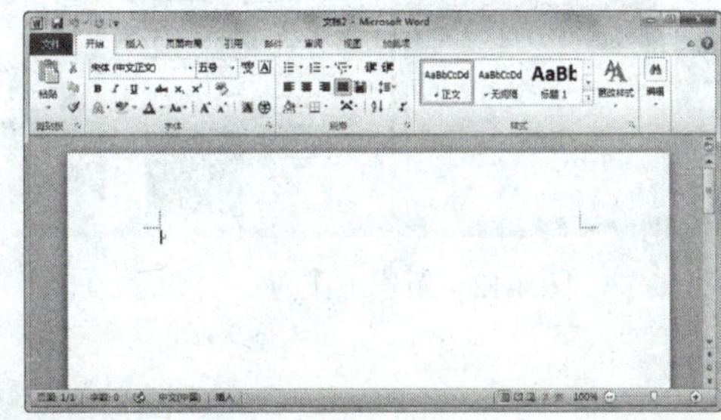

图 4-9　新建空白文档

#### 2. 新建基于模板的文档

模板是 Word 预先设置好内容格式的文档。在 Word 2010 中为用户提供了多种具有统一规格、统一框架的文档模板，如传真、信函或简历等。下面将以创建平衡简历为例介绍新建基于模板文档的方法。

【例 4-1】根据【平衡报告】模板来创建新文档。

(1) 启动 Word 2010 应用程序，打开一个名为“文档 1”的文档。

(2) 单击【文件】按钮，从弹出的菜单中选择【新建】命令，打开 Microsoft Office Backstage 视图。在【可用模板】列表框中选择【样本模板】选项，如图 4-10 所示。

(3) 此时系统会自动显示 Word 2010 提供的所有样本模板，在样本模板列表框中选择【平衡报告】选项，并在右侧窗口中预览该模板的样式，选中【文档】单选按钮，单击【创建】按钮，如图 4-11 所示。

**知识点**

在网络连通的情况下，在 Microsoft Office Backstage 视图中的【可用模板】下的【Office.com 模板】列表框中选择相应的模板选项，单击【下载】按钮，即可连接到 Office.com 网站下载，并创建相应的文档。

图 4-10　选择【样本模板】选项

图 4-11　选择【平衡报告】选项

(4) 此时即可新建一个名为“文档 2”的新文档，并自动套用所选择的【平衡报告】模板的样式，如图 4-12 所示。

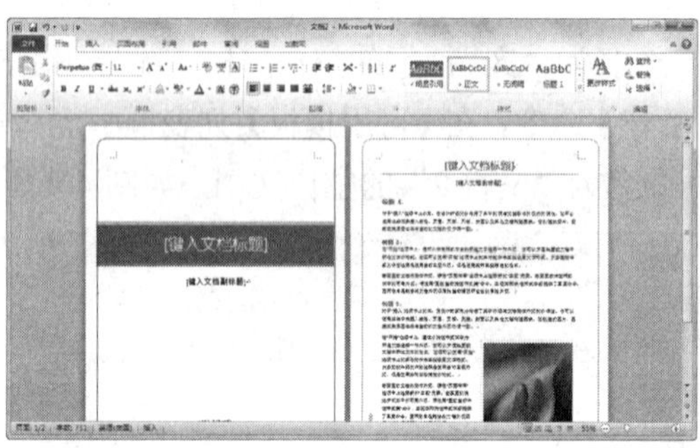

图 4-12　新建工作簿

**提示**

Word 2010 还提供了一些特殊文档的创建方法，包括博客文章、书法字帖等。特殊文档的类型不同，其创建的方法也各不相同。



## 4.2.2　打开和关闭文档

打开文档是 Word 的一项基本的操作，对于任何文档来说都需要先将其打开，然后才能对其进行编辑。编辑完成后，可将文档关闭。

### 1. 打开文档

对于已经存在的 Word 文档，只需双击该文档的图标即可打开该文档。另外，用户还可在一个已打开的文档中打开另外一个文档。例如，单击【文件】按钮，在打开的页面中选择【打开】命令，打开【打开】对话框。在【打开】对话框中，选中所需的文件，然后单击【打开】按钮即可将其打开。

### 2. 关闭文档

不使用文档时，应将其关闭。关闭文档的方法非常简单，常用的关闭文档的方法如下。

- 单击标题栏右侧的【关闭】按钮。
- 按 Alt+F4 组合键。
- 单击【开始】按钮，从弹出的菜单中选择【关闭】命令。

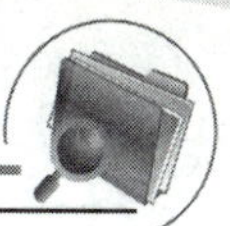

◉ 右击标题栏，从弹出的快捷菜单中选择【关闭】命令。

## 4.2.3 保存文档

新建好文档后，可通过 Word 的保存功能将其存储到电脑中，便于以后打开和编辑使用。保存文档分为保存新建的文档、保存已存档过的文档、将当前文档另存为其他文档和自动保存 4 种方式。

### 1. 保存新建的文档

在第一次保存编辑好的文档时，需要指定文件名、文件的保存位置和保存格式等信息。保存新建文档的常用操作如下。

◉ 单击【文件】按钮，从弹出的菜单中选择【保存】命令。打开【另存为】对话框，在该对话框中设置保存路径、名称及保存格式后，单击【保存】按钮即可保存新建的 Word 文档，如图 4-13 所示。

◉ 单击快速访问工具栏上的【保存】按钮。

◉ 按 Ctrl+S 快捷键。

### 2. 保存已存档过的文档

要对已保存过的文档进行保存时，可单击【文件】按钮，在弹出的【文件】菜单中选择【保存】命令，或单击快速访问工具栏上的【保存】按钮，或按 Ctrl+S 快捷键，即可按照原有的路径、名称以及格式进行保存。

### 3. 将当前文档另存为其他文档

要将当前文档另存为其他文档，可单击【文件】按钮，在打开的页面中选择【另存为】命令，打开【另存为】对话框，在其中设置保存格式为 PDF 文档或网页等多种格式，然后单击【保存】按钮即可，如图 4-14 所示。

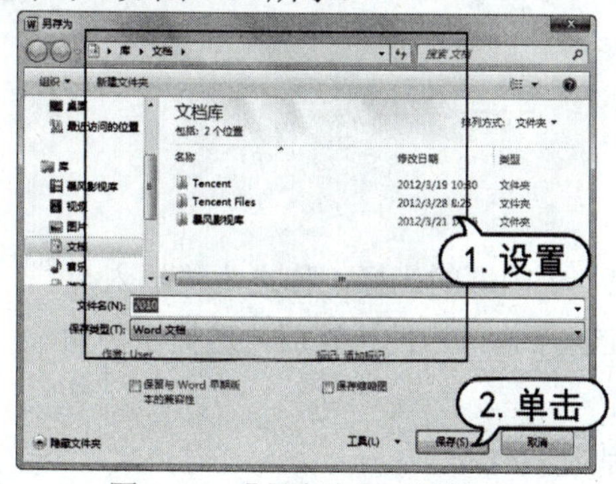


图 4-13 【另存为】对话框

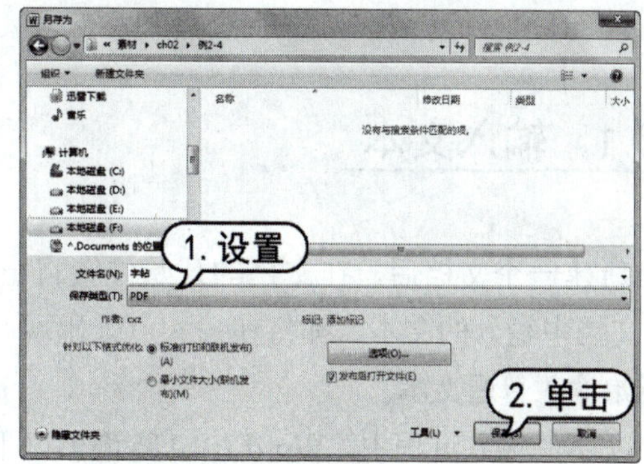


图 4-14 设置保存格式为 PDF 文档

计算机基础与实训教材系列

### 4. 自动保存文档

用户若不习惯于随时对修改的文档进行保存操作，则可以将文档设置为自动保存。设置自动保存后，无论文档是否进行修改，系统会根据设置的时间间隔在指定的时间自动对文档进行保存。

【例 4-2】启动 Word 2010，将文档自动保存的时间间隔设置为 5 分钟。

(1) 启动 Word 2010 应用程序，打开一个名为“文档 1”的文档。

(2) 单击【文件】按钮，从弹出的【文件】菜单中选择【选项】命令，如图 4-15 所示。

(3) 打开【Word 选项】对话框的【保存】选项卡，在【保存文档】选项区域中选中【保存自动恢复信息时间间隔】复选框，并在其右侧的微调框中输入“5”，单击【确定】按钮，完成设置，如图 4-16 所示。

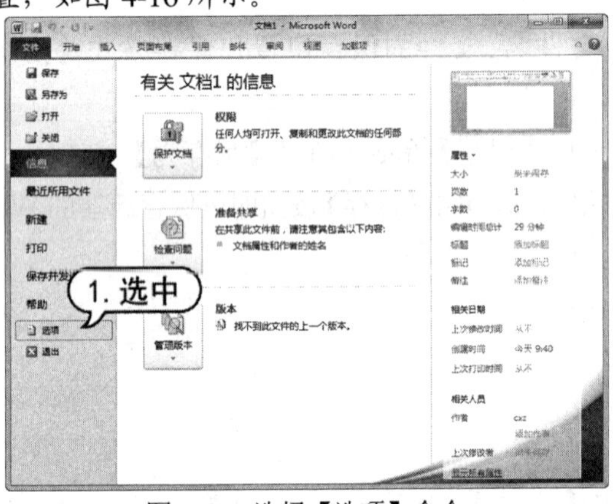


图 4-15　选择【选项】命令

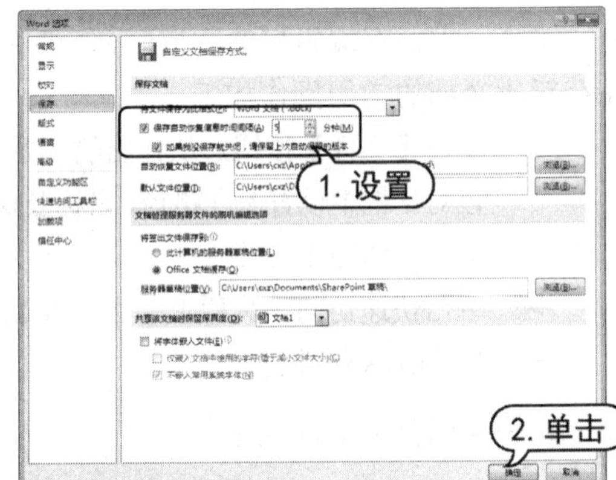


图 4-16　设置时间

## 4.3　Word 2010 文本输入操作

在 Word 2010 中，建立文档的目的是为了输入文本内容。输入文本后，还需要对文本进行选取、复制、移动、删除、查找和替换等编辑操作，这些操作都是 Word 中最基本和最常用的操作。

### 4.3.1　输入文本

当新建一个文档后，在文档的开始位置将出现一个闪烁的光标，称之为“插入点”。在 Word 文档中输入的文本，都将在插入点处出现。定位了插入点的位置后，选择一种输入法，即可开始输入普通文本。

在文本的输入过程中，Word 2010 将遵循以下原则。

- 按下 Enter 键，将在插入点的下一行处重新创建一个新的段落，并在上一个段落的结束处显示“↵”符号。

- 按下空格键，将在插入点的左侧插入一个空格符号，它的大小将根据当前输入法的全半角状态而定。
- 按下 Backspace 键，将删除插入点左侧的一个字符。
- 按下 Delete 键，将删除插入点右侧的一个字符。

【例 4-3】新建一个名为“邀请函”的文档，在其中输入普通文本。

(1) 启动 Word 2010 应用程序，打开一个名为“文档 1”的文档。

(2) 单击【文件】按钮，从弹出的菜单中选择【保存】命令，打开【另存为】对话框，选择文档保存路径，在【文件名】文本框中输入“邀请函”，单击【保存】按钮，保存文档，如图 4-17 所示。

(3) 按空格键，将插入点移至页面中央位置，输入标题文本“邀请函”，如图 4-18 所示。

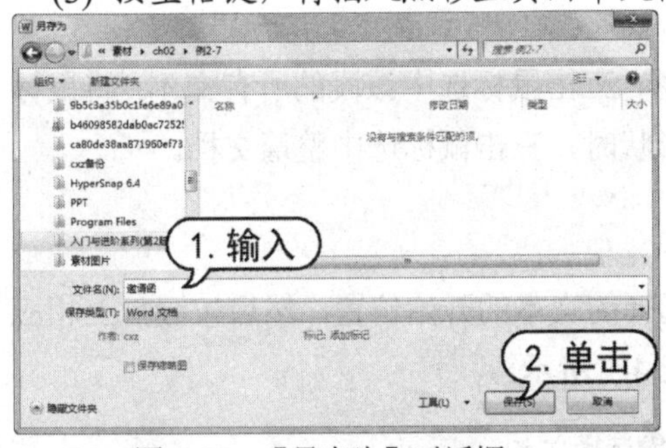

图 4-17　【另存为】对话框

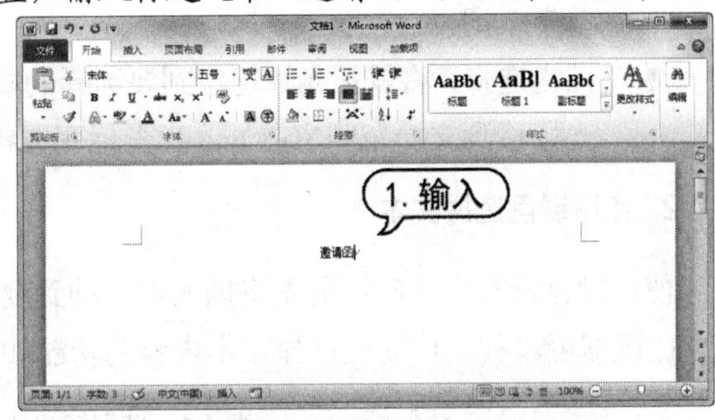


图 4-18　输入文本

(4) 按 Enter 键，将插入点跳转至下一行的行首，继续输入文本“尊敬的家长朋友：”，如图 4-19 所示。

(5) 按 Enter 键，将插入点跳转至下一行的行首，再按下 Tab 键，首行缩进 2 个字符，继续输入多段正文文本，按 Enter 键，换行，再按空格键将插入点定位到文本最右侧，输入文本“余西幼儿园办公室”，如图 4-20 所示。

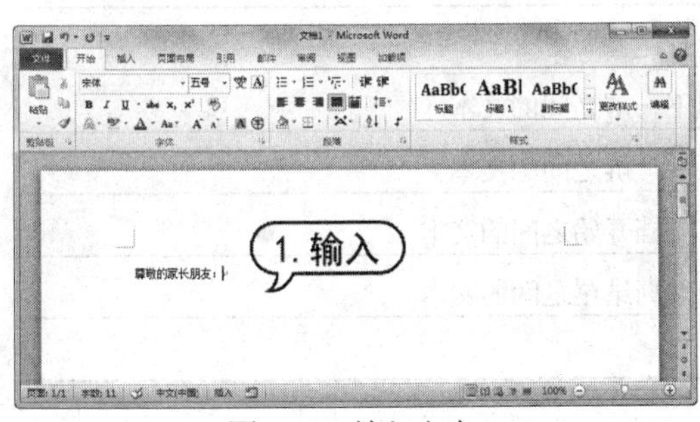


图 4-19　输入文本

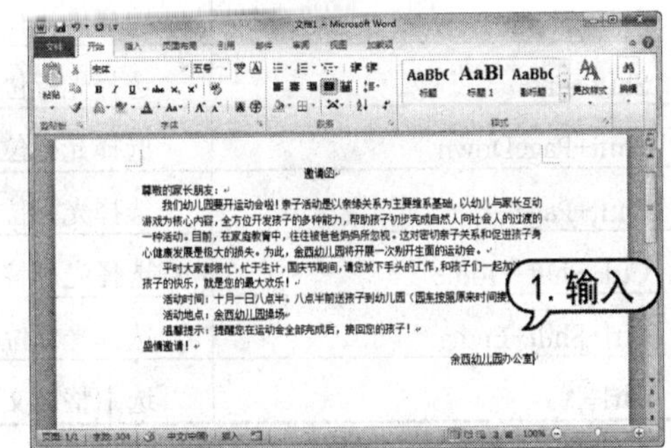


图 4-20　输入文本

## 4.3.2　选择文本

在 Word 2010 中，用户在进行文本编辑之前，既可以使用鼠标或键盘，也可以将鼠标和键盘结合操作来选取文本。

### 1. 使用鼠标选择文本

使用鼠标选择文本是最基本的方法，以下介绍几种常用的鼠标选择文本的方式。

- 拖动选择：将鼠标指针定位在起始位置，按住鼠标左键不放，向目的位置拖动鼠标以选择文本。
- 单击选择：将鼠标光标移到要选定行的左侧空白处，当鼠标光标变成↗形状时，单击鼠标选择该行文本内容。
- 双击选择：将鼠标光标移到文本编辑区左侧，当鼠标光标变成↗形状时，双击鼠标左键，即可选择该段的文本内容；将鼠标光标定位到词组中间或左侧，双击鼠标选择该单字或词。
- 三击选择：将鼠标光标定位到要选择的段落，三击鼠标选中该段的所有文本；将鼠标光标移到文档左侧空白处，当光标变成↗形状时，三击鼠标选中整篇文档。



### 2. 使用键盘选择文本

使用键盘选择文本时，需先将插入点移动到要选择的文本的开始位置，然后按键盘上相应的快捷键即可。利用快捷键选择文本内容的功能如表 4-1 所示。

表 4-1　使用键盘快捷键选择文本

| 比较运算符 | 功　　能 |
|---|---|
| Shift+→ | 选择光标右侧的一个字符 |
| Shift+← | 选择光标左侧的一个字符 |
| Shift+↑ | 选择光标位置至上一行相同位置之间的文本 |
| Shift+↓ | 选择光标位置至下一行相同位置之间的文本 |
| Shift+Home | 选择光标位置至行首 |
| Shift+End | 选择光标位置至行尾 |
| Shift+PageDown | 选择光标位置至下一屏之间的文本 |
| Shift+PageUp | 选择光标位置至上一屏之间的文本 |
| Ctrl+Shift+Home | 选择光标位置至文档开始之间的文本 |
| Ctrl+Shift+End | 选择光标位置至文档结尾之间的文本 |
| Ctrl+A | 选中整篇文档 |

### 3. 结合鼠标和键盘选择文本

使用鼠标和键盘结合的方式，不仅可以选择连续的文本，还可以选择不连续的文本。

- 选择连续的较长文本：将插入点定位到要选择区域的开始位置，按住 Shift 键不放，再移动光标至要选择区域的结尾处，单击鼠标左键即可选择该区域之间的所有文本内容。

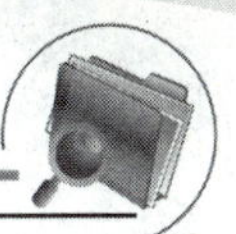

- 选择不连续的文本：选择任意一段文本，按住 Ctrl 键，再拖动鼠标选择其他文本，即可同时选择多段不连续的文本。
- 选择整篇文档：按住 Ctrl 键不放，将光标移到文本编辑区左侧空白处，当光标变成形状时，单击鼠标左键即可选择整篇文档。
- 选择矩形文本：将插入点定位到开始位置，按住 Alt 键并拖动鼠标，即可选择矩形文本。

## 4.3.3　移动和复制文本

在文档中经常需要重复输入文本时，可以使用移动或复制文本的方法进行操作，以节省时间，加快输入和编辑的速度。

### 1. 移动文本

移动文本是指将当前位置的文本移到另外的位置，在移动的同时，会删除原来位置上的原版文本。移动文本后，原位置的文本消失。移动文本有以下几种方法。

- 选择需要移动的文本，按 Shift+X 组合键；在目标位置处按 Ctrl+V 组合键来实现。
- 选择需要移动的文本，在【开始】选项卡的【剪贴板】组中，单击【剪切】按钮，在目标位置处，单击【粘贴】按钮。
- 选择需要移动的文本，按下鼠标右键拖动至目标位置，松开鼠标后弹出一个快捷菜单，在其中选择【移动到此位置】命令。
- 选择需要移动的文本后右击，在弹出的快捷菜单中选择【剪切】命令；在目标位置处右击，在弹出的快捷菜单中选择【粘贴】命令。
- 选择需要移动的文本后，按下鼠标左键不放，此时鼠标光标变为形状，并出现一条虚线，移动鼠标光标，当虚线移动到目标位置时，释放鼠标即可将选取的文本移动到该处。

### 2. 复制文本

复制文本是指将要复制的文本移动到其他的位置，而原版文本仍然保留在原来的位置。复制文本的方法有以下几种。

- 选取需要复制的文本，按 Ctrl+C 组合键，把插入点移到目标位置，再按 Ctrl+V 组合键。
- 选择需要复制的文本，在【开始】选项卡的【剪贴板】组中，单击【复制】按钮，将插入点移到目标位置处，单击【粘贴】按钮。
- 选取需要复制的文本，按下鼠标右键拖动到目标位置，松开鼠标会弹出一个快捷菜单，在其中选择【复制到此位置】命令。

◉ 选取需要复制的文本，右击，从弹出的快捷菜单中选择【复制】命令，把插入点移到目标位置，右击，从弹出的快捷菜单中选择【粘贴】命令。

**知识点**

在【开始】选项卡的【剪切板】组中单击对话框启动器按钮，即可快速启动【剪贴板】窗格，在该窗口中显示有最近所做的复制操作。

## 4.3.4 查找和替换文本

在篇幅比较长的文档中，使用 Word 2010 提供的查找与替换功能可以快速地找到文档中某个信息或更改全文中多次出现的词语，从而无须反复地查找文本，使操作变得较为简单，节约办公时间，提高工作效率。

【例 4-4】在【邀请函】文档中，查找文本“运动会”，并将其替换为“亲子运动会”。

(1) 启动 Word 2010 应用程序，打开【邀请函】文档。

(2) 在【开始】选项卡的【编辑】组中单击【查找】按钮，打开导航窗格，在【导航】文本框中输入文本“运动会”，此时 Word 2010 自动在文档编辑区中以黄色高亮显示所查找到的文本，如图 4-21 所示。

(3) 在【开始】选项卡的【编辑】组中，单击【替换】按钮，打开【查找和替换】对话框，自动打开【替换】选项卡，此时【查找内容】文本框中显示文本“运动会”，在【替换为】文本框中输入文本“亲子运动会”，单击【全部替换】按钮，如图 4-22 所示。

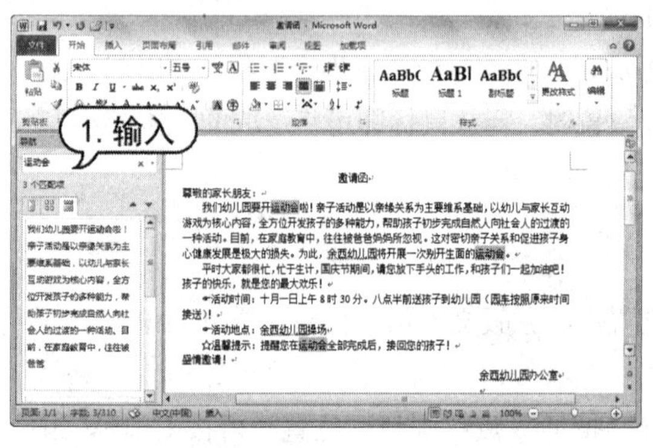

图 4-21 查找文本

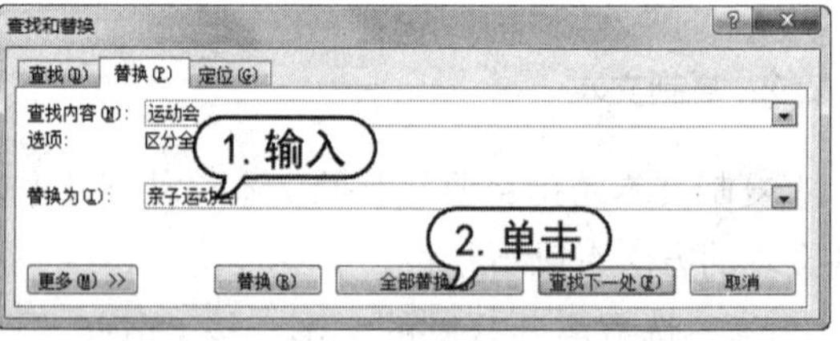


图 4-22 替换文本

**提示**

在【替换】选项卡中单击【替换】按钮，替换第一处满足条件的文本；单击【更多】按钮，展开更多选项，在其中设置区分大小写、区分全角/半角、忽略空格和忽略标点符号等。

(4) 此时系统自动打开提示对话框，单击【是】按钮，执行全部替换操作，如图 4-23 所示。

(5) 替换完成后，打开完成替换提示框，单击【确定】按钮，如图 4-24 所示。

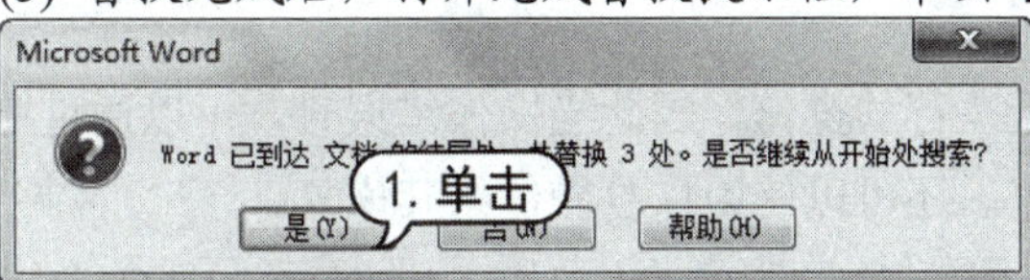


图 4-23　单击【是】按钮

图 4-24　单击【确定】按钮

(6) 返回至【查找和替换】对话框，单击【关闭】按钮，返回文档窗口，查看替换的文本，如图 4-25 所示。

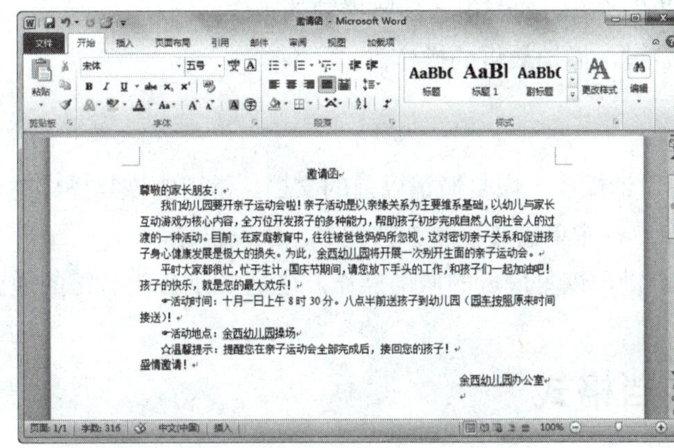


图 4-25　查看替换的文本

## 4.3.5　删除文本

在编辑文档的过程中，需要对多余或错误的文本进行删除操作。删除文本的操作方法有以下几种。

- 按 Backspace 键，删除光标左侧的文本；按 Delete 键，删除光标右侧的文本。
- 选择需要删除的文本，在【开始】选项卡的【剪贴板】组中，单击【剪切】按钮即可。
- 选择文本，按 Backspace 键或 Delete 键均可删除所选文本。

**提示**

Word 2010 状态栏中有【改写】和【插入】两种状态。在改写状态下，输入的文本将会覆盖其后的文本，而在插入状态下，会自动将插入位置后的文本向后移动。Word 默认的状态是插入，若要更改状态，可以在状态栏中单击【插入】按钮，此时将显示【改写】按钮，单击该按钮，返回至插入状态。按 Insert 键，同样可以在这两种状态下切换。

### 4.3.6 撤销和恢复操作

编辑文档时，Word 2010 会自动记录最近执行的操作，因此当操作错误时，可以通过撤销功能将错误操作撤销。如果误撤销了某些操作，还可以使用恢复操作将其恢复。

1. 撤销操作

常用的撤销操作主要有以下两种。

- 在快速访问工具栏中单击【撤销】按钮，撤销上一次的操作。单击按钮右侧的下拉按钮，可以在弹出的列表中选择要撤销的操作。
- 按 Ctrl+Z 组合键，撤销最近的操作。

2. 恢复操作

恢复操作用来还原撤销操作，恢复撤销以前的文档。常用的恢复操作主要有以下两种。

- 在快速访问工具栏中单击【恢复】按钮，恢复操作。
- 按 Ctrl+Y 组合键，恢复最近的撤销操作，这是 Ctrl+Z 组合键的逆操作。



## 4.4 设置文档格式

在 Word 2010 中，为了使文档更加美观，条理更加清晰，用户可以对文本格式和段落格式进行编辑。

### 4.4.1 设置文本格式

用户通常需要对文本进行格式化操作，如设置字体、字号、字体颜色、字形、字体效果和字符间距等。主要有以下几种方法来设置文本格式。

1. 使用选项卡的【字体】组

选中要设置格式的文本，在功能区中打开【开始】选项卡，使用【字体】组中提供的按钮即可设置文本格式，如图 4-26 所示。

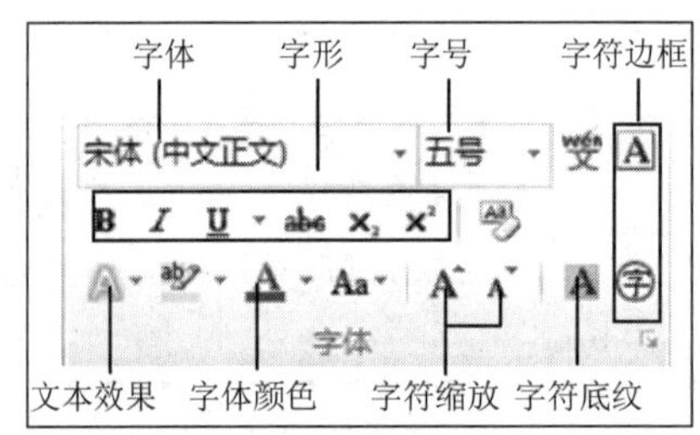


图 4-26 【字体】组中各按钮

- 字体：指文字的外观，Word 2010 提供了多种字体，默认字体为宋体。
- 字号：指文字的大小，Word 2010 提供了多种字号。
- 字形：指文字的一些特殊外观，例如加粗、倾斜、下划线、边框、底纹等。
- 字体效果：包括下划线、字符边框、上标、下标、阴影等。
- 字符间距：包括字符的缩放比例、字符加宽、字符紧缩等。
- 字体颜色：指文字的颜色，单击【字体颜色】按钮右侧的下拉按钮，在弹出的菜单中选择需要的颜色命令。

### 2. 使用浮动工具栏

选中要设置格式的文本，此时选中文本区域的右上角系统会弹出一个浮动工具栏，使用该浮动工具栏提供的按钮，可以进行文本格式的设置，如图 4-27 所示。

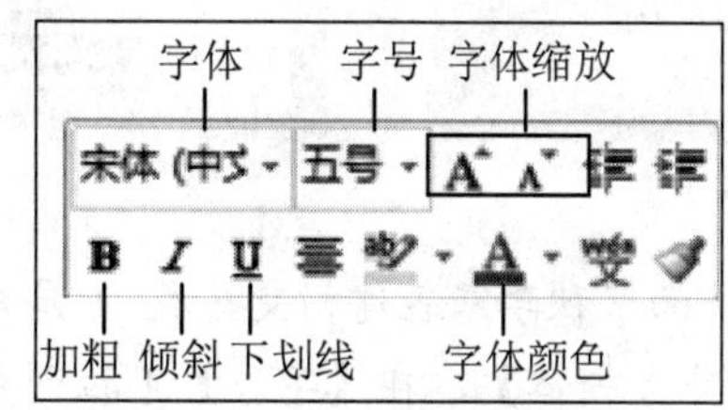


图 4-27　浮动工具栏中各按钮

### 3. 使用【字体】对话框

打开【开始】选项卡，单击【字体】对话框启动器，打开【字体】对话框，即可进行文本格式的相关设置。其中，【字体】选项卡可以设置字体、字形、字号、字体颜色和文本效果(包括删除线、双删除线、上标、下标、阴影等)，【高级】选项卡可以设置文本之间的间隔距离和位置，以及文本的缩放比例等，如图 4-28 所示。

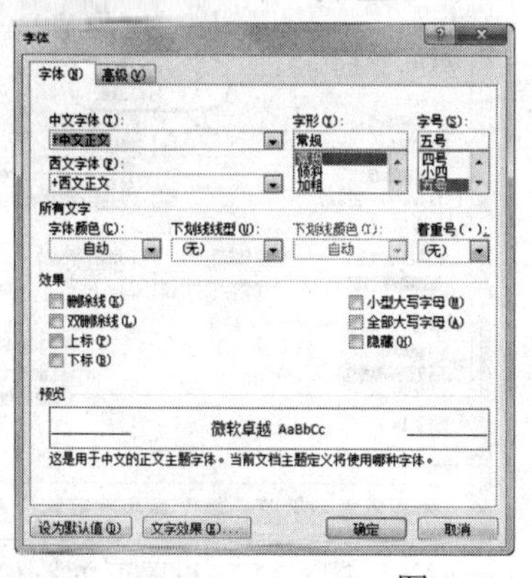

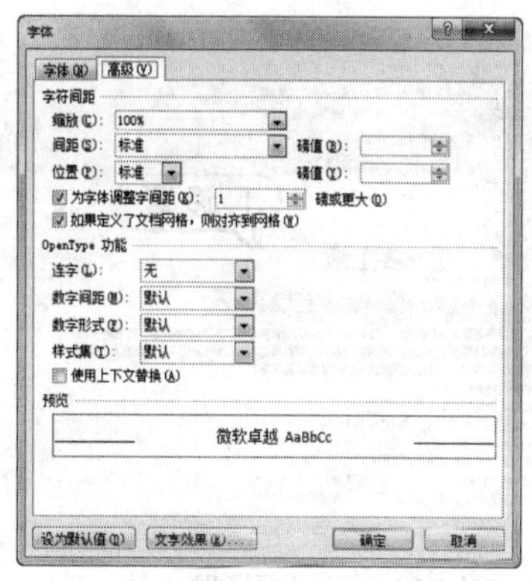

图 4-28　【字体】对话框

【例 4-5】创建【家装交易展览会公告】文档，在其中输入文本，并设置文本格式。

(1) 启动 Word 2010 应用程序，打开一个空白文档，将其以“家装交易展览会公告”为名保存，并在其中输入文本内容，如图 4-29 所示。

(2) 选中正标题文本“家装大戏即将上演”，在【开始】选项卡的【字体】组中单击【字体】下拉按钮，在弹出的列表中选择【方正大黑简体】选项，单击【字号】下拉列表框，在打开的列表中选择【小一】选项，单击【字体颜色】下拉按钮，从弹出的颜色面板中选择【红色】色块，然后单击【加粗】按钮，如图 4-30 所示。

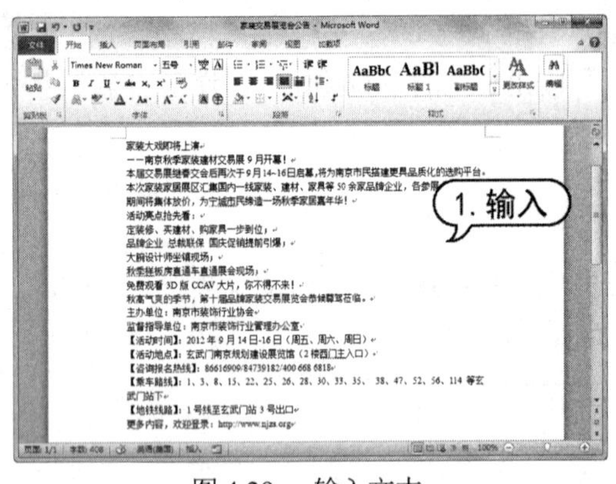


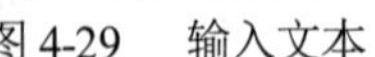
图 4-29　输入文本

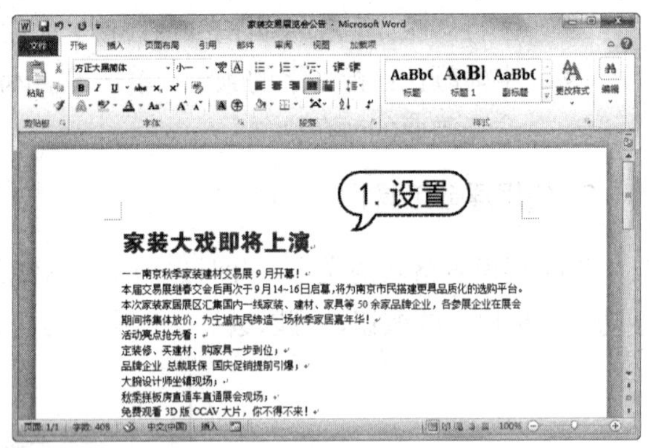


图 4-30　设置标题字体

(3) 选中副标题文本“——南京秋季家装建材交易展 9 月开幕！”，打开浮动工具栏，在【字体】下拉列表框中选择【华文楷体】，在【字号】下拉列表框中选择【三号】选项，然后单击【加粗】和【倾斜】按钮，如图 4-31 所示。

(4) 选中第 8 段文本，打开【开始】选项卡，在【字体】组中单击对话框启动器按钮，打开【字体】对话框。打开【字体】选项卡，单击【中文字体】下拉按钮，从弹出的列表框中选择【华文隶书】选项；在【字形】列表框中选择【加粗】选项；在【字号】列表框中选择【四号】选项；单击【字体颜色】下拉按钮，在弹出的颜色面板中选择【深蓝，文字 2】色块；单击【下划线线型】下拉按钮，选择双直线型下划线，然后单击【确定】按钮，完成设置，如图 4-32 所示。

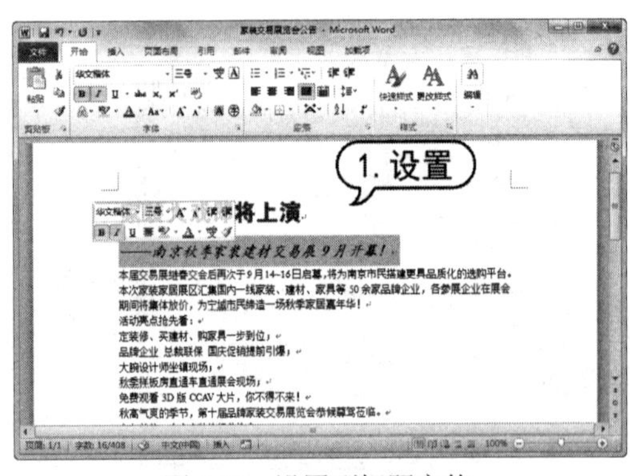


图 4-31　设置副标题字体

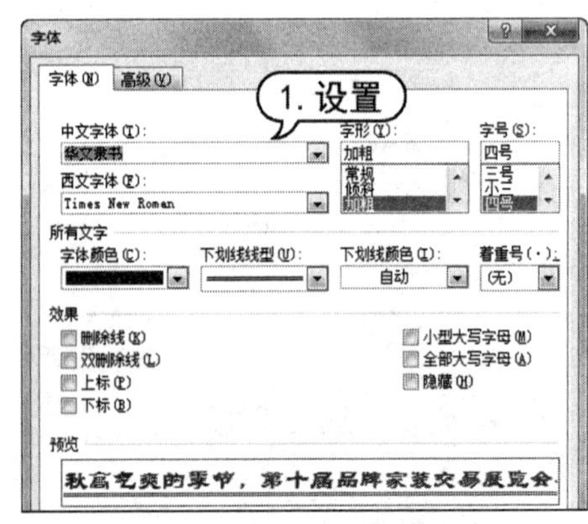


图 4-32　设置正文字体

(5) 使用同样的方法，设置最后一段文本字体为【楷体】，字号为【小五】，字体颜色为【蓝色，强调文字颜色 1】，如图 4-33 所示。

(6) 选中正标题文本“家装大戏即将上演”，打开【开始】选项卡，在【字体】组中单击

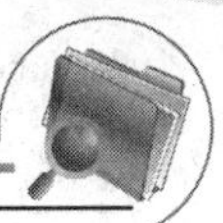

对话框启动器按钮，打开【字体】对话框。打开【高级】选项卡，在【缩放】下拉列表框中选择 150%，在【间距】下拉列表框中选择【加宽】，并在其后的【磅值】微调框中输入“1.5 磅”，单击【确定】按钮，如图 4-34 所示。

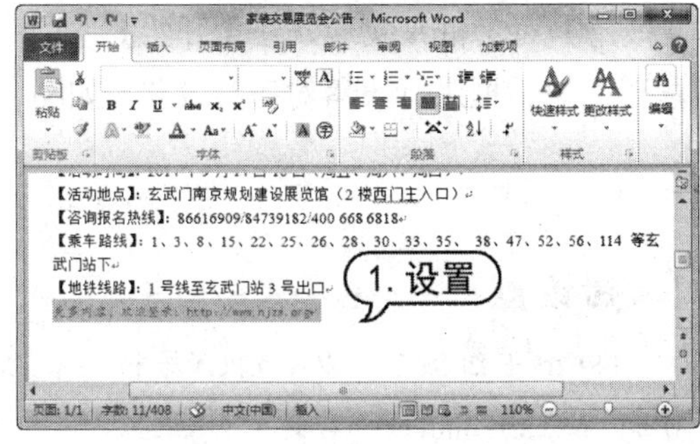


图 4-33　设置最后一段字体

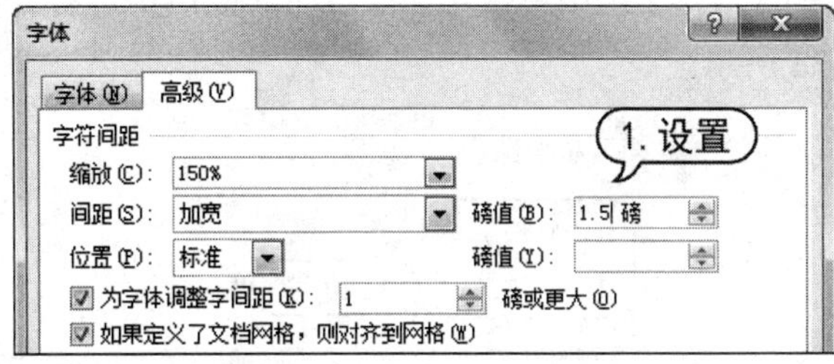


图 4-34　设置正标题字体

(7) 完成设置后，该文档的文本格式效果如图 4-35 所示。

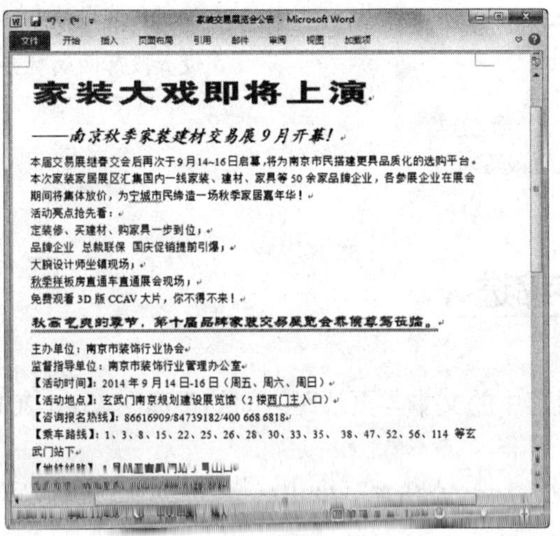

图 4-35　设置完成的文本格式效果

## 4.4.2　设置段落对齐方式

段落对齐指文档边缘的对齐方式，包括两端对齐、居中对齐、左对齐、右对齐和分散对齐。这 5 种对齐方式的说明如下。

- 两端对齐：默认设置，两端对齐时文本左右两端均对齐，但是段落最后不满一行的文字右边是不对齐的。
- 左对齐：文本的左边对齐，右边参差不齐。
- 右对齐：文本的右边对齐，左边参差不齐。
- 居中对齐：文本居中排列。

- 分散对齐：文本左右两边均对齐，而且每个段落的最后一行不满一行时，将拉开字符间距使该行均匀分布。

设置段落对齐方式时，先选定要对齐的段落，然后可以通过单击【开始】选项卡的【段落】组(或浮动工具栏)中的相应按钮来实现，也可以通过【段落】对话框来实现。在【开始】选项卡的【段落】组中单击对话框启动器按钮，打开【段落】对话框进行段落对齐的设置，如图4-36所示。

图4-36　设置段落对齐

> **知识点**
>
> 按Ctrl+E组合键，可以设置段落居中对齐；按Ctrl+Shift+J组合键，可以设置段落分散对齐；按Ctrl+L组合键，可以设置段落左对齐；按Ctrl+R组合键，可以设置段落右对齐；按Ctrl+J组合键，可以设置段落两端对齐。

## 4.4.3　设置段落缩进

段落缩进是指设置段落中的文本与页边距之间的距离。Word 2010提供了以下4种段落缩进的方式。

- 左缩进：设置整个段落左边界的缩进位置。
- 右缩进：设置整个段落右边界的缩进位置。
- 悬挂缩进：设置段落中除首行以外的其他行的起始位置。
- 首行缩进：设置段落中首行的起始位置。

用户可以使用水平标尺和【段落】对话框对段落缩进进行详细设置。

### 1. 使用标尺设置缩进量

通过水平标尺可以快速设置段落的缩进方式及缩进量。水平标尺中包括首行缩进、悬挂缩进、左缩进和右缩进4个标记。拖动各标记就可以设置相应的段落缩进方式，如图4-37所示。

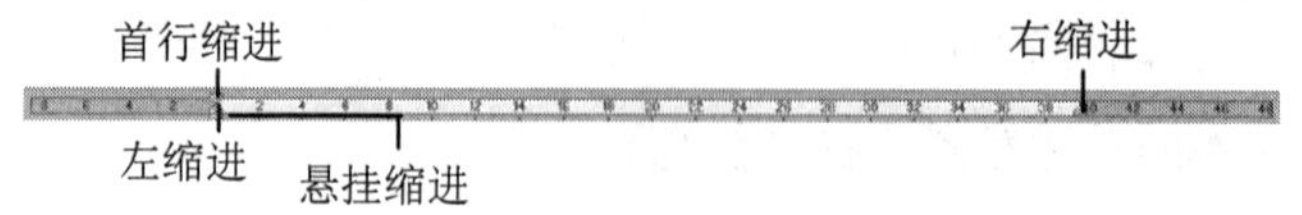


图4-37　标尺的标记

使用标尺设置段落缩进时，先在文档中选择要改变缩进的段落，然后拖动缩进标记到缩进

位置，可以使某些行缩进。在拖动鼠标时，整个页面上出现一条垂直虚线，显示新边距的位置。

**提示**

在使用水平标尺格式化段落时，按住 Alt 键不放，使用鼠标拖动标记，水平标尺上将显示具体的度量值，用户可以根据该值设置缩进量。另外，在【段落】组或浮动工具栏中，单击【减少缩进量】按钮或【增加缩进量】按钮可以减少或增加缩进量。

2. 使用【段落】对话框设置缩进量

使用【段落】对话框可以准确地设置缩进尺寸。在【开始】选项卡的【段落】组中单击对话框启动器，打开【段落】对话框，在【缩进和间距】选项卡中可以进行段落缩进设置，如图 4-38 所示。

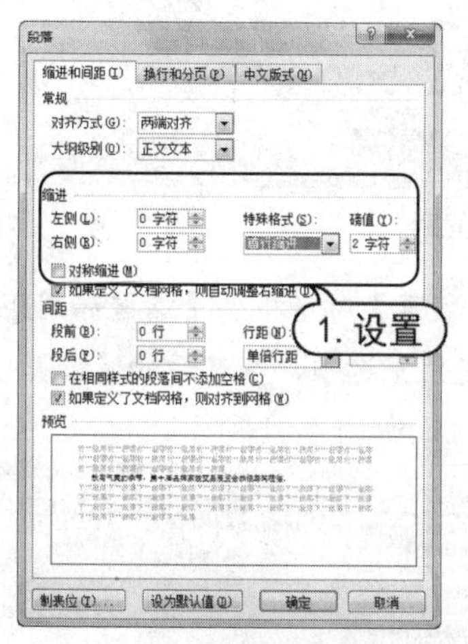


图 4-38　设置段落缩进

**知识点**

在【段落】对话框的【缩进】选项区域的【左】文本框中输入左缩进值，则所有行从左边缩进相应值；在【右】文本框中输入右缩进值，则所有行从右边缩进相应值。

## 4.4.4　设置段落间距

段落间距的设置包括文档行间距与段间距的设置。行间距是指段落中行与行之间的距离；段间距是指前后相邻的段落之间的距离。打开【段落】对话框的【缩进和间距】选项卡，在【行距】下拉列表中选择【单倍行距】选项，并在【设置值】微调框中输入值，可以重新设置行间距；在【段前】和【段后】微调框中输入值，可以设置段落间距，如图 4-39 所示。

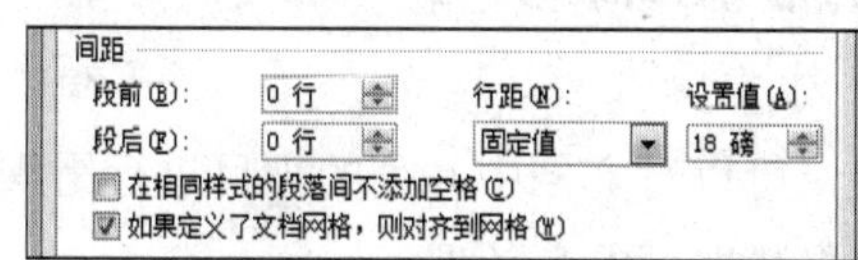


图 4-39　设置段落间距

【例 4-6】在【家装交易展览会公告】文档中，设置段落间距。

(1) 启动 Word 2010 应用程序，打开【家装交易展览会公告】文档。

(2) 将插入点定位在副标题段落，打开【开始】选项卡，在【段落】组中单击对话框启动器，打开【段落】对话框，选择【缩进和间距】选项卡，在【间距】选项区域中的【段前】和【段后】微调框中分别输入“0.5 行”，单击【确定】按钮，设置文本间距，如图 4-40 所示。

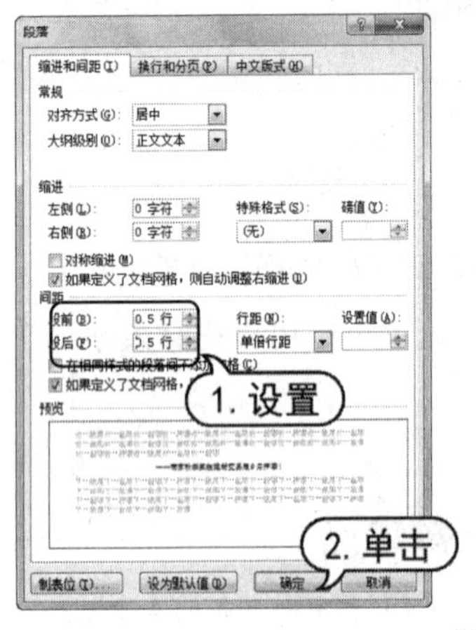


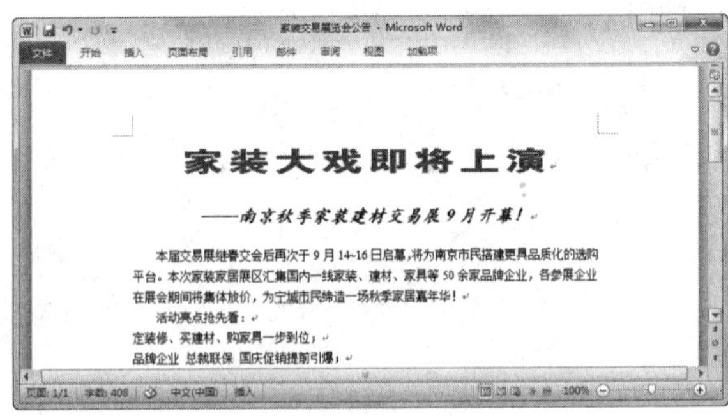


图 4-40　设置文本间距

(3) 选取所有正文文本，使用同样的方法，打开【段落】对话框的【缩进和间距】选项卡。在【间距】选项区域的【行距】下拉列表中选择【固定值】选项，在其后的【设置值】微调框中输入“18 磅”，单击【确定】按钮，完成行距的设置，如图 4-41 所示。

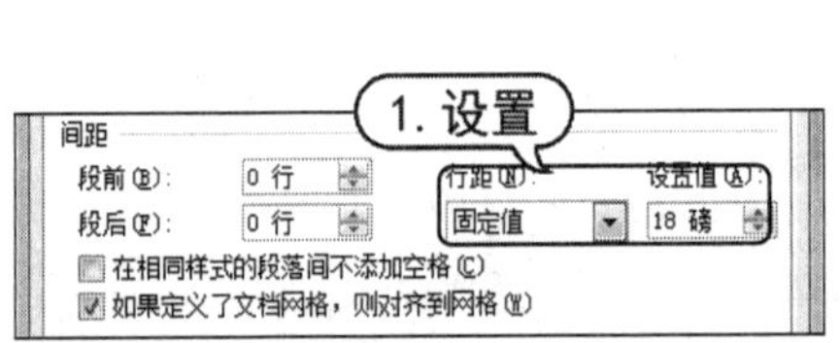


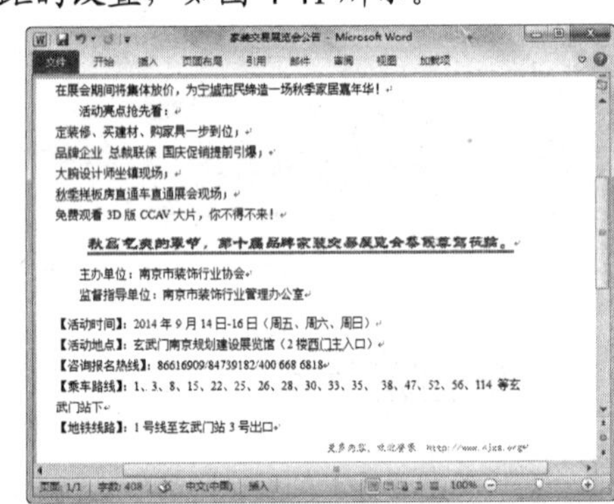

图 4-41　设置段落行距

## 4.5　设置项目符号和编号

使用项目符号和编号列表，可以对文档中并列的项目进行组织，或者将项目的内容进行编号，以使这些项目的层次结构更清晰、更有条理。

## 4.5.1　添加项目符号和编号

Word 2010 提供了自动添加项目符号和编号的功能。在以“1.”、“(1)”、“a”等字符开始的段落中按下 Enter 键，下一段开始将会自动出现“2.”、“(2)”、“b”等字符。

除了使用 Word 2010 的自动添加项目符号和编号功能，也可以在输入文本之后，选中要添加项目符号或编号的段落，打开【开始】选项卡，在【段落】组中单击【项目符号】按钮，将自动在每一段落前面添加项目符号；单击【编号】按钮，将以“1.”、“2.”、“3.”的形式为各文本段编号。

【例 4-7】在【家装交易展览会公告】文档中，添加项目符号和编号。

(1) 启动 Word 2010 应用程序，打开【家装交易展览会公告】文档，选中第 3~7 段文本。

(2) 打开【开始】选项卡，在【段落】组中单击【编号】下拉按钮，从弹出的列表框中选择一种编号样式，此时根据所选的编号自动为所选段落添加编号，如图 4-42 所示。

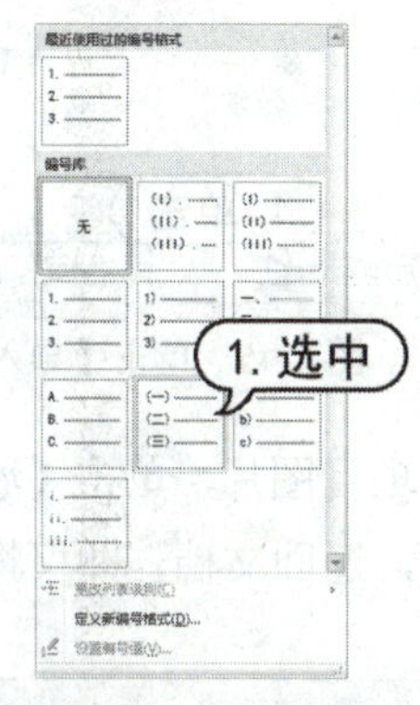


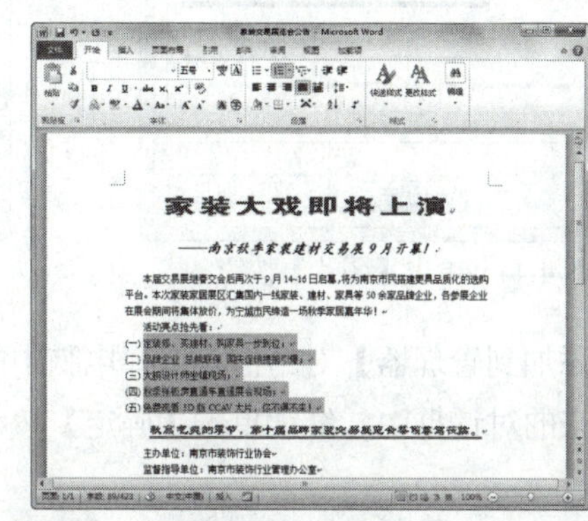


图 4-42　添加编号

(3) 选取第 11~15 段文本，在【段落】组中单击【项目符号】下拉按钮，从弹出的列表框中选择一种项目符号样式，为段落自动添加项目符号，如图 4-43 所示。

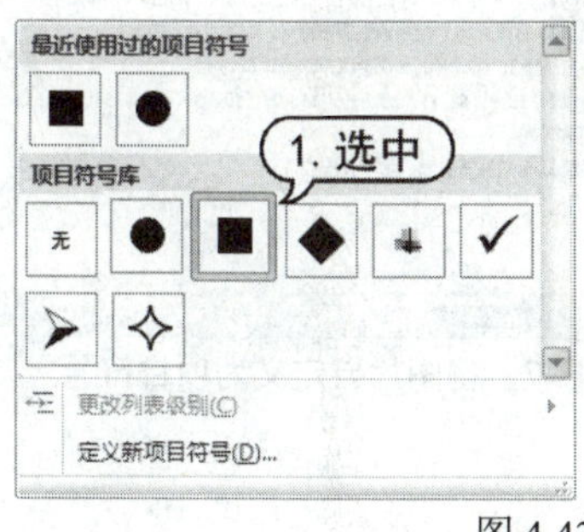


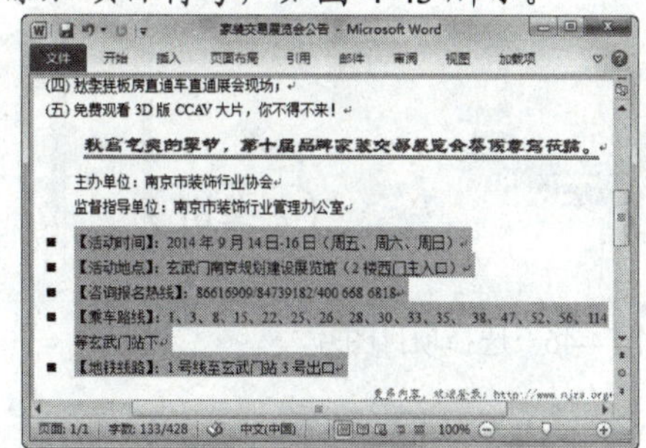


图 4-43　添加项目符号

## 4.5.2　自定义项目符号和编号

在使用项目符号和编号功能时，用户除了可以使用系统自带的项目符号和编号样式外，还可

以对项目符号和编号进行自定义设置。

以自定义项目符号为例，选取项目符号段落，打开【开始】选项卡，在【段落】组中单击【项目符号】下拉按钮，从弹出的快捷菜单中选择【定义新项目符号】命令，打开【定义新项目符号】对话框，在该对话框中单击【图片】按钮，如图 4-44 所示。打开【图片项目符号】对话框，在该对话框中显示了许多图片项目符号，单击【导入】按钮，如图 4-45 所示。

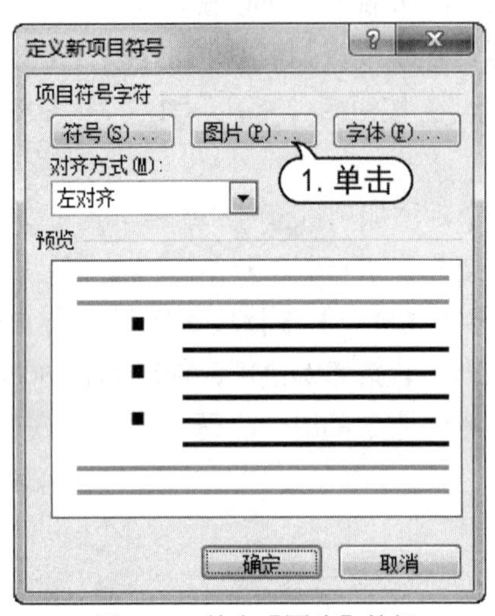


图 4-44　单击【图片】按钮

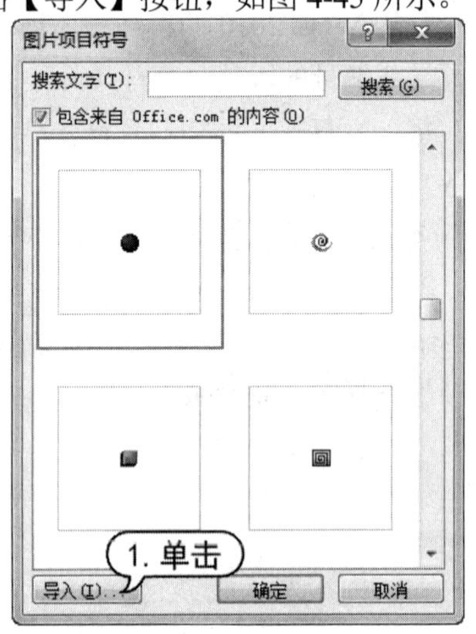


图 4-45　单击【导入】按钮

打开【将剪辑添加到管理器】对话框，选择电脑中的项目图片，单击【添加】按钮，如图 4-46 所示。返回原来的对话框中，继续单击【确定】按钮，返回文档，即可将图片自定义为项目符号，如图 4-47 所示。

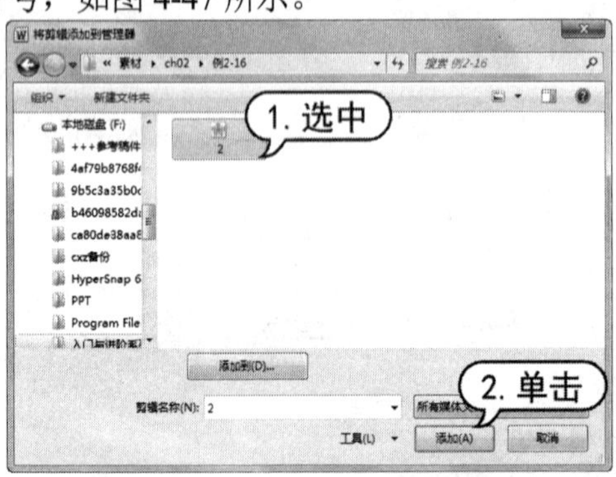


图 4-46　选择项目图片

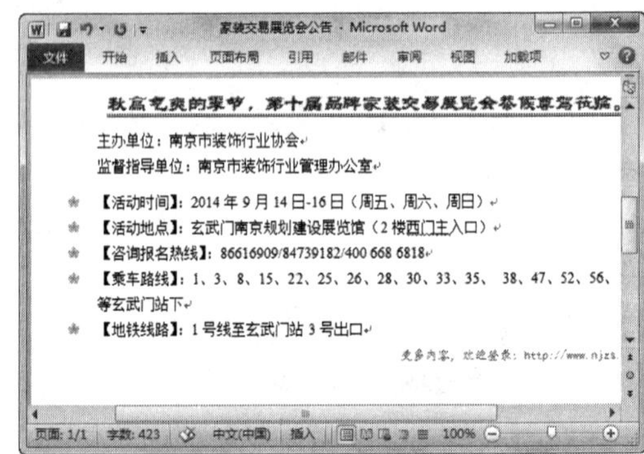


图 4-47　将图片自定义为项目符号

**提示**

要自定义编号，可以先选取编号段落，打开【开始】选项卡，在【段落】组中单击【编号】下拉按钮，从弹出的下拉菜单中选择【定义新编号格式】命令，打开【定义新编号格式】对话框，进行自定义设置。

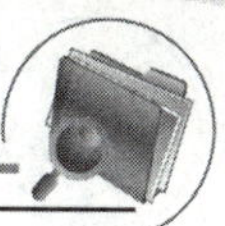

# 4.6 设置边框和底纹

在使用 Word 2010 进行文字处理时，为了使文档更加引人注目，则可根据需要为文字和段落添加各种各样的边框和底纹，以增加文档的生动性和实用性。

## 4.6.1 设置边框

Word 2010 提供了多种边框供用户选择，用来强调或美化文档内容。在 Word 2010 中可以为字符、段落、整个页面设置边框。

【例 4-8】在【家装交易展览会公告】文档中，为文本和段落设置边框。

(1) 启动 Word 2010 应用程序，打开【家装交易展览会公告】文档，按 Ctrl+A 组合键，选中所有文本。

(2) 打开【开始】选项卡，在【段落】组中单击【下框线】下拉按钮，在弹出的菜单中选择【边框和底纹】命令，打开【边框和底纹】对话框，打开【边框】选项卡，在【设置】选项区域中选择【三维】选项；在【样式】列表框中选择一种线型样式；在【颜色】下拉列表框中选择【深红】色块，在【宽度】下拉列表框中选择【3.0 磅】选项；单击【确定】按钮，此时，即可为文档中所有段落添加一个三维的边框，如图 4-48 所示。

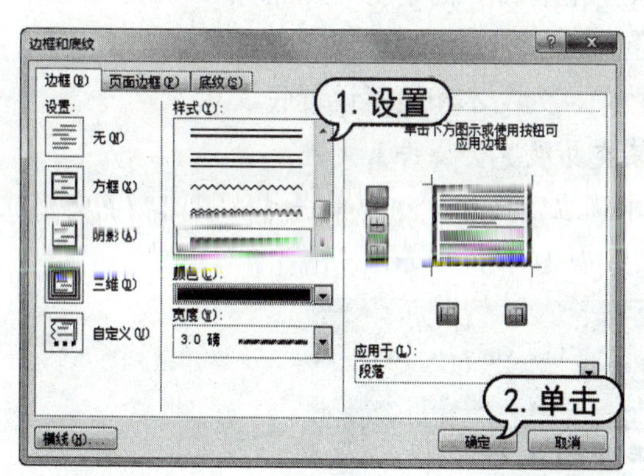


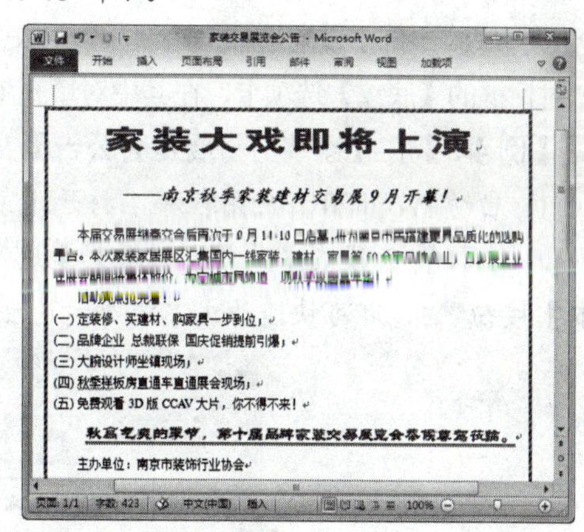


图 4-48　添加边框

(3) 选取最后一段中的网址，使用同样的方法，打开【边框和底纹】对话框，打开【边框】选项卡，在【设置】选项区域中选择【阴影】选项；在【样式】列表框中选择一种虚线样式；在【颜色】下拉列表框中选择【黑色，文字 1，淡色 50%】色块，单击【确定】按钮，完成边框设置，如图 4-49 所示。

**知识点**

要为页面设置边框，可以打开【边框和底纹】对话框的【页面边框】选项卡，在其中进行设置，只需在【艺术型】下拉列表中选择一种艺术型样式后，单击【确定】按钮，即可为页面应用艺术型边框。

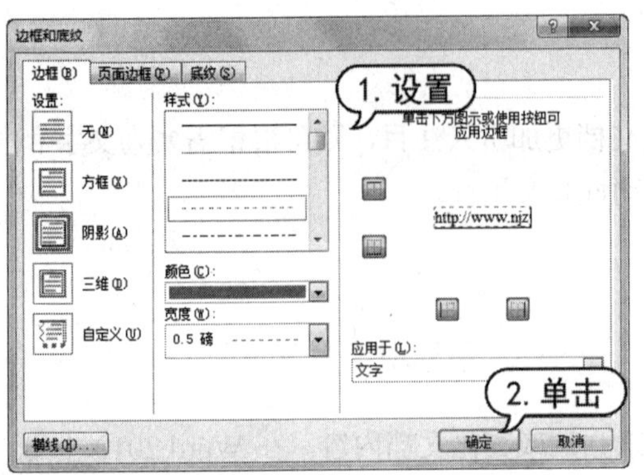


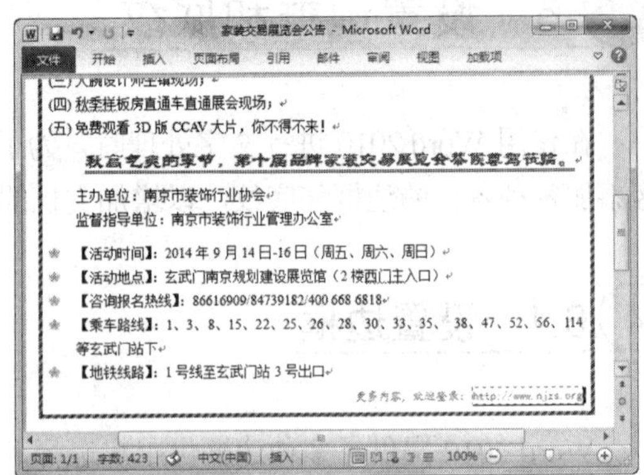

图 4-49　设置边框

**知识点**

要为页面设置边框，可以打开【边框和底纹】对话框的【页面边框】选项卡，在其中进行设置，只需在【艺术型】下拉列表中选择一种艺术型样式后，单击【确定】按钮，即可为页面应用艺术型边框。

## 4.6.2　设置底纹

设置底纹不同于设置边框，底纹只能对文字、段落添加，而不能对页面添加。打开【边框和底纹】对话框的【底纹】选项卡，在其中对填充颜色和图案等进行设置。

【例 4-9】在【家装交易展览会公告】文档中，为文本和段落设置底纹。

(1) 启动 Word 2010 应用程序，打开【家装交易展览会公告】文档。

(2) 选取第 2 段文本，打开【开始】选项卡，在【字体】组中单击【以不同颜色突出显示文本】按钮，即可快速为文本添加黄色底纹，如图 4-50 所示。

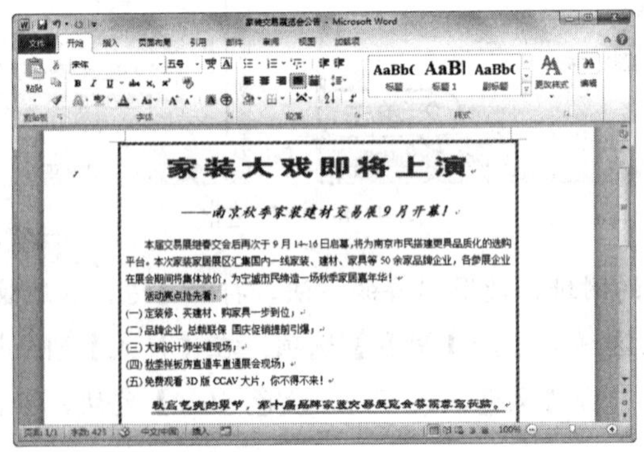


图 4-50　添加底纹

(3) 选取所有文本，打开【开始】选项卡，在【段落】组中单击【下框线】下拉按钮，在弹出的菜单中选择【边框和底纹】命令，打开【边框和底纹】对话框。打开【底纹】选项卡，单击【填充】下拉按钮，从弹出的颜色面板中选择【红色，强调文字颜色 2，淡色 60%】色块，

单击【确定】按钮，如图 4-51 所示。

(4) 使用同样的方法，为第 11~15 段括号文本添加【蓝色，强度文字颜色 1】底纹，并设置文本字体颜色为白色，如图 4-52 所示。

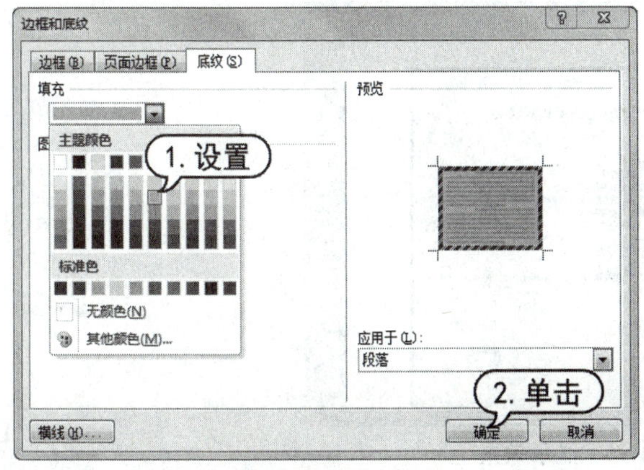


图 4-51　设置底纹

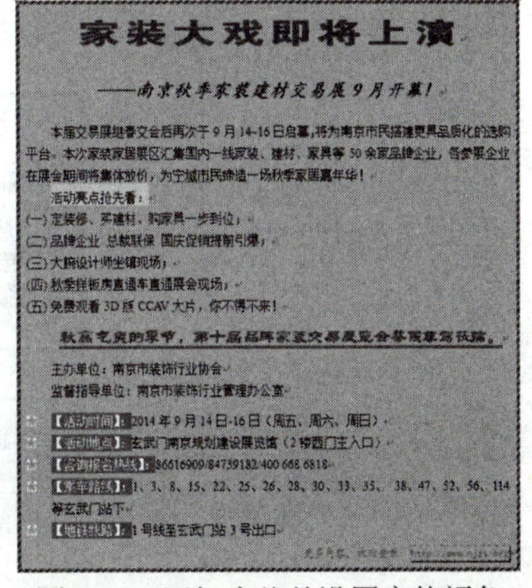


图 4-52　添加底纹并设置字体颜色

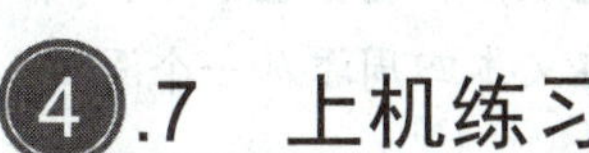

## 4.7　上机练习

本章的上机实验主要练习设置【考试录取细则】文档的边框和底纹，用户通过练习从而巩固本章所学知识。

(1) 启动 Word 2010，打开【考试录取细则】文档。

(2) 选取所有的文本段，打开【开始】选项卡，在【段落】选项组中单击【下框线】下拉按钮，在弹出的菜单中选择【边框和底纹】命令，打开【边框和底纹】对话框。

(3) 打开【边框】选项卡，在【设置】选项区域中选择【三维】选项；在【样式】列表框中选择一种线型颜色；在【颜色】下拉列表框中选择【深蓝】色块，单击【确定】按钮，如图 4-53 所示。

(4) 打开【底纹】选项卡，单击【填充】下拉按钮，从弹出的颜色面板中选择【紫色，强调文字颜色 4，淡色 80%】色块，单击【确定】按钮，如图 4-54 所示。

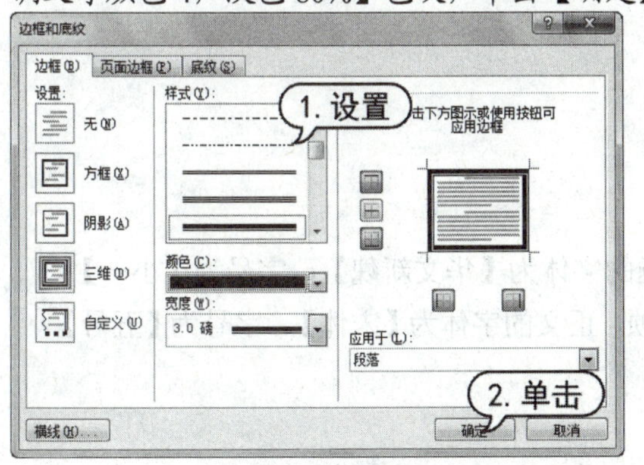


图 4-53　设置边框

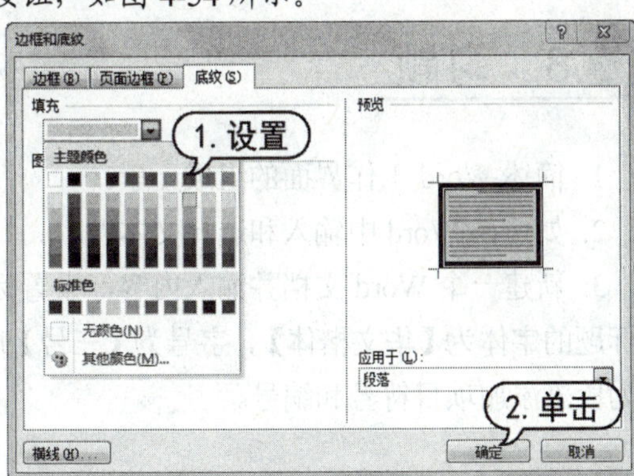


图 4-54　设置底纹

(5) 此时为文档中所有段落添加了一个三维的边框和一种淡紫色底纹，如图 4-55 所示。

(6) 选取第 3 段中的文本“个人情况”和“工作情况”，使用同样的方法，打开【边框和底纹】对话框。

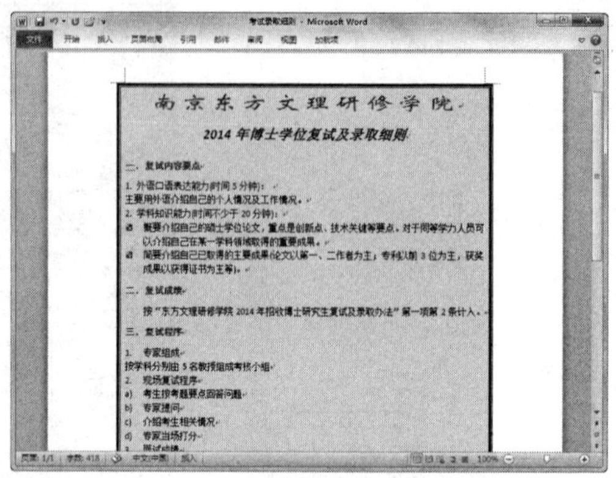


图 4-55 显示效果

(7) 打开【边框】选项卡，在【设置】选项区域中选择【阴影】选项；在【颜色】下拉列表框中选择【白色，背景 1，深色 15%】色块，单击【确定】按钮，在文本四周添加一个深白色边框，如图 4-56 所示。

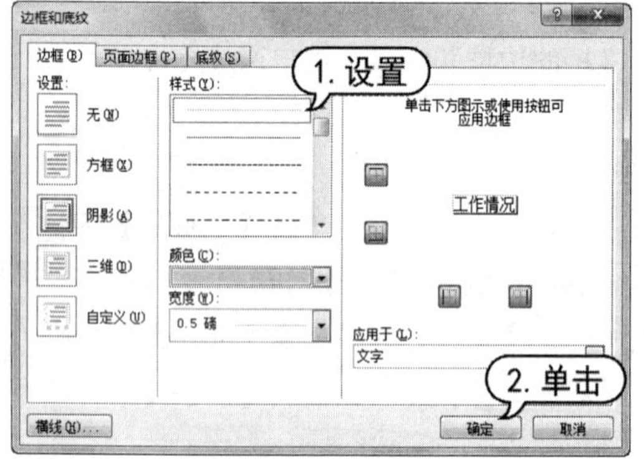


图 4-56 添加文字边框

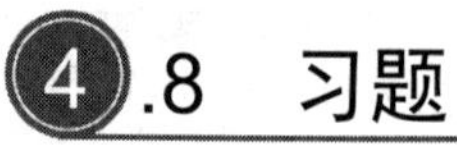

## 4.8 习题

1. 简述 Word 工作界面的组成元素。

2. 如何在 Word 中输入和选择文本？

3. 新建一个 Word 文档并输入内容，设置标题的字体为【华文新魏】，字号为【小一】，副标题的字体为【华文楷体】，字号为【三号】选项，正文的字体为【宋体】，字号为【五号】，并为段落添加项目符号和编号。

# 文档排版和高级应用

## 学习目标

Word 2010 支持插入修饰对象，如表格图形、图片、艺术字等，此外还可以设置文档的页面规格。这些功能不仅会使文章、报告显得生动有趣，还能帮助用户更快地理解文章内容。本章将介绍在 Word 2010 中进行插入对象、编辑长文档、页面设计等操作内容。

## 本章重点

- 插入表格
- 图文混排
- 编辑长文档
- 设置文档页面

## 5.1 插入表格

在编辑办公文档时，为了更形象地说明问题，常常需要在文档中制作各种各样的表格。例如，课程表、个人简历表、商品数据表和财务报表等。Word 2010 提供了强大的表格功能，可以快速创建与编辑表格。

### 5.1.1 创建表格

在 Word 2010 中可以使用多种方法来创建表格。

- 使用表格网格框创建表格：打开【插入】选项卡，单击【表格】组中的【表格】按钮，在弹出的菜单中会出现一个网格框。在其中，按下左键并拖动鼠标确定要创建表格的行数和列数，然后单击，即可创建一个规则表格，如图 5-1 所示。

◉ 使用对话框创建表格：打开【插入】选项卡，在【表格】组中单击【表格】按钮，在弹出的菜单中选择【插入表格】命令，打开【插入表格】对话框。在【列数】和【行数】微调框中可以输入表格的列数和行数，单击【确定】按钮即可，如图 5-2 所示。

图 5-1　使用表格网格框创建表格

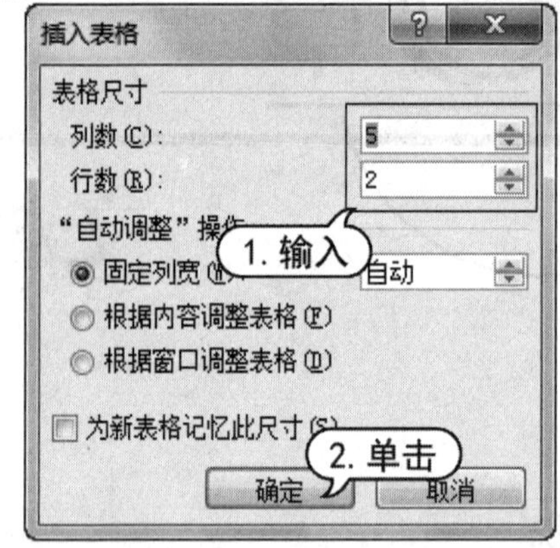


图 5-2　使用对话框创建表格

◉ 绘制不规则表格：打开【插入】选项卡，在【表格】组中单击【表格】按钮，从弹出的菜单中选择【绘制表格】命令，此时鼠标光标变为✎形状，按住鼠标左键不放并拖动鼠标，会出现一个表格的虚框，待达到合适大小后，释放鼠标即可生成表格的边框。然后在表格边框的任意位置，用鼠标单击选择一个起点，按住鼠标左键不放并向右(或向下)拖动绘制出表格中的横线(或竖线)，如图 5-3 所示。

◉ 插入内置表格：打开【插入】选项卡，在【表格】组中单击【表格】按钮，在弹出的菜单中选择【快速表格】命令的子命令即可，如图 5-4 所示。

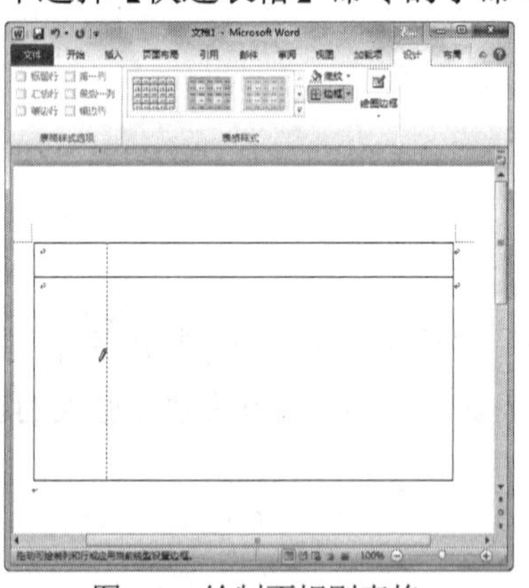

图 5-3　绘制不规则表格

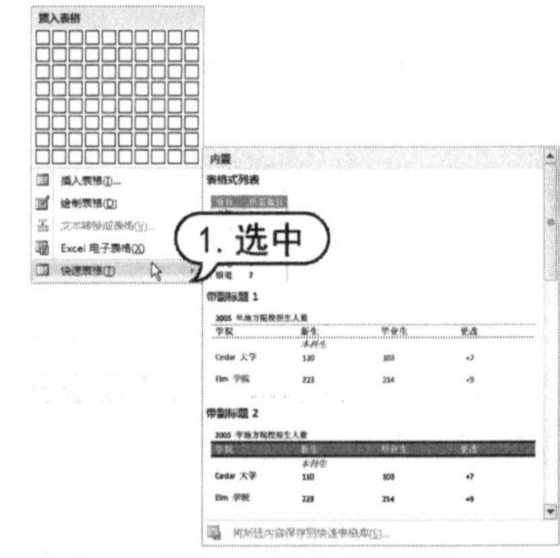


图 5-4　插入内置表格

【例 5-1】创建【课程表】文档，插入一个 11 行 7 列的表格。

(1) 启动 Word 2010 应用程序，新建一个名为“课程表”的文档，在插入点处输入表格标题“课程表”，并设置字体为【隶书】，字号为【小一】，字体颜色为【红色，强调文字颜色 2】，文本居中对齐，如图 5-5 所示。

(2) 将插入点定位到表格标题下一行，打开【插入】选项卡，在【表格】组中单击【表格】按钮，从弹出的菜单中选择【插入表格】命令，如图 5-6 所示。

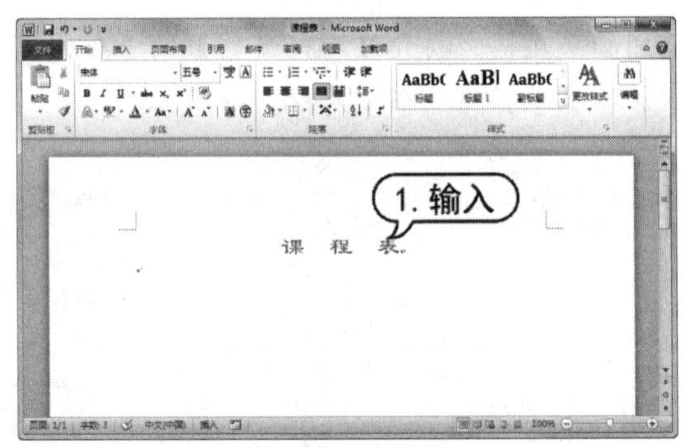

图 5-5　绘制不规则表格

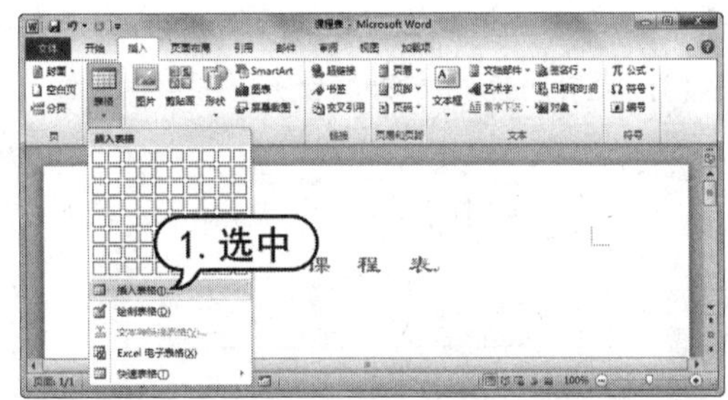


图 5-6　选择【插入表格】命令

(3) 打开【插入表格】对话框，在【列数】和【行数】文本框中分别输入 7 和 11，单击【确定】按钮，如图 5-7 所示。

(4) 此时即可在文档中插入一个 11×7 的规则表格，如图 5-8 所示。

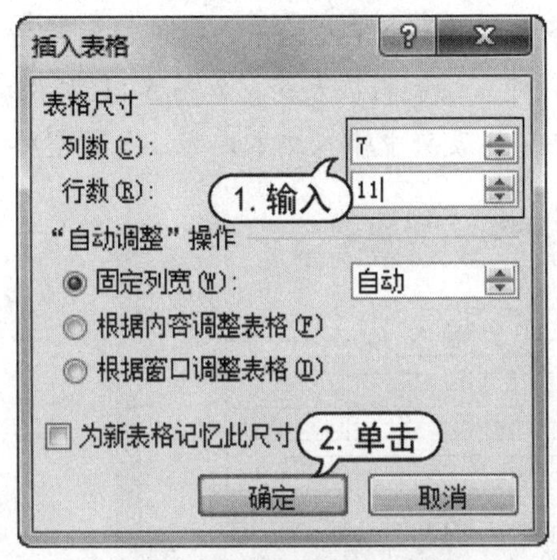


图 5-7　设置表格行、列数

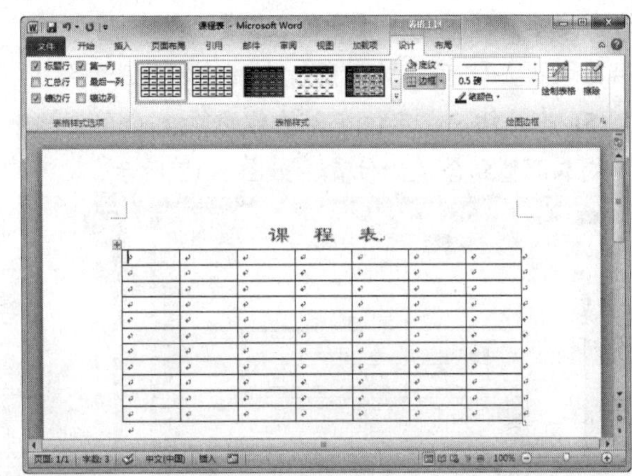


图 5-8　插入表格

## 5.1.2　编辑表格

表格创建完成后，还需要对其进行编辑修改操作，以满足不同的需要。Word 中编辑表格操作包括表格的编辑操作和表格内容的编辑操作，其具体操作包括行与列的插入、删除、合并、拆分、高度/宽度的调整以及文本的输入等。

**提示**

在表格的每个单元格中，可以进行字符格式化、段落格式化、添加项目符号和设置文本对齐方式等，其方法与在 Word 文档中设置普通文本的方法基本相同。

【例 5-2】在【课程表】文档中对表格进行编辑操作。

(1) 启动 Word 2010 应用程序，打开【课程表】文档。

(2) 选中第 1 行第 1 列的单元格到第 2 行第 2 列的单元格，打开【表格工具】的【布局】选项卡，在【合并】组中单击【合并单元格】按钮，将其合并为一个单元格，如图 5-9 所示。

(3) 使用同样的方法，合并其他单元格，如图 5-10 所示。

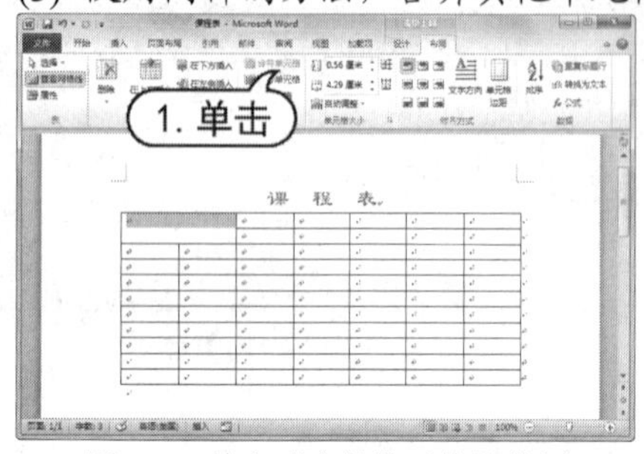

图 5-9 单击【合并单元格】按钮

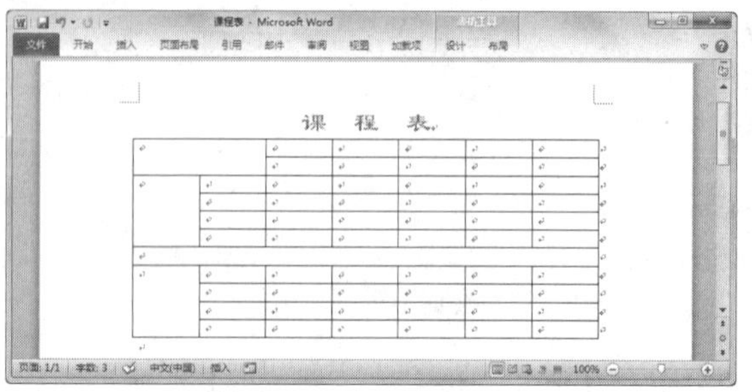

图 5-10 合并单元格

(4) 将插入点定位在第 1 行第 1 列的单元格中，打开【表格工具】的【设计】选项卡，在【绘图边框】组中单击【绘制表格】按钮，将鼠标指针移动到第一个单元格中，待鼠标指针变为铅笔形状“✏”时，拖动鼠标左键绘制表头斜线并单击，即可绘制斜线表头，如图 5-11 所示。

(5) 此时插入点定位在合并后的第 1 个单元格中，在斜线表头中输入文本内容，并按空格键将文本调整到合适的位置，如图 5-12 所示。

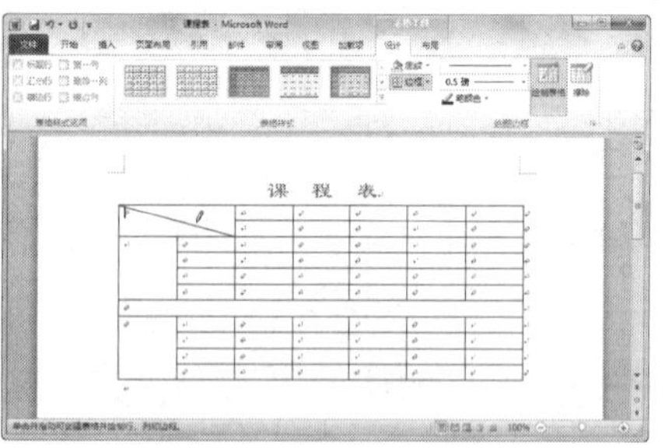

图 5-11 绘制斜线表头

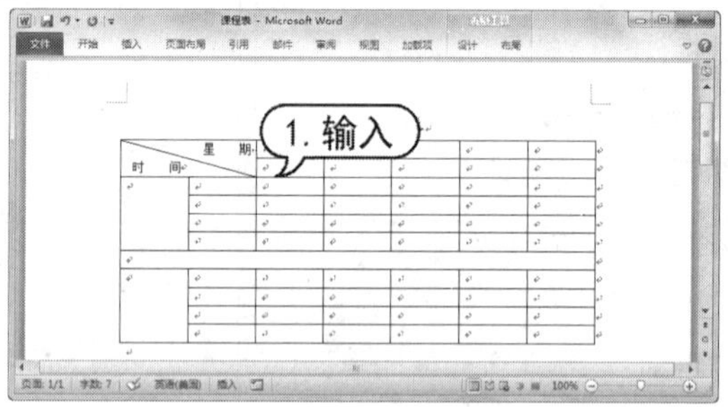

图 5-12 在表头中输入文本

(6) 将插入点定位到第 1 行第 2 列的单元格输入表格文本，然后按 Tab 键，继续输入表格内容，如图 5-13 所示。

(7) 选取文本“上午”和“下午”单元格，右击，从弹出的快捷菜单中选择【文字方向】命令，打开【文字方向-表格单元格】对话框，选择垂直排列第二种方式，单击【确定】按钮，如图 5-14 所示。

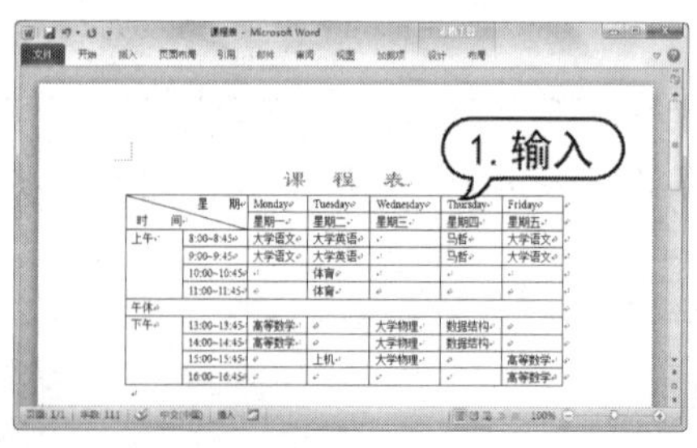

图 5-13 输入文本

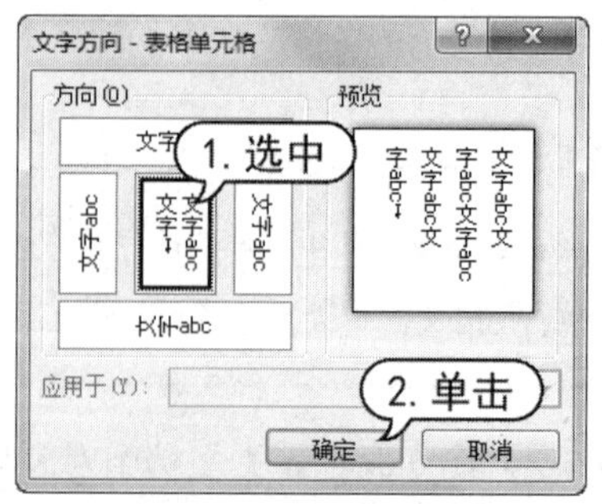

图 5-14 选择文字方向

(8) 此时，文本将以竖直形式显示在单元格中，如图 5-15 所示。

(9) 选取整个表格，打开【表格工具】的【布局】选项卡，在【单元格大小】组中单击【自动调整】按钮，从弹出的菜单中选择【根据窗口自动调整表格】命令，调整表格的尺寸，如图 5-16 所示。

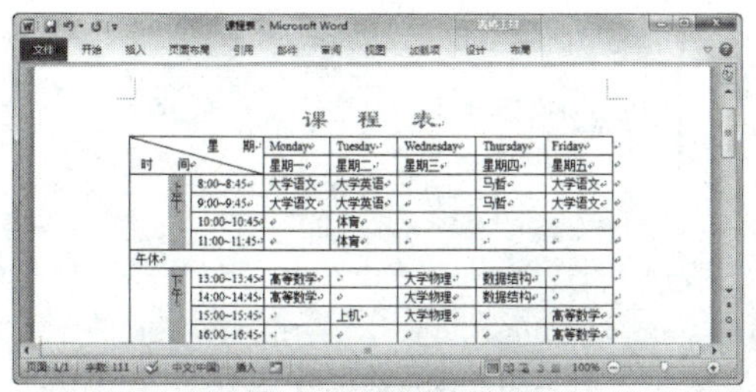

图 5-15　显示竖排文本

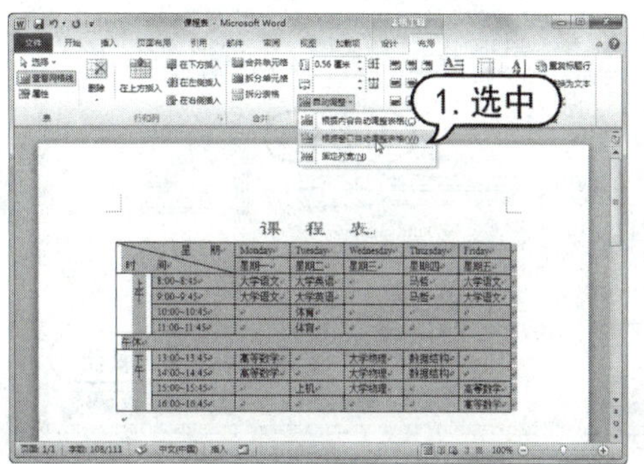


图 5-16　选择【根据窗口自动调整表格】命令

(10) 选中表格，打开【表格工具】的【布局】选项卡，在【对齐方式】组中单击【水平居中】按钮，设置文本中部居中对齐，如图 5-17 所示。

(11) 选取第 1、2 和 7 行的文本及文本“上午”、“下午”，打开【开始】选项卡，在【字体】组中的【字体】下拉列表框中选择【华文中宋】选项，设置表格文本的字体，然后设置表头文本“星期”为【右对齐】，表头文本“时间”为【左对齐】，如图 5-18 所示。

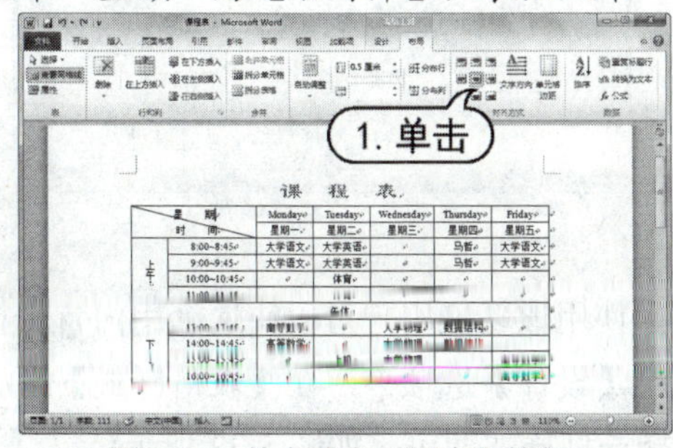


图 5-17　单击【水平居中】按钮

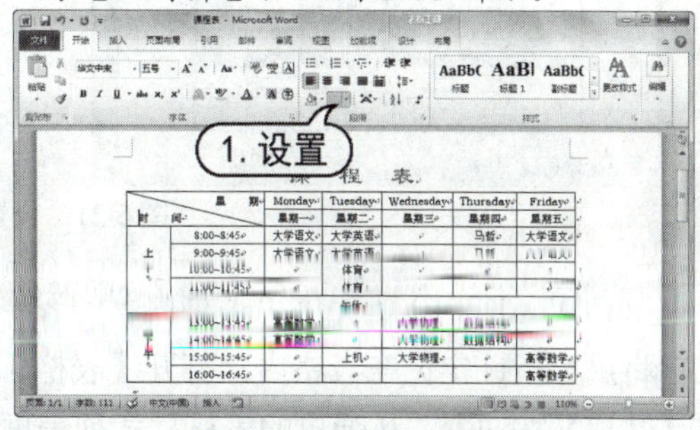


图 5-18　设置文本格式

## 5.1.3　设置表格样式

在制作表格时，用户可以通过功能区【表格工具】的【设计】选项卡的操作命令对表格外观进行设置，如应用表格样式、设置表格边框和底纹等，使表格结构更为合理、外观更为美观。

【例 5-3】在【课程表】文档中设置表格的边框和底纹。

(1) 启动 Word 2010 应用程序，打开【课程表】文档。

(2) 将鼠标指针定位在表格中，打开【表格工具】的【设计】选项卡，在【表格样式】组中单击【边框】按钮，从弹出的菜单中选择【边框和底纹】命令，打开【边框和底纹】对话框，切换至【边框】选项卡，在【设置】选项区域中选择【虚框】选项，在【颜色】下拉列表框中选择【红色，强调文字颜色 2】色块，在【线型】列表框中选择双线型，在【宽度】下拉列表框中选择“1.5 磅”，并在【预览】选项区域中选择外边框，单击【确定】按钮，如图 5-19 所示。

(3) 此时即可完成边框的设置，效果如图 5-20 所示。

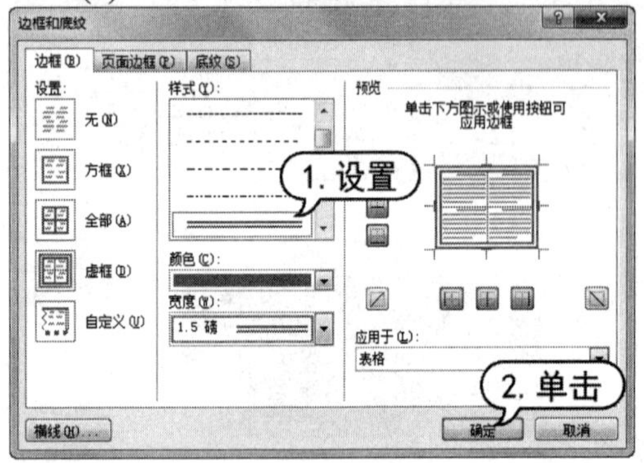


图 5-19　设置边框

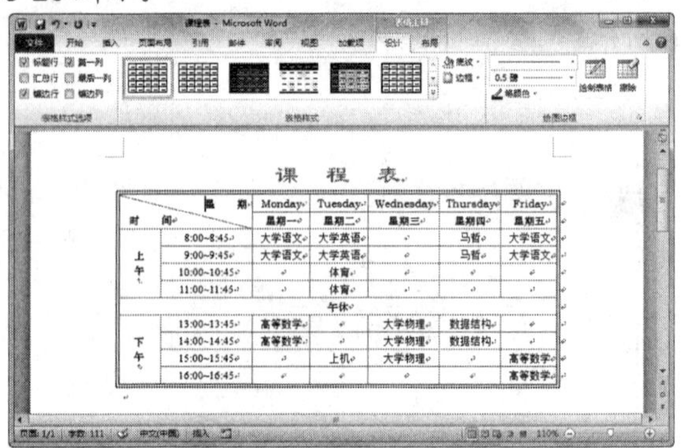

图 5-20　设置边框效果

(4) 选中表格的第 1、2、7 行，在【表格样式】组中单击【底纹】按钮，从弹出的颜色面板中选择【红色，强调文字颜色 2，淡色 60%】色块，即可完成底纹的设置，如图 5-21 所示。

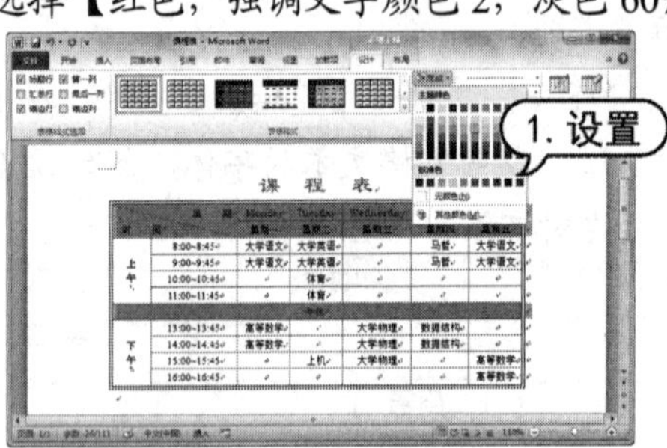


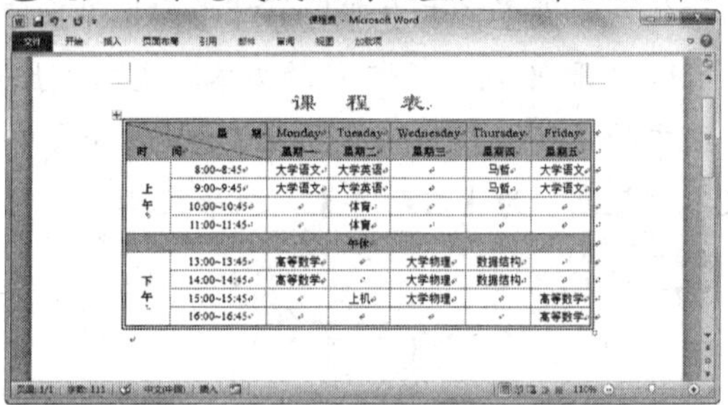

图 5-21　设置底纹

此外，Word 2010 还提供了多种内置的表格样式，使用该功能用户可以快速套用内置表格样式。将鼠标指针定位在表格内，打开【表格工具】的【设计】选项卡，在【表格样式】组中单击【其他】按钮，从弹出的表格样式列表框中选择一种样式即可，如图 5-22 所示。

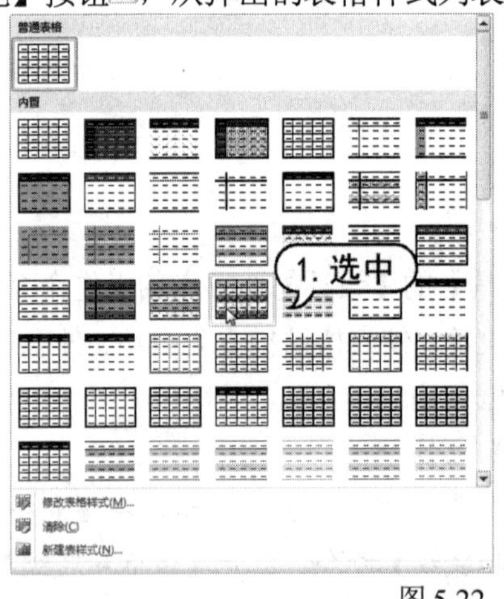


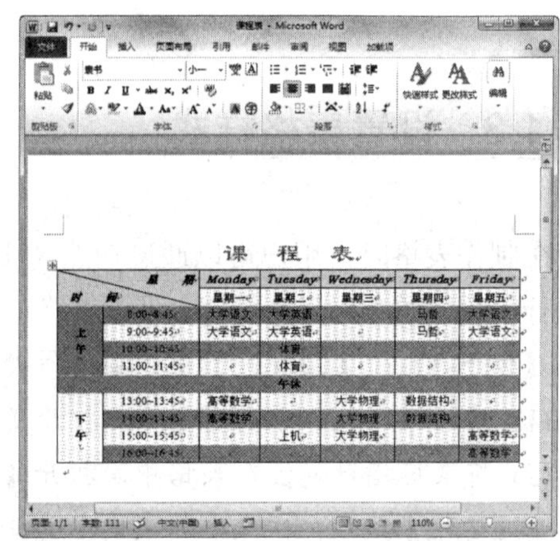

图 5-22　选择样式

# 5.2　编辑图文混排文档

图文混排是 Word 2010 的主要特色之一，通过在文档中插入多种对象，如艺术字、SmartArt 图形、图片、文本框等，能起到美化文档的作用。

## 5.2.1　插入图片

为了使文档更加美观、生动，可以在其中插入图片对象。在 Word 2010 中，不仅可以插入系统提供的图片，还可以从其他程序或位置导入图片。

### 1. 插入剪贴画

Word 2010 所提供的剪贴画库内容非常丰富，设计精美、构思巧妙，能够表达不同的主题，适合于制作各种文档。

要插入剪贴画，可以打开【插入】选项卡，在【插图】组中单击【剪贴画】按钮，打开【剪贴画】窗格，单击【搜索】按钮，将搜索出系统内置的剪贴画，选中一张即可插入到 Word 文档中，如图 5-23 所示。

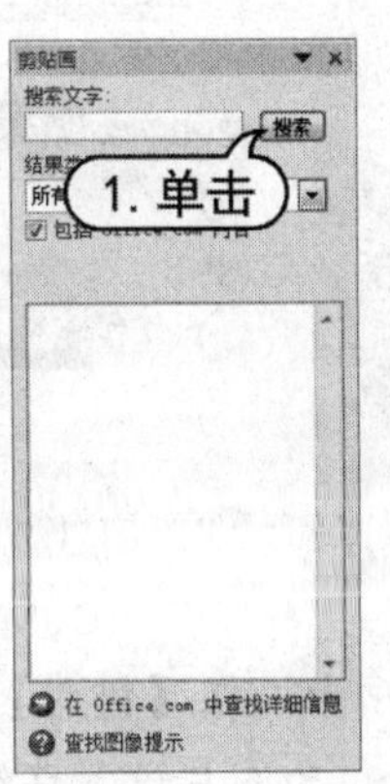


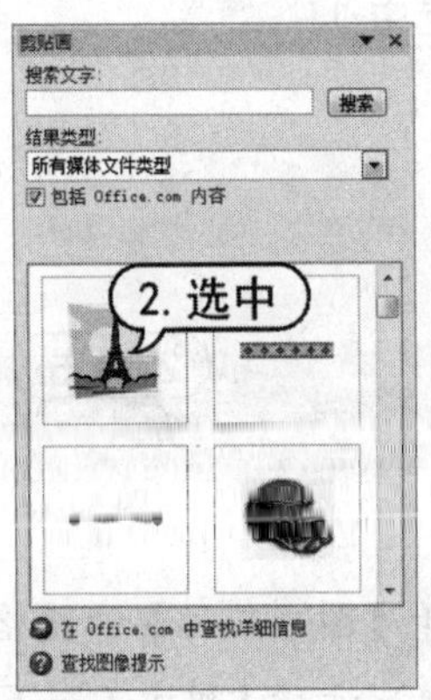


图 5-23　插入剪贴画

### 2. 插入本机图片

在 Word 2010 中，不仅可以插入系统提供的图片剪贴画，还可以从电脑的其他位置选择要插入的图片文件，打开【插入】选项卡，在【插图】组中单击【图片】按钮，打开【插入图片】对话框，在其中选择图片文件，单击【插入】按钮，即可将该图片插入到文档中。

**【例 5-4】**创建【培训宣传海报】文档，在其中插入剪贴画和本机图片。

(1) 启动 Word 2010 应用程序，新建一个名为“培训宣传海报”的文档。

(2) 打开【页面布局】选项卡，在【页面设置】组中单击【纸张方向】按钮，从弹出的菜单中选择【横向】选项，将默认的纵向纸张方向改为横向，如图 5-24 所示。

(3) 打开【插入】选项卡，在【插图】组中单击【剪贴画】按钮，打开【剪贴画】窗格，在【搜索文字】文本框中输入文字“钟”，单击【搜索】按钮，在其下的搜索结果列表框中单击剪贴画图片，即可将其插入到文档中，效果如图 5-25 所示。

图 5-24　设置纸张方向

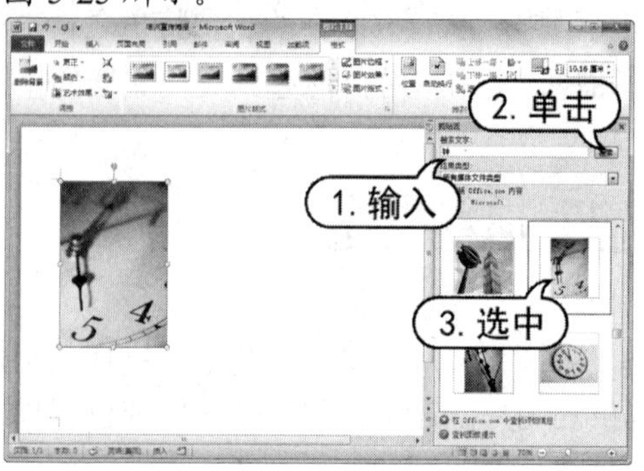

图 5-25　插入剪贴画

(4) 将插入点定位在剪贴画后，打开【插入】选项卡，在【插图】组中单击【图片】按钮，打开【插入图片】对话框，选择图片文件，单击【插入】按钮，即可将该图片插入到文档中，如图 5-26 所示。

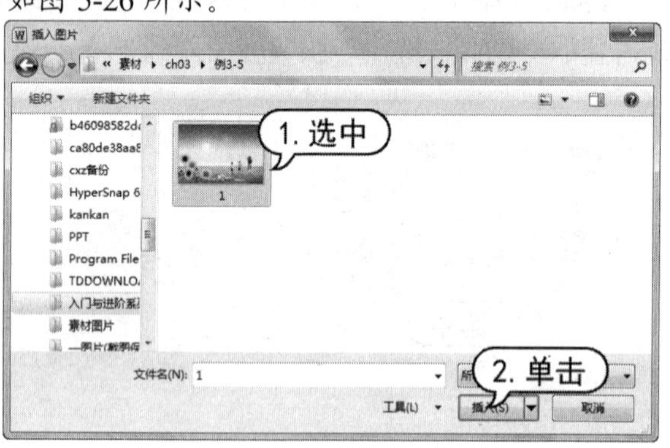

图 5-26　插入本机图片

(5) 选中图片，打开【图片工具】的【格式】选项卡，在【排列】组中单击【自动换行】按钮，从弹出的下拉菜单中选择【衬于文字下方】命令，为图片设置环绕方式，如图 5-27 所示。使用同样的方法，设置剪贴画的环绕方式为【浮于文字上方】。

(6) 选中图片，拖动鼠标调节其大小和位置，使其布满整个页面，如图 5-28 所示。

图 5-27　设置环绕方式

图 5-28　调整图片

(7) 选中剪贴画，打开【图片工具】的【格式】选项卡，在【大小】组中的【高度】微调框中输入“7.5 厘米”，按 Enter 键，此时会自动调节【宽度】微调框中的数值，如图 5-29 所示。

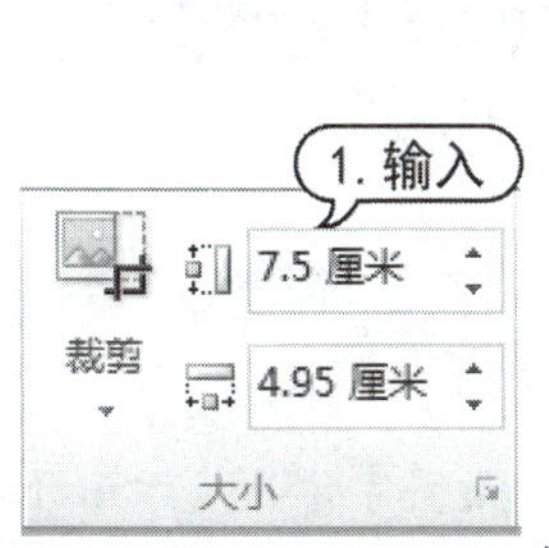

图 5-29　调整剪贴画大小

(8) 在【格式】选项卡的【图片样式】组中，单击【其他】按钮，从弹出的列表框中选择【金属椭圆】样式，如图 5-30 所示。

(9) 此时为剪贴画应用该样式，最后选中剪贴画，拖动鼠标调节剪贴画至合适的位置，如图 5-31 所示。

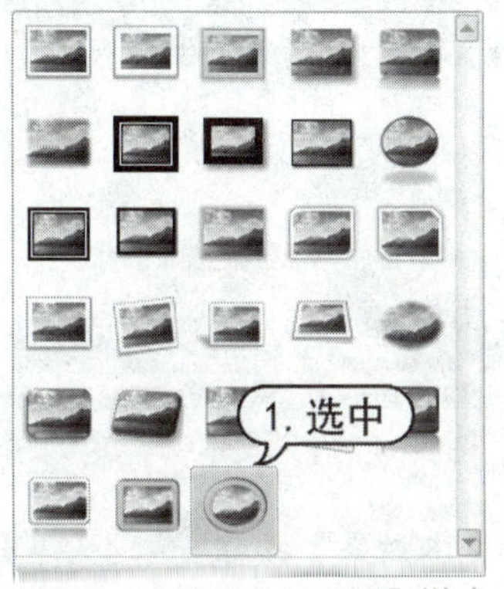


图 5-30　选择【金属椭圆】样式

图 5-31　调整剪贴画位置

## 5.2.2　插入艺术字

Word 2010 提供了艺术字功能，可以把文档的标题以及需要特别突出的地方用艺术字显示出来，使文章更生动、醒目。

打开【插入】选项卡，在【文本】组中单击【艺术字】按钮，在打开艺术字列表框中选择样式即可。

【例 5-5】在【培训宣传海报】文档中，插入艺术字。

(1) 启动 Word 2010 应用程序，打开【培训宣传海报】文档。

(2) 打开【插入】选项卡，在【文本】组中，单击【艺术字】按钮，打开艺术字列表框，选择第 6 行第 3 列样式，即可在插入点处插入所选的艺术字样式，如图 5-32 所示。

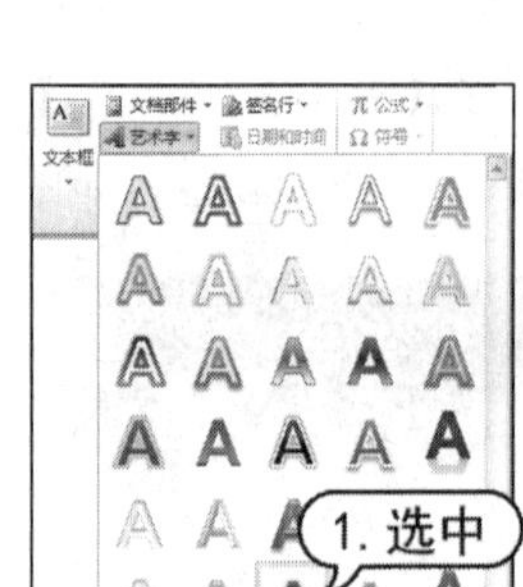


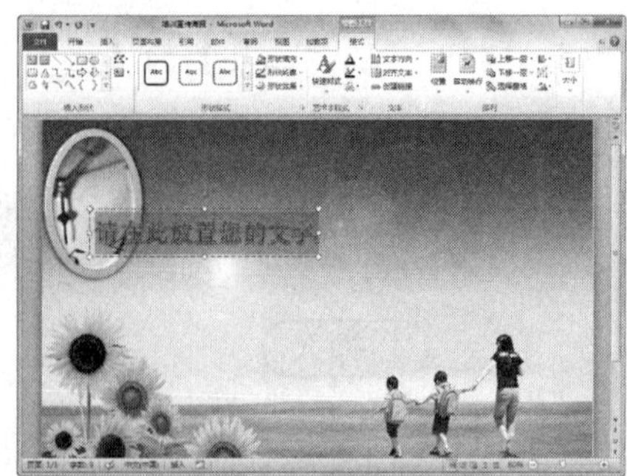

图 5-32　选择艺术字样式

(3) 在提示文本“请在此放置您的文字”处输入文本，设置字体为【方正舒体】，字号为【初号】，如图 5-33 所示。

(4) 使用同样的方法，插入另一行艺术字，设置文本字体为【隶书】，字号为【二号】，如图 5-34 所示。

图 5-33　输入文本

图 5-34　输入文本

(5) 选中最上方的艺术字，在【艺术字样式】组中单击【文本效果】按钮，从弹出的下拉菜单中选择【发光】命令，然后在【发光变体】选项区域中选择【红色，8pt 发光，强调文字颜色 2】选项，为艺术字应用该发光效果，如图 5-35 所示。

(6) 在【大小】组的【高度】和【宽度】微调框中分别输入“2.5 厘米”和“22 厘米”，按 Enter 键，完成艺术字大小的设置，如图 5-36 所示。

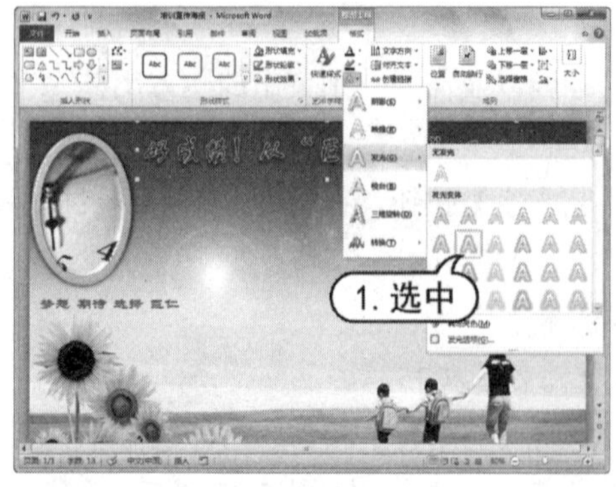


图 5-35　选择文本效果

图 5-36　调整艺术字大小

(7) 选中左侧的艺术字，在【艺术字样式】组中单击【文本效果】按钮，从弹出的下拉菜单中选择【转换】|【停止】命令，为艺术字应用该效果，如图 5-37 所示。

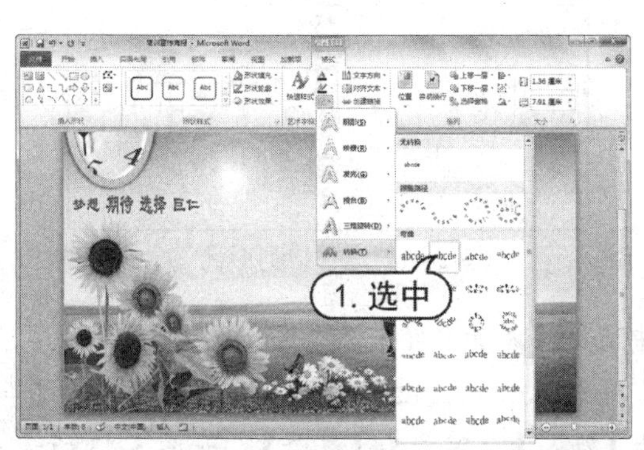

图 5-37　选择文本效果

## 5.2.3　插入自选图形

Word 2010 包含一套可以手工绘制的现成形状，例如，直线、箭头、流程图、星与旗帜、标注等，这些图形称为自选图形。使用这些绘图工具，就可以在文档中绘制各种形状。

【例 5-6】在【培训宣传海报】文档中，绘制自选图形，并在形状中添加文本。

(1) 启动 Word 2010 应用程序，打开 【培训宣传海报】文档。

(2) 打开【插入】选项卡，在【插图】组中单击【形状】下拉按钮，从弹出的【标注】区域中选择【云形标注】选项，如图 5-38 所示。

(3) 将鼠标指针移至文档中，按住鼠标左键拖动调整自选图形大小，如图 5-39 所示。

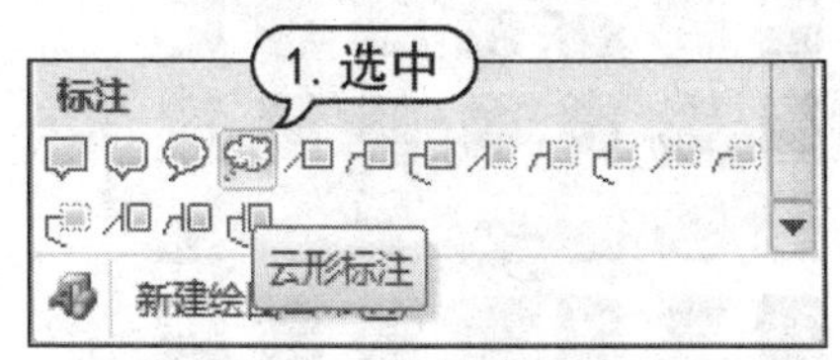


图 5-38　选择文本效果

图 5-39　调整自选图形大小

(4) 此时在闪烁的光标处输入文本，设置前三段文本的字体为【华文琥珀】，字号为【三号】；最后一段文本的字体为【华文新魏】，字号为【二号】，如图 5-40 所示。

(5) 使用同样的方法，在【基本形状】区域中选择【云形】选项，如图 5-41 所示。

图 5-40 输入文本

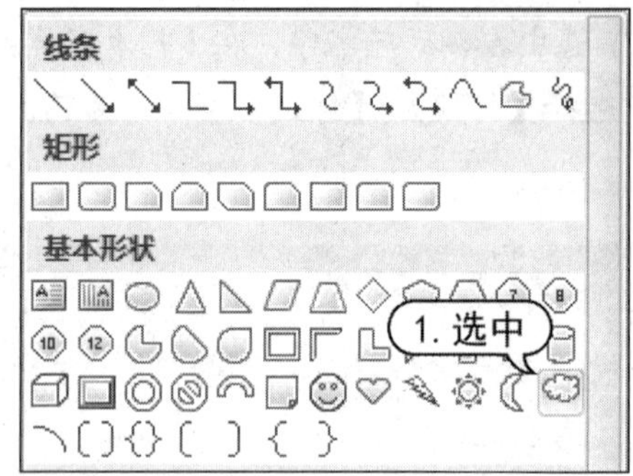

图 5-41 选择绘制形状

(6) 右击【云形】形状，从弹出的快捷菜单中选择【添加文字】命令，如图 5-42 所示。

(7) 此时将在【云形】图形中显示闪烁的光标，输入文本，设置第一行文本的字体为【华文彩云】，字号为【小二】；第二行文本的字体为【幼圆】，字号为【二号】，如图 5-43 所示。

图 5-42 选择【添加文字】命令

图 5-43 输入文本并设置字体



(8) 选中【云形标注】形状，打开【绘图工具】的【格式】选项卡，在【形状样式】组中单击【其他】按钮，从弹出的样式列表中选择一种形状样式，为自选图形快速应用该样式，如图 5-44 所示。

(9) 选中【云形】形状，打开【绘图工具】的【格式】选项卡，在【形状样式】组中单击【其他】按钮，从弹出的样式列表中选择第 1 行第 2 列样式，应用该样式，如图 5-45 所示。

图 5-44 选择自选图形样式

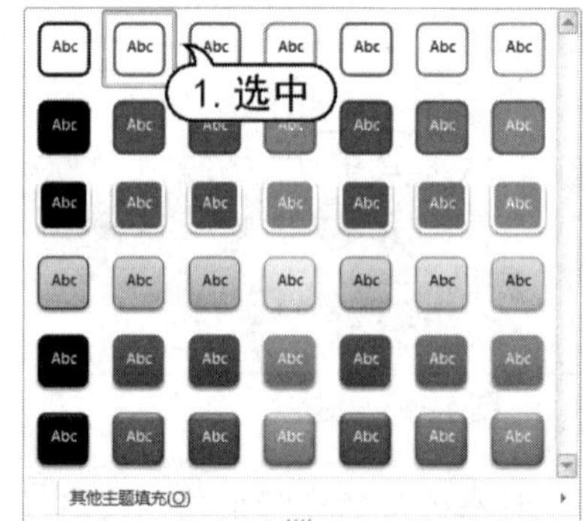

图 5-45 选择应用样式

(10) 在【形状样式】组中单击【形状填充】按钮，从弹出的菜单中选择【无填充颜色】

命令，设置【云形】形状为无填充色，如图 5-46 所示。

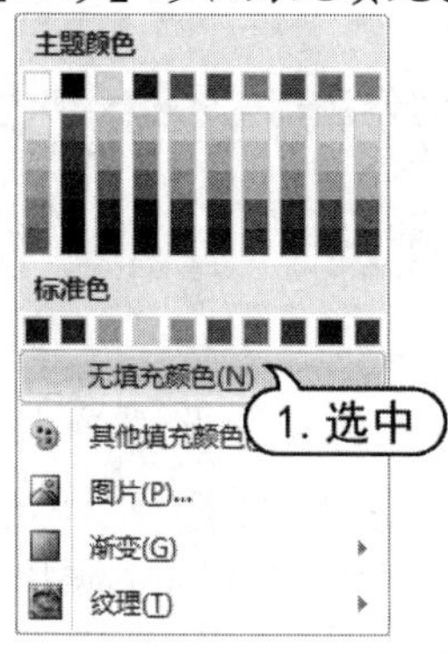

图 5-46　设置云形状为无填充色

(11) 拖动鼠标调节自选图形的位置，拖动【云形标注】形状的◘图标，调节端点位置，如图 5-47 所示。

(12) 选中所有的自选图形，在【格式】选项卡的【排列】组中单击▣按钮，从弹出的菜单中选择【组合】命令，此时即可将它们组合成一个图形，如图 5-48 所示。

图 5-47　调节端点位置

图 5-48　组合图形

## 5.2.4　插入 SmartArt 图形

Word 2010 提供了 SmartArt 图形的功能，用来说明各种概念性的内容，并可使文档更加形象生动。要插入 SmartArt 图形，打开【插入】选项卡，在【插图】组中单击 SmartArt 按钮，打开【选择 SmartArt 图形】对话框，根据需要选择合适的类型即可。插入 SmartArt 图形后，如果对预设的效果不满意，则可以在【SmartArt 工具】的【设计】和【格式】选项卡中对其进行编辑操作。

【例 5-7】在【培训宣传海报】文档中，插入 SmartArt 图形。

(1) 启动 Word 2010 应用程序，打开 【培训宣传海报】文档。

(2) 打开【插入】选项卡，在【插图】组中单击【SmartArt】按钮，打开【选择 SmartArt 图形】对话框，切换至【层次结构】选项卡，在右侧的列表框中选择【线性列表】选项，单击【确定】按钮，如图 5-49 所示。

(3) 此时即可在文档插入点位置插入 SmartArt 图形，如图 5-50 所示。

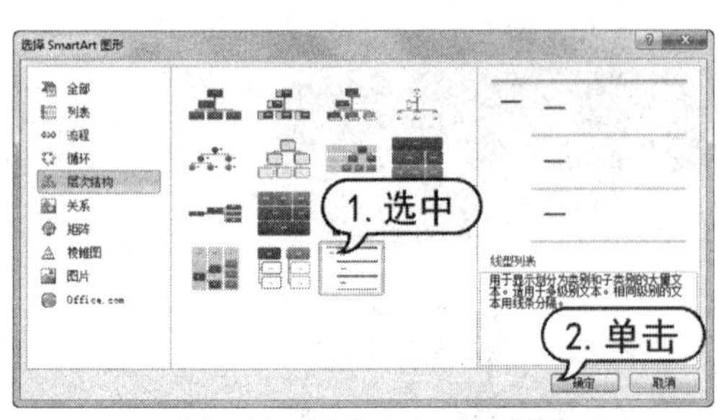

图 5-49　选择 SmartArt 图形

图 5-50　插入 SmartArt 图形

(4) 选中 SmartArt 图形，打开【SmartArt 工具】的【格式】选项卡，在【排列】组中单击【自动换行】按钮，从弹出的菜单中选择【浮于文字上方】命令，为 SmartArt 图形应用该环绕方式，如图 5-51 所示。

(5) 拖动鼠标调节 SmartArt 图形的大小和位置，然后在“[文本]”占位符中输入文本内容，如图 5-52 所示。

图 5-51　选择【浮于文字上方】命令

图 5-52　输入文本

(6) 选中最上方的形状，打开【SmartArt 工具】的【设计】选项卡，在【创建图形】组中单击【添加形状】下拉按钮，从弹出的下拉菜单中选择【在后面添加形状】命令，此时即可在选中的形状后面添加一个新形状，如图 5-53 所示。

(7) 使用同样的方法，添加另一个形状，如图 5-54 所示。

图 5-53　添加新形状

图 5-54　添加另一个形状

(8) 在【创建图形】组中单击【文本窗格】按钮，在文档中打开【在此处键入文字】文本窗格，然后将插入点分别定位在要输入文本的位置，分别输入文本，如图 5-55 所示。

(9) 选中 SmartArt 图形，打开【SmartArt 工具】的【设计】选项卡，在【SmartArt 样式】组中单击【其他】按钮，从弹出的【三维】列表中选择【砖块场景】选项，如图 5-56 所示。

图 5-55　输入文本

图 5-56　选择【砖块场景】选项

(10) 在【SmartArt 样式】组中单击【更改颜色】按钮，从弹出的【彩色】列表中选择【彩色范围，强调文字颜色 3 至 4】选项，如图 5-57 所示。

(11) 此时即可为 SmartArt 图形应用设置后的 SmartArt 样式，如图 5-58 所示。

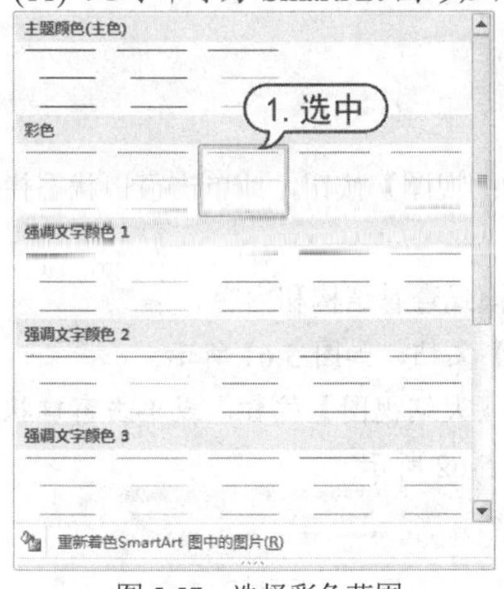


图 5-57　选择彩色范围

图 5-58　应用样式

(12) 选中 SmartArt 图形，打开【SmartArt 工具】的【格式】选项卡，在【艺术字样式】组中单击【其他】按钮，从弹出的列表中选择【填充-橄榄色，强调文字颜色 3，粉状棱台】选项，为文字应用该艺术字样式，如图 5-59 所示。

(13) 在【开始】选项卡的【段落】组中，单击【居中】按钮，设置图形中的文字居中对齐，如图 5-60 所示。

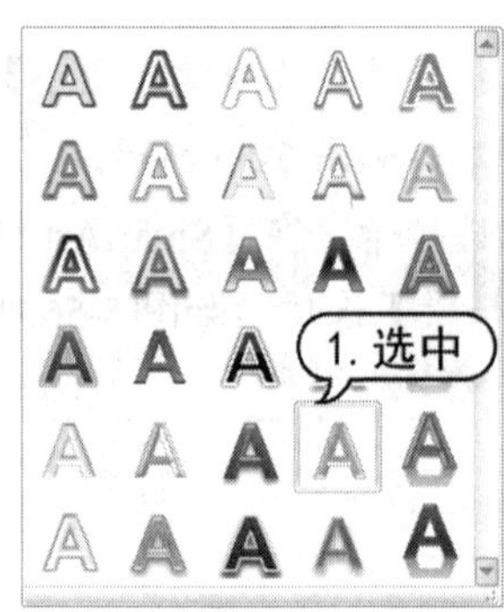


图 5-59　选择艺术字样式

图 5-60　设置文字居中对齐

# 5.3　编辑办公长文档

Word 2010 本身提供了一些处理长文档功能和特性的编辑工具，例如，使用大纲视图方式查看和组织文档，使用书签定位文档，插入目录为文章提纲。



## 5.3.1　使用大纲

Word 2010 中的大纲视图就是专门用于制作提纲的，它以缩进文档标题的形式代表在文档结构中的级别。

### 1. 使用大纲视图查看文档

打开【视图】选项卡，在【文档视图】组中单击【大纲视图】按钮，或单击窗口状态栏上的【大纲视图】按钮，就可以切换到大纲视图模式。

【例 5-8】将【公司管理制度】文档切换到大纲视图模式查看结构和内容。

(1) 启动 Word 2010 应用程序，打开【公司管理制度】文档，如图 5-61 所示。

(2) 打开【视图】选项卡，在【文档视图】组中单击【大纲视图】按钮，或单击窗口状态栏上的【大纲视图】按钮，切换至大纲视图模式，如图 5-62 所示。

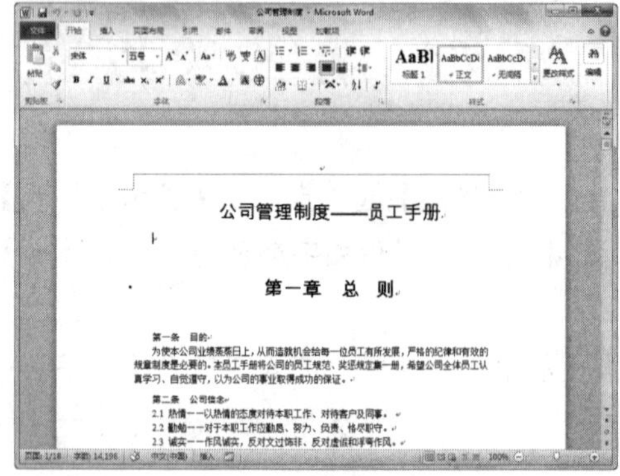


图 5-61　打开文档

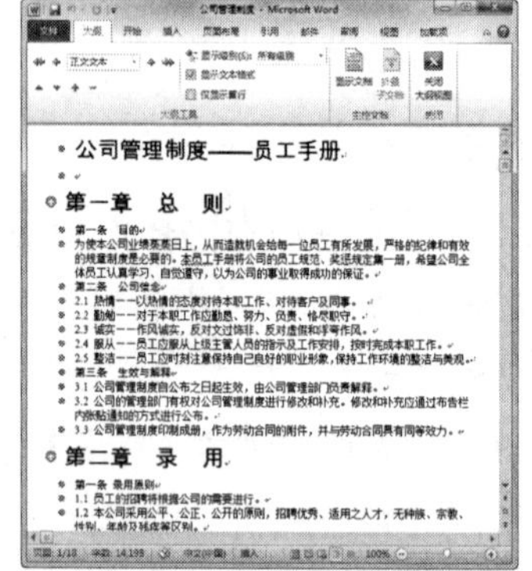


图 5-62　切换至大纲视图模式

(3) 在【大纲】选项卡的【大纲工具】组中，单击【显示级别】下拉按钮，在弹出的下拉列表框中选择【2 级】选项，此时标题 2 以后的标题或正文文本都将被折叠，如图 5-63 所示。

(4) 将鼠标指针移至标题 3 前的符号⊕处双击，即可展开其后的下属文本内容，如图 5-64 所示。

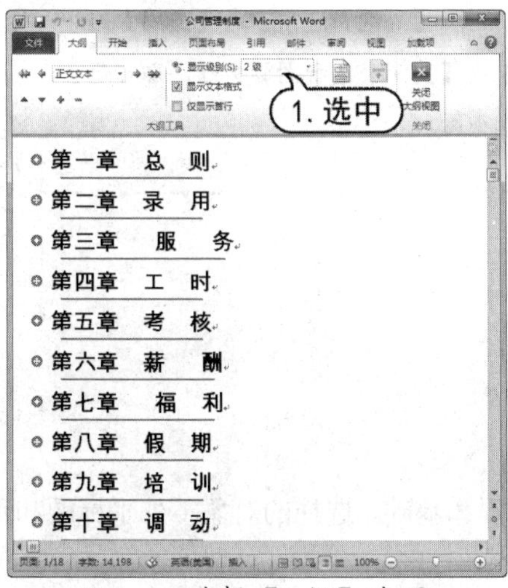


图 5-63　选择【2 级】选项

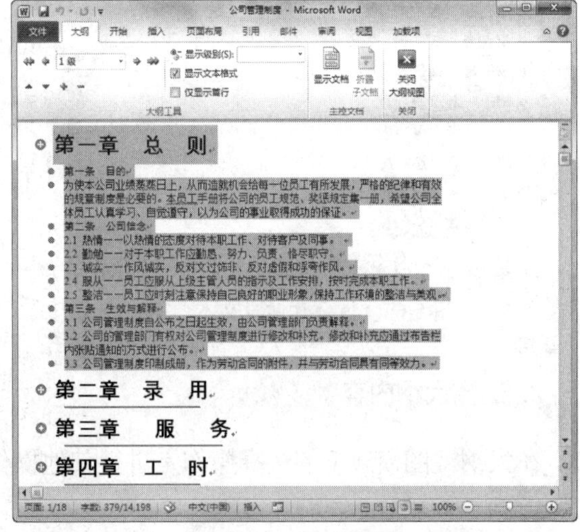


图 5-64　展开内容

**知识点**

在大纲视图中，文本前有符号⊕，表示在该文本后有正文体或级别较低的标题；文本前有符号●，表示该文本后没有正文体或级别较低的标题。

(5) 在【大纲工具】组的【显示级别】下拉列表框中选择【所有级别】选项，此时将显示所有的文档内容，如图 5-65 所示。

(6) 将鼠标指针移动到文本“第一章 总则”前的符号⊕处，双击鼠标，该标题下的文本被折叠，如图 5-66 所示。

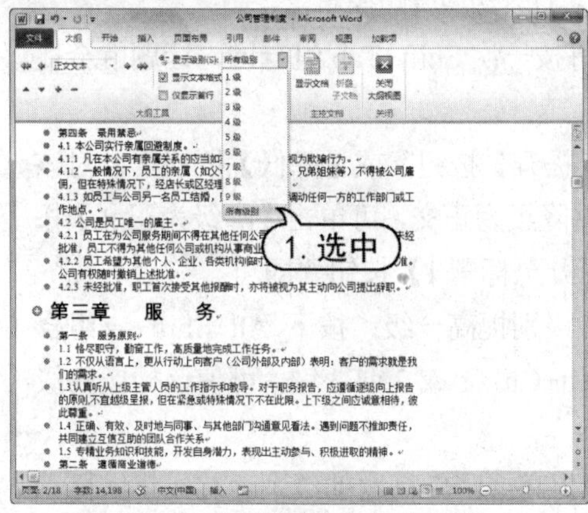


图 5-65　选择【所有级别】选项

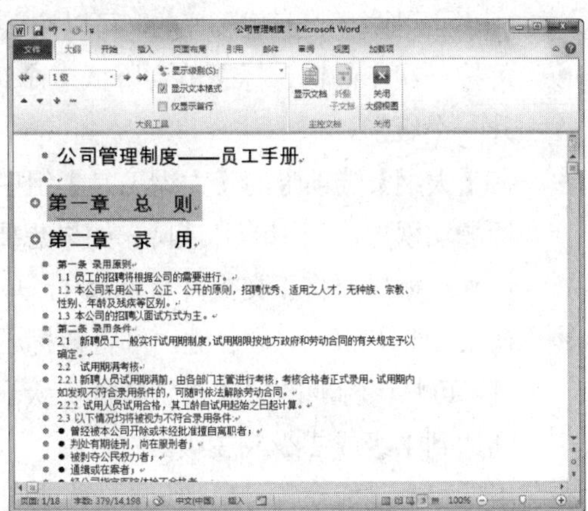


图 5-66　折叠内容

(7) 使用同样的方法，折叠其他段文本，如图 5-67 所示。

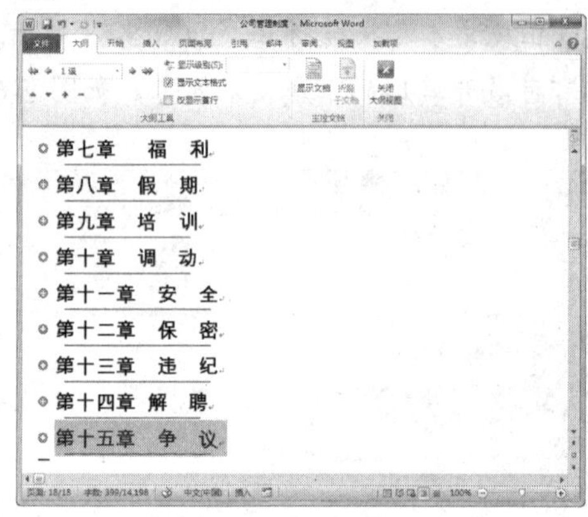


图 5-67　折叠其他段文本

**提示**

在【大纲】选项卡的【关闭】组中，单击【关闭大纲视图】按钮，即可退出大纲视图。

### 2. 选择大纲内容

在大纲视图模式下的选择操作是进行其他操作的前提和基础。选择的对象不外乎标题和正文体。

- 选择标题：如果仅选择一个标题，并不包括它的子标题和正文，可以将鼠标光标移至此标题的左端空白处，当鼠标光标变成一个斜向上的箭头形状时，单击鼠标，即可选中该标题。
- 选择一个正文段落：如果仅要选择一个正文段落，可以将鼠标光标移至此段落的左端空白处，当鼠标光标变成一个斜向上箭头的形状时，单击鼠标，或者单击此段落前的符号，即可选择该正文段落。
- 同时选择标题和正文：如果要选择一个标题及其所有的子标题和正文，就双击此标题前的符号；如果要选择多个连续的标题和段落，按住鼠标左键拖动选择即可。

### 3. 更改文本的大纲级别

文本的大纲级别并不是一成不变的，可以按需要对其实行升级或降级操作。

- 每按一次 Tab 键，标题就会降低一个级别；每按一次 Shift+Tab 组合键，标题就会提升一个级别。
- 在【大纲】选项卡的【大纲工具】组中单击【提升】按钮或【降低】按钮，对该标题实现层次级别的升或降；如果想要将标题降级为正文，可单击【降级为正文】按钮；如果要将正文提升至标题 1，单击【提升至标题 1】按钮即可。
- 按下 Alt+Shift+←组合键，可将该标题的层次级别提高一级；按下 Alt+Shift+→组合键，可将该标题的层次级别降低一级。按下 Alt+Ctrl+1 或 2 或 3 键，可使该标题的级别达到 1 级或 2 级或 3 级。
- 用鼠标左键拖动符号或向左移或向右移来提高或降低标题的级别。首先将鼠标光标移到该标题前面的符号或处，待鼠标光标变成四箭头形状后，按下鼠标左键

拖动，在拖动的过程中，每经过一个标题级别时，都有一条竖线和横线出现。如果想把该标题置于这样的标题级别，可在此时释放鼠标左键，如图 5-68 所示。

4. 移动大纲标题

在 Word 2010 中既可以移动特定的标题到另一位置，也可以同该标题下的所有内容一起移动。可以一次只移动一个标题，也可以一次移动多个连续的标题。

要移动一个或多个标题，首先选择要移动的标题内容，然后在标题上按下并拖动鼠标右键，可以看到在拖动过程中，有一虚竖线跟着移动。移到目标位置后释放鼠标，这时将弹出快捷菜单，选择菜单上的【移动到此位置】命令即可，如图 5-69 所示。

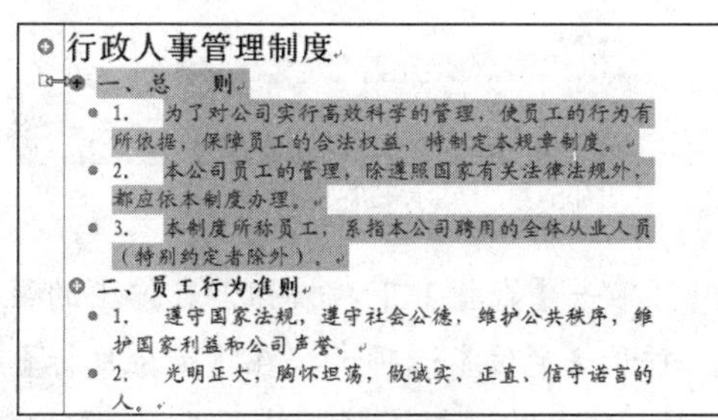

图 5-68　选择【所有级别】选项

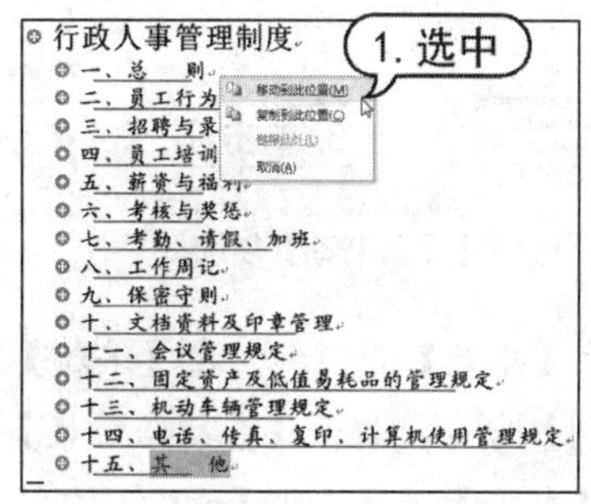


图 5-69　移动标题内容

## 5.3.2　使用书签

书签指对文本加以标识和命名，用于帮助用户记录位置，从而使用户能快速地找到目标位置。在 Word 2010 中，可以使用书签命名文档中指定的点或区域，以识别章、表格的开始处，或者定位需要工作的位置、离开的位置等。

【例 5-9】为【公司管理制度】添加书签。

(1) 启动 Word 2010 应用程序，打开【公司管理制度】文档。

(2) 将插入点定位到标题“第一章 总则”之前，打开【插入】选项卡，在【链接】组中单击【书签】按钮。打开【书签】对话框，在【书签名】文本框中输入书签的名称“总则”，单击【添加】按钮，将该书签添加到书签列表框中，如图 5-70 所示。

(3) 单击【文件】按钮，在弹出的菜单中选择【选项】命令，如图 5-71 所示。

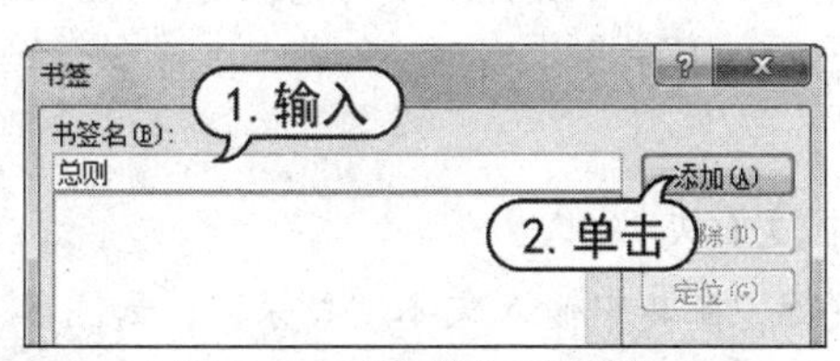


图 5-70　【书签】对话框

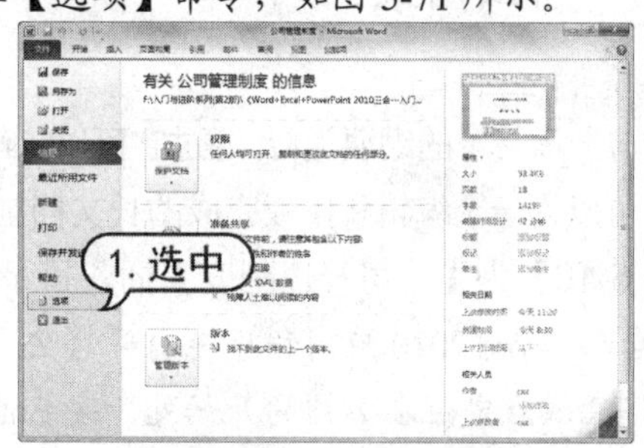


图 5-71 选择【选项】命令

(4) 打开【Word 选项】对话框，在左侧的列表框中选择【高级】选项，在右侧列表的【显示文档内容】选项区域中，选中【显示书签】复选框，然后单击【确定】按钮，如图 5-72 所示。

(5) 此时书签标记 I 将显示在标题“第一章 总则”之前，如图 5-73 所示。

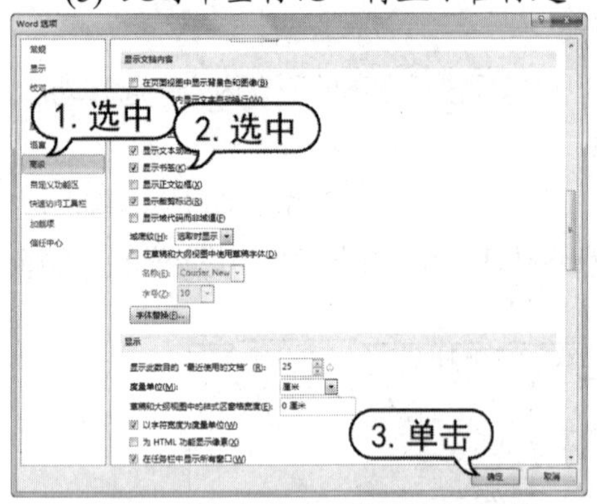


图 5-72 选中【显示书签】复选框

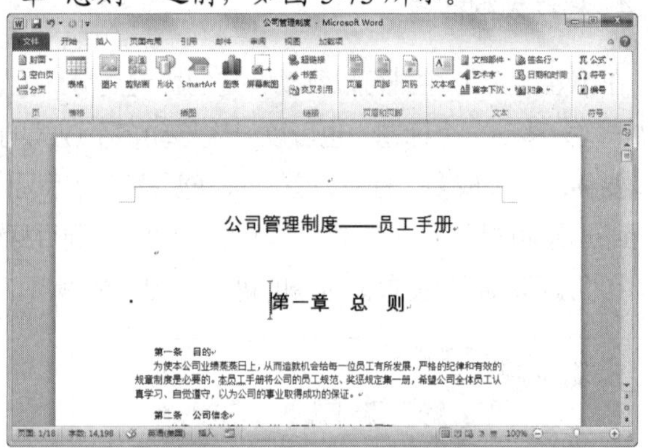


图 5-73 显示书签标记

(6) 打开【开始】选项卡，在【编辑】选项组中，单击【查找】下拉按钮，在弹出的菜单中选择【转到】命令，打开【查找与替换】对话框。打开【定位】选项卡，在【定位目标】列表框中选择【书签】选项，在【请输入书签名称】下拉列表框中选择书签，单击【定位】按钮，将自动定位到书签位置，如图 5-74 所示。

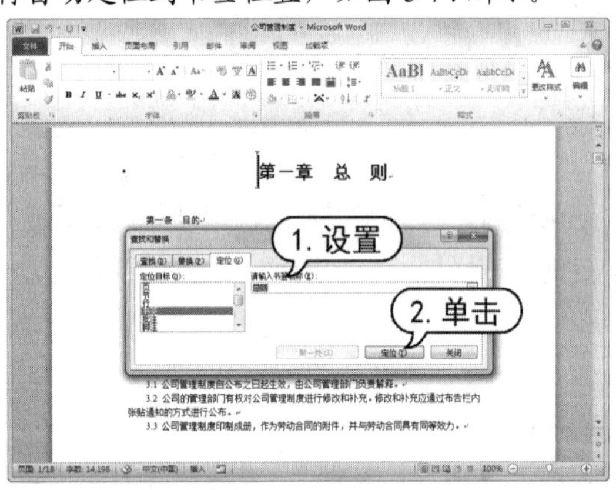


图 5-74 定位书签位置

> **提示**
>
> 在 Word 2010 中，提供了书签排序功能，一旦对书签进行了排序，查找起来就会变得非常简单。用户可以在【书签】对话框中对书签进行排序。

## 5.3.3 插入目录

目录与一篇文章的纲要类似，通过它可以了解全文的结构和整个文档所要讨论的内容。在 Word 2010 中，可以为一个编辑和排版完成的长文档制作出美观的目录。

【例 5-10】为【公司管理制度】插入目录。

(1) 启动 Word 2010 应用程序，打开【公司管理制度】文档。

(2) 将插入点定位在文档的开始处，按 Enter 键换行，在其中输入文本“目录”，如图 5-75 所示。

(3) 按 Enter 键，继续换行。打开【引用】选项卡，在【目录】组中单击【目录】按钮，从弹出的菜单中选择【插入目录】命令，如图 5-76 所示。

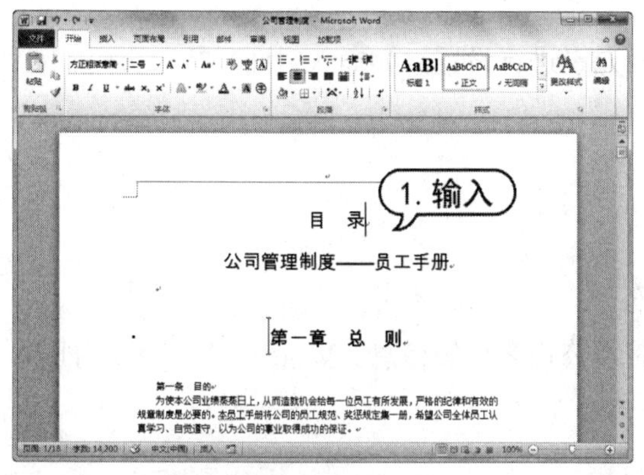


图 5-75 输入文本

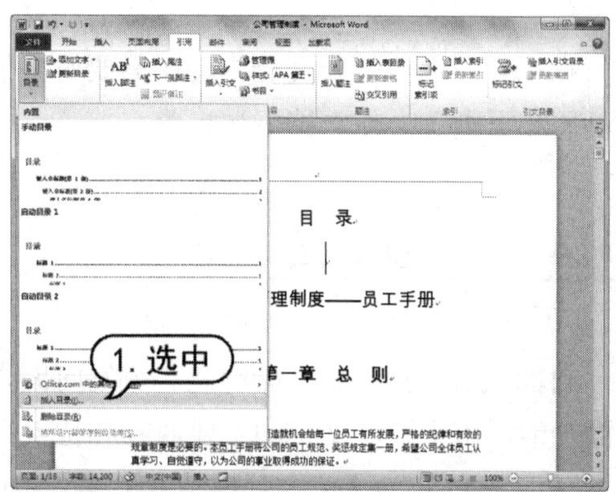


图 5-76 选择【插入目录】命令

(4) 打开【目录】对话框的【目录】选项卡，在【显示级别】微调框中输入 2，单击【确定】按钮，如图 5-77 所示。

(5) 此时即可在文档中插入一级标题的目录，如图 5-78 所示。

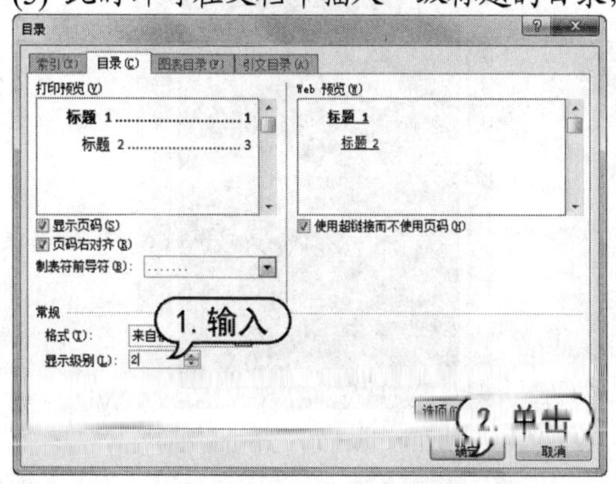


图 5-77 【目录】选项卡

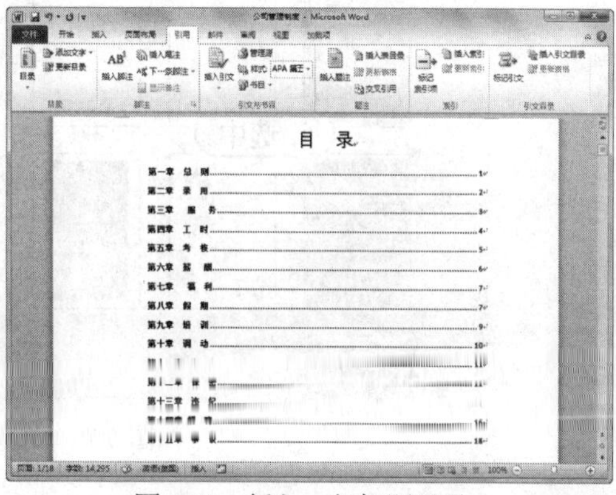


图 5-78 插入一级标题目录

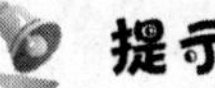

插入目录后，只需按 Ctrl 键，再单击目录中的某个页码，就可以将插入点快速跳转到该页的标题处。

当创建了一个目录以后，要更新目录，可以在【引用】选项卡的【目录】组中，单击【更新目录】按钮，打开【更新目录】对话框。在其中选中【只更新页码】单选按钮，表示只更新页码，不更新已直接应用于目录的格式，而选中【更新整个目录】单选按钮，表示将更新整个目录。

创建完目录后，用户还可像编辑普通文本一样对其进行样式的设置，如更改目录字体、字号和对齐方式等，让目录更为美观。

# 5.4 设置文档页面

在书籍、手册等长文档中，还需要对其他页面元素进行设置，如插入封面、插入页码、设置页眉和页脚等，使文档更加完善。

## 5.4.1 设置封面

封面主要包括标题、副标题、编写时间、编著及公司名称等信息。Word 2010 提供了插入封面功能，用于说明文档的主要内容和特点。

【例 5-11】为【公司管理制度】插入封面。

(1) 启动 Word 2010 应用程序，打开【公司管理制度】文档。

(2) 打开【插入】选项卡，在【页】组中单击【封面】按钮，在弹出的【内置】列表框中选择【瓷砖型】选项，此时即可在文档中插入基于该样式的封面，如图 5-79 所示。

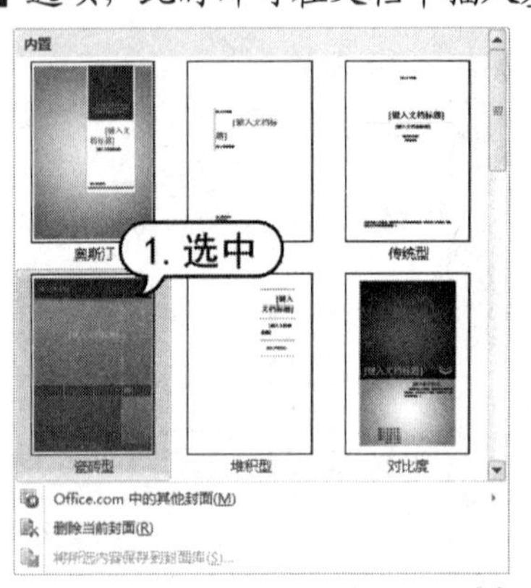


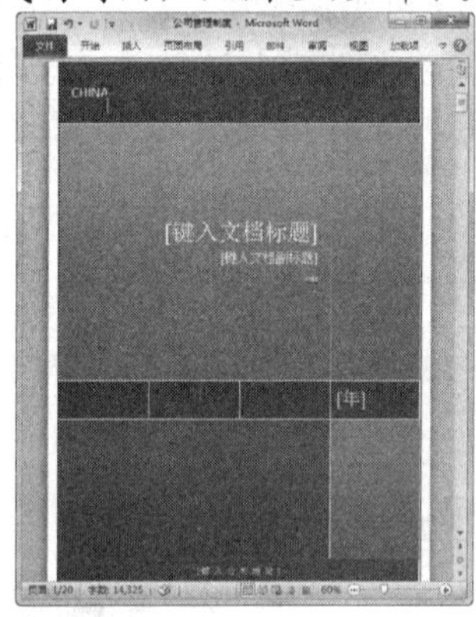


图 5-79 选择【瓷砖型】选项

(3) 在封面页的占位符中根据提示修改或添加文字，如图 5-80 所示。

(4) 最后完成的文档封面如图 5-81 所示。

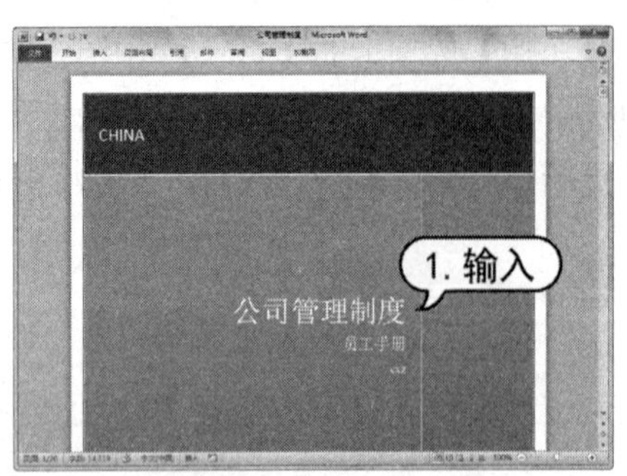


图 5-80 修改或添加文字

图 5-81 文档封面

## 5.4.2　设置页眉和页脚

书籍中奇偶页的页眉、页脚通常是不同的。在 Word 2010 中，可以为文档中的奇、偶页设计不同的页眉和页脚。

【例 5-12】为【公司管理制度】文档中为奇、偶页的文本创建不同的页眉。

(1) 启动 Word 2010 应用程序，打开【公司管理制度】文档。

(2) 打开【插入】选项卡，在【页眉和页脚】组中单击【页眉】按钮，选择【编辑页眉】命令，进入页眉和页脚编辑状态，打开【页眉和页脚工具】的【设计】选项卡，在【选项】组中选中【首页不同】和【奇偶页不同】复选框，如图 5-82 所示。

(3) 在奇数页页眉区域中选中段落标记符，打开【开始】选项卡，在【段落】组中单击【边框】按钮，在弹出的菜单中选择【无框线】命令，隐藏奇数页页眉边框线，如图 5-83 所示。

图 5-82　选中复选框

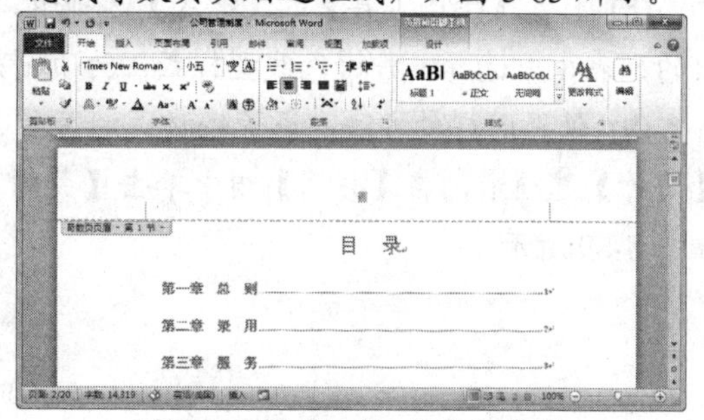

图 5-83　隐藏奇数页页眉边框线

(4) 将光标定位在段落标记符上，输入文字“公司管理制度——员工手册”，设置文字字体为【华文行楷】，字号为【小三】，字体颜色为【橙色，强调文字颜色 6】，文本右对齐显示，如图 5-84 所示。

(5) 将插入点定位在页眉文本右侧，打开【插入】选项卡，在【插图】组中单击【图片】按钮，打开【插入图片】对话框。选择一张图片，单击【插入】按钮，将其插入到奇数页的页眉处，如图 5-85 所示。

图 5-84　输入文本

图 5-85　插入图片

(6) 打开【图片工具】的【格式】选项卡，在【排列】组中单击【自动换行】按钮，从弹出的菜单中选择【浮于文字上方】命令，为页眉图片设置环绕方式，然后拖动鼠标调节图片大小和位置，如图 5-86 所示。

(7) 打开【插入】选项卡，在【插图】组中，单击【形状】按钮，从弹出的【线条】列表中选择【直线】选项，然后在页眉位置拖动鼠标绘制一条直线，如图 5-87 所示。

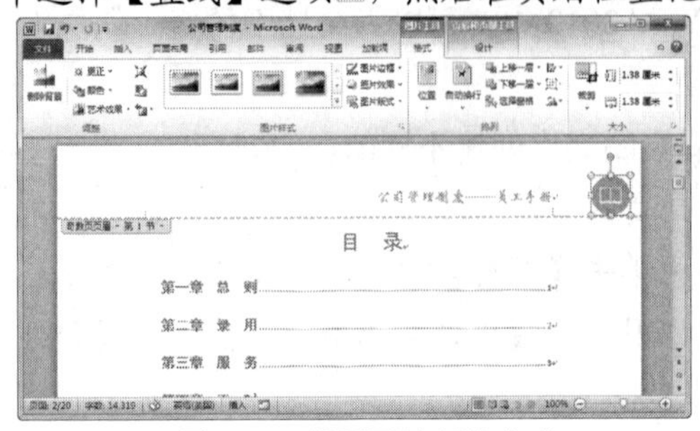
图 5-86　设置图片环绕方式

图 5-87　绘制直线

(8) 打开【绘图工具】的【格式】选项卡，在【形状样式】组中单击【其他】按钮，从弹出的列表框中选择一种橙色线型样式，为页眉处的直线应用该样式，如图 5-88 所示。

(9) 使用同样的方法，设置偶数页的页眉文本、图片和线条，打开【页眉和页脚】工具的【设计】选项卡，在【关闭】组中单击【关闭页眉和页脚】按钮，完成奇、偶页页眉的设置，如图 5-89 所示。

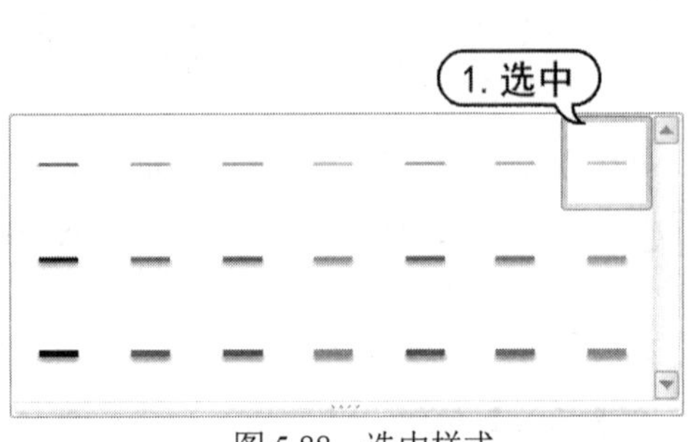

图 5-88　选中样式

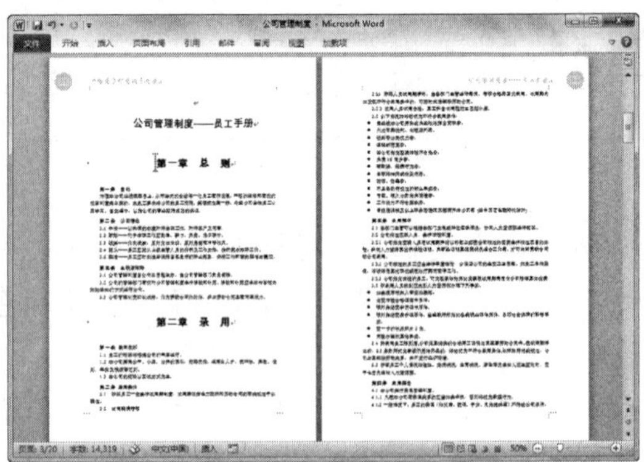
图 5-89　页眉设置

## 5.4.3　设置页码

页码就是给文档每页所编的号码，以便于读者阅读和查找。页码一般添加在页眉或页脚中，也可以添加到其他地方。

【例 5-13】为【公司管理制度】文档添加页码。

(1) 启动 Word 2010 应用程序，打开【公司管理制度】文档。

(2) 打开【插入】选项卡，在【页眉和页脚】组中，单击【页码】按钮，在弹出的菜单中选择【页面底端】命令，在【带有多种形状】类别框中选择【圆角矩形 3】选项，如图 5-90 所示。

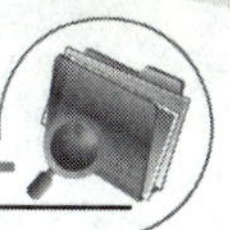

(3) 此时即可在奇数页插入【圆角矩形 3】样式的页码，如图 5-91 所示。

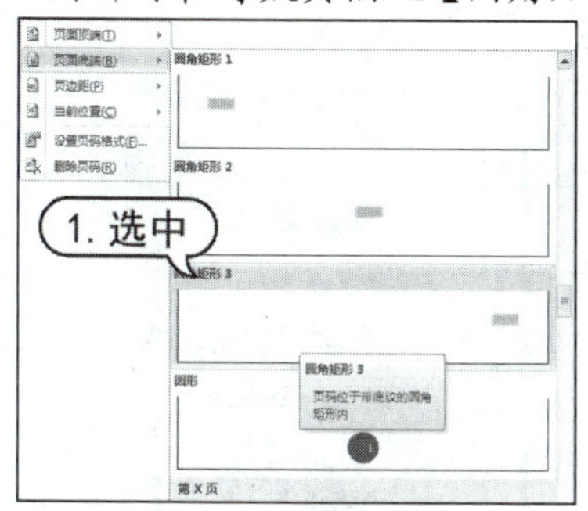

图 5-90　选中复选框

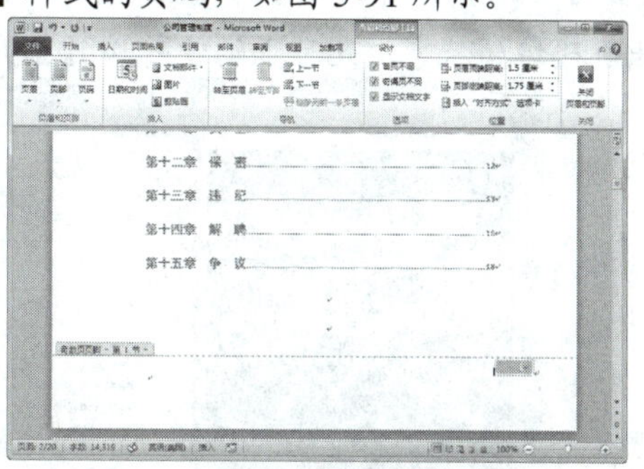

图 5-91　插入奇数页页码

(4) 将插入点定位在偶数页，使用同样的方法，在页面底端插入【圆角矩形 1】样式的页码，如图 5-92 所示。

(5) 打开【页眉和页脚工具】的【设计】选项卡，在【页眉和页脚】组中单击【页码】按钮，从弹出的菜单中选择【设置页码格式】命令，如图 5-93 所示。

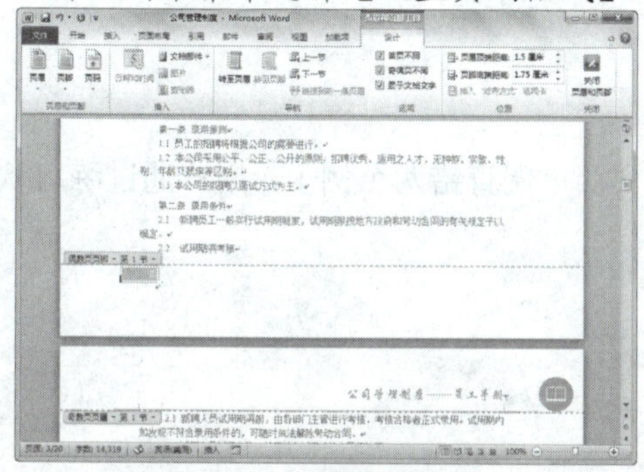

图 5-92　插入偶数页页码

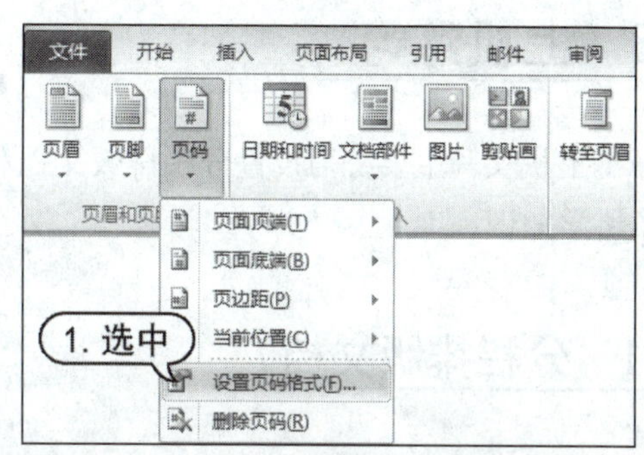


图 5-93　选择【设置页码格式】命令

(6) 打开【页码格式】对话框，在【编号格式】下拉列表框中选择【-1-,-2-,-3-,…】选项，单击【确定】按钮，完成编码样式的设置，如图 5-94 所示。

(7) 此时所有页脚中的页码将应用新的页码样式。依次选中奇、偶数页码数字的数字，设置其字体颜色为【白色，背景 1】，居中对齐，如图 5-95 所示。

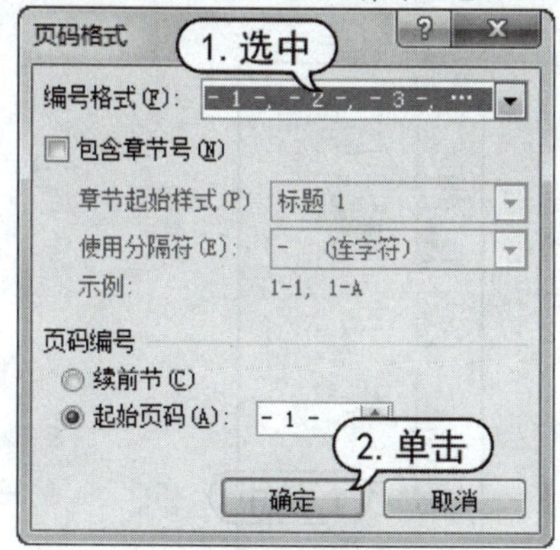


图 5-94　设置编码样式

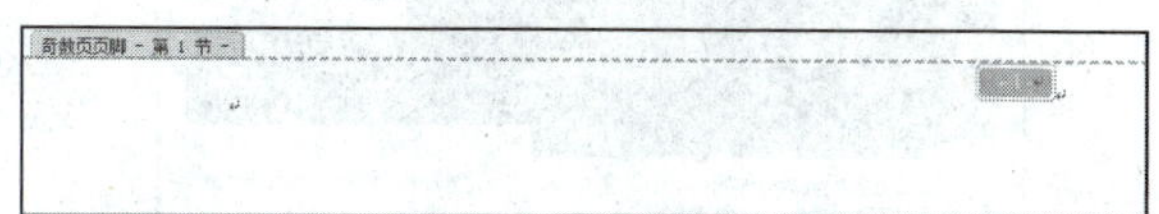


图 5-95　设置页码字体

(8) 打开【页眉和页脚】工具的【设计】选项卡，在【关闭】组中单击【关闭页眉和页脚】按钮，退出页码编辑状态，此时页码效果如图 5-96 所示。

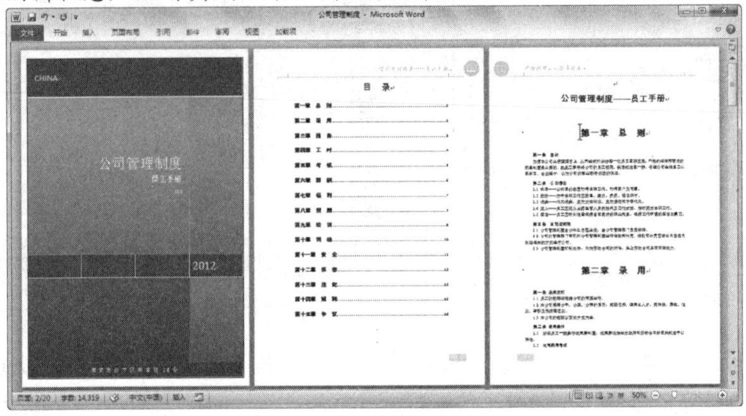

图 5-96　显示页码效果

## 5.5　上机练习

本章的上机实验主要练习设置分栏排版文档和文档审阅查错两个例子，用户通过练习从而巩固本章所学知识。

### 5.5.1　分栏排版文档

Word 2010 具有分栏功能，用户可以把每一栏都视为一节进行单独设置。下面举例在【元宵灯会】文档中，设置分两栏显示文本。

(1) 启动 Word 2010 应用程序，打开【元宵灯会】文档，选取第 4~7 段正文文本，如图 5-97 所示。

(2) 打开【页面布局】选项卡，在【页面设置】组中单击【分栏】按钮，在弹出的快捷菜单中选择【更多分栏】命令，如图 5-98 所示。

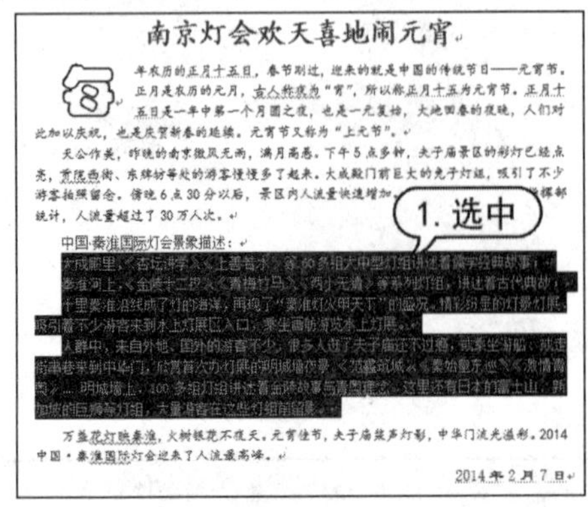

图 5-97　选取文本

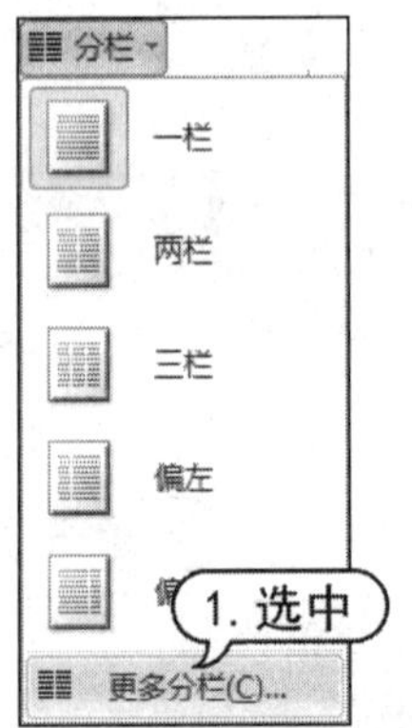

图 5-98　选择【更多分栏】命令

(3) 打开【分栏】对话框，在【预设】选项区域中选择【三栏】选项，保持选中【栏宽相等】复选框，并选中【分隔线】复选框，单击【确定】按钮，如图 5-99 所示。

(4) 此时选中的 4 段文本将以三栏的形式显示，如图 5-100 所示。

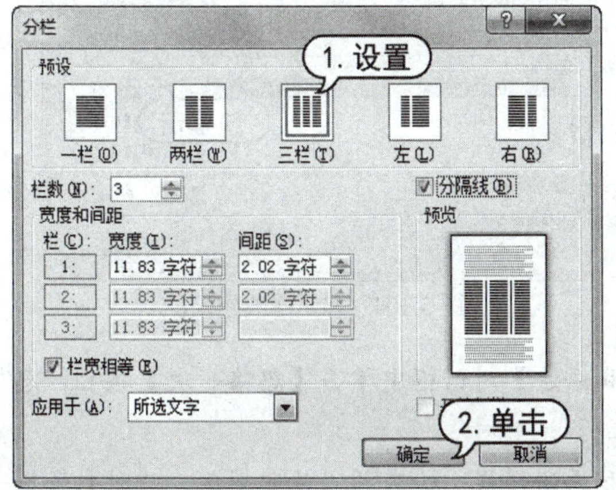


图 5-99　设置分栏

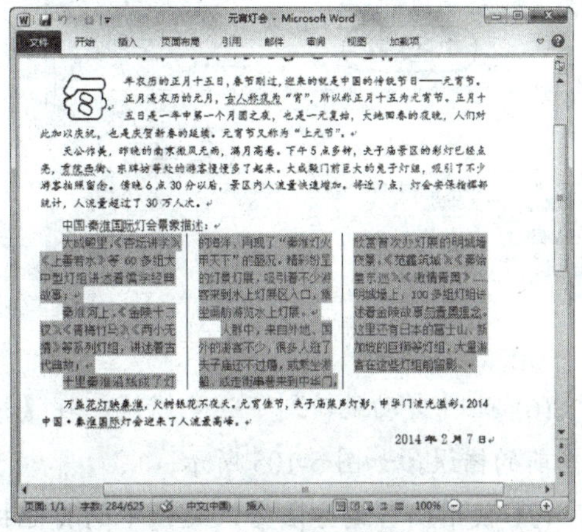

图 5-100　显示分栏

## 5.5.2　文档审阅查错

文档编辑完成后，通常需要对初稿进行审阅，使用 Word 2010 提供的拼写与语法检查功能，可以逐一将错误修改正确。

(1) 启动 Word 2010 应用程序，打开【公司管理制度】文档。

(2) 打开【审阅】选项卡，在【校对】组中单击【拼写和语法】按钮，打开【拼写和语法】对话框，显示第 1 处语法错误，并且用绿色字体显示出来，如图 5-101 所示。

(3) 单击【下一句】按钮，查找下一个错误，在【拼写和语法】对话框中出现了第 2 处标红的错误，如图 5-102 所示。

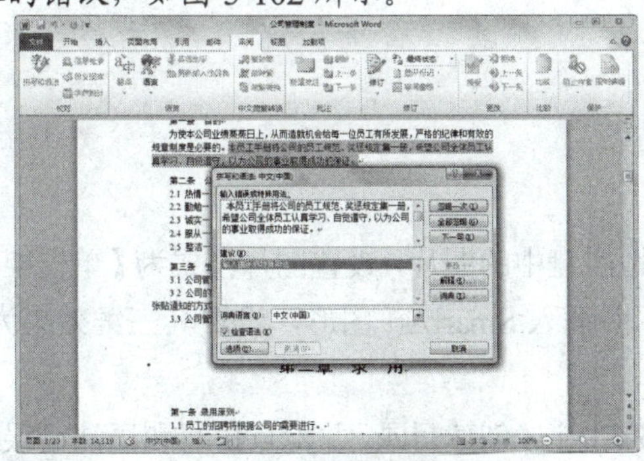

图 5-101　显示语法错误

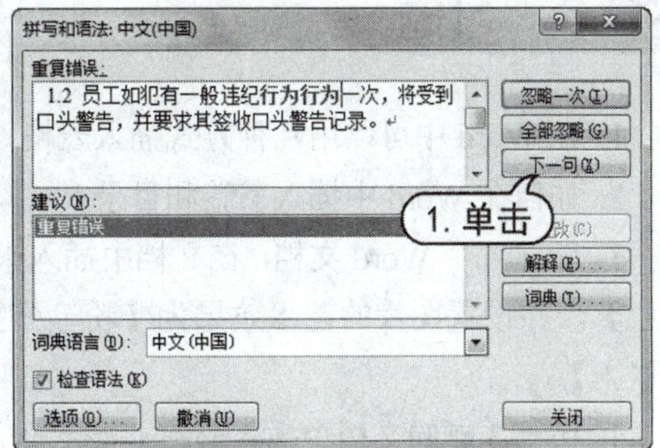


图 5-102　显示第 2 处错误

(4) 将插入点定位在【重复错误】文本框的文本“行为”后，按 Backspace 键，删除一处文本“行为”，单击【更改】按钮，如图 5-103 所示。

(5) 此时将自动跳转到第 3 处标红的错误，在【拼写和语法】对话框的【建议】文本框中将显示修改文本，单击【更改】按钮，如图 5-104 所示。

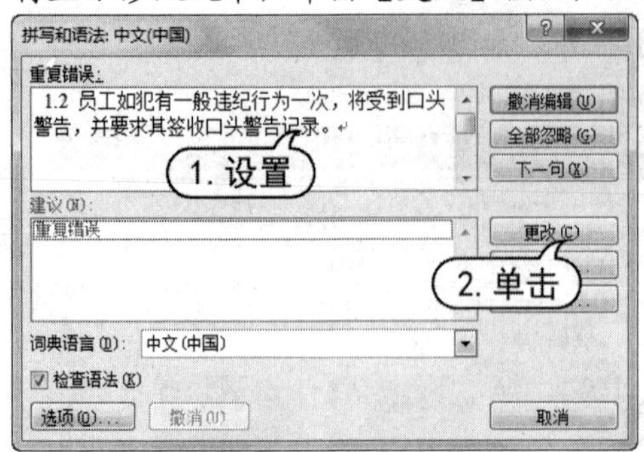


图 5-103　删除多余文字

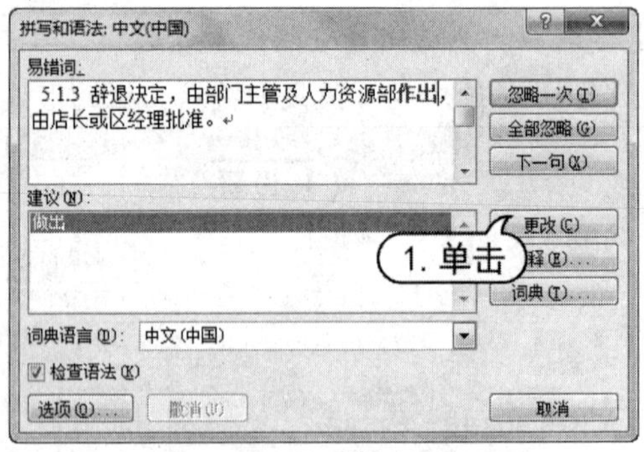


图 5-104　显示修改建议

(6) 此时自动跳转到下一处错误，在【拼写和语法】对话框中单击【忽略一次】按钮，忽略当前的错误，如图 5-105 所示。

(7) 使用同样的方法修改文档中的其他拼写和语法错误，检查并修改完毕后，此时打开提示对话框，提示文本中的拼写和语法错误检查完毕，单击【确定】按钮，如图 5-106 所示。

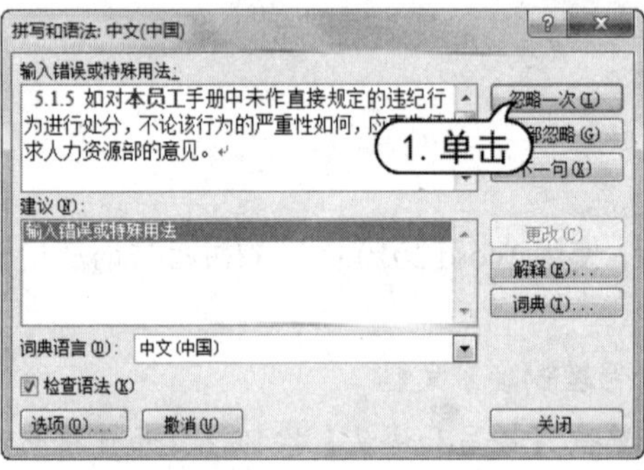


图 5-105　忽略当前错误

图 5-106　拼写和语法检查已完成提示框

## 5.6　习题

1. 在 Word 中可以用几种方式插入表格？

2. 如何在 Word 中插入书签和目录？

3. 新建一个 Word 文档，在文档中插入来自本地磁盘中的图片，设置图片样式为【单框架，黑色】，并设置图片的艺术效果为【粉笔素描】，并插入 SmartArt 图形，设置其三维效果为【嵌入】。

4. 在第 3 题的文档中插入书签并显示插入的书签标记，创建目录，并检查拼写和语法错误。

# 第6章 使用 Excel 2010 制作表格

## 学习目标

Excel 2010 是 Office 软件系列中的电子表格处理软件，它拥有良好的界面、强大的数据计算功能，广泛地应用于办公自动化领域。本章将介绍使用 Excel 2010 的工作簿、工作表以及单元格的方法等基本操作内容。

## 本章重点

- 使用工作簿
- 使用工作表
- 使用单元格
- 输入和编辑表格数据
- 设置表格格式

## 6.1 Excel 2010 办公基础

Excel 2010 是专门用于制作电子表格的软件。它不仅具有强大的数据组织、计算、分析和统计功能，还可以通过图表、图形等多种形式对处理结果加以形象的显示。

### 6.1.1 Excel 2010 办公应用

Excel 2010 在办公应用中主要有以下几种功能。

- 创建统计表格：Excel 2010 的制表功能就是把用户所用到的数据输入到 Excel 中以形成表格，如图 6-1 所示。

- 进行数据计算：在 Excel 2010 的工作表中输入完数据后，还可以对用户所输入的数据进行计算，例如进行求和、求平均值、求最大值以及最小值计算等。此外，Excel 2010 还提供强大的公式运算与函数处理功能，可以对数据进行更复杂的计算工作，如图 6-2 所示。

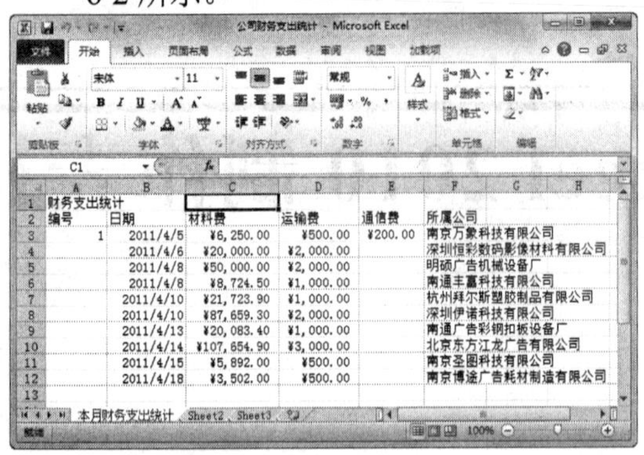

图 6-1　创建统计表格

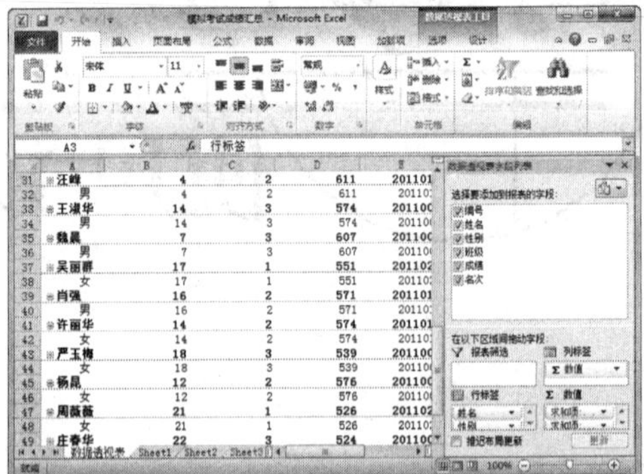

图 6-2　进行数据计算



- 建立多样化的统计图表：在 Excel 2010 中，可以根据输入的数据来建立统计图表，以便更加直观地显示数据之间的关系，让用户可以比较数据之间的变动、成长关系以及趋势等，如图 6-3 所示。

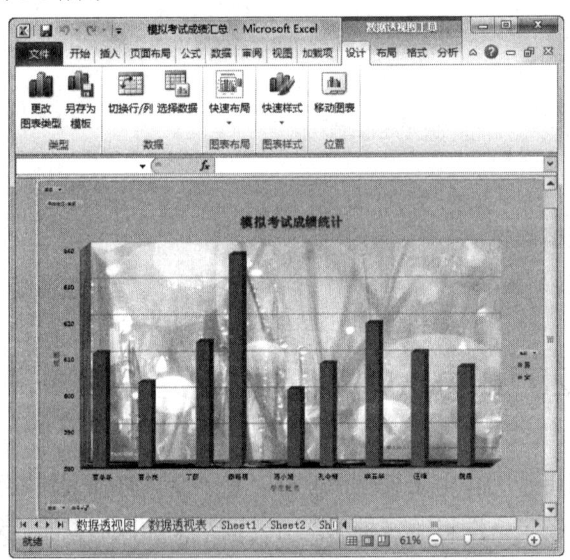


图 6-3　建立统计图表

## 6.1.2　Excel 2010 工作界面

Excel 2010 的工作界面主要由【文件】按钮、标题栏、快速访问工具栏、功能选项卡、编辑栏、工作表编辑区、工作表标签和状态栏等部分组成，如图 6-4 所示。

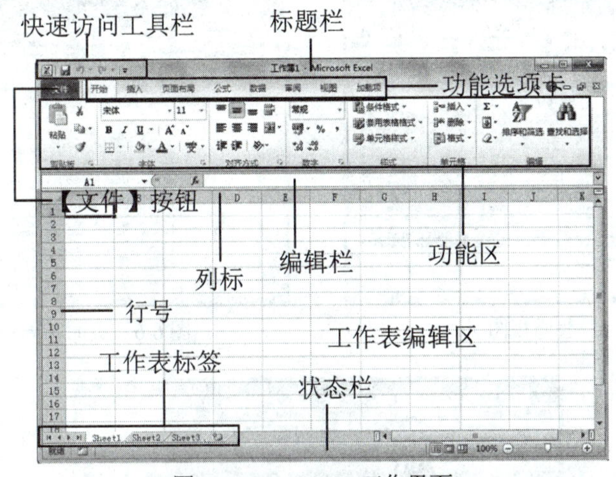


图 6-4　Excel 2010 工作界面

Excel 2010 工作界面中，除了包含与其他 Office 软件相同的界面元素外，还有许多其他特有的组件。

- 编辑栏：位于功能区下侧，主要用于显示与编辑当前单元格中的数据或公式，由名称框、工具按钮和编辑框 3 部分组成。
- 工作表编辑区：与 Word 2010 类似，Excel 2010 的表格编辑区也是其操作界面最大且最重要的区域。该区域主要由工作表、工作表标签、行号和列标组成。
- 工作表标签：用于显示工作表的名称，单击工作表标签将激活工作表。
- 行号与列标：用来标明数据所在的行与列，也是用来选择行与列的工具。

## 6.1.3　Excel 2010 视图模式

Excel 2010 为用户提供了普通视图、页面布局视图和分页预览视图 3 种视图模式。打开【视图】选项卡，在【工作簿视图】组中单击相应的视图按钮，或者在视图栏中单击【视图】按钮，即可将当前操作界面切换至相应的视图。

- 普通视图：普通视图是 Excel 2010 的默认视图，在该视图下无法查看页边距、页眉和页脚，仅可对表格进行设计和编辑，如图 6-5 所示。
- 页面布局视图：页面布局视图兼有打印预览和普通视图的优点，在该视图中，既可对表格进行编辑修改，也可查看和修改页边距、页眉和页脚，同时显示水平和垂直标尺，方便用户测量和对齐表格中的对象，如图 6-6 所示。
- 分页预览视图：在分页预览视图中，Excel 2010 自动将表格分成多页，通过拖动界面右侧或者下方的滚动条，可分别查看各页面中的数据内容，如图 6-7 所示。

**提示**

在 Excel 2010 中进行视图切换时，打开【视图】选项卡，在【工作簿视图】组中单击【全屏显示】按钮，可切换至全屏视图，显示工作表中的数据内容。

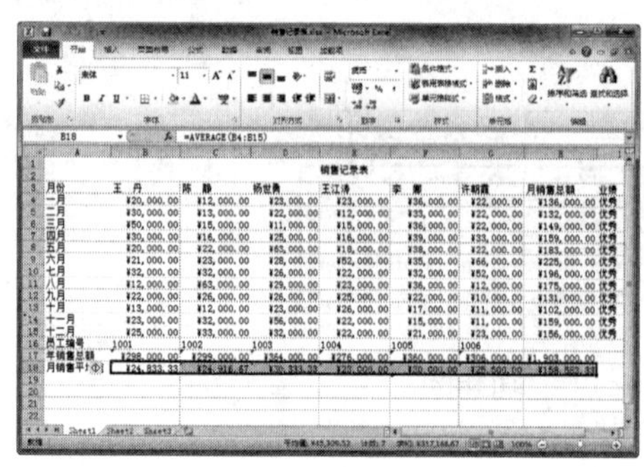

图 6-5　普通视图

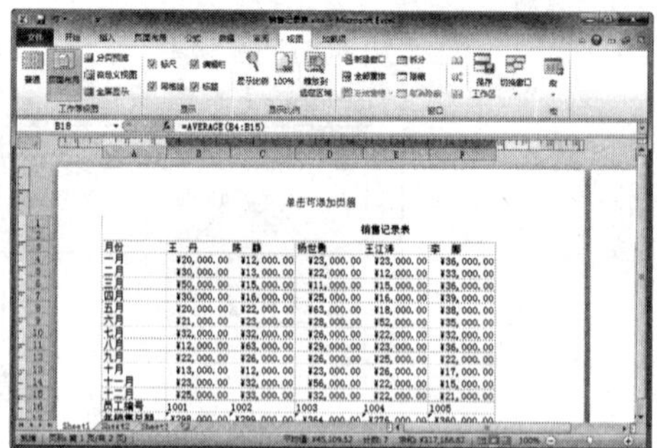

图 6-6　页面布局视图

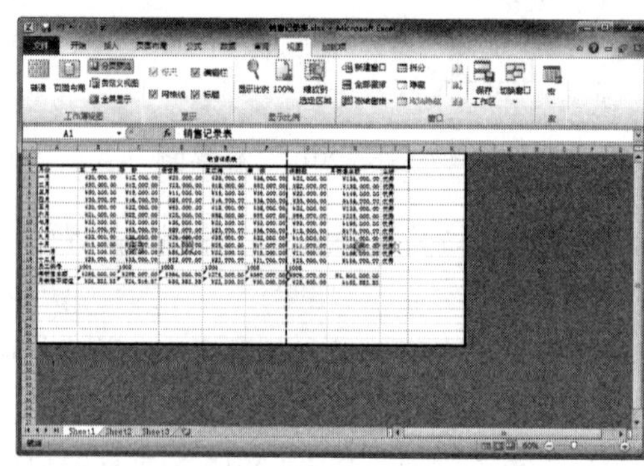

图 6-7　分页预览视图

## 6.1.4　Excel 主要组成元素

一个完整的 Excel 电子表格文档主要由 3 个部分组成，分别是工作簿、工作表和单元格，这 3 个部分相辅相成、缺一不可。

### 1. 工作簿

工作簿是 Excel 用来处理和存储数据的文件。新建的 Excel 文件就是一个工作簿，它可以由一个或多个工作表组成。刚启动 Excel 2010 时，系统默认打开一个名为【工作簿 1】的空白工作簿，如图 6-8 所示。

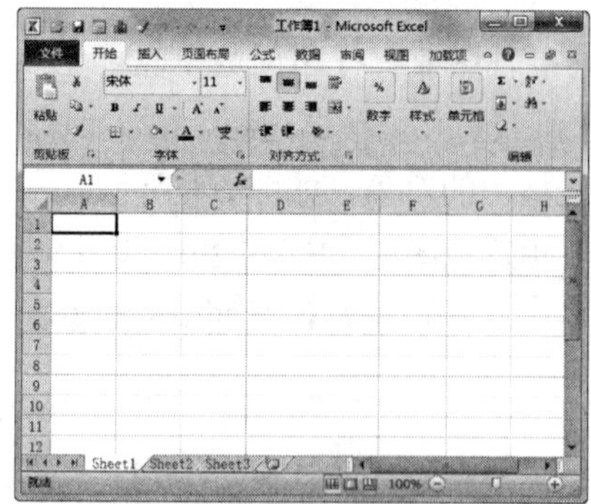

图 6-8　空白工作簿

### 2. 工作表

工作表是在 Excel 中用于存储和处理数据的主要文档，是工作簿中的重要组成部分。在默认情况下，一个工作簿由 3 个工作表构成，其名字是 Sheet 1、Sheet 2 和 Sheet 3，单击不同的工作表标签可以在工作表中进行切换，如图 6-9 所示。

图 6-9　工作表标签

### 3. 单元格

单元格是工作表中的小方格，是 Excel 独立操作的最小单位。单元格的定位是通过它所在的行号和列标来确定的，如图 6-10 所示为选择了 A2 单元格。

单元格区域是一组被选中的相邻或分离的单元格。单元格区域被选中后，所选范围内的单元格都会高亮度显示，取消选中状态后又恢复原样。如图 6-11 所示为 B2:D6 单元格区域。

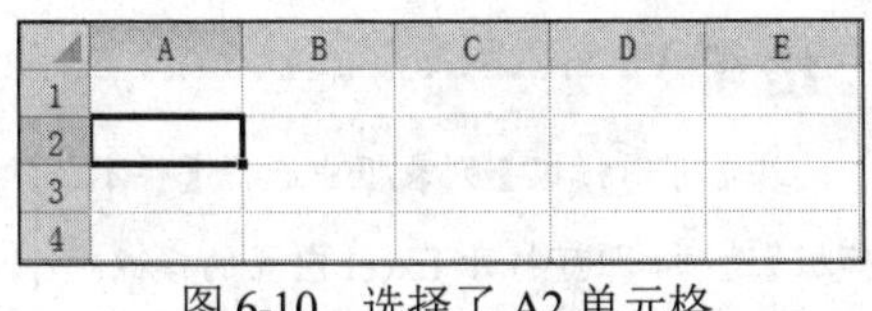


图 6-10　选择了 A2 单元格

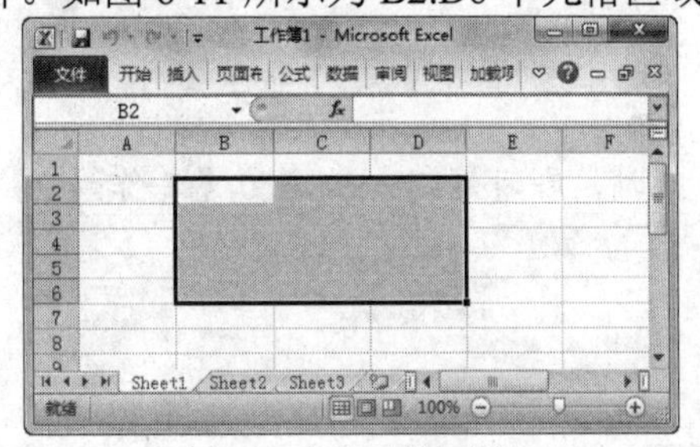


图 6-11　单元格区域

**提示**

工作簿、工作表与单元格之间的关系是包含与被包含的关系，即工作表由多个单元格组成，而工作簿又包含一个或多个工作表。

## 6.2　使用工作簿

Excel 2010 的文档即为工作簿，其扩展名为.xls。工作簿是保存 Excel 文件的基本单位，它的基本操作包括新建、保存、关闭、打开等。

### 6.2.1　新建工作簿

运行 Excel 2010 应用程序后，系统会自动创建一个新的工作簿。除此之外，用户还可以通过【文件】按钮来创建新的工作簿。

【例 6-1】在 Excel 2010 中，创建一个新空白工作簿。

(1) 启动 Excel 2010 应用程序，单击【文件】按钮，打开【文件】菜单，选择【新建】命令，如图 6-12 所示。

(2) 在中间的【可用模板】列表框中选择【空白工作簿】选项，然后单击【创建】按钮，如图 6-13 所示。

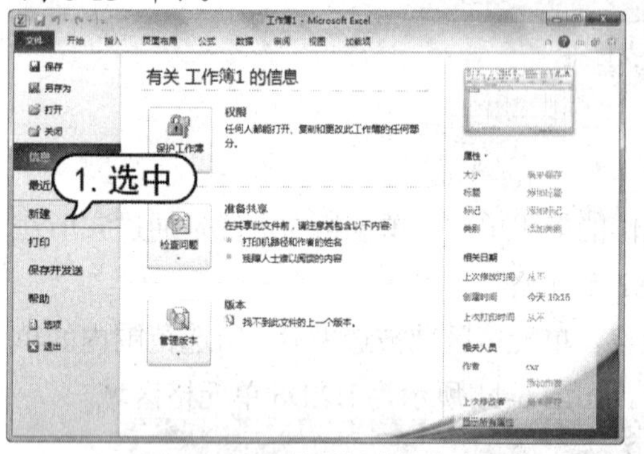

图 6-12 选择【新建】命令

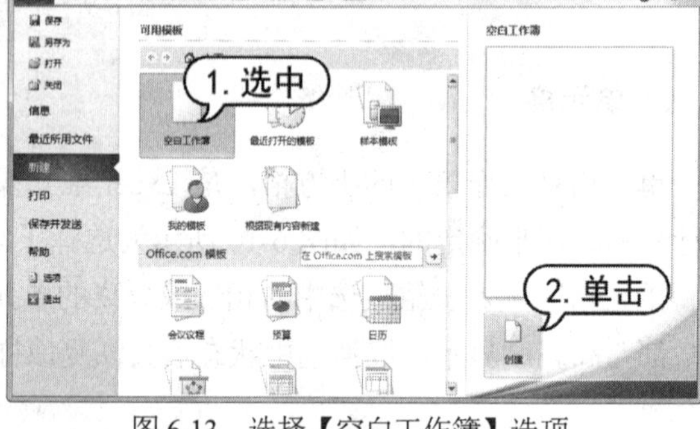

图 6-13 选择【空白工作簿】选项

(3) 此时，即可新建一个名为【工作簿 2】的工作簿，如图 6-14 所示。

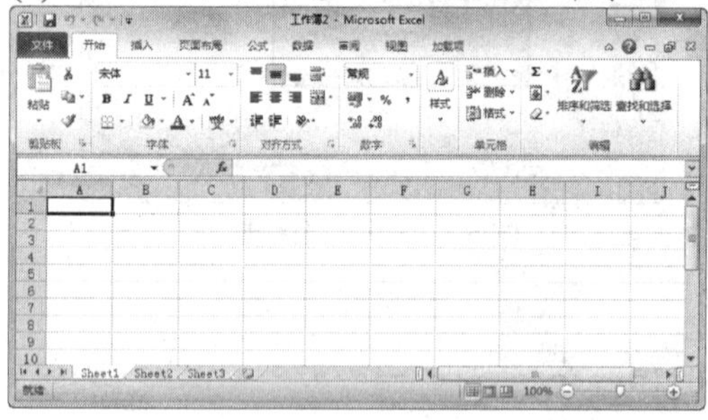
图 6-14 新建工作簿

**提示**

在【可用模板】列表框中选择【样本模板】选项，即可打开 Excel 内置的模板，在模板列表中选择一种模板，单击【创建】按钮，即可新建一个基于模板的工作簿。

## 6.2.2 保存工作簿

在对工作表进行操作时，应记住经常保存 Excel 工作簿，以免因一些突发状况而丢失数据。常用的保存 Excel 工作簿方法有以下 3 种。

- 在快速访问工具栏中单击【保存】按钮。
- 单击【文件】按钮，从弹出的菜单中选择【保存】命令。
- 使用 Ctrl+S 组合键。

当 Excel 工作簿第一次被保存时，会自动打开【另存为】对话框。在其中设置工作簿的保存名称、位置以及格式等，然后单击【保存】按钮即可保存该工作簿，如图 6-15 所示。

**知识点**

当工作簿保存后，再次执行保存操作时，会根据第一次保存时的相关设置直接保存工作簿，而不会打开【另存为】对话框。

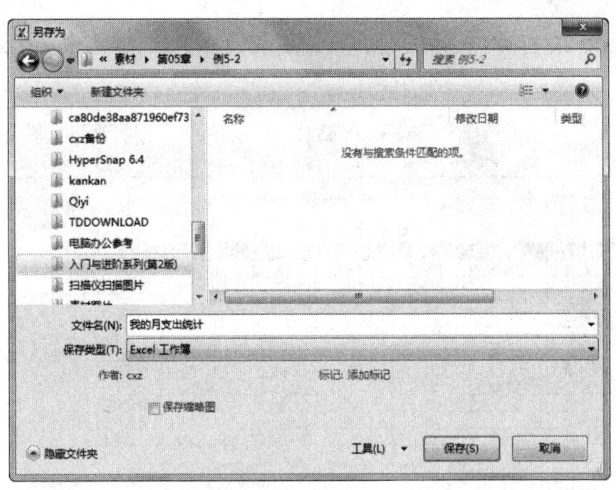

图 6-15　【另存为】对话框

## 6.2.3　打开和关闭工作簿

当工作簿被保存后，即可在 Excel 2010 中再次打开该工作簿。当不需要该工作簿时，即可将其关闭。

### 1. 打开工作簿

打开工作簿的常用方法有如下几种。

- 单击【文件】按钮，从弹出的菜单中选择【打开】命令。
- 直接双击创建的 Excel 文件图标。
- 按 Ctrl+O 组合键。

此外还可以使用只读方式打开工作簿，下面用实例介绍说明。

【例 6-2】在 Excel 2010 中，以只读方式打开工作簿。

(1) 启动 Excel 2010 应用程序，打开一个名为【工作簿 1】的空白工作簿，单击【文件】按钮，在弹出的菜单中选择【打开】命令，如图 6-16 所示。

(2) 打开【打开】对话框，选择要打开的工作簿文件，然后单击【打开】下拉按钮，从弹出的下拉菜单中选择【以只读方式打开】选项，如图 6-17 所示。

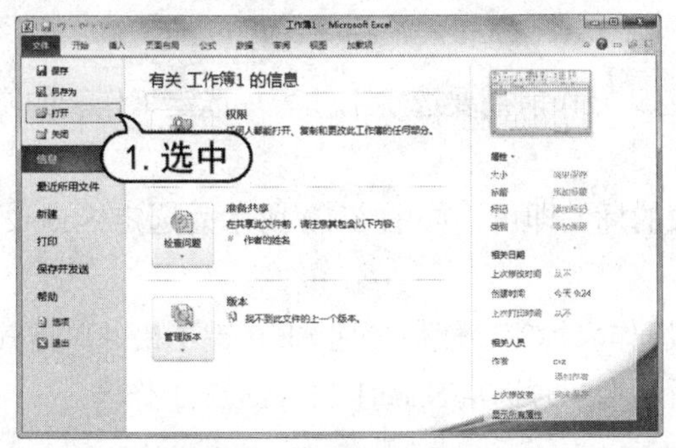



图 6-16　选择【打开】命令

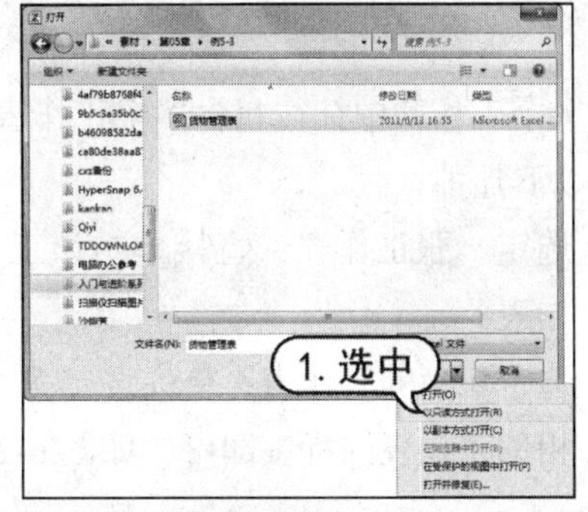



图 6-17　选择【以只读方式打开】选项

(3) 此时即可以只读方式打开素材工作簿，在标题栏工作簿名称后显示“只读”二字，如图 6-18 所示。

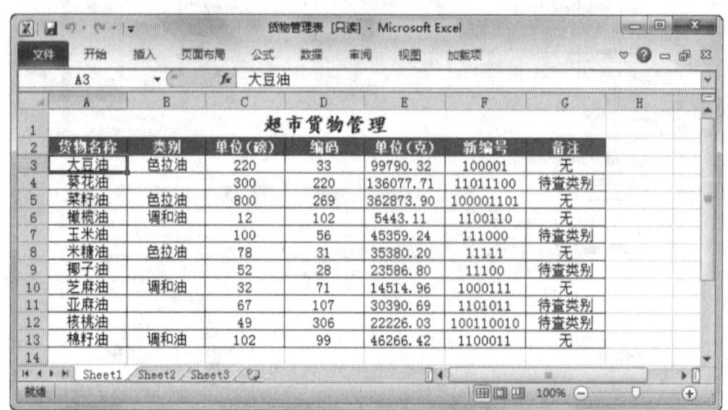


超市货物管理

| 货物名称 | 类别 | 单位(磅) | 编码 | 单位(克) | 新编号 | 备注 |
|---|---|---|---|---|---|---|
| 大豆油 | 色拉油 | 220 | 33 | 99790.32 | 100001 | 无 |
| 葵花油 | | 300 | 220 | 136077.71 | 11011100 | 待查类别 |
| 菜籽油 | 色拉油 | 800 | 269 | 362873.90 | 100001101 | 无 |
| 橄榄油 | 调和油 | 12 | 102 | 5443.11 | 1100110 | 无 |
| 玉米油 | | 100 | 56 | 45359.24 | 111000 | 待查类别 |
| 米糠油 | 色拉油 | 78 | 31 | 35380.20 | 11111 | 无 |
| 椰子油 | | 52 | 28 | 23586.80 | 11100 | 待查类别 |
| 芝麻油 | 调和油 | 32 | 71 | 14514.96 | 1000111 | 无 |
| 亚麻油 | | 67 | 107 | 30390.69 | 1101011 | 待查类别 |
| 核桃油 | | 49 | 306 | 22226.03 | 100110010 | 待查类别 |
| 棉籽油 | 调和油 | 102 | 99 | 46266.42 | 1100011 | 无 |



图 6-18　以只读方式打开工作簿

**提示**

以只读方式打开的工作簿，用户只能进行查看，不能做任何修改。

### 2. 关闭工作簿

在 Excel 2010 工作界面中，单击【文件】按钮，在弹出的【文件】菜单中选择【关闭】命令，或者直接单击功能区右侧的【关闭窗口】按钮，即可关闭当前工作簿，但并不退出 Excel 2010。

## 6.3 使用工作表

工作表是工作簿文档窗口的主体，也是进行操作的主体，它是由若干个行和列组成的表格。对工作表的基本操作主要包括工作表的选择与切换、插入与删除、移动与复制以及重命名等。

### 6.3.1 选定工作表

由于一个工作簿中往往包含多个工作表，因此操作前需要选定工作表。选定工作表的常用操作包括以下几种。

- 选定一张工作表：直接单击该工作表的标签即可。如图 6-19 所示为选定 Sheet2 工作表。
- 选定相邻的工作表：首先选定第一张工作表标签，然后按住 Shift 键不松并单击其他相邻工作表的标签即可。如图 6-20 所示为同时选定 Sheet1 与 Sheet2 工作表。

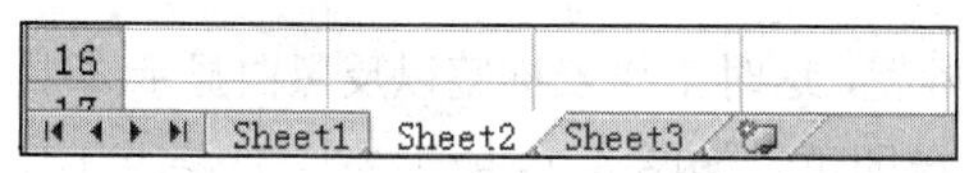


图 6-19　选定 Sheet 2 工作表

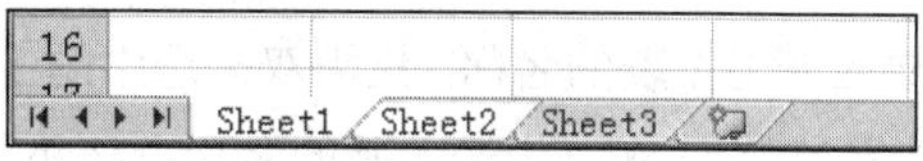

图 6-20　同时选定两张工作表

- ◉ 选定不相邻的工作表：首先选定第一张工作表，然后按住 Ctrl 键不松并单击其他任意一张工作表标签即可。
- ◉ 选定工作簿中的所有工作表：右击任意一个工作表标签，在弹出的快捷菜单中选择【选定全部工作表】命令即可。

## 6.3.2　插入工作表

若工作簿中的工作表数量不足，用户可以在工作簿中插入工作表。插入的工作表不仅可以是空白的工作表，还可以是根据模板插入的带有样式的新工作表。插入工作表最常用的方法有以下 3 种。

- ◉ 单击【插入工作表】按钮：工作表切换标签的右侧有一个【插入工作表】按钮，单击该按钮可以快速新建工作表。
- ◉ 使用右键快捷菜单：选定当前活动工作表，将光标指向该工作表标签，然后右击，在弹出的快捷菜单中选择【插入】命令。打开【插入】对话框，在对话框的【常用】选项卡中选择【工作表】选项，然后单击【确定】按钮即可，如图 6-21 所示。
- ◉ 选择功能区中的命令：打开【开始】选项卡，在【单元格】组中单击【插入】下拉按钮，在弹出的下拉菜单中选择【插入工作表】命令，即可插入工作表，如图 6-22 所示。插入的新工作表位于当前工作表左侧。

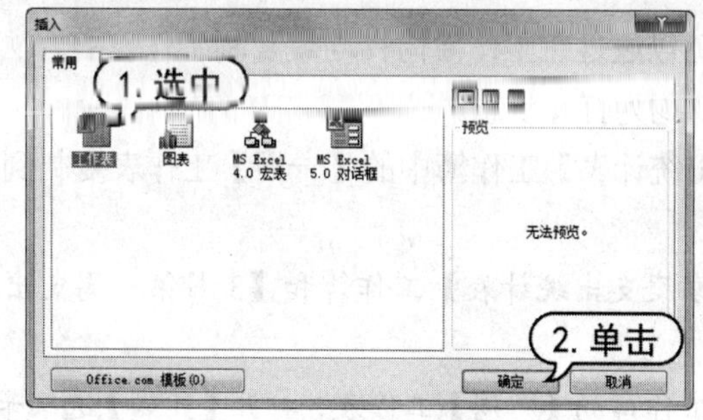


图 6-21　【插入】对话框

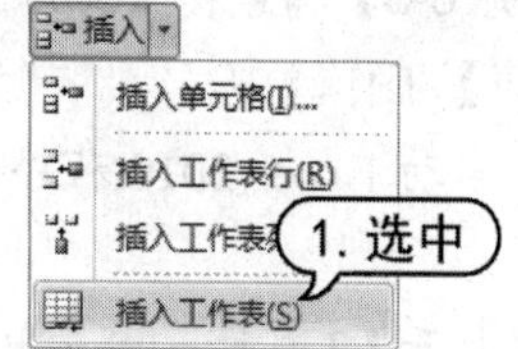


图 6-22　选择【插入工作表】命令

## 6.3.3　重命名工作表

Excel 2010 在创建一个新的工作表时，它的名称是以 Sheet1、Sheet 2 等来命名的，这在实际工作中很不方便记忆和进行有效的管理，用户可以通过改变这些工作表的名称来进行有效的管理。

要改变工作表的名称，只需双击选中的工作表标签，这时工作表标签以反黑白显示(即黑色背景白色文字)，在其中输入新的名称并按下 Enter 键即可，如图 6-23 所示为将 Sheet1 工作表重命名为【工资表】工作表。

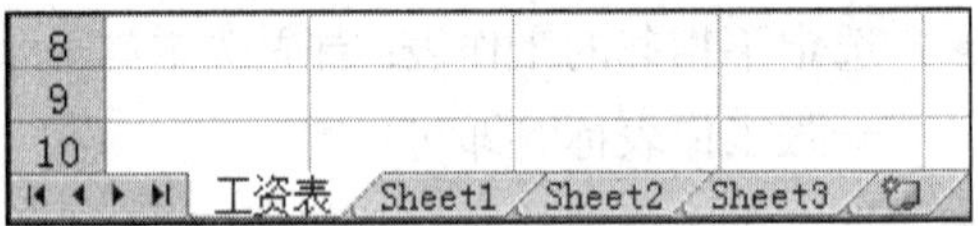


图 6-23　重命名工作表

## 6.3.4　移动和复制工作表

使用 Excel 2010 进行数据处理时，经常根据用户需要在工作簿内或工作簿间移动或复制工作表。

### 1. 在工作簿内移动或复制工作表

在同一工作簿内移动或复制工作表的操作方法非常简单，只需选定要移动的工作表，然后沿工作表标签行拖动选定的工作表标签即可；如果要在当前工作簿中复制工作表，需要在按住 Ctrl 键的同时拖动工作表，并在目的地释放鼠标，然后松开 Ctrl 键。

如果复制工作表，则新工作表的名称在原来相应工作表名称后附加用括号括起来的数字，表示两者是不同的工作表。例如，源工作表名为 Sheet1，则第一次复制的工作表名则为 Sheet1(2)，依次类推。

### 2. 在工作簿间移动或复制工作表

在工作簿间移动或复制工作表同样可以通过在工作簿内移动或复制工作表的方法来实现，不过这种方法要求源工作簿和目标工作簿均为打开状态。

**【例 6-3】**将素材【3 月第一周支出统计表】工作簿中的【一周】工作表复制到【家庭支出统计表】工作簿中。

(1) 启动 Excel 2010 程序，打开【家庭支出统计表】工作簿和【3 月第一周支出统计表】工作簿。

(2) 打开【3 月第一周支出统计表】工作簿的【一周】工作表，打开【开始】选项卡，在【单元格】组中单击【格式】按钮，从弹出的快捷菜单中选择【移动或复制工作表】命令，如图 6-24 所示。

(3) 打开【移动或复制工作表】对话框，在【工作簿】列表框中选择【家庭支出统计表】选项，在【下列选定工作表之前】列表框中选择【二周】选项，并选中【建立副本】复选框，然后单击【确定】按钮，如图 6-25 所示。

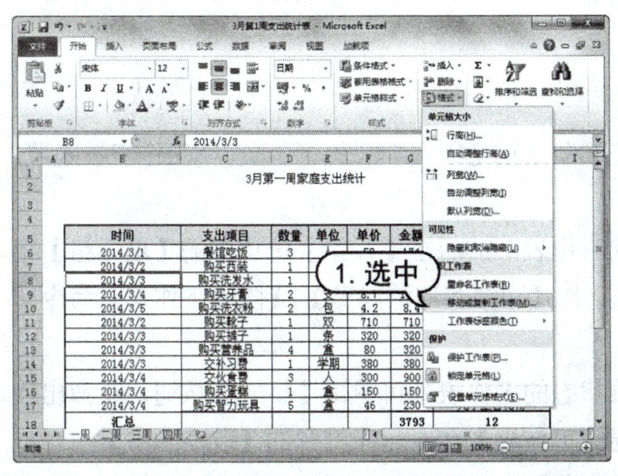


图 6-24　选择【移动或复制工作表】命令

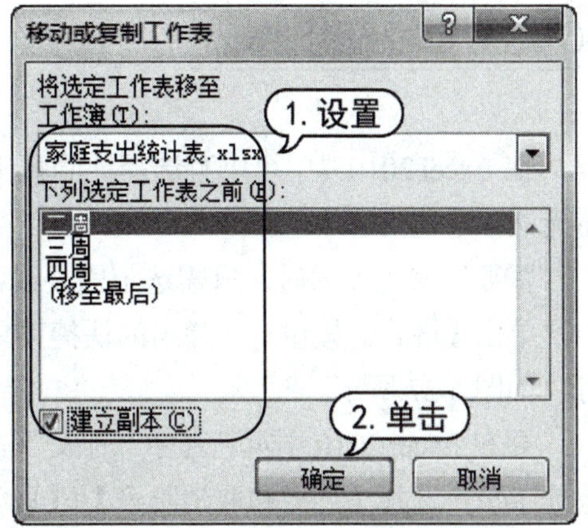


图 6-25　【移动或复制工作表】对话框

(4) 此时，将复制【一周】工作表到【家庭支出统计表】工作簿中，如图 6-26 所示。

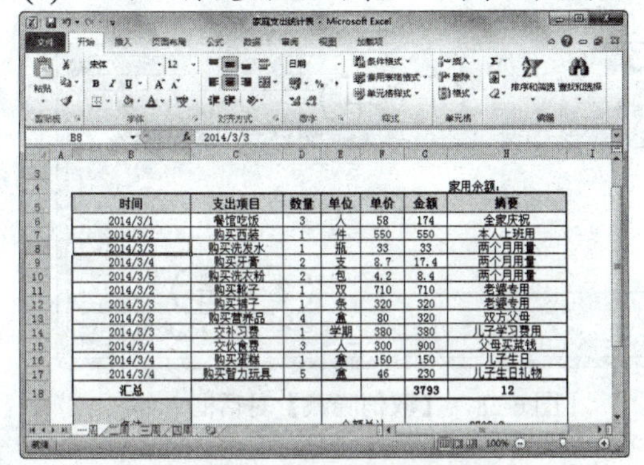

图 6-26　复制工作表

**提示**

在【移动或复制工作表】对话框中取消选中【建立副本】复选框，则执行移动操作。

## 6.3.5　删除工作表

根据实际工作的需要，用户可以从工作簿中删除不需要的工作表。删除工作表的方法主要有以下几种。

- 单击工作表标签，选定该工作表，然后在【开始】选项卡的【单元格】组中单击【删除】按钮后的倒三角按钮删除▾，在弹出的快捷菜单中选择【删除工作表】命令，即可删除该工作表。
- 在要删除的工作表的工作表标签上右击，在弹出的快捷菜单中选择【删除】命令，删除选定的工作表。
- 要删除多个工作表，可先同时选定这些工作表，然后在要删除的工作表的工作表标签上右击，在弹出的快捷菜单中选择【删除】命令，即可删除选定的工作表。

## 6.3.6 隐藏工作表

在 Excel 2010 中，可以有选择地隐藏工作簿的一个或多个工作表。一旦一个工作表被隐藏，将无法显示其内容。

需要隐藏工作表时，只需选定需要隐藏的工作表，然后在【开始】选项卡的【单元格】组中，单击【格式】按钮，在弹出的快捷菜单中选择【隐藏和取消隐藏】|【隐藏工作表】命令即可，如图 6-27 所示。

要在 Excel 2010 中重新显示一个处于隐藏状态的工作表，可单击【格式】按钮，在弹出的快捷菜单中选择【隐藏和取消隐藏】|【取消隐藏工作表】命令，在打开的【取消隐藏】对话框中选择要取消隐藏的工作表名称，然后单击【确定】按钮即可，如图 6-28 所示。

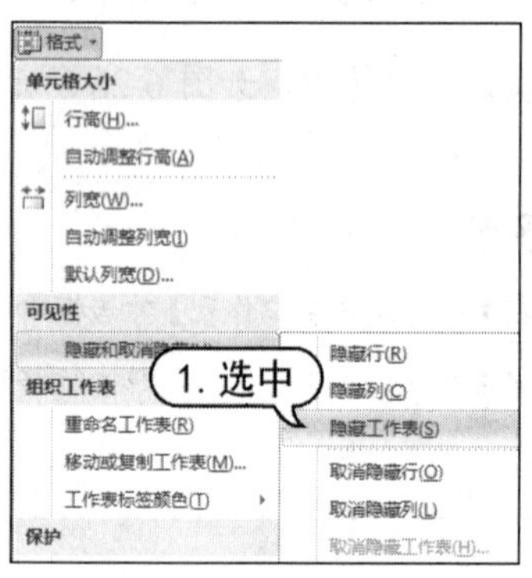


图 6-27 选择【隐藏工作表】命令

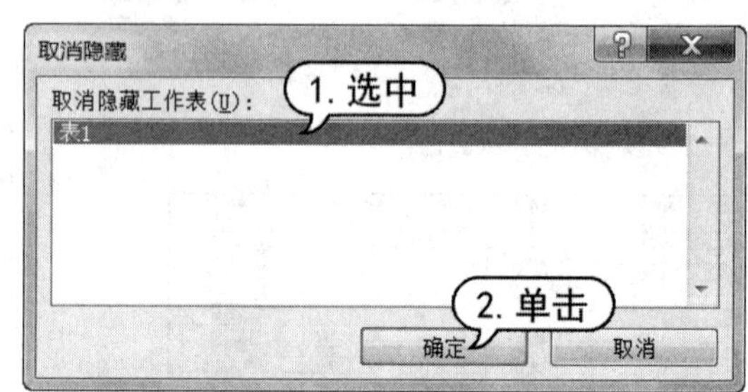


图 6-28 【取消隐藏】对话框

## 6.3.7 保护工作表

在 Excel 2010 中可以为工作表设置密码，防止其他用户私自更改工作表中的内容。

【例 6-4】为 Excel 工作表设置密码。

(1) 启动 Excel 2010 程序，新建【工作簿 1】工作簿。

(2) 选择【审阅】选项卡，在【更改】组中单击【保护工作表】按钮，打开【保护工作表】对话框。选中【保护工作表及锁定的单元格内容】复选框，然后在下面的密码文本框中输入工作表保护密码“123”，在【允许此工作表的所有用户进行】列表框中选中【选定锁定单元格】与【选定未锁定的单元格】复选框，然后单击【确定】按钮，如图 6-29 所示。

(3) 打开【确认密码】对话框，在对话框中再次输入密码后，单击【确定】按钮即可完成保护工作表操作，如图 6-30 所示。

**提示**

工作表被保护后，用户只能查看工作表中的数据和选定单元格，而不能进行任何修改操作。

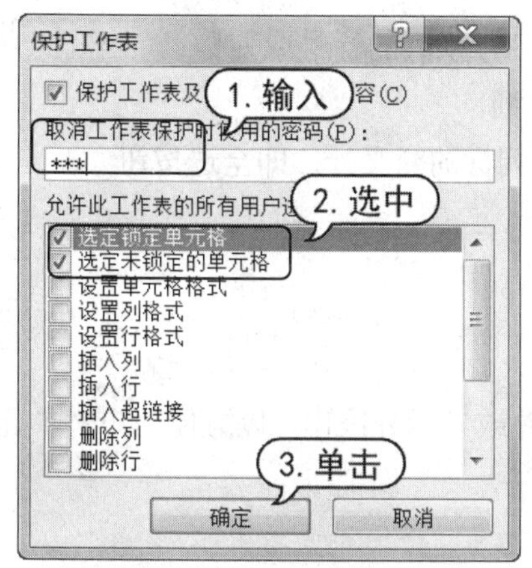


图 6-29　【保护工作表】对话框

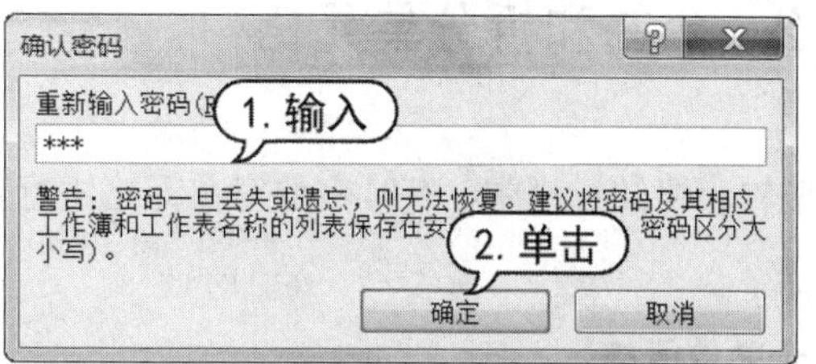


图 6-30　【确认密码】对话框

(4) 若要撤销工作表保护，选择【审阅】选项卡，在【更改】组中单击【撤销工作表保护】按钮，如图 6-31 所示。

(5) 打开【撤销工作表保护】对话框，在【密码】文本框中输入密码，然后单击【确定】按钮即可撤销工作表保护，如图 6-32 所示。

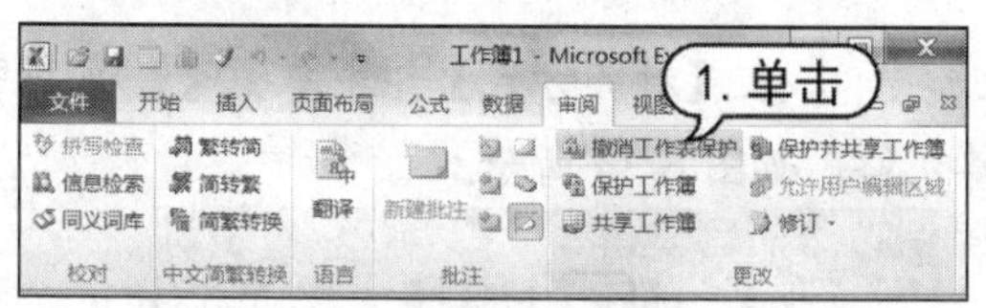


图 6-31　单击【撤销工作表保护】按钮

图 6-32　【撤销工作表保护】对话框

## 6.4　使用单元格

单元格是工作表的基本单位，在 Excel 2010 中，绝大多数的操作都是针对单元格来完成的。对单元格的操作主要包括单元格的选定、合并与拆分、移动和复制、插入和删除等。

### 6.4.1　选定单元格

Excel 2010 是以工作表的方式进行数据运算和数据分析的，而工作表的基本单元是单元格。因此，在向工作表中输入数据之前，必须选定目标单元格或单元格区域。根据不同的情况有以下几种不同的选定方法。

- 选择单个单元格：将鼠标光标移动到需要选定的单元格上，此时光标变为✚形状，单击即可选定该单元格。
- 选定不相邻的单元格区域：单击并拖动鼠标选定第一个单元格区域，接着按住 Ctrl 键，然后使用鼠标选定其他单元格区域。

◉ 选定整行或整列：将鼠标指针移动到需选定的行或列的行号或列标上，当鼠标光标变为➡和⬇形状时，单击鼠标即可选定整行和整列。

◉ 选定整个工作表：单击工作表左上角行号和列标的交叉处，即全选按钮。

## 6.4.2 合并和拆分单元格

在编辑表格的过程中，有时需要对单元格进行合并或者拆分操作，以方便用户对单元格的编辑。

### 1. 合并单元格

要合并单元格，需要先将要合并的单元格选定，然后打开【开始】选项卡，在【对齐方式】组中单击【合并并居中】按钮即可。

【例 6-5】在【货物管理表】工作簿中对单元格进行合并。

(1) 启动 Excel 2010 应用程序，打开【货物管理表】工作簿的 Sheet1 工作表，如图 6-33 所示。

(2) 选定 A1:G1 单元格区域，打开【开始】选项卡，在【对齐方式】组中单击【合并并居中】按钮，即可将该单元格区域合并为一个单元格，如图 6-34 所示。

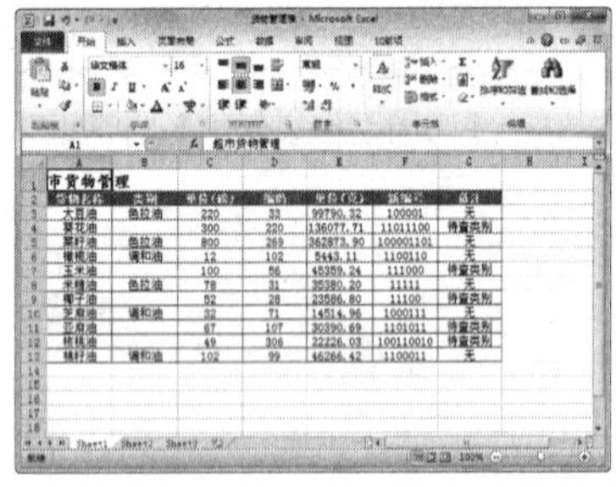

图 6-33　打开工作表

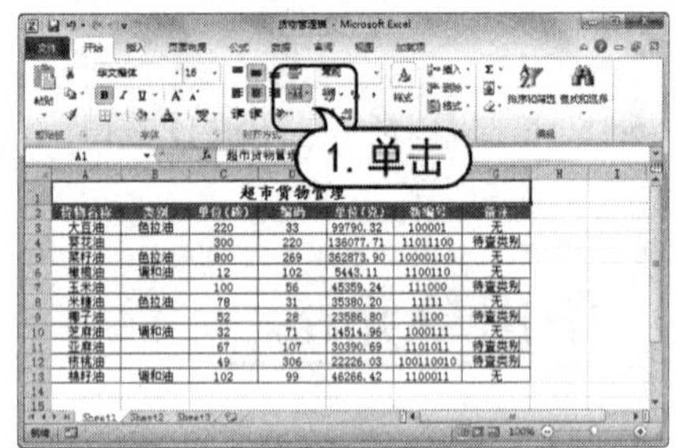


图 6-34　单击【合并并居中】按钮

(3) 选定 H2:H13 单元格区域，在【开始】选项卡中单击【对齐方式】对话框启动器按钮，打开【设置单元格格式】的【对齐】选项卡，选中【合并单元格】复选框，单击【确定】按钮，如图 6-35 所示。

(4) 此时 H2:H13 单元格区域即可合并为一个单元格，如图 6-36 所示。

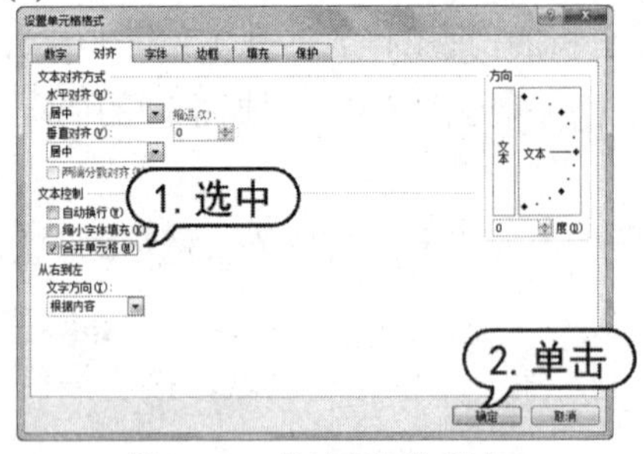


图 6-35　【对齐】选项卡

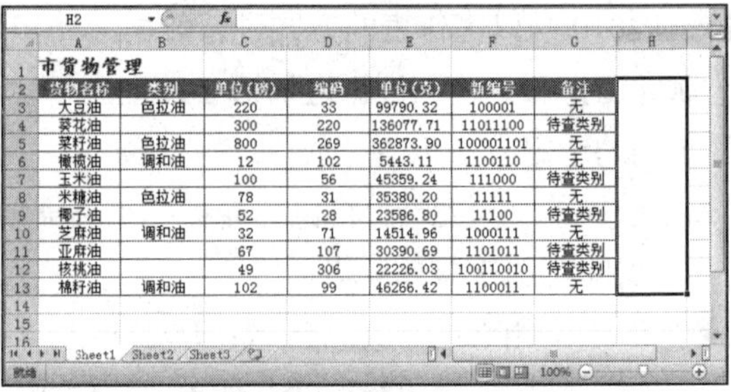

图 6-36　合并单元格

**提示**

单元格被合并后，原单元格中的数据将不会被保留，仅保留选定区域左上角的第一个单元格中的数据。因此在合并单元格之前应先对相关的重要数据进行备份。

### 2. 拆分单元格

拆分单元格是合并单元格的逆操作，只有合并后的单元格才能够进行拆分。要拆分单元格，用户只需选定要拆分的单元格，然后在【开始】选项卡的【对齐方式】组中再次单击【合并并居中】按钮，即可将已经合并的单元格拆分为合并前的状态。或者可单击【合并后居中】下拉按钮，选择【取消单元格合并】命令，也可拆分单元格，如图 6-37 所示。

另外，用户也可打开【设置单元格格式】对话框，在该对话框的【对齐】选项卡中，取消选中 【文本控制】选项区域中的【合并单元格】复选框，然后单击【确定】按钮，同样可以将单元格拆分为合并前的状态，如图 6-38 所示。

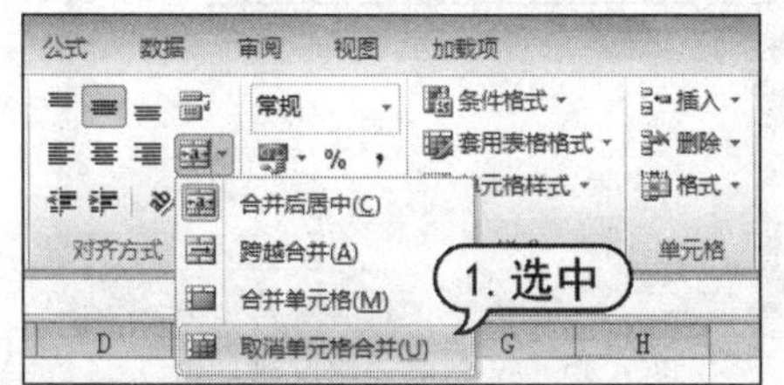


图 6-37 选择【取消单元格合并】命令

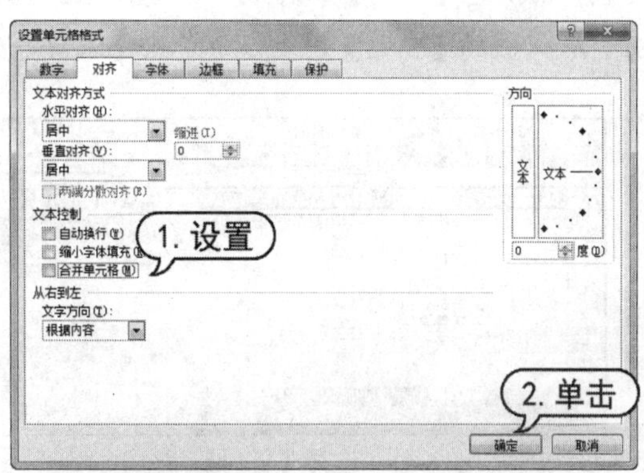


图 6-38 取消选中【合并单元格】复选框

## 6.4.3 移动和复制单元格

编辑 Excel 工作表时，若数据位置摆放错误，必须重新录入，可将其移动到正确的单元格位置；若单元格区域数据与其他区域数据相同，为避免重复输入，可采用复制单元格操作来编辑工作表。

【例 6-6】将【3 月第 1 周支出统计表】工作簿的【二周】工作表中的部分数据移动和复制到【四周】工作表中。

(1) 启动 Excel 2010 程序，打开【3 月第 1 周支出统计表】工作簿的【二周】工作表，如图 6-39 所示。

(2) 选中 A1 单元格，打开【开始】选项卡，在【剪贴板】选项组中单击【复制】按钮。单击【四周】标签，切换到该工作表中，在【剪贴板】选项组中单击【粘贴】下拉按钮，从弹出的【粘贴】列表框中单击【保留源列宽】按钮，粘贴单元格，如图 6-40 所示。

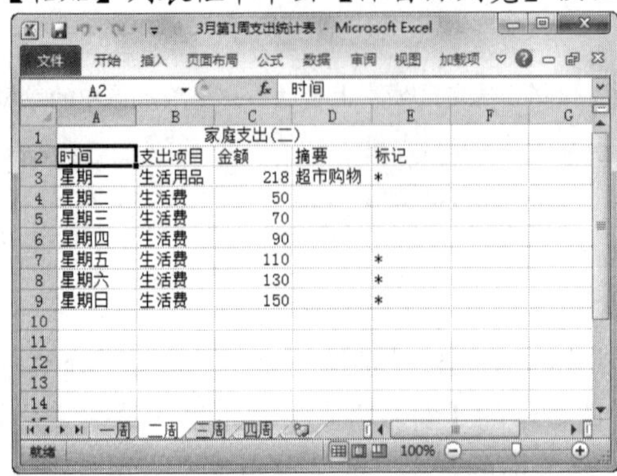

图 6-39　打开工作表

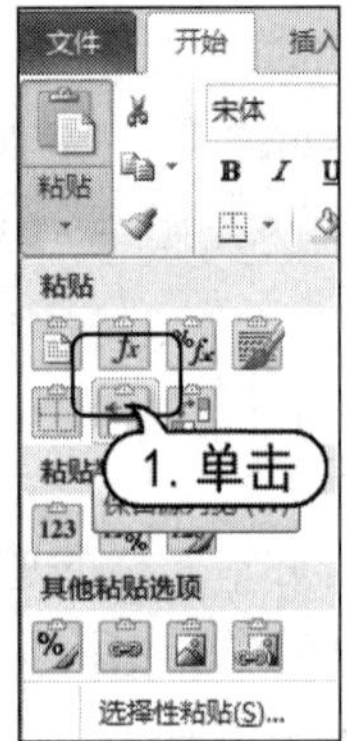


图 6-40　单击【保留源列宽】按钮

(3) 切换到【二周】工作表，选取 A2:E2 单元格区域，右击，从弹出的快捷菜单中选择【复制】命令，如图 6-41 所示。

(4) 切换到【四周】工作表中，选择 A2 单元格，在【剪贴板】选项组中单击【粘贴】下拉按钮，从弹出的【粘贴】列表框中单击【保留源列宽】按钮，粘贴单元格区域，如图 6-42 所示。

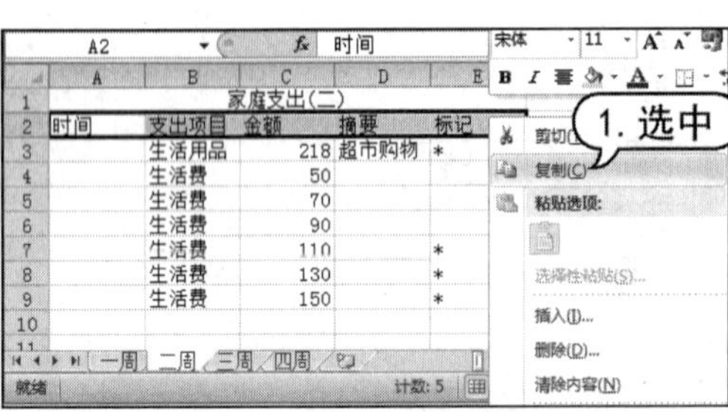


图 6-41　选择【复制】命令

图 6-42　粘贴单元格区域

(5) 切换到【二周】工作表，选取 A3:A9 单元格区域，右击，从弹出的快捷菜单中选择【剪切】命令，如图 6-43 所示。

(6) 切换到【四周】工作表中，选择 A3 单元格，在【剪贴板】选项组中单击【粘贴】下拉按钮，从弹出的【粘贴】列表框中单击【粘贴】按钮，即可将单元格数据移动至【四周】工作表，如图 6-44 所示。

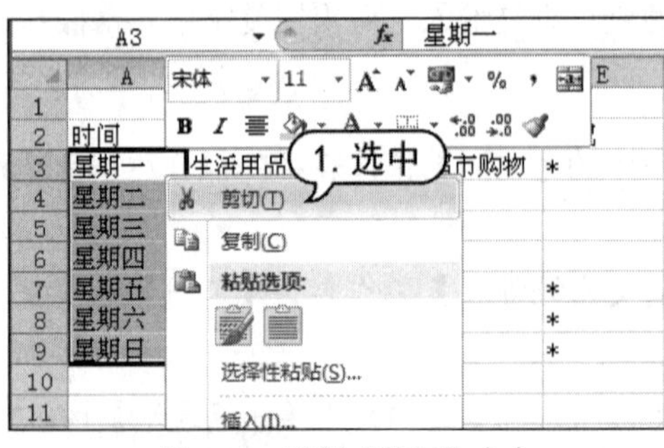


图 6-43　选择【剪切】命令

图 6-44　移动单元格数据

## 6.4.4　插入和删除单元格

在编辑工作表的过程中，经常需要进行单元格、行和列的插入或删除等编辑操作。

### 1. 插入单元格

在工作表中选定要插入行、列或单元格的位置，在【开始】选项卡的【单元格】组中单击【插入】下拉按钮，从弹出的下拉菜单中选择相应命令即可插入行、列和单元格。若选择【插入单元格】命令，会打开【插入】对话框。在其中可以设置插入单元格后，移动原有的单元格，如图 6-45 所示。

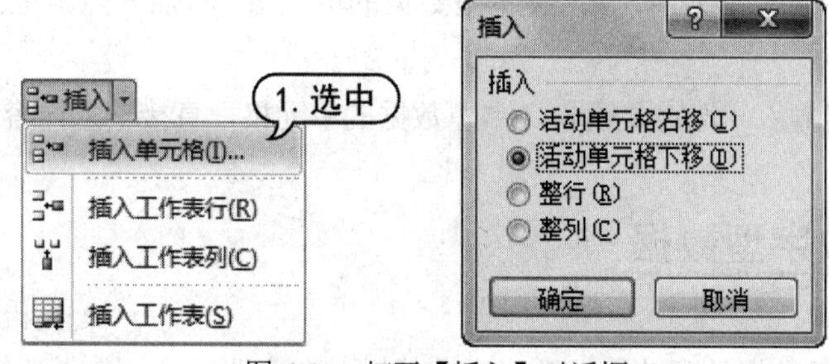


图 6-45　打开【插入】对话框

### 2. 删除单元格

如果工作表的某些数据及其位置不再需要时，则可以使用【开始】选项卡【单元格】组的【删除】命令按钮，执行删除操作。单击【删除】下拉按钮，从弹出的菜单中选择【删除单元格】命令，会打开【删除】对话框。在其中可以设置删除单元格，或设置其他位置的单元格移动，如图 6-46 所示。

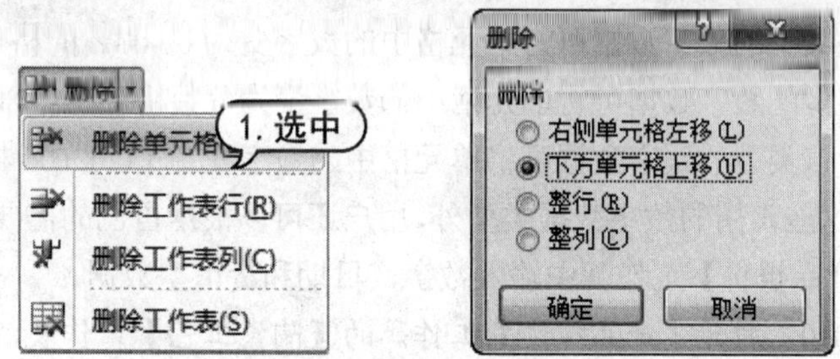


图 6-46　打开【删除】对话框

## 6.5　输入单元格数据

用户可以像在 Word 文档中一样，在单元格中手动输入文本、数字等，也可以使用电子表格的自动填充功能快速填写有规律的数据。

## 6.5.1 输入文本型数据

在 Excel 2010 中，文本型数据通常是指字符或者任何数字和字符的组合。输入到单元格内的任何字符集，只要不被系统解释成数字、公式、日期、时间或者逻辑值，则 Excel 2010 一律将其视为文本。在 Excel 2010 中输入文本时，系统默认的对齐方式是左对齐。

在表格中输入文本型数据的方法主要有以下 3 种。

- 在数据编辑栏中输入：选定要输入文本型数据的单元格，将鼠标光标移动到数据编辑栏处单击，将插入点定位到编辑栏中，然后输入内容。
- 在单元格中输入：双击要输入文本型数据的单元格，将插入点定位到该单元格内，然后输入内容。
- 选定单元格输入：选定要输入文本型数据的单元格，直接输入内容即可。



## 6.5.2 输入数字型数据

Excel 2010 强大的数据处理功能、数据库功能以及在企业财务、数学运算等方面的应用几乎都离不开数字型数据。它主要包括货币、日期与时间等以下几种类型。

- 数值：默认情况下的数字型数据都为该类型，用户可以设置其小数点格式与百分号格式等。
- 货币：该类型的数字型数据会根据用户选择的货币样式自动添加货币符号。
- 时间：该类型的数字数据可将单元格中的数字变为 00:00:00 的日期格式。
- 长/短日期：该类型的数字数据可将单元格中的数字变为【年月日】的日期格式。
- 百分比：该类型的数字数据可将单元格中的数字变为 00.00%的格式。
- 分数：该类型的数字数据可将单元格中的数字变为分数格式，如将 0.5 变为 1/2。
- 科学计数：该类型的数字数据可将单元格中的数字变为 1.00E+04 格式。
- 其他：除了这些常用的数字数据类型外，用户还可以根据自己的需要自定义数字数据。

【例 6-7】在【产品报价】工作簿中输入数字、日期和货币型数据。

(1) 启动 Excel 2010，打开【产品报价】工作簿的【陶瓷工艺】工作表，如图 6-47 所示。

(2) 选定 G1 单元格，在其中输入日期型数据“2014/6/12”。选定 A3 单元格，输入数字 1，按 Enter 键，此时数字将右对齐显示，如图 6-48 所示。

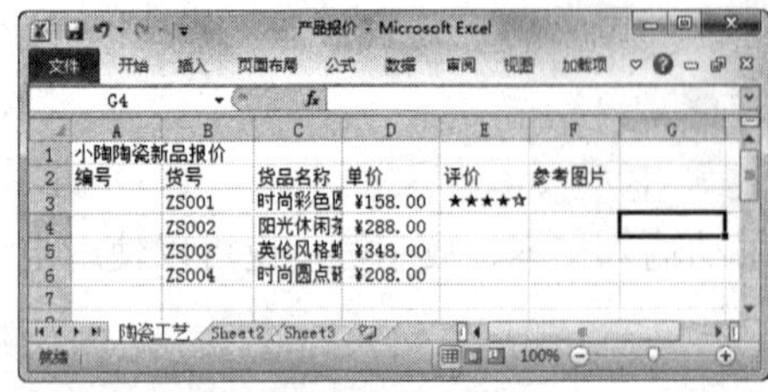

图 6-47 打开工作表

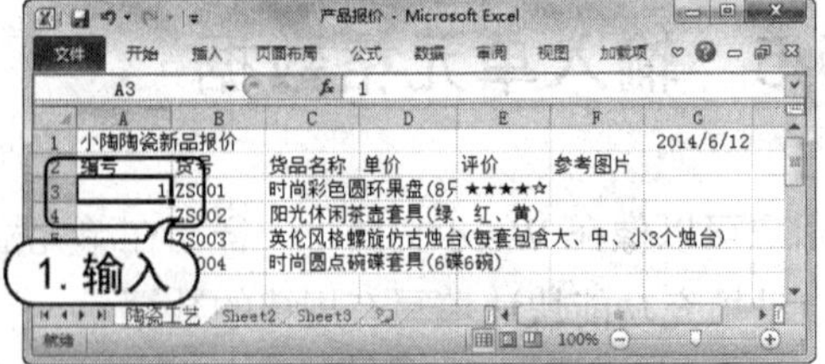


图 6-48 输入数字

(3) 选定 D3 单元格，打开【开始】选项卡，单击【数字】组的【常规】下拉按钮，在弹出的列表中选择【货币】选项，如图 6-49 所示。

(4) 在 D3 单元格输入价格“158”，按 Enter 键，Excel 会自动添加设置的货币符号。使用同样的方法，在 D4:D6 单元格区域中输入货币型数据，如图 6-50 所示。

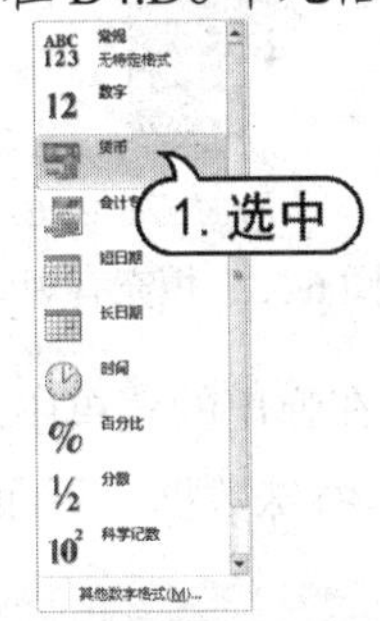


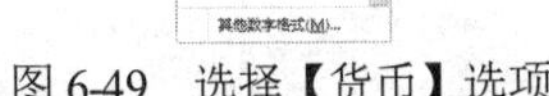

图 6-49　选择【货币】选项

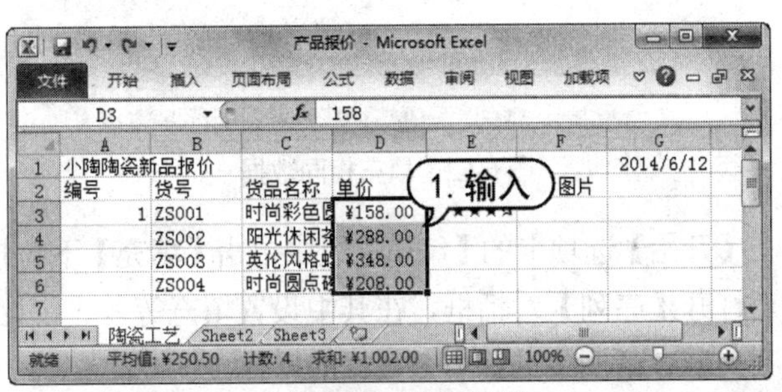


图 6-50　输入数据

此外，在【开始】选项卡的【数字】组中单击对话框启动器，可以打开【设置单元格格式】对话框的【数字】选项卡，在其中同样可以对数字数据进行设置，如图 6-51 所示。设置完毕后，参照输入文本型数据的方法输入数字型数据。

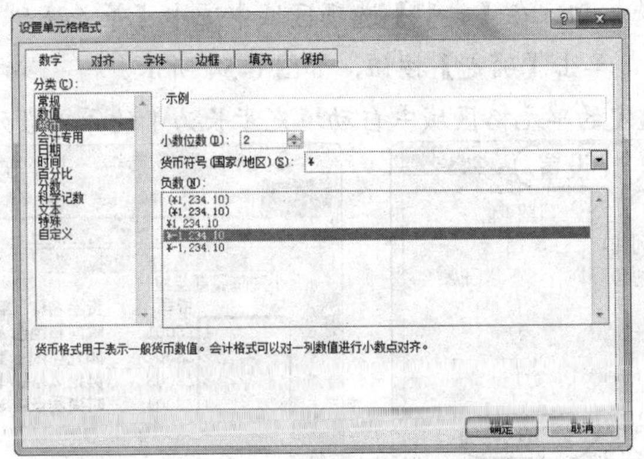

图 6-51　【数字】选项卡

## 6.5.3　快速填充数据

在制作表格时，使用 Excel 2010 提供的自动填充功能，可以快速输入一些相同或有规律的数据。

选定单元格或单元格区域时会出现一个黑色边框的选区，此时选区右下角会出现一个控制柄，将鼠标光标移动至它的上方时会变成+形状，通过拖动该控制柄可实现相同数据的快速填充，如图 6-52 所示。

如果要填充有规律的数据，方法为：在起始单元格中输入起始数据，在第二个单元格中输入第二个数据，然后选择这两个单元格，将鼠标光标移动到选区右下角的控制柄上，拖动鼠标左键至所需位置，最后释放鼠标即可根据第一个单元格和第二个单元格中数据的特点自动填充

数据，如图 6-53 所示。

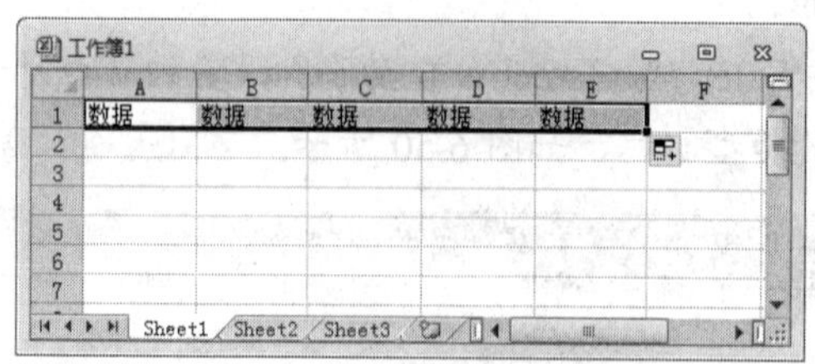

图 6-52　填充相同数据

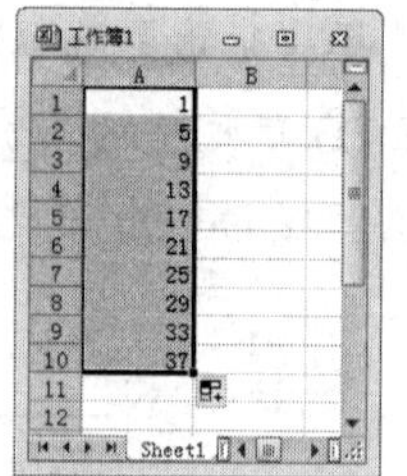

图 6-53　填充有规律的数据

在【开始】选项卡的【编辑】组中单击【填充】下拉按钮，在弹出的菜单中选择【系列】命令，打开【序列】对话框，在其中设置填充等差、等比、日期等特殊数据。下面用实例介绍在【序列】对话框中进行填充数据的操作。

【例 6-8】在【产品报价】工作簿中快速填充数据。

(1) 启动 Excel 2010，打开【产品报价】工作簿的【陶瓷工艺】工作表。

(2) 拖动鼠标选定 A3:A6 单元格区域，打开【开始】选项卡，在【编辑】组中单击【填充】下拉按钮，在弹出的菜单中选择【系列】命令，打开【序列】对话框，在【序列产生在】选项区域中选中【列】单选按钮；在【类型】选项区域中选中【等差序列】单选按钮；在【步长值】文本框中输入"1"，单击【确定】按钮，如图 6-54 所示。

(3) 此时，即可在选定的单元格区域中自动填充步长为 1 的等差数列，如图 6-55 所示。

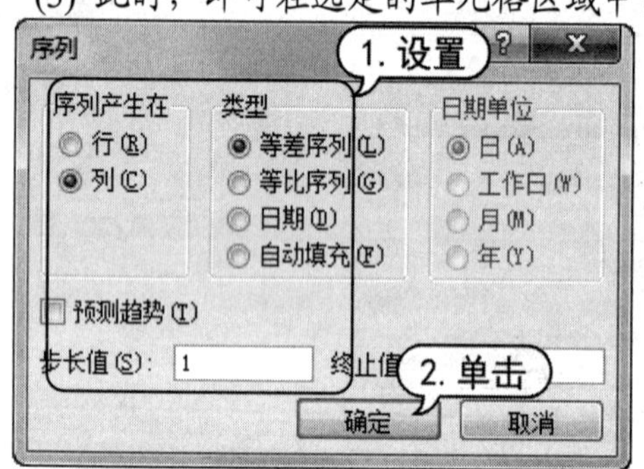


图 6-54　【序列】对话框

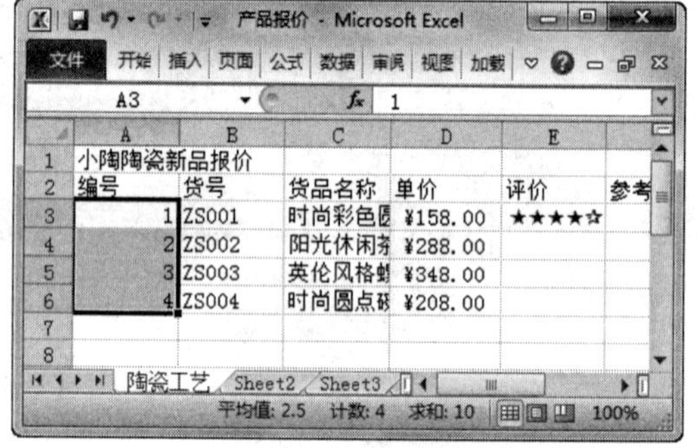

图 6-55　填充等差数列的数据

(4) 选定 E3 单元格，将光标移动到该单元格右下角的控制柄上，按住鼠标左键到单元格 E6 中。释放鼠标左键，此时 E4:E6 单元格区域中填充了与 E3 单元格中相同的数据，如图 6-56 所示。

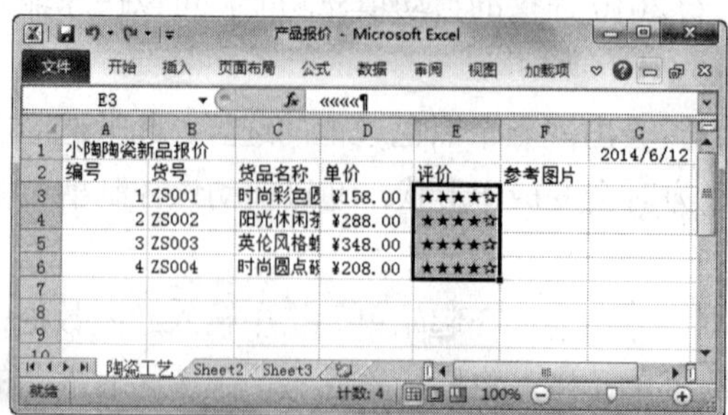

图 6-56　为单元格填充相同数据

计算机基础与实训教材系列

## 6.5.4　编辑输入数据

如果在 Excel 2010 的单元格中输入数据时发生了错误，或者要改变单元格中的数据时，则需要对数据进行编辑。

### 1. 更改数据

当单击单元格使其处于活动状态时，单元格中的数据会被自动选取，一旦开始输入，单元格中原来的数据就会被新输入的数据所取代。

如果单元格中包含大量的字符或复杂的公式，而用户只想修改其中的一部分，那么可以按以下两种方法进行编辑。

- 双击单元格，或者单击单元格后按 F2 键，在单元格中进行编辑。
- 单击激活单元格，然后单击公式栏，在公式栏中进行编辑。

### 2. 删除数据

要删除单元格中的数据，可以先选中该单元格，然后按 Delete 键即可；要删除多个单元格中的数据，则可同时选定多个单元格，然后按 Delete 键。

如果想要完全地控制对单元格的删除操作，只使用 Delete 键是不够的。在【开始】选项卡的【编辑】组中，单击【清除】按钮，在弹出的菜单中选择相应的命令，即可删除单元格中的相应内容。

### 3. 移动和复制数据

移动和复制数据基本上和移动复制单元格的操作一样。此外还可以使用鼠标拖动法来移动或复制单元格内容。要移动单元格内数据，应首先单击要移动的单元格或选定单元格区域，然后将光标移至单元格区域边缘，当光标变为箭头形状后，拖动光标到指定位置并释放鼠标即可。

# 6.6　设置表格格式

在 Excel 2010 中，为了使工作表更为美观，可以对其中的数据进行格式化操作，如设置行高和列宽、设置字体和对齐方式、设置边框和底纹等。

## 6.6.1　设置行高和列宽

在向单元格输入文字或数据时，经常会出现这样的现象：有的单元格中的文字只显示了一半；有的单元格中显示的是一串“#”符号，而在编辑栏中却能看见对应单元格的数据。出现这些现象的原因在于单元格的宽度或高度不够，不能将其中的文字正确显示。因此，需要对工作表中的单元格高度和宽度进行适当的调整。

1. 直接更改行高和列宽

要改变行高和列高可以直接在工作表中拖动鼠标进行操作。比如要设置行高，用户在工作表中选中单行，将鼠标指针放置在行与行标签之间，出现黑色双向箭头时，按住鼠标左键不放，向上或向下拖动，此时会出现提示框，里面显示当前的行高，调整所需的行高后松开左键即可完成行高的设置，如图 6-57 所示，设置列宽方法与此操作类似。

2. 精确设置行高和列宽

要精确设置行高和列宽，用户可以选定单行或单列，然后选择【开始】选项卡，在【单元格】选项组中，单击【格式】下拉按钮，选择【行高】或【列宽】命令，打开【行高】或【列宽】对话框，输入精确的数字，最后单击【确定】按钮完成操作，如图 6-58 所示。

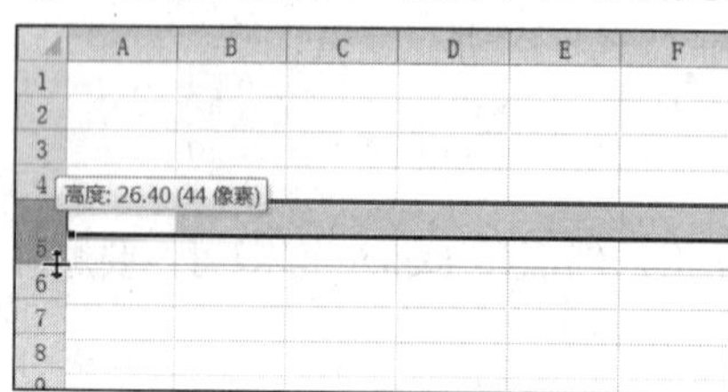


图 6-57　拖动鼠标调整

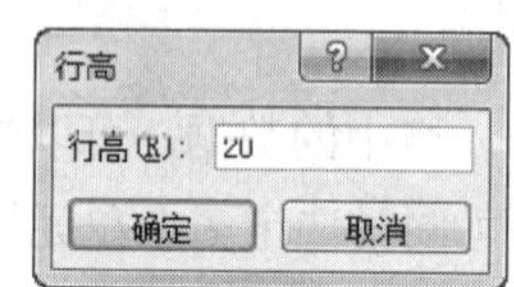


图 6-58　【行高】对话框

3. 最合适行高和列宽

有时表格中多种数据内容长短不一，看上去较为凌乱，用户可以设置最适合的行高和列宽，来适合表格的匹配和美观度。

在【开始】选项卡中单击【格式】下拉按钮，选择菜单中的【自动调整行高】命令或【自动调整列宽】命令即可调整所选内容最合适的行高或列宽。

## 6.6.2 设置字体和对齐方式

在 Excel 2010 中，为了使工作表中的某些数据醒目和突出，也为了使整个版面更为丰富，通常需要对不同的单元格设置不同的字体和对齐方式。

【例 6-9】在【产品报价】工作簿中设置数据的字体格式和对齐方式。

(1) 启动 Excel 2010，打开【产品报价】工作簿的【陶瓷工艺】工作表。

(2) 选定 A1: B1 单元格区域，打开【开始】选项卡，在【字体】选项组的【字体】下拉列表框中选择【隶书】选项，在【字号】下拉列表框中选择“20”，在【字体颜色】面板中选择【红色】色块，并且单击【加粗】按钮，此时表格字体效果如图 6-59 所示。

(3) 选定 A2:F2 单元格，在【字体】选项组中单击对话框启动器按钮，打开【设置单元格格式】对话框的【字体】选项卡。在【字形】列表框中选择【倾斜】选项，在【字号】列表框

中选择“12”选项，在【下划线】下拉列表框中选择【双下划线】选项，在【颜色】下拉列表中选择【蓝色】颜色，单击【确定】按钮，如图 6-60 所示。

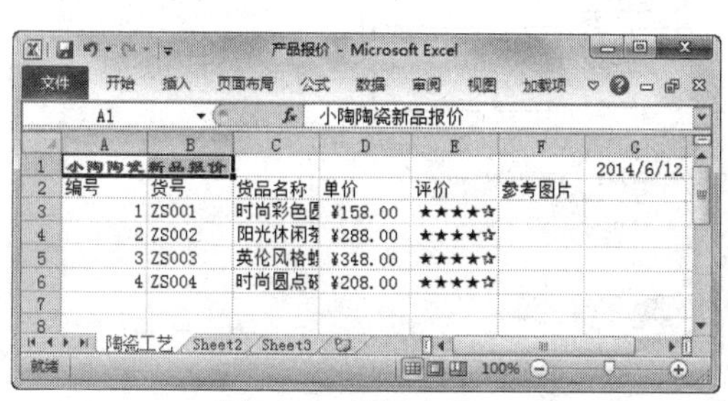

图 6-59　设置字体

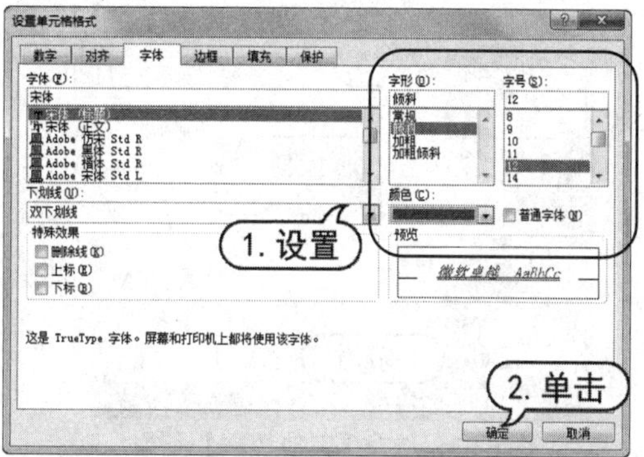


图 6-60　【字体】选项卡

(4) 选择 A1:F1 单元格区域，在【对齐方式】选项组中单击【合并后居中】按钮，即可居中对齐标题并合并，如图 6-61 所示。

(5) 选择 A2:F2 单元格区域，然后在【对齐方式】选项组中单击【垂直居中】按钮和【居中】按钮，将列标题单元格中的内容水平并垂直居中显示，如图 6-62 所示。

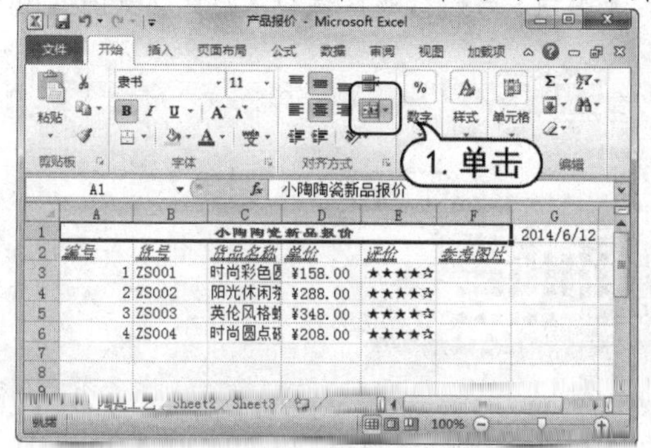


图 6-61　设置合并居中

图 6-62　设置垂直居中

## 6.6.3　设置边框和底纹

默认情况下，Excel 并不为单元格设置边框，工作表中的框线在打印时并不显示出来。用户可以添加边框和底纹，对工作表进行外观设计。

**【例 6-10】**在【产品报价】工作簿中设置边框和底纹。

(1) 启动 Excel 2010，打开【产品报价】工作簿的【陶瓷工艺】工作表。

(2) 选定 A2:F6 单元格区域，设置边框范围。打开【开始】选项卡，在【字体】选项组中单击【边框】下拉按钮，从弹出的菜单中选择【其他边框】命令，如图 6-63 所示。

(3) 打开【设置单元格格式】对话框的【边框】选项卡，在【线条】选项区域的【样式】列表框中选择右列第 6 行的样式，在【预置】选项区域中单击【外边框】按钮，为选定的单元

格区域设置外边框，如图 6-64 所示。

图 6-63　选择【其他边框】命令

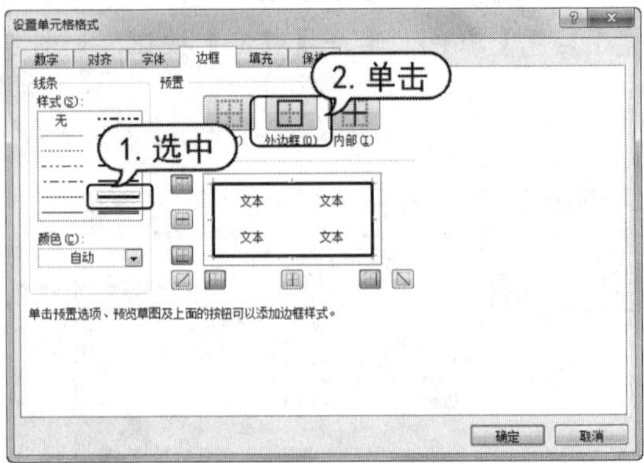


图 6-64　设置外边框

(4) 在【线条】选项区域的【样式】列表框中选择左列第 4 行的样式，在【颜色】下拉列表框中选择【深蓝，文字 2，深色 25%】选项，在【预置】选项区域中单击【内部】按钮，单击【确定】按钮，如图 6-65 所示。

(5) 选择列标题单元格区域 A2:F2，打开【设置单元格格式】对话框的【填充】选项卡，在【背景色】选项区域中选择一种颜色，单击【确定】按钮，为列标题区域应用底纹，如图 6-66 所示。

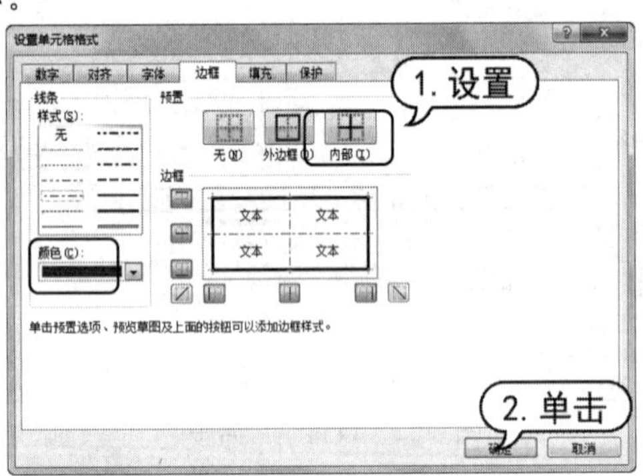


图 6-65　设置内边框

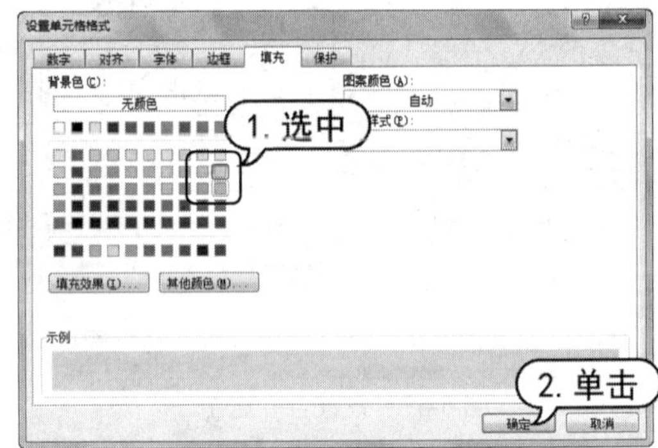


图 6-66　设置底纹填充色

(6) 边框和底纹设置完毕后，表格外观如图 6-67 所示。

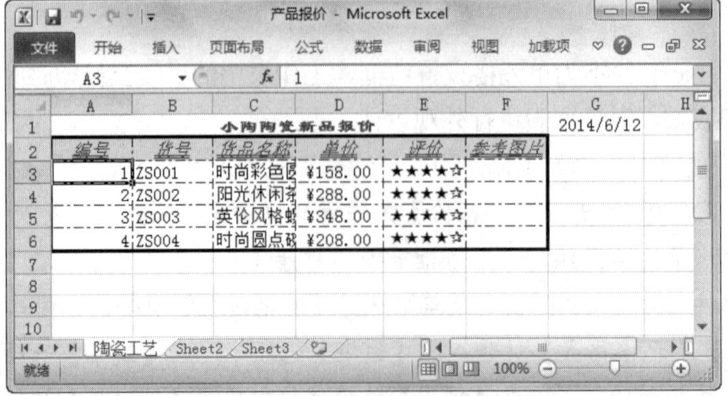

图 6-67　设置完成表格边框和底纹

## 6.6.4　套用内置样式

样式就是字体、字号和缩进等格式设置特性的组合。Excel 2010 自带了多种单元格样式，用户可以对单元格方便地套用这些样式。

首先选中需要设置样式的单元格或单元格区域，在【开始】选项卡的【样式】选项组中单击【单元格样式】按钮，在弹出的【主题单元格样式】菜单中选择一种样式，例如选择【60%-强调文字颜色 1】选项，如图 6-68 所示。此时表格会自动套用该样式，如图 6-69 所示。

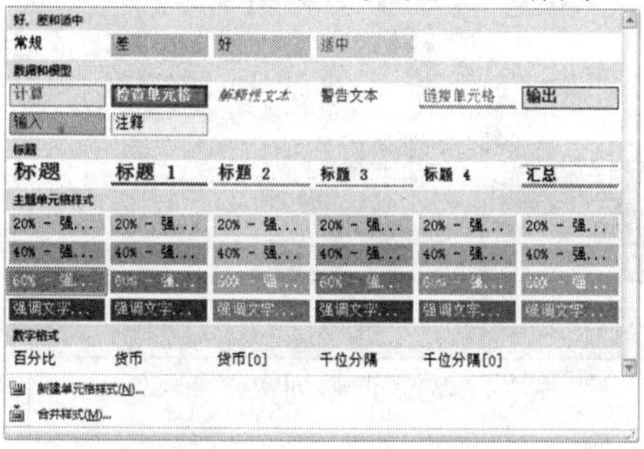

图 6-68　选择单元格样式

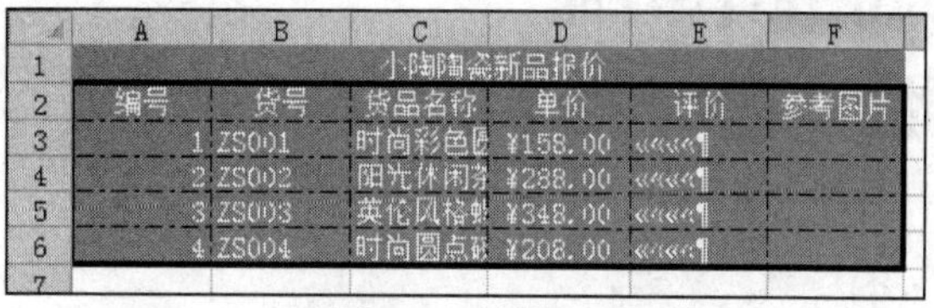

图 6-69　套用样式

此外，在 Excel 2010 中，预设了一些工作表样式，套用这些工作表样式可以节省格式化表格的时间。

首先在【样式】组中单击【套用表格格式】按钮，弹出工作表样式菜单，如图 6-70 所示。在菜单中单击要套用的工作表样式，会打开【套用表格式】对话框。单击文本框右边的按钮，选择套用工作表样式的范围，单击【确定】按钮，即可自动套用工作表样式，如图 6-71 所示。

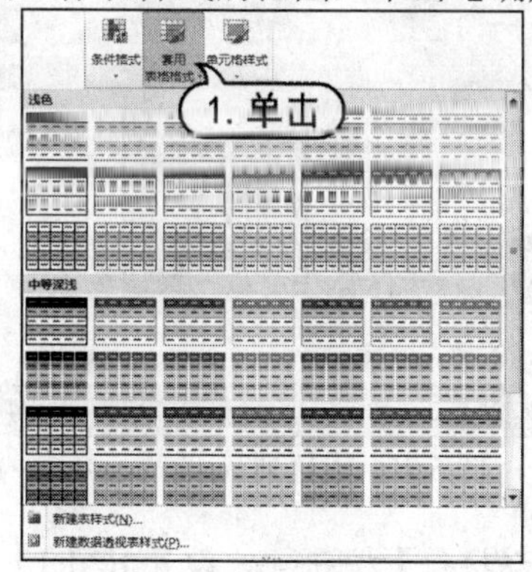


图 6-70　选择工作表样式

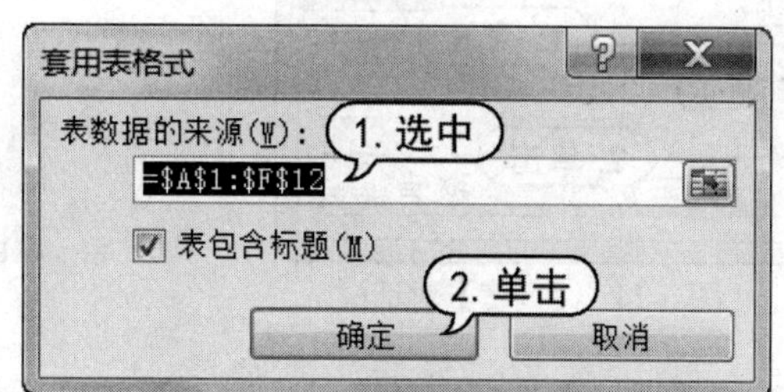


图 6-71　【套用表格式】对话框

## 6.7　上机练习

本章的上机实验主要练习创建并格式化【旅游路线报价表】工作簿，用户通过练习从而巩固本章所学知识。

(1) 启动 Excel 2010 应用程序，新建一个名为“旅游路线报价表”的工作簿，并在 Sheet1 工作表中输入数据，如图 6-72 所示。

(2) 选定 A1:E1 单元格，然后在【开始】选项卡的【对齐方式】组中单击【合并后居中】按钮，设置标题居中对齐。

(3) 选定 A2:E10 单元格区域，在【开始】选项卡的【单元格】组中单击【格式】按钮，在打开的菜单中选择【自动调整列宽】命令，Excel 2010 会自动调整单元格区域至合适的列宽，如图 6-73 所示。

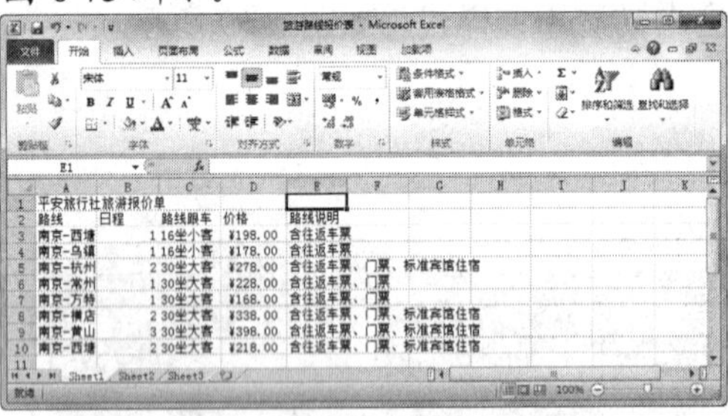

图 6-72　输入表格数据

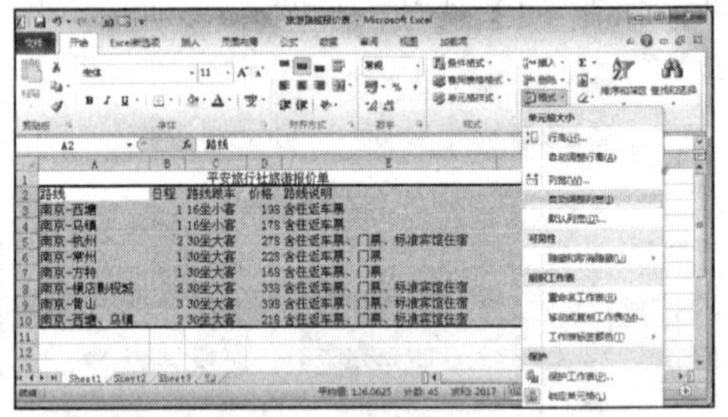

图 6-73　调整列宽

(4) 选定 E2:E10 单元格区域，在【开始】选项卡的【单元格】组中单击【格式】按钮，在弹出的菜单中选择【列宽】命令，打开【列宽】对话框。在【列宽】文本框中输入 20，然后单击【确定】按钮，如图 6-74 所示。

(5) 此时 E2:E10 单元格区域的列宽如图 6-75 所示。

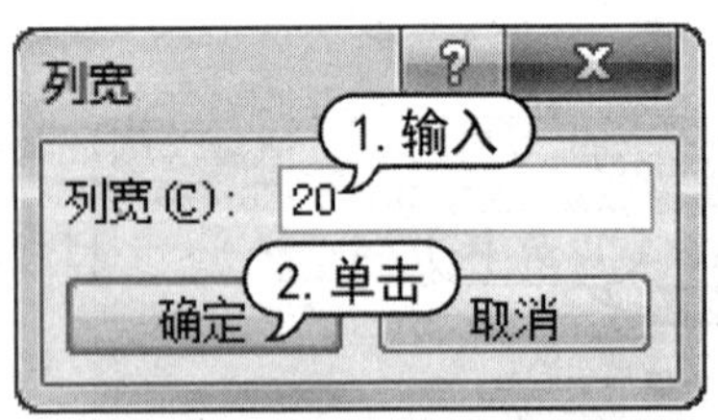


图 6-74　【列宽】对话框

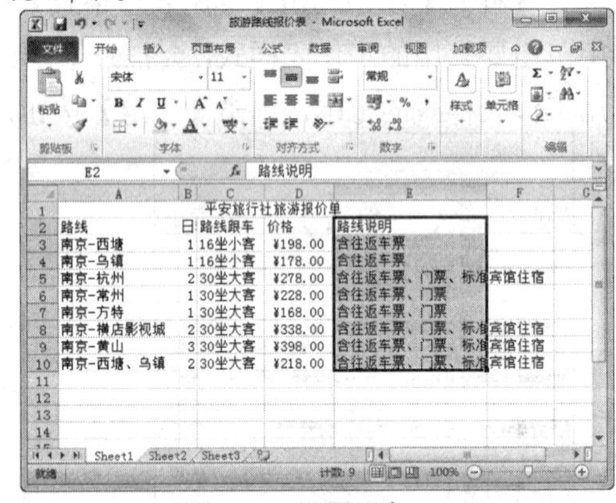

图 6-75　设置列宽

(6) 在【开始】选项卡的【对齐方式】组中单击【自动换行】按钮，设置 E2:E10 单元格区域中内容自动换行显示。

(7) 选定列标题所在的 A2:E2 单元格区域，在【开始】选项卡的【对齐方式】组中单击【居中】按钮，设置列标题单元格居中对齐。使用同样的方法，设置 A3:A10、C3:C10 单元格区域中的文本居中对齐，如图 6-76 所示。

(8) 选定标题所在的单元格，在【开始】选项卡的【字体】组中，设置字体为【华文琥珀】，字号为 18，字体颜色为【紫色】，选定 A2:E2 单元格区域，在【开始】选项卡的【字体】组中，单击【加粗】按钮，设置文本字形为【加粗】，设置完毕后表格如图 6-77 所示。

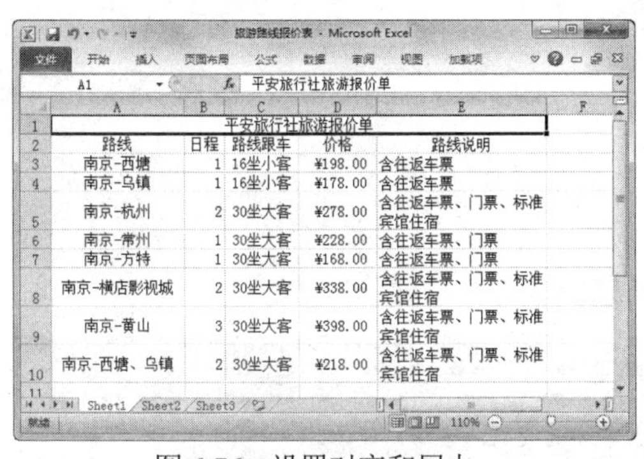

图 6-76 设置对齐和居中

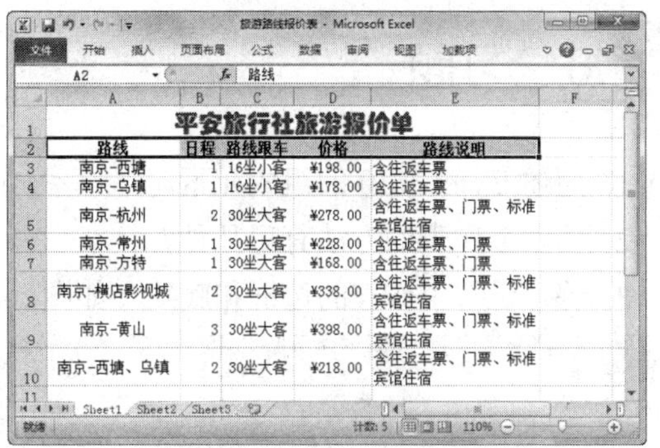

图 6-77 设置字体格式

(9) 选取 A2:E10 单元格区域，在【开始】选项卡的【样式】组中，单击【套用表格格式】按钮，在弹出的表格样式列表中选择【表样式中等深浅 5】选项，如图 6-78 所示。

(10) 打开【套用表格式】对话框，保持默认设置，单击【确定】按钮，如图 6-79 所示。

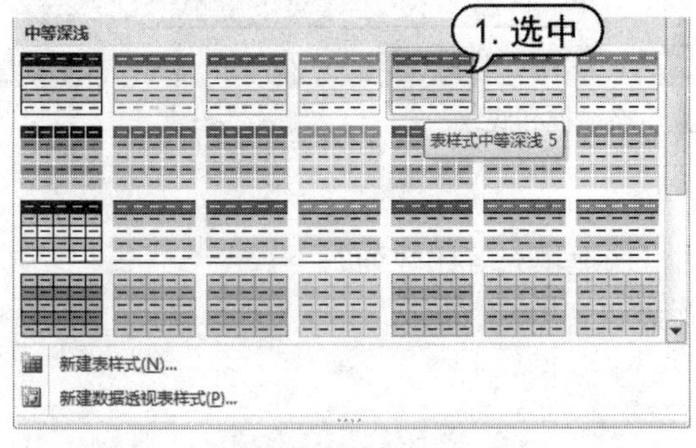


图 6-78 选择表格样式

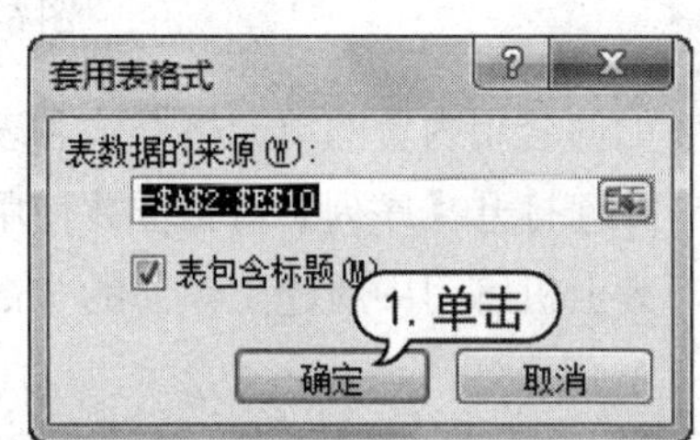


图 6-79 单击【确定】按钮

(11) 此时将自动套用内置的表格样式，外观效果如图 6-80 所示。

图 6-80 设置后表格外观

# 6.8 习题

1. 简述 Excel 2010 的组成元素。
2. 插入工作表的方法有哪几种？
3. 练习设置工作表的边框和底纹，如图 6-81 所示。

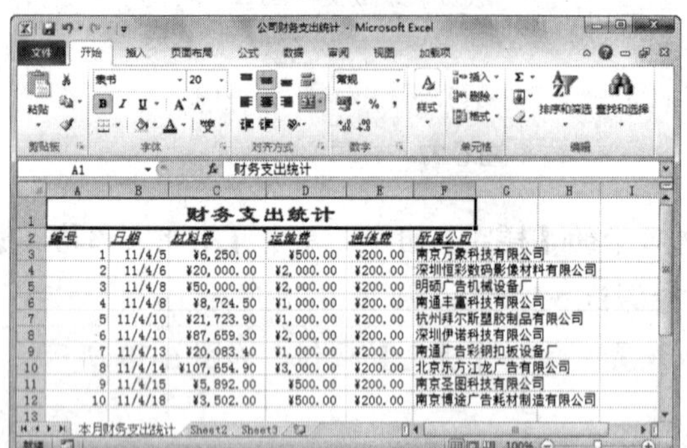

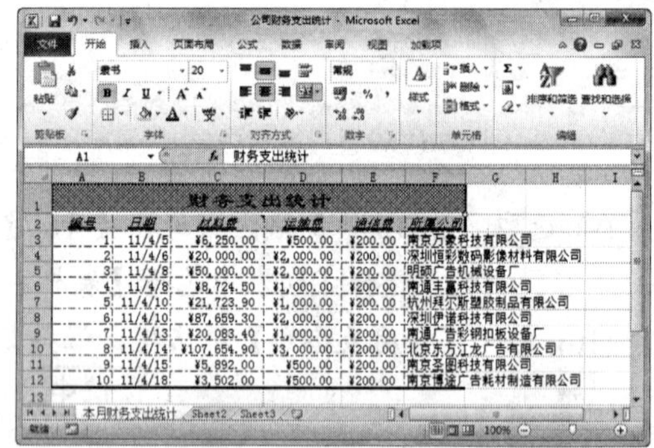


图 6-81　设置表格边框和底纹

4. 如何套用内置的单元格样式和表格样式？
5. 如何打开【序列】对话框并使用该对话框快速填充等比数列？
6. 为上机练习中所建工作簿的 Sheet1 工作表设置密码。

# 第7章 管理表格数据和图表

## 学习目标

Excel 2010 具有强大的图形处理功能和数据计算功能。图形处理功能允许用户向工作表中添加图形以及制作图表等项目；数据计算功能是指使用公式和函数对工作表中的数据进行计算。本章将介绍 Excel 2010 的使用公式、函数以及数据管理，使用图表和数据透视图表等内容。

## 本章重点

- 使用公式
- 使用函数
- 数据分类汇总
- 使用图表
- 制作数据透视图表

## 7.1 使用公式

Excel 2010 提供了强大的公式功能，运用此功能可大大简化大量数据间的烦琐运算，极大地提高办公效率。

### 7.1.1 公式的语法

Excel 2010 中的公式由一个或多个单元格的值和运算符组成，公式主要用于对工作表进行加、减、乘、除等的运算，类似于数学中的表达式。公式遵循一个特定的语法或次序：最前面是等号“=”，后面是参与计算的数据对象和运算符，即公式的表达式，如图 7-1 所示。

图 7-1　公式

公式主要由以下几个元素构成。

- 运算符：指对公式中的元素进行特定类型的运算，不同的运算符可以进行不同的运算，如加、减、乘、除等。
- 数值或任意字符串：包含数字或文本等各类数据。
- 函数及其参数：函数及函数的参数也是公式中的最基本元素之一，它们也用于计算数值。
- 单元格引用：指定要进行运算的单元格地址，可以是单个单元格或单元格区域，也可以是同一工作簿中其他工作表中的单元格或其他工作簿中某张工作表中的单元格。

## 7.1.2　运算符类型

运算符主要对公式中的元素进行特定类型的运算，Excel 2010 中主要包含了以下 4 种运算符类型。

### 1. 算术运算符

如果要完成基本的数学运算，如加法、减法和乘法，连接数据和计算数据结果等，可以使用表 7-1 所示的算术运算符。

表 7-1　算术运算符

| 算术运算符 | 含　义 | 示　例 |
|---|---|---|
| +(加号) | 加法运算 | 2+2 |
| －(减号) | 减法运算或负数 | 2－1 或－1 |
| *(星号) | 乘法运算 | 2*2 |
| /(正斜线) | 除法运算 | 2/2 |
| %(百分号) | 百分比 | 20% |
| ^(插入符号) | 乘幂运算 | 2^2 |

### 2. 比较运算符

使用表 7-2 所示的运算符可以比较两个值的大小。当用运算符比较两个值时，结果为逻辑值，满足运算符则为 TRUE，反之则为 FALSE。

表 7-2　比较运算符

| 比较运算符 | 含　义 | 示　例 |
| --- | --- | --- |
| =(等号) | 等于 | A1=B1 |
| >(大于号) | 大于 | A1>B1 |
| <(小于号) | 小于 | A1<B1 |
| >=(大于等于号) | 大于或等于 | A1>=B1 |
| <=(小于等于号) | 小于或等于 | A1<=B1 |
| <>(不等号) | 不相等 | A1<>B1 |

### 3. 文本连接运算符

使用和号(&) 加入或连接一个或更多文本字符串以产生一串新的文本，表 7-3 为文本连接运算符的含义。

表 7-3　文本连接运算符

| 文本连接运算符 | 含　义 | 示　例 |
| --- | --- | --- |
| &(和号) | 将两个文本值连接或串起来产生一个连续的文本值 | 如 “kb” & “soft” |

### 4. 引用运算符

单元格引用就是用于表示单元格在工作表上所处位置的坐标集。例如，显示在第 B 列和第 3 行交叉处的单元格，其引用形式为 B3。表 7-4 所示的是引用运算符。

表 7-4　引用运算符

| 引用运算符 | 含　义 | 示　例 |
| --- | --- | --- |
| ：(冒号) | 区域运算符，产生对包括在两个引用之间的所有单元格的引用 | (A5:A15) |
| ,(逗号) | 联合运算符，将多个引用合并为一个引用 | (SUM(A5:A15,C5:C15) |
| (空格) | 交叉运算符产生对两个引用共有的单元格的引用 | (B7:D7 C6:C8) |

使用引用运算符可以将单元格区域合并计算，比如，A1＝B1＋C1＋D1＋E1+F1，如果使用引用运算符，就可以把这一运算公式写为 A1＝SUM(B1：F1)。

## 7.1.3　运算符的优先级

如果公式中同时用到多个运算符，Excel 2010 将会依照运算符的优先级来依次完成运算。如果公式中包含相同优先级的运算符，例如公式中同时包含乘法和除法运算符，则 Excel 将从左到右进行计算。Excel 2010 运算符优先级由高至低如表 7-5 所示。

表 7-5　运算符优先级

| 运 算 符 | 说　　明 |
|---|---|
| :(冒号) (单个空格) ,(逗号) | 引用运算符 |
| – | 负号 |
| % | 百分比 |
| ^ | 乘幂 |
| * 和 / | 乘和除 |
| + 和 – | 加和减 |
| & | 连接两个文本字符串(连接) |
| = < > <= >= <> | 比较运算符 |

## 7.1.4　公式的操作

在学习应用公式时，首先应掌握公式的基本操作，包括在表格中输入、修改、显示、复制以及删除公式等。

### 1. 输入公式

在 Excel 2010 中，输入公式的方法与输入文本的方法类似，具体步骤为：选择要输入公式的单元格，然后在编辑栏中直接输入“=”符号，然后输入公式内容，按 Enter 键即可将公式运算的结果显示在所选单元格中。

【例 7-1】创建【热卖数码销售汇总】工作簿，并手动输入公式。

(1) 启动 Excel 2010，创建一个【热卖数码销售汇总】工作簿，并在 Sheet1 工作表中输入数据，如图 7-2 所示。

(2) 选定 D3 单元格，在单元格或编辑栏中输入公式“=B3*C3”，如图 7-3 所示。

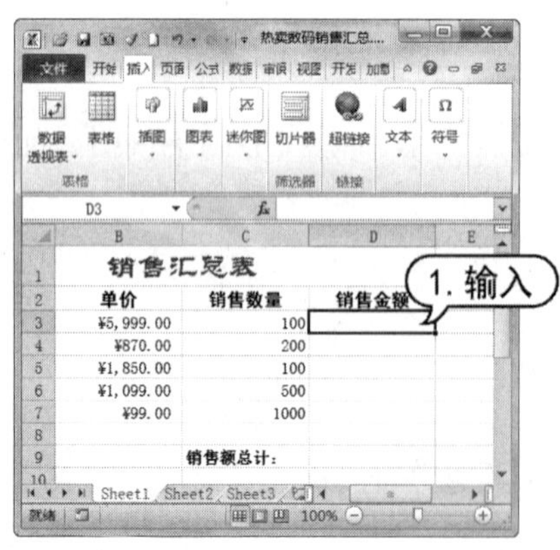


图 7-2　输入数据

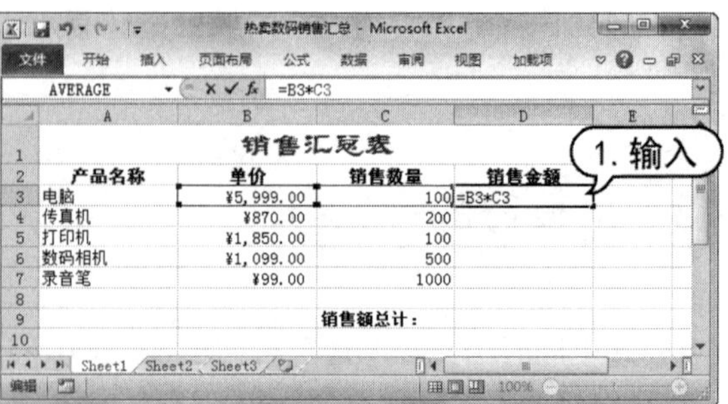


图 7-3　输入公式

(3) 按 Enter 键或单击编辑栏中的【输入】按钮✓，即可计算出结果，如图 7-4 所示。

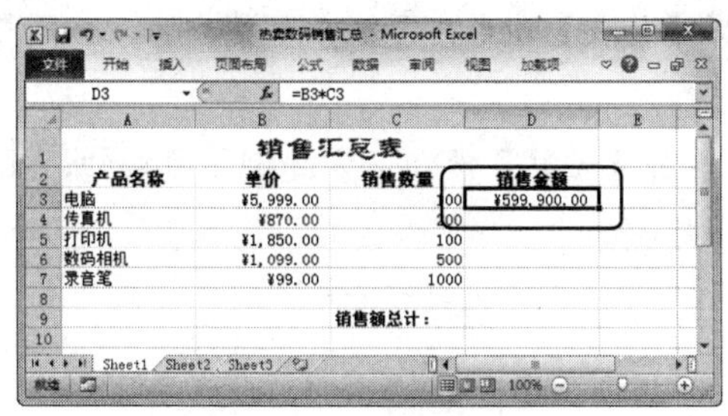


图 7-4　计算结果

> **提示**
>
> 在输入公式时，被输入单元格地址的单元格将以彩色边框显示，方便用户确认输入是否有误，在得出计算结果后，彩色边框将自动消失。

### 2. 修改公式

修改公式的方法主要有以下 3 种。

- 双击单元格修改：双击需要修改的公式单元格，选中出错的公式后，重新输入新公式，按 Enter 键即可完成修改操作。
- 编辑栏修改：选定需要修改公式的单元格，此时在编辑栏中会显示公式，单击编辑栏，进入公式编辑状态后进行修改。
- F2 键修改：选定需要修改公式的单元格，按 F2 键，进入公式编辑状态后进行修改。

### 3. 显示公式

默认设置下，在单元格中只显示公式计算的结果，而公式本身则只显示在编辑栏中。为了方便用户对公式进行检查，可以设置在单元格中显示公式。

用户可以在【公式】选项卡的【公式审核】组中，单击【显示公式】按钮，即可设置在单元格中显示公式，如图 7-5 所示。如果再次单击【显示公式】按钮，即可将显示的公式隐藏。

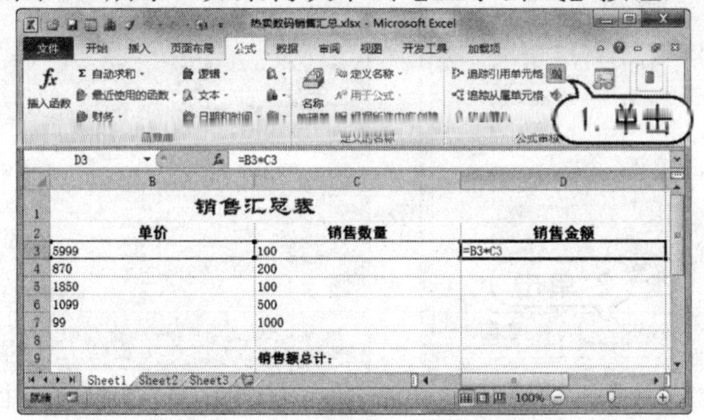


图 7-5　单击【显示公式】按钮

### 4. 删除公式

在 Excel 2010 中，当使用公式计算出结果后，可以删除表格中的公式，但是仍然保留公式的计算结果。

【例 7-2】在【热卖数码销售汇总】工作簿中，将工作表的 D3 单元格中的公式删除并保留计算结果。

(1) 启动 Excel 2010 程序，打开【热卖数码销售汇总】工作簿的 Sheet1 工作表。

(2) 右击 D3 单元格，在弹出的快捷菜单中选择【复制】命令，复制单元格内容，如图 7-6 所示。

(3) 在【开始】选项卡的【剪贴板】选项组中单击【粘贴】按钮下方的倒三角按钮，在弹出的菜单中选择【选择性粘贴】命令，如图 7-7 所示。

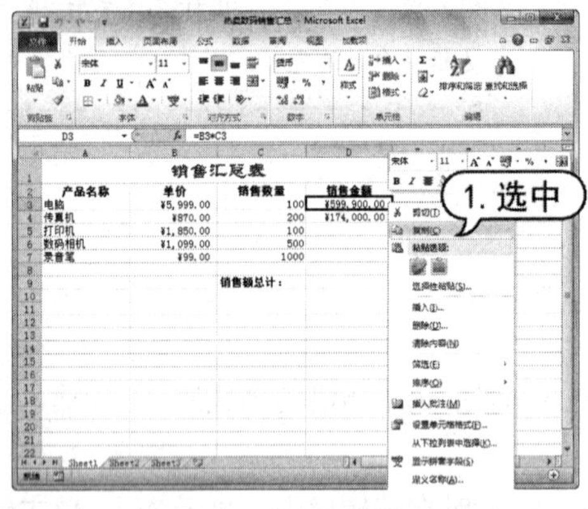


图 7-6 选择【复制】命令

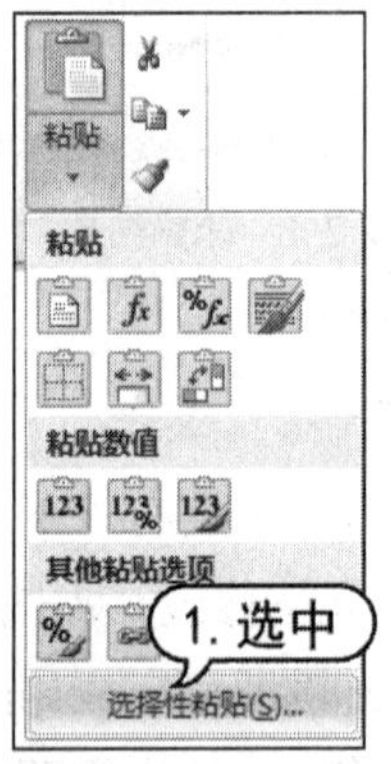


图 7-7 选择【选择性粘贴】命令

(4) 打开【选择性粘贴】对话框，在【粘贴】选项区域中选中【数值】单选按钮，然后单击【确定】按钮，如图 7-8 所示。

(5) 返回工作簿窗口，此时 D3 单元格中的公式已经被删除，但计算结果仍然保存在 D3 单元格中，如图 7-9 所示。

图 7-8 【选择性粘贴】对话框

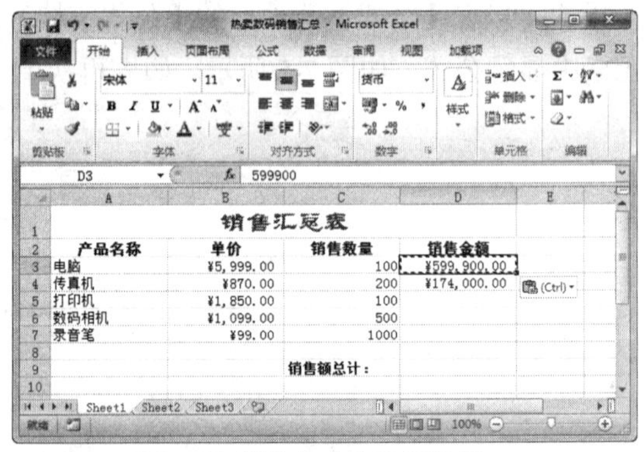


图 7-9 删除公式并保留结果

### 5. 复制公式

通过复制公式操作，可以快速地在其他单元格中输入公式。

复制公式的方法与复制数据的方法相似，右击公式所在的单元格，在弹出的菜单中选择【复制】命令，然后在选定目标单元格后，右击，弹出快捷菜单，在【粘贴选项】命令选项区域中单击【粘贴】按钮，即可成功复制公式。

## 7.1.5　公式的引用

公式的引用就是对工作表中的一个或一组单元格进行标识，它告诉公式使用哪些单元格的值。通过引用，可以在一个公式中使用工作表不同部分的数据，或者在几个公式中使用同一单元格的数值。

在 Excel 2010 中，常用引用单元格的方式包括相对引用、绝对引用与混合引用。

### 1. 相对引用

相对引用是通过当前单元格与目标单元格的相对位置来定位引用单元格的，相对引用包含了当前单元格与公式所在单元格的相对位置。默认设置下，Excel 2010 使用的都是相对引用，当改变公式所在单元格的位置时，引用也随之改变。

例如在 D3 单元格中公式为“=B3*C3”，将光标移动至 D3 单元格边框，当光标变为+形状时，拖动鼠标选择 D4:D7 单元格区域，释放鼠标，即可将 D3 单元格中的公式相对引用至 D4:D7 单元格区域，如图 7-10 所示。

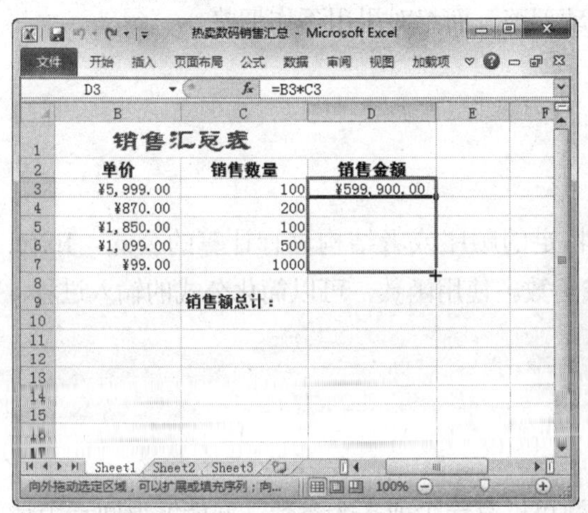


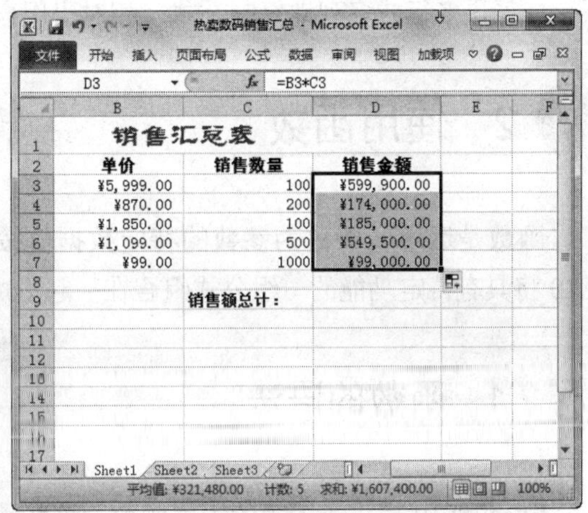


图 7-10　相对引用公式

### 2. 绝对引用

绝对引用就是公式中单元格的精确地址，与包含公式的单元格的位置无关。绝对引用与相对引用的区别在于：复制公式时使用绝对引用，则单元格引用不会发生变化。绝对引用的方法是，在列标和行号前分别加上美元符号$。例如，$B$2 表示单元格 B2 的绝对引用，而$B$2:$E$5 表示单元格区域 B2:E5 的绝对引用。

例如，在 C1 单元格中输入绝对引用公式“=$A$1&$B$1”，然后拖动引用公式至 C2:C3 单元格区域，此时会发现在 C2:C3 单元格中显示的结果与 C1 单元格相同，如图 7-11 所示。这是由于使用绝对引用后，C2 与 C3 单元格中的公式并没有改变，而是完全与 C1 单元格中的公式相同“=$A$1&$B$1”，因此公式计算出的结果也是相同的。

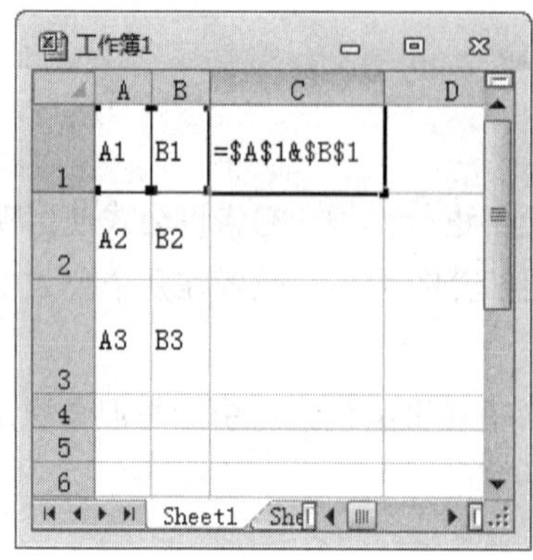

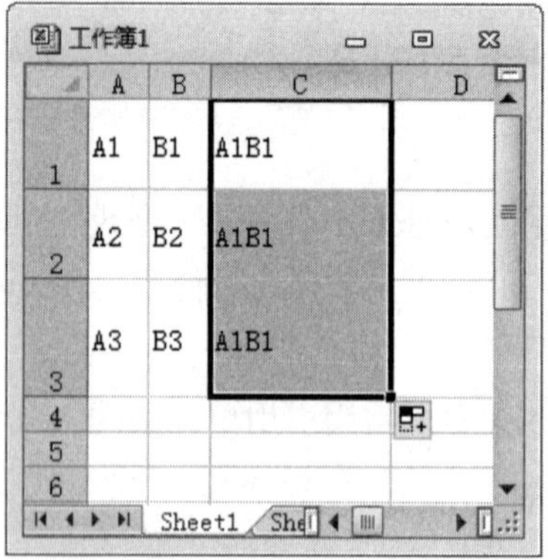


图 7-11　绝对引用公式

### 3. 混合引用

混合引用指的是在一个单元格引用中，既有绝对引用，同时也包含有相对引用，即混合引用具有绝对列和相对行，或具有绝对行和相对列。绝对引用列采用 $A1、$B1 的形式，绝对引用行采用 A$1、B$1 的形式。如果公式所在单元格的位置改变，则相对引用改变，而绝对引用不变。如果多行或多列地复制公式，相对引用自动调整，而绝对引用不作调整。

## 7.2　使用函数

函数是运用一些称为参数的特定数据值按特定的顺序或者结构进行计算的公式，Excel 2010 将具有特定功能的一组公式组合在一起形成函数。使用函数，可以简化公式的输入过程。

### 7.2.1　函数的语法

Excel 2010 提供了大量的内置函数，这些函数可以有一个或多个参数，并能够返回一个计算结果，函数中的参数可以是数字、文本、逻辑值、表达式、引用或其他函数。函数的表达式如图 7-12 所示。

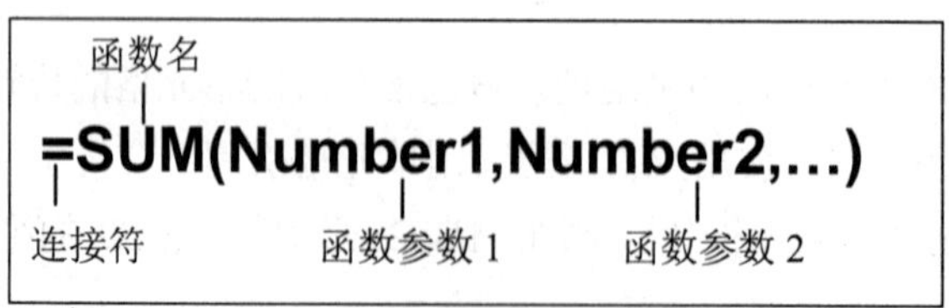


图 7-12　函数

函数由如下几个元素构成。

- 连接符：包括“=”、“,”、“()”等，这些连接符都必须是英文符号。
- 函数名：需要执行运算的函数的名称，一个函数只有唯一的一个名称，它决定了函数的功能和用途。

- 函数参数：函数中最复杂的组成部分，它规定了函数的运算对象、顺序和结构等。参数可以是数字、文本、数组或单元格区域的引用等，参数必须符合相应的函数要求才能产生有效值。

**知识点**

任何函数和公式都以“=”开头，输入“=”后，Excel 会自动将其后的内容作为公式处理。函数以函数名称开始，其参数则以“(”开始，以“)”结束。每个函数必定对应一对括号。函数中还可以包含其他的函数，即函数的嵌套使用。在多层函数嵌套使用时，尤其要注意一个函数一定要对应一对括号。“,”用于在函数中将各个函数区分开。

## 7.2.2　函数的操作



在 Excel 2010 中，所有函数操作都可以在【公式】选项卡的【函数库】组中完成，如图 7-13 所示。Excel 2010 将函数分成【自动求和】、【最近使用的函数】、【财务】、【逻辑】、【文本】、【日期和时间】、【查找与引用】、【数学和三角函数】以及【其他函数】这 9 大类。

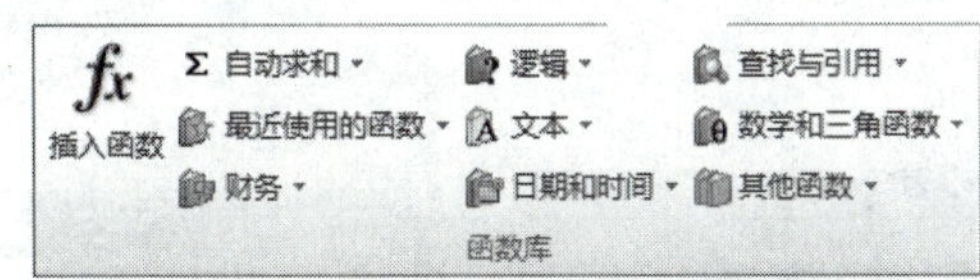


图 7-13　【函数库】组

### 1. 插入函数

如果用户对要使用的函数非常熟悉，则可在单元格或编辑栏中直接输入函数。例如，选中 E2 单元格，然后在编辑栏中输入“=SUM(”，此时会出现函数语法提示，根据提示输入函数，按 Ctrl+Enter 组合键，完成函数输入，并在 E2 单元格中显示结果，如图 7-14 所示。

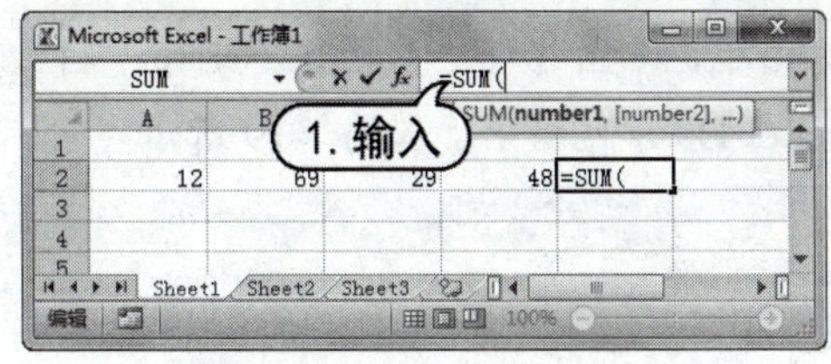


图 7-14　输入函数

此外还可以通过【插入函数】对话框插入函数，下面将举例介绍详细操作。

【例 7-3】打开【热卖数码销售汇总】工作簿，在工作表的 D9 单元格中插入求和函数，计算销售总额。

(1) 启动 Excel 2010 程序，打开【热卖数码销售汇总】工作簿的 Sheet1 工作表。

(2) 选定 D9 单元格，然后打开【公式】选项卡，在【函数库】组中单击【插入函数】按钮，如图 7-15 所示。

(3) 打开【插入函数】对话框，在【选择函数】列表框中选择 SUM 函数，单击【确定】按钮，如图 7-16 所示。

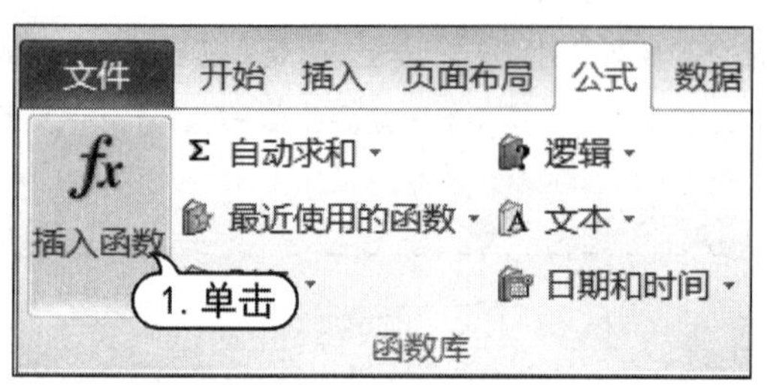


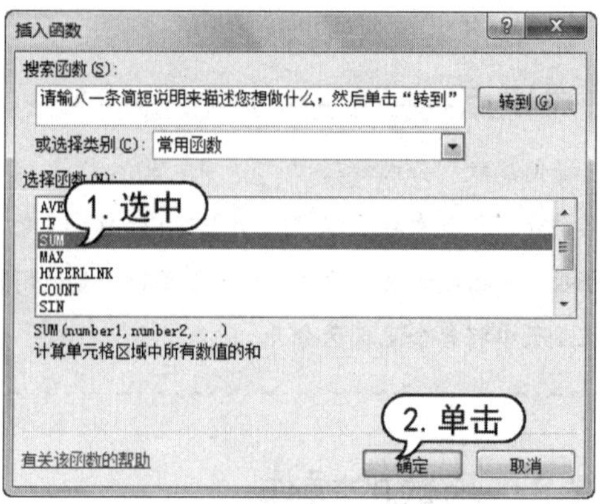

图 7-15　单击【插入函数】按钮

图 7-16　选择 SUM 函数



(4) 打开【函数参数】对话框，单击 Number1 文本框右侧的按钮，如图 7-17 所示。

(5) 返回到工作表中，选择要求和的单元格区域，这里选择 D3:D7 单元格区域，然后单击按钮，如图 7-18 所示。

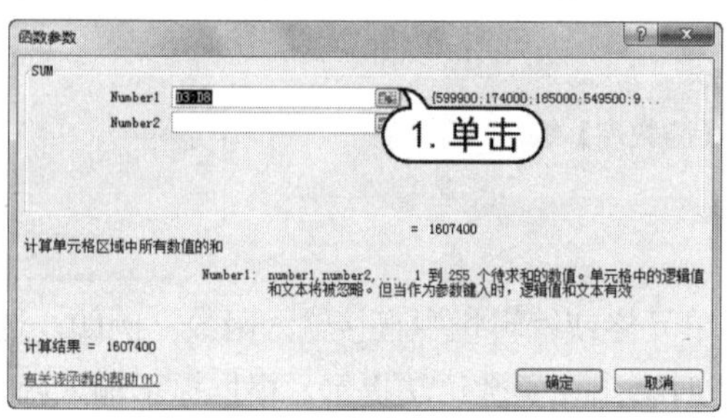


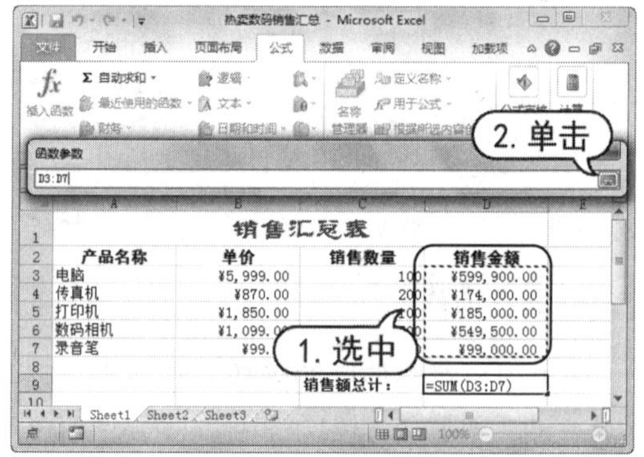


图 7-17　【函数参数】对话框

图 7-18　选择单元格区域

(6) 返回【函数参数】对话框，单击【确定】按钮。此时，利用求和函数计算出 D3:D7 单元格中所有数据的和，并显示在 D9 单元格中，如图 7-19 所示。

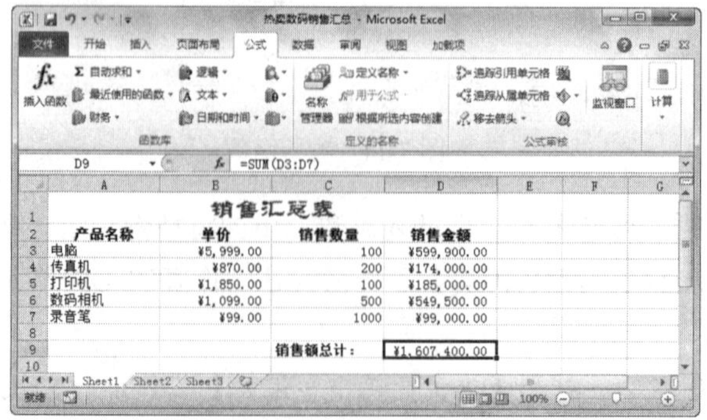


图 7-19　显示计算结果

### 2. 编辑函数

在运用函数进行计算时，用户可以根据需要对其进行编辑修改。

【例 7-4】打开【热卖数码销售汇总】工作簿，在工作表的 D9 单元格中修改函数，计算销售总额(电脑单价超过 5 万元必须缴纳 17%的增值税)。

(1) 启动 Excel 2010 程序，打开【热卖数码销售汇总】工作簿的 Sheet1 工作表。

(2) 选定 D9 单元格，在编辑栏中单击【插入函数】按钮，打开【函数参数】对话框。单击 Number1 文本框右侧的按钮，返回到工作表中，选择要求和的单元格区域，这里选择 D4:D7 单元格区域。在 Number2 文本框中输入公式“D3*(1-17%)”，然后单击【确定】按钮，如图 7-20 所示。

(3) 完成函数编辑操作，此时在 D9 单元格中显示编辑函数后的计算结果，如图 7-21 所示。

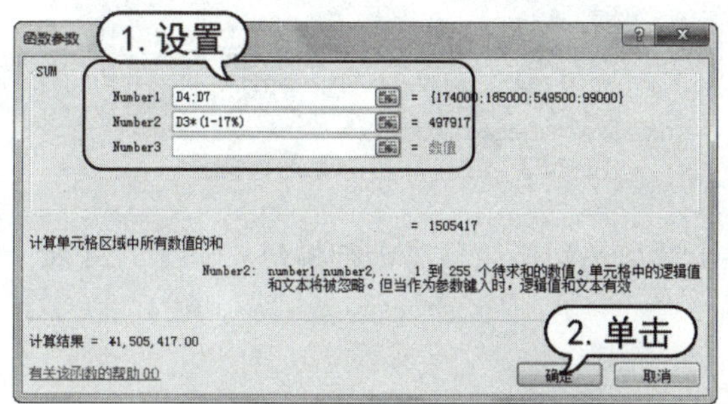


图 7-20　【函数参数】对话框

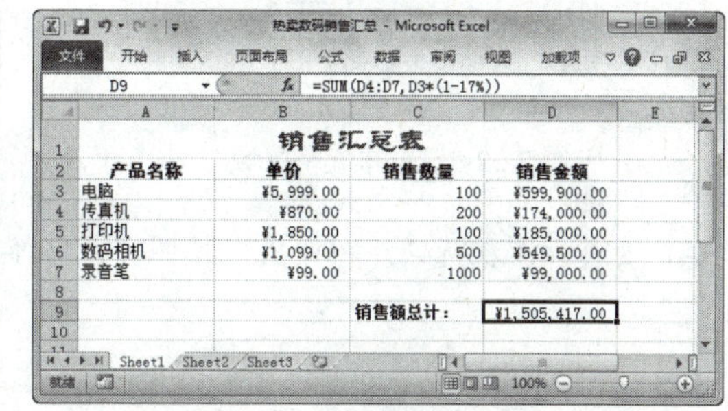


图 7-21　显示计算结果

## 7.3　表格数据管理

Excel 2010 能够对表格中的数据进行排序、筛选、汇总等操作，以便更好地将所处理的数据直观地表现出来，使表格中的数据管理更加完善。

### 7.3.1　数据排序

数据排序是指按一定规则对数据进行整理、排列，这样可以为数据的进一步处理做好准备。Excel 2010 的数据排序包括简单条件排序、自定义排序等。

#### 1. 简单条件排序

对工作表中的数据按某一字段进行排序时，如果按照单列的内容进行排序，可以直接通过【开始】选项卡的【编辑】组完成排序操作。如果要对多列内容排序，则需要在【数据】选项卡中的【排序和筛选】组中进行操作。

【例 7-5】 在【员工销售业绩表】工作簿中按签单金额从高到低进行排序。

(1) 启动 Excel 2010 应用程序，打开【员工销售业绩表】工作簿。

(2) 在【年度员工销售业绩汇总】工作表中选取【年度签单金额】所在的D3:D17单元格区域，如图7-22所示。

(3) 打开【数据】选项卡，在【排序和筛选】组中单击【降序】按钮，打开【排序提醒】对话框，保持选中【扩展选定区域】单选按钮，单击【排序】按钮，如图7-23所示。

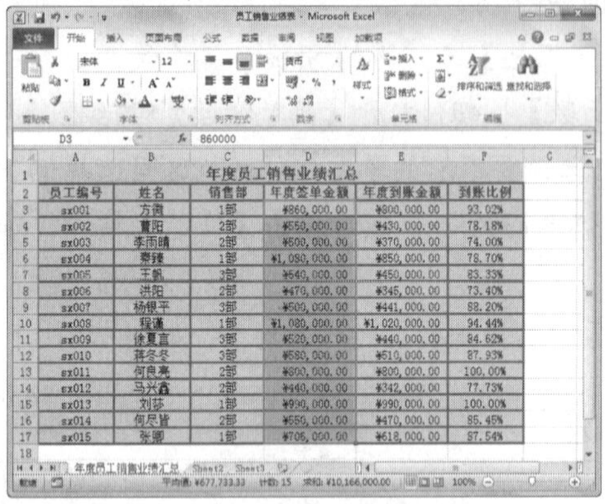

图7-22 选取单元格区域

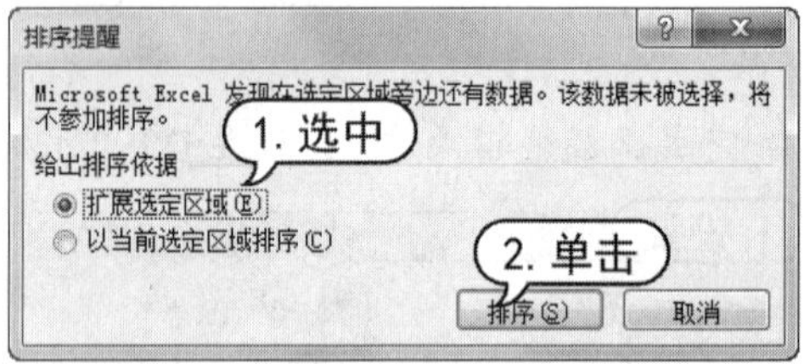


图7-23 【排序提醒】对话框



(4) 返回工作表窗口，即可实现按照年度签单金额从高到低的顺序进行排列，如图7-24所示。

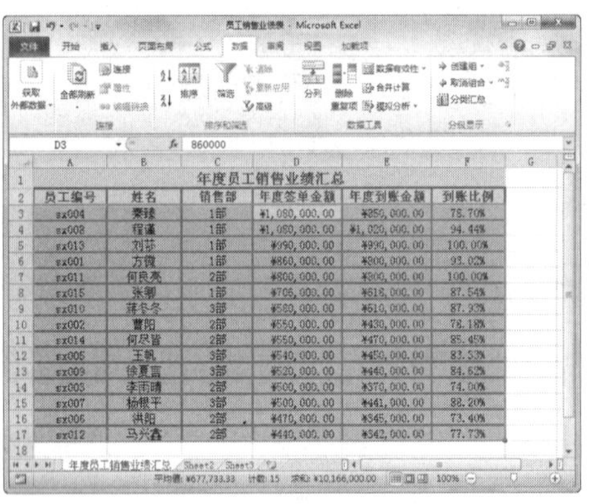

图7-24 排序数据

**提示**

在【排序提醒】对话框中选中【以当前选定区域排序】单选按钮，单击【排序】按钮后，Excel 2010只会将选定区域排序而其他位置的单元格保持不动。

### 2. 自定义排序

在使用简单排序时，只能使用一个排序条件。因此，当使用简单排序后，表格中的数据可能仍然没有达到用户的排序需求。这时，用户可以设置多个自定义排序条件。

【例7-6】 在【员工销售业绩表】工作簿中按签单金额从高到低排序，如果金额相同，则按到账金额从高至低排序。

(1) 启动Excel 2010应用程序，打开【员工销售业绩表】工作簿的【年度员工销售业绩汇总】工作表。

(2) 打开【数据】选项卡，在【排序和筛选】组中，单击【排序】按钮，打开【排序】对话框，在【主要关键字】下拉列表框中选择【年度签单金额】选项，在【排序依据】下拉列表

框中选择【数值】选项，在【次序】下拉列表框中选择【降序】选项，然后单击【添加条件】按钮，添加新的排序条件，如图 7-25 所示。

(3) 在【次要关键字】下拉列表框中选择【年度到账金额】选项，在【排序依据】下拉列表框中选择【数值】选项，在【次序】下拉列表框中选择【升序】选项，单击【确定】按钮，如图 7-26 所示。

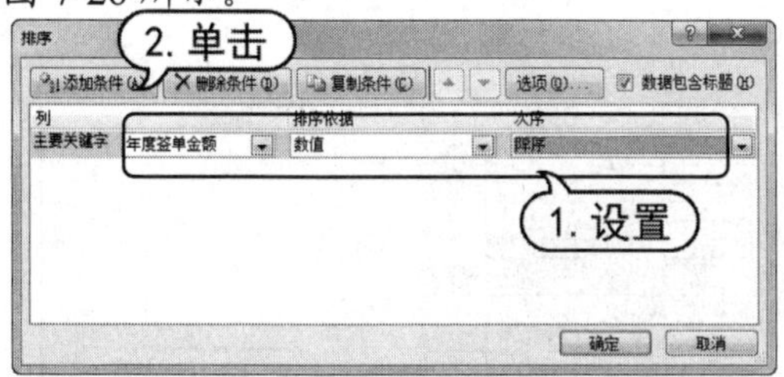


图 7-25 设置主要关键词

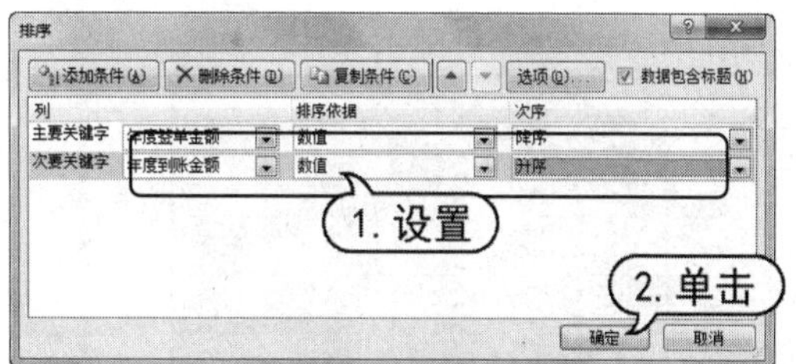


图 7-26 设置次要关键字

(4) 返回工作簿窗口，即可按照自定义的排序条件对表格中的数据进行排序，如图 7-27 所示。

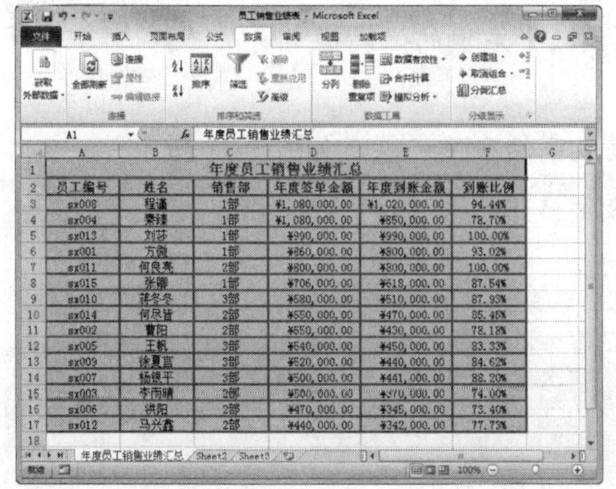

| 年度员工销售业绩汇总 | | | | | |
|---|---|---|---|---|---|
| 员工编号 | 姓名 | 销售部 | 年度签单金额 | 年度到账金额 | 到账比例 |
| sx008 | 程谦 | 1部 | ¥1,080,000.00 | ¥1,020,000.00 | 94.44% |
| sx004 | 秦臻 | 1部 | ¥1,080,000.00 | ¥850,000.00 | 78.70% |
| sx013 | 刘莎 | 1部 | ¥990,000.00 | ¥990,000.00 | 100.00% |
| sx001 | 方微 | 1部 | ¥860,000.00 | ¥800,000.00 | 93.02% |
| sx011 | 何良亮 | 2部 | ¥800,000.00 | ¥800,000.00 | 100.00% |
| sx015 | 张卿 | 1部 | ¥706,000.00 | ¥618,000.00 | 87.54% |
| sx010 | 蒋冬冬 | 3部 | ¥580,000.00 | ¥510,000.00 | 87.93% |
| sx014 | 何尽皆 | 2部 | ¥550,000.00 | ¥470,000.00 | 85.45% |
| sx002 | 曹阳 | 2部 | ¥550,000.00 | ¥430,000.00 | 78.18% |
| sx005 | 王帆 | 3部 | ¥540,000.00 | ¥450,000.00 | 83.33% |
| sx009 | 徐夏言 | 3部 | ¥520,000.00 | ¥440,000.00 | 84.62% |
| sx007 | 杨银平 | 3部 | ¥500,000.00 | ¥441,000.00 | 88.20% |
| sx003 | 李雨晴 | 2部 | ¥500,000.00 | ¥370,000.00 | 74.00% |
| sx006 | 洪阳 | 2部 | ¥470,000.00 | ¥345,000.00 | 73.40% |
| sx012 | 马兴鑫 | 2部 | ¥440,000.00 | ¥342,000.00 | 77.73% |

图 7-27 排序数据

**提示**

默认情况下，排序时把第 1 行作为标题栏，不参与排序。在 Excel 2010 中，多条件排序可以设置 64 个关键词。另外，若表格中有多个合并的单元格或者空白行，而且单元格的大小不一样，则会影响 Excel 2010 的排序功能。

## 7.3.2　数据筛选

数据筛选功能是一种用于查找特定数据的快速方法。经过筛选后的数据只显示包含指定条件的数据行，以供用户浏览和分析。

### 1. 自动筛选

使用 Excel 2010 提供的自动筛选功能，可以快速筛选表格中的数据。

【例 7-7】自动筛选出【员工销售业绩表】工作簿中到账比例最高的 3 条记录。

(1) 启动 Excel 2010 应用程序，打开【员工销售业绩表】工作簿的【年度员工销售业绩汇总】工作表。

(2) 打开【数据】选项卡，在【排序和筛选】组中单击【筛选】按钮，进入筛选模式，如

图 7-28 所示。

(3) 单击【到账比例】单元格旁边的倒三角按钮，在弹出的菜单中选择【数字筛选】|【10 个最大的值】命令，如图 7-29 所示。

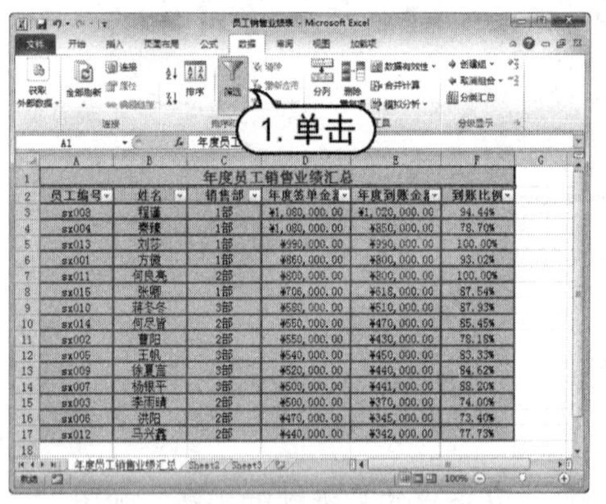


图 7-28　单击【筛选】按钮

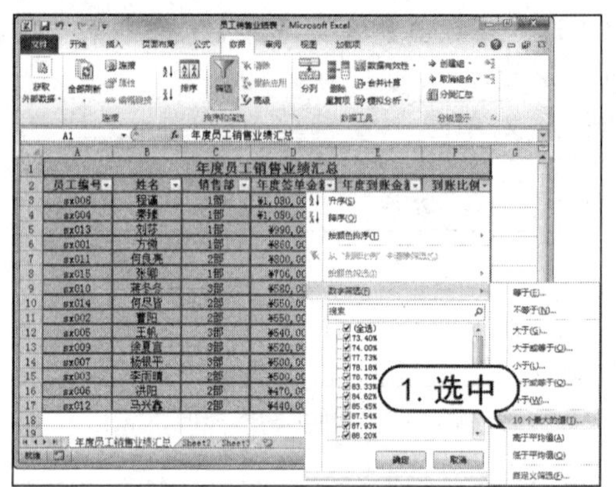


图 7-29　选择【10 个最大的值】命令

(4) 打开【自动筛选前 10 个】对话框，在【最大】右侧的微调框中输入“3”，单击【确定】按钮，如图 7-30 所示。

(5) 返回工作簿窗口，即可显示筛选出的业绩最高的 3 条记录，如图 7-31 所示。

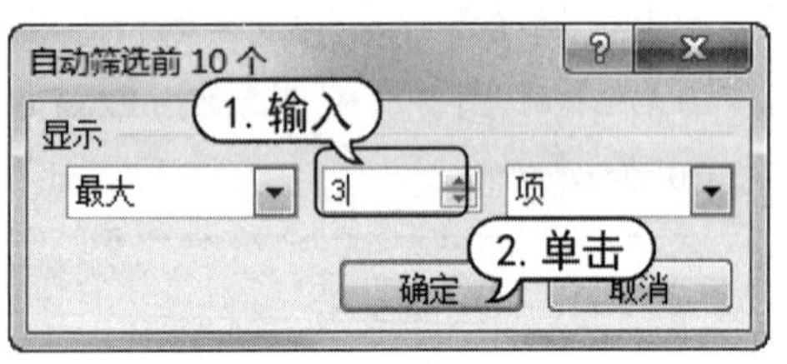


图 7-30　输入“3”

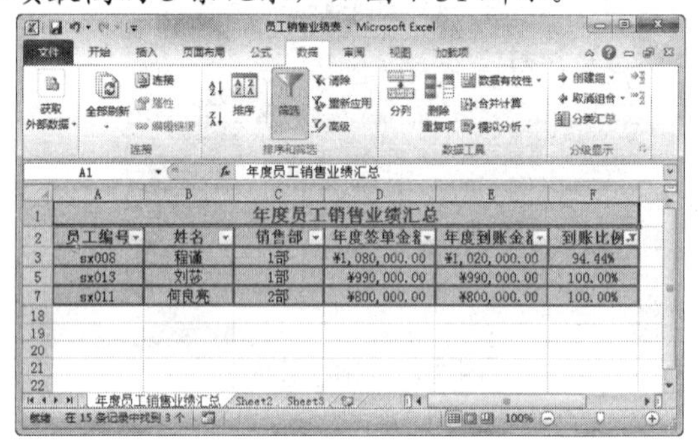

图 7-31　显示筛选结果

## 2. 高级筛选

对筛选条件较多的情况，可以使用高级筛选功能来处理。使用高级筛选功能，必须先建立一个条件区域，用来指定筛选的数据所需满足的条件。条件区域的第一行是所有作为筛选条件的字段名，这些字段名与数据清单中的字段名必须完全一致。条件区域的其他行则是筛选条件。需要注意的是，条件区域和数据清单不能连接，必须用一个空行将其隔开。

**【例 7-8】**筛选出【员工销售业绩表】工作簿中签单金额大于 800000 并且到账比例大于 85%，且属于销售 1 部的记录。

(1) 启动 Excel 2010 应用程序，打开【员工销售业绩表】工作簿的【年度员工销售业绩汇总】工作表。

(2) 在 A19:C20 单元格区域中输入筛选条件，如图 7-32 所示。

(3) 在表格中选择 A2:F17 单元格区域，然后打开【数据】选项卡，在【排序和筛选】组中单击【高级】按钮，打开【高级筛选】对话框，单击【条件区域】文本框后的按钮，如图 7-33 所示。

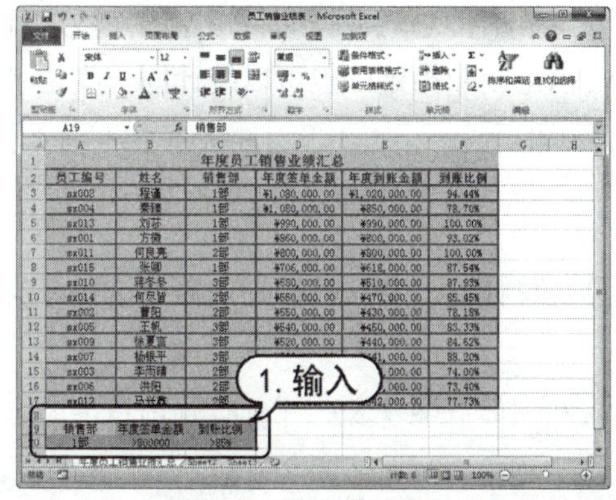


图 7-32　输入筛选条件

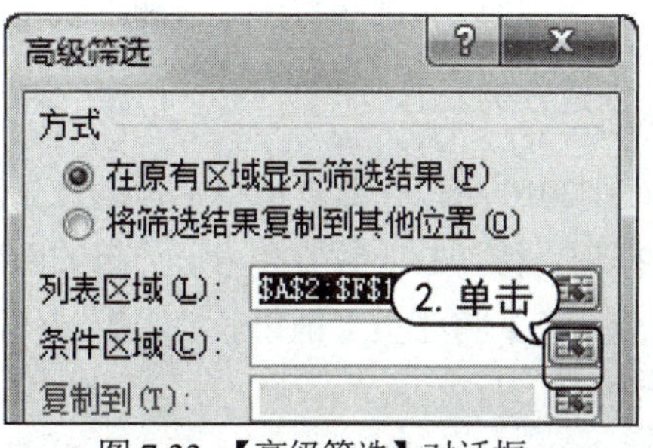


图 7-33　【高级筛选】对话框

(4) 返回工作簿窗口，选择之前输入筛选条件的 A19:C20 单元格区域，然后单击按钮，如图 7-34 所示。

(5) 返回【高级筛选】对话框，可以查看选定的列表区域与条件区域，单击【确定】按钮，如图 7-35 所示。

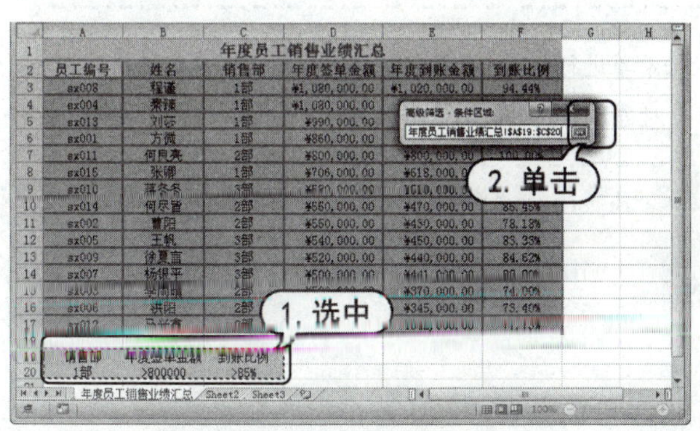


图 7-34　选择条件区域

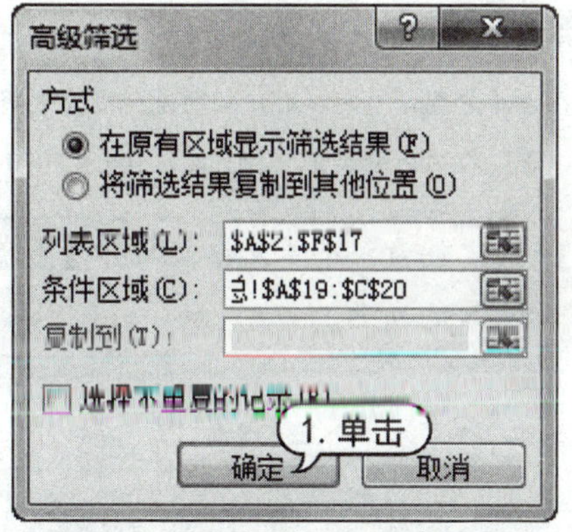


图 7-35　显示选定的列表和条件区域

(6) 返回工作簿窗口，筛选出满足条件的数据，如图 7-36 所示。

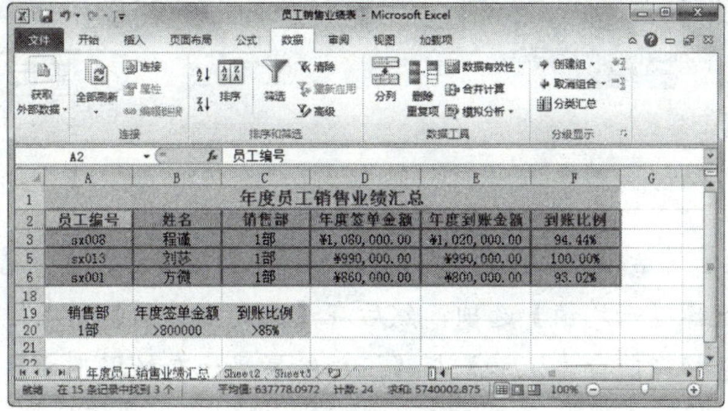

图 7-36　显示筛选结果

### 7.3.3 数据分类汇总

分类汇总是对数据清单进行数据分析的一种方法。分类汇总对数据库中指定的字段进行分类，然后统计同一类记录的有关信息。统计的内容可以由用户指定，也可以统计同一类记录的记录条数，还可以对某些数值段求和、求平均值、求极值等。

#### 1. 创建分类汇总

Excel 2010 可以在数据清单中自动计算分类汇总及总计值。用户只需指定需要进行分类汇总的数据项、待汇总的数值和用于计算的函数即可。

**【例 7-9】**将【员工销售业绩表】工作簿中的数据按销售部分类，并汇总各销售部的平均签单金额。

(1) 启动 Excel 2010 应用程序，打开【员工销售业绩表】工作簿的【年度员工销售业绩汇总】工作表。



(2) 选定【销售部】所在的 C 列，打开【数据】选项卡，在【排序和筛选】组中单击【升序】按钮，对【销售部】进行分类排序，如图 7-37 所示。

**知识点**

在创建分类汇总前，用户必须先根据需要将数据清单进行分类汇总，使得分类字段的同类数据排列在一起，否则在执行分类汇总操作后，Excel 2010 只会对连续相同的数据进行汇总。

(3) 选定任意一个单元格，打开【数据】选项卡，在【分级显示】组中单击【分类汇总】按钮，如图 7-38 所示。

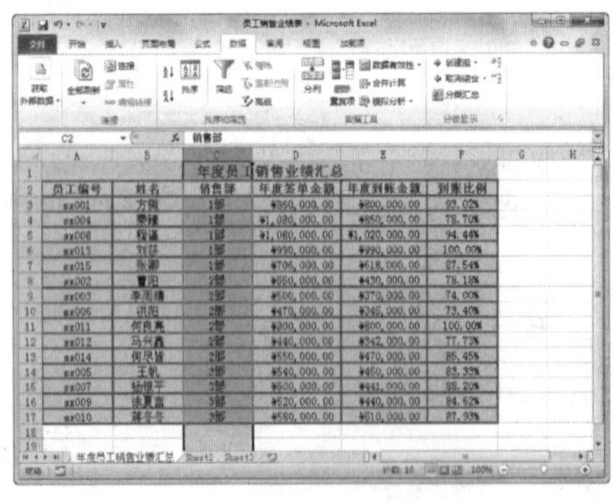

图 7-37　进行升序排序

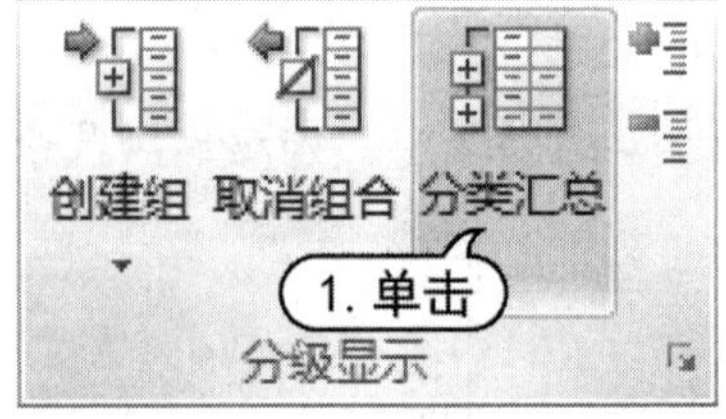


图 7-38　单击【分类汇总】按钮

(4) 打开【分类汇总】对话框，在【分类字段】下拉列表框中选择【销售部】选项，在【汇总方式】下拉列表框中选择【平均值】选项，然后在【选定汇总项】列表框中选中【年度签单金额】复选框，选择【替换当前分类汇总】与【汇总结果显示在数据下方】复选框，单击【确定】按钮，如图 7-39 所示。

(5) 返回工作簿窗口，即可查看表格的分类汇总后的效果，如图 7-40 所示。

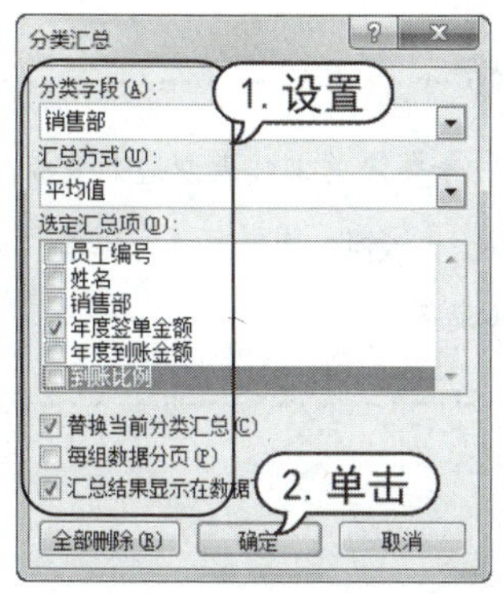


图 7-39　【分类汇总】对话框

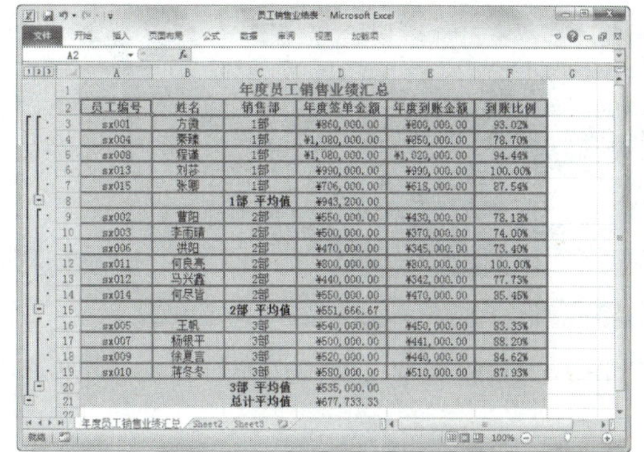

| 员工编号 | 姓名 | 销售部 | 年度签单金额 | 年度到账金额 | 到账比例 |
|---|---|---|---|---|---|
| sx001 | 方茜 | 1部 | ¥860,000.00 | ¥800,000.00 | 93.02% |
| sx004 | 秦臻 | 1部 | ¥1,080,000.00 | ¥850,000.00 | 78.70% |
| sx008 | 程谦 | 1部 | ¥1,080,000.00 | ¥1,020,000.00 | 94.44% |
| sx013 | 刘芬 | 1部 | ¥990,000.00 | ¥990,000.00 | 100.00% |
| sx015 | 张卿 | 1部 | ¥706,000.00 | ¥618,000.00 | 87.54% |
| | | 1部 平均值 | ¥943,200.00 | | |
| sx002 | 曹阳 | 2部 | ¥550,000.00 | ¥430,000.00 | 78.18% |
| sx003 | 李雨晴 | 2部 | ¥500,000.00 | ¥370,000.00 | 74.00% |
| sx006 | 洪阳 | 2部 | ¥470,000.00 | ¥345,000.00 | 73.40% |
| sx011 | 何良亮 | 2部 | ¥800,000.00 | ¥800,000.00 | 100.00% |
| sx012 | 马兴鑫 | 2部 | ¥440,000.00 | ¥342,000.00 | 77.73% |
| sx014 | 何尽皆 | 2部 | ¥550,000.00 | ¥470,000.00 | 85.45% |
| | | 2部 平均值 | ¥551,666.67 | | |
| sx005 | 王帆 | 3部 | ¥540,000.00 | ¥450,000.00 | 83.33% |
| sx007 | 杨银平 | 3部 | ¥500,000.00 | ¥441,000.00 | 88.20% |
| sx009 | 徐夏言 | 3部 | ¥520,000.00 | ¥440,000.00 | 84.62% |
| sx010 | 蒋冬冬 | 3部 | ¥580,000.00 | ¥510,000.00 | 87.93% |
| | | 3部 平均值 | ¥535,000.00 | | |
| | | 总计平均值 | ¥677,733.33 | | |

图 7-40　分类汇总效果

**提示**

若要删除分类汇总，则可以在【分类汇总】对话框中单击【全部删除】按钮即可。

## 2. 隐藏和显示分类汇总

为了方便查看数据，可将分类汇总后暂时不需要使用的数据隐藏，减小界面的占用空间。当需要查看时，再将其显示。

【例 7-10】在【例 7-9】汇总后的【员工销售业绩表】工作簿中，隐藏除汇总外的所有分类数据，然后显示销售 2 部的详细数据。

(1) 启动 Excel 2010 应用程序，打开【员工销售业绩表】工作簿的【年度员工销售业绩汇总】工作表。

(2) 选择【1 部 平均值】所在的 C8 单元格，打开【数据】选项卡，在【分级显示】组中单击【隐藏明细数据】按钮，隐藏销售 1 部员工的详细记录，如图 7-41 所示。

(3) 使用同样的方法，隐藏所有员工的详细记录，如图 7-42 所示。

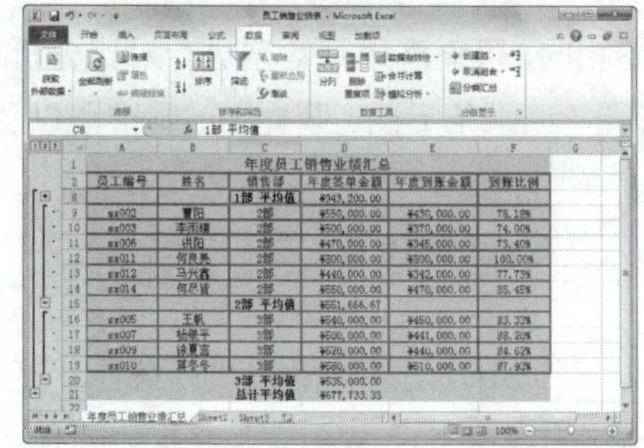

图 7-41　隐藏销售 1 部员工记录

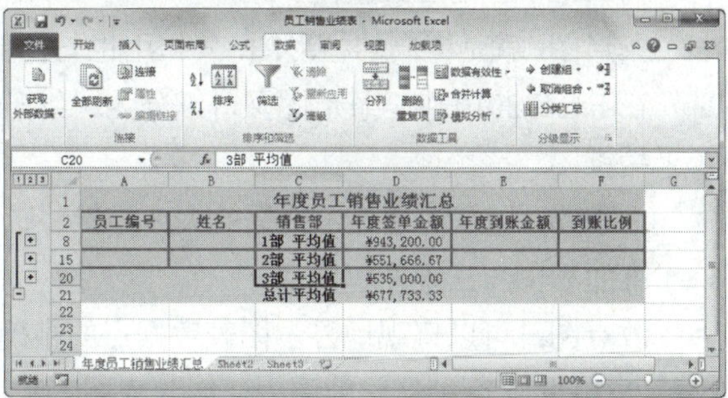

| 员工编号 | 姓名 | 销售部 | 年度签单金额 | 年度到账金额 | 到账比例 |
|---|---|---|---|---|---|
| | | 1部 平均值 | ¥943,200.00 | | |
| | | 2部 平均值 | ¥551,666.67 | | |
| | | 3部 平均值 | ¥535,000.00 | | |
| | | 总计平均值 | ¥677,733.33 | | |

图 7-42　隐藏所有员工记录

(4) 选定【2 部 平均值】所在的 C15 单元格，打开【数据】选项卡，在【分级显示】组中单击【显示明细数据】按钮，即可重新显示销售 2 部员工的详细数据，如图 7-43 所示。

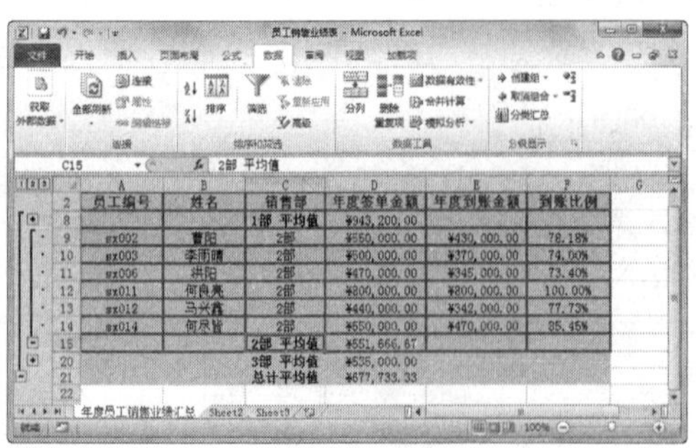


图 7-43　显示销售 2 部员工记录

**提示**

单击分类汇总工作表左边列表树中的 **+**、**-** 符号按钮，同样可以实现显示与隐藏详细数据的操作。

## 7.4　使用图表分析表格数据

在 Excel 2010 中，为了能更加直观地表达表格中的数据，可将数据以图表的形式表示出来。使用图表，可以更直观地表现表格中数据的发展趋势或分布状况，方便对数据进行对比和分析。

### 7.4.1　图表的类型和样式

Excel 2010 提供了多种图表，如柱形图、折线图、饼图、条形图、面积图和散点图等，各种图表各有优点，适用于不同的场合。

- 柱形图：可直观地对数据进行对比分析以得出结果。在 Excel 2010 中，柱形图又可细分为二维柱形图、三维柱形图、圆柱图、圆锥图以及棱锥图。
- 折线图：可直观地显示数据的走势情况。在 Excel 2010 中，折线图又分为二维折线图与三维折线图。
- 饼图：能直观地显示数据占有比例，而且比较美观。在 Excel 2010 中，饼图又可细分为二维饼图与三维饼图。
- 条形图：就是横向的柱形图，其作用也与柱形图相同，可直观地对数据进行对比分析。在 Excel 2010 中，条形图又可细分为二维条形图、三维条形图、圆柱图、圆锥图以及棱锥图。
- 面积图：能直观地显示数据的大小与走势范围，在 Excel 2010 中，面积图又可分为二维面积图与三维面积图。
- 散点图：可以直观地显示图表数据点的精确值，帮助用户对图表数据进行统计计算。

Excel 2010 包含两种样式的图表，嵌入式图表和图表工作表。嵌入式图表是将图表看作一个图形对象，并作为工作表的一部分进行保存，如图 7-44 所示。图表工作表是工作簿中具有特定工作表名称的独立工作表，如图 7-45 所示。在需要独立于工作表数据查看或编辑大而复杂的图表以及节省工作表上的屏幕空间时，就可以使用图表工作表。

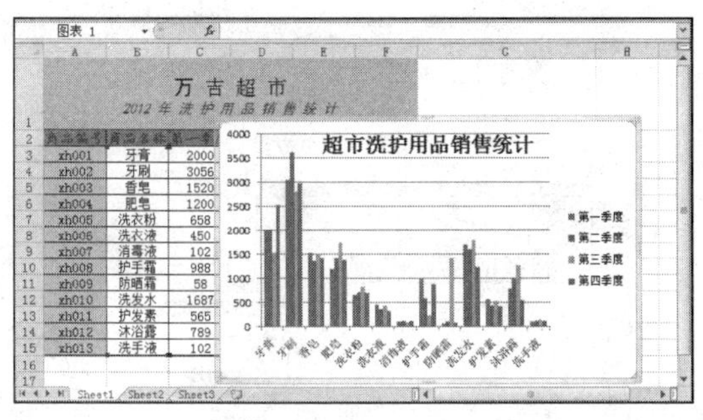


图 7-44　嵌入式图表

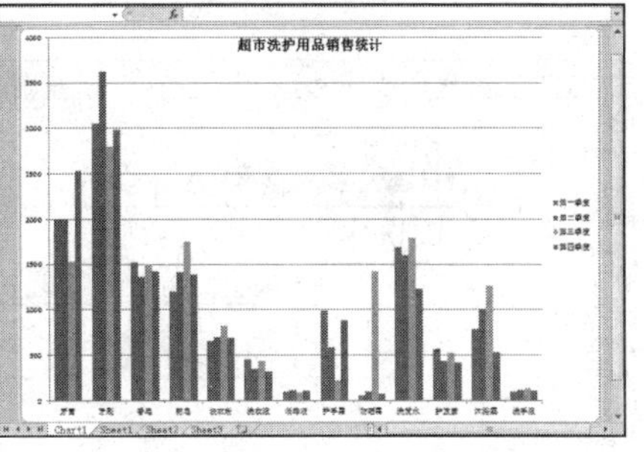


图 7-45　图表工作表

## 7.4.2　创建图表

使用 Excel 2010 可以方便、快速地建立一个标准类型或自定义类型的图表。选择包含要用于图表的单元格，打开【插入】选项卡，在【插图】组中选择需要的图表样式，即可在工作表中插入图表。

【例 7-11】打开【产品价格统计】素材工作簿，在【电器销售额统计】工作表中创建图表。

(1) 启动 Excel 2010 程序，打开【产品价格统计】工作簿的【电器销售额统计】工作表，如图 7-46 所示。

(2) 选定 B3:H10 单元格区域，打开【插入】选项卡，在【图表】组中单击【条形图】按钮，在弹出的菜单中选择【簇状条形图】选项，如图 7-47 所示。

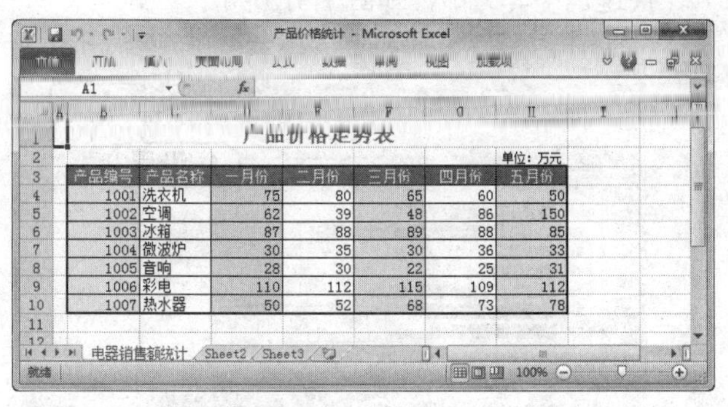

产品价格走势表

单位：万元

| 产品编号 | 产品名称 | 一月份 | 二月份 | 三月份 | 四月份 | 五月份 |
|---|---|---|---|---|---|---|
| 1001 | 洗衣机 | 75 | 80 | 65 | 60 | 50 |
| 1002 | 空调 | 62 | 39 | 48 | 86 | 150 |
| 1003 | 冰箱 | 87 | 88 | 89 | 88 | 85 |
| 1004 | 微波炉 | 30 | 35 | 30 | 36 | 33 |
| 1005 | 音响 | 28 | 30 | 22 | 25 | 31 |
| 1006 | 彩电 | 110 | 112 | 115 | 109 | 112 |
| 1007 | 热水器 | 50 | 52 | 68 | 73 | 78 |

图 7-46　打开工作表

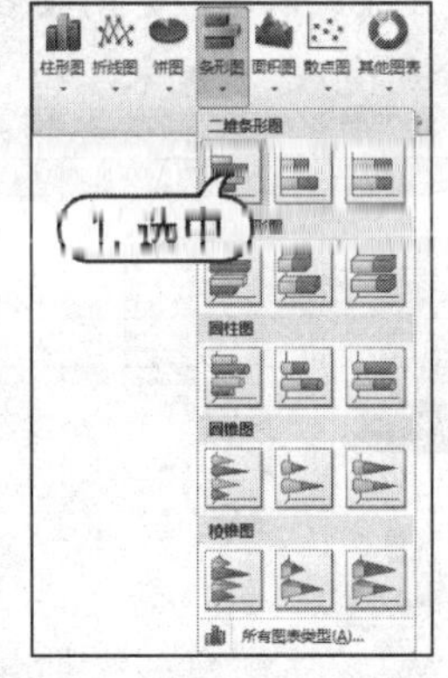


图 7-47 选择【簇状条形图】选项

(3) 或者打开【插入】选项卡，在【图表】组单击对话框启动器按钮，打开【插入图表】对话框，在【条形图】列表框中选择【簇状条形图】选项，单击【确定】按钮，同样可以插入二维簇状条形图，如图 7-48 所示。

(4) 用以上两种方法都可以将二维簇状条形图自动将插入工作表中，如图 7-49 所示。

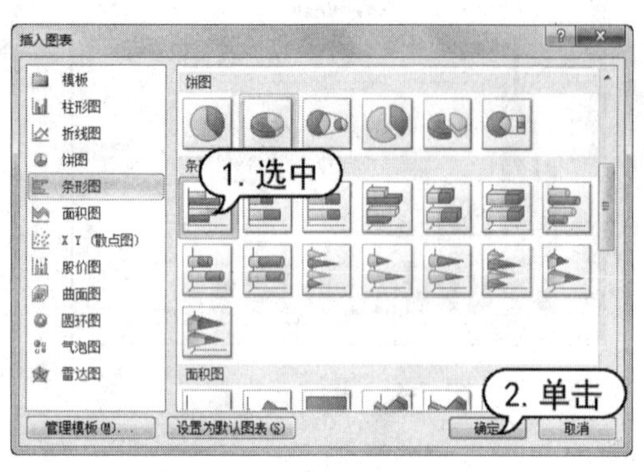


图 7-48 【插入图表】对话框

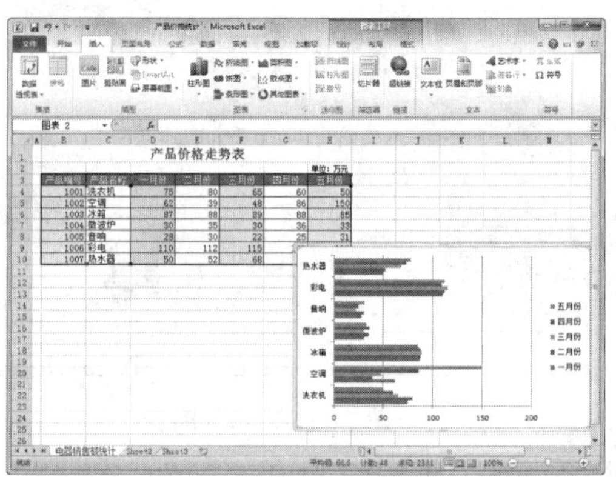

图 7-49 插入图表

## 7.4.3 编辑图表

图表创建完成后，Excel 2010 会自动打开【图表工具】的【设计】、【布局】和【格式】选项卡，在其中可以设置图表位置和大小、图表样式、图表的布局等操作。

【例 7-12】在【电器销售额统计】工作表中编辑图表内容。

(1) 启动 Excel 2010 程序，打开【产品价格统计】工作簿的【电器销售额统计】工作表。

(2) 选定整个图表，按住鼠标左键并拖动图表，将虚线位置移动到合适的位置。释放鼠标，即可移动图表至虚线位置，如图 7-50 所示。

(3) 打开【图表工具】的【格式】选项卡，在【大小】组中的【形状高度】和【形状宽度】文本框中分别输入“6 厘米”和“16 厘米”，快速调整其大小，如图 7-51 所示。

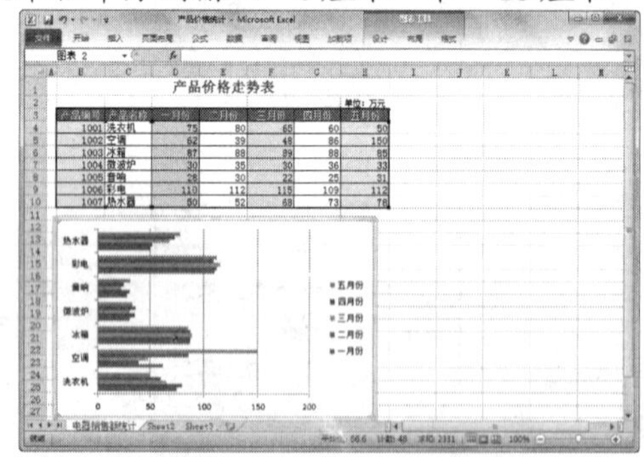

图 7-50 调整图表位置

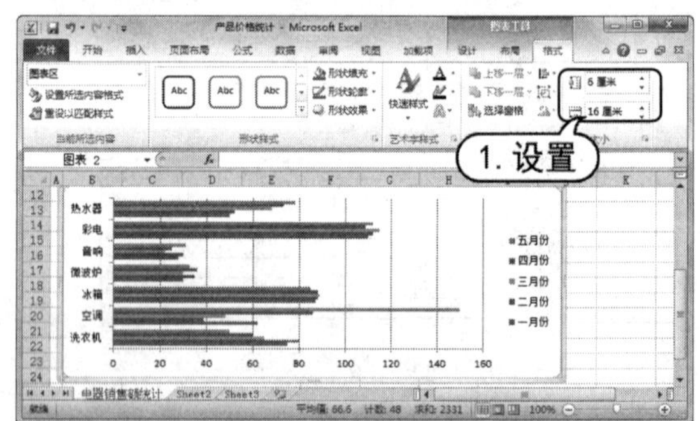


图 7-51 调整图表大小

(4) 选定图表区，打开【图表工具】的【设计】选项卡，在【图表样式】组中单击【其他】按钮，在弹出的【表样式】列表中选择【样式 26】选项，即可将其应用到图表中，如图 7-52 所示。

(5) 选中图表，打开【图表工具】的【布局】选项卡，在【标签】组中单击【图表标题】按钮，从弹出的菜单中选择【居中覆盖标题】命令。在图表中添加图表标题，并在【图表标题】文本框中输入文本“价格走势分析”，如图 7-53 所示。

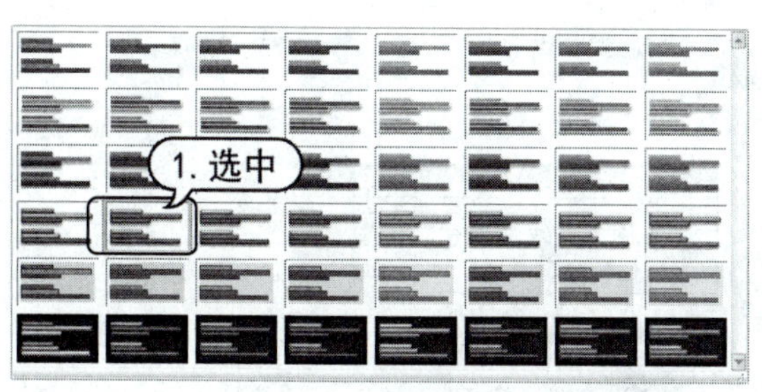


图7-52　选择样式

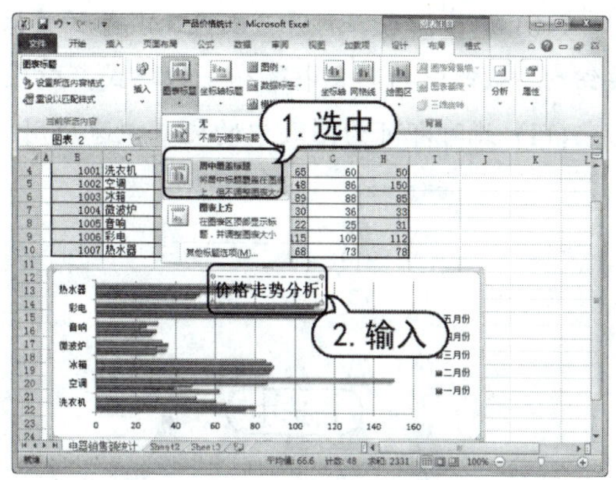


图7-53　添加图表标题

(6) 打开【图表工具】的【布局】选项卡，在【坐标轴】组中单击【网格线】按钮，从弹出的菜单中选择【主要横网格线】|【主要网格线】命令，为图表添加网格线，效果如图7-54所示。

(7) 右击图表区，从弹出的快捷菜单中选择【设置图表区格式】命令，打开【设置图表区格式】对话框。打开【填充】选项卡，选中【纯色填充】单选按钮，在【填充颜色】选项区域中单击【填充颜色】按钮，从弹出的颜色面板中选择【深蓝，文字2，淡色80%】色块，单击【关闭】按钮，如图7-55所示。

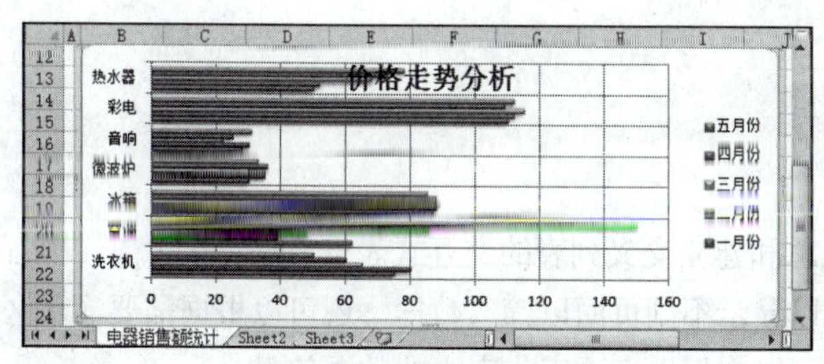


图7-54　添加网格线

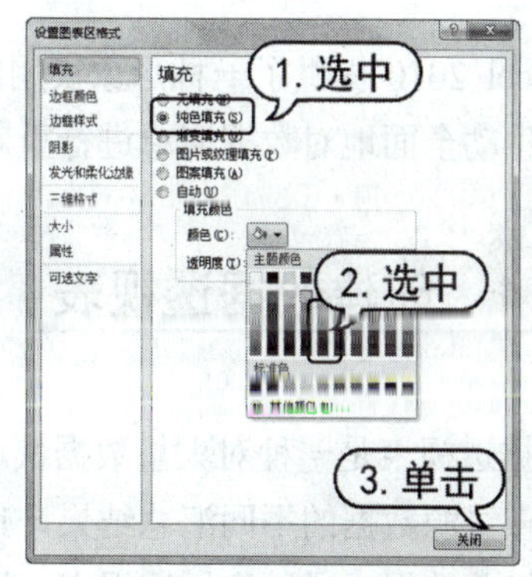


图7-55　选择填充颜色

(8) 此时即可为图表区填充背景色，效果如图7-56所示。

(9) 使用同样的方法，设置绘图区的填充背景色，效果如图7-57所示。

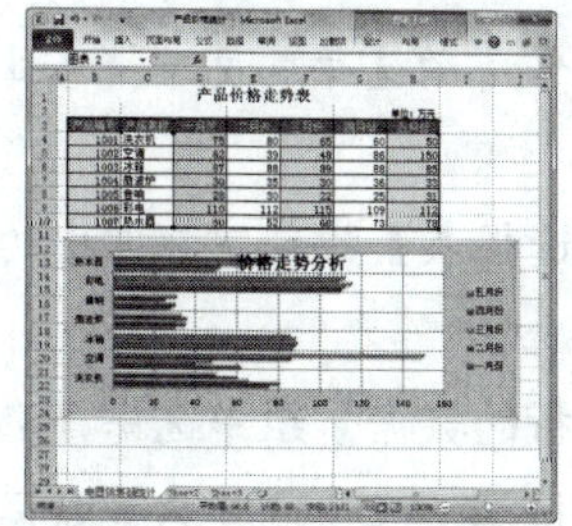

图7-56　填充图表背景色

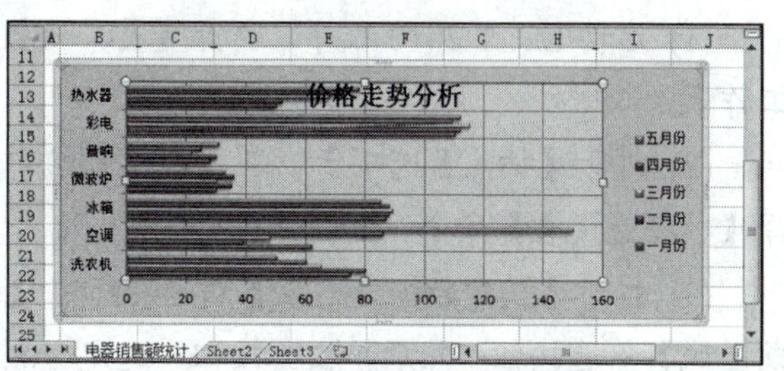


图7-57　填充绘图区背景色

(10) 选中图表，打开【图表工具】的【格式】选项卡，在【艺术字样式】组中单击【其他】按钮，从弹出的列表中选择一种样式，效果如图 7-58 所示。

(11) 此时即可为图表中的文本快速应用该艺术字样式，效果如图 7-59 所示。

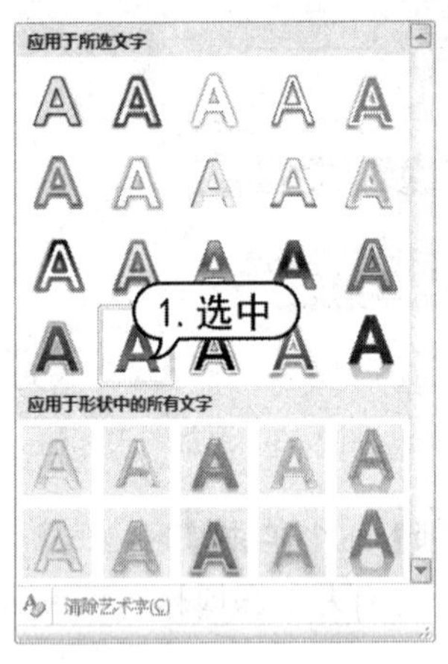


图 7-58 选择艺术字样式

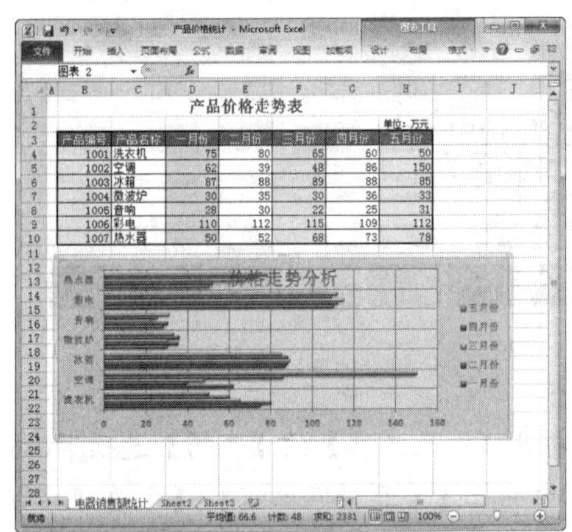


图 7-59 应用艺术字样式



## 7.5 制作数据透视图表

Excel 2010 提供了一种形象实用的数据分析工具——数据透视表及数据透视图，使用该工具可以生动全面地对数据清单进行重新组织和统计。

### 7.5.1 创建数据透视表

数据透视表是一种对大量数据快速汇总和建立交叉列表的交互式表格。它不仅可以转换行和列以查看源数据的不同汇总结果，也可以显示不同页面以筛选数据，还可以根据需要显示区域中的细节数据。通过数据透视表，用户可以方便地查看工作表中的数据信息。

要创建数据透视表，必须连接一个数据来源，并输入报表的位置。

【例 7-13】为【员工销售业绩表】工作簿的【年度员工销售业绩汇总】工作表创建数据透视表。

(1) 启动 Excel 2010 程序，打开【员工销售业绩表】工作簿的【年度员工销售业绩汇总】工作表。

(2) 打开【插入】选项卡，在【表格】组中单击【数据透视表】按钮，在弹出的菜单中选择【数据透视表】命令，如图 7-60 所示。

(3) 打开【创建数据透视表】对话框，在【请选择要分析的数据】组中选中【选择一个表或区域】单选按钮，然后单击按钮，选定 A2:F17 单元格区域；在【选择放置数据透视表的位置】选项区域中选中【新工作表】单选按钮，单击【确定】按钮，如图 7-61 所示。

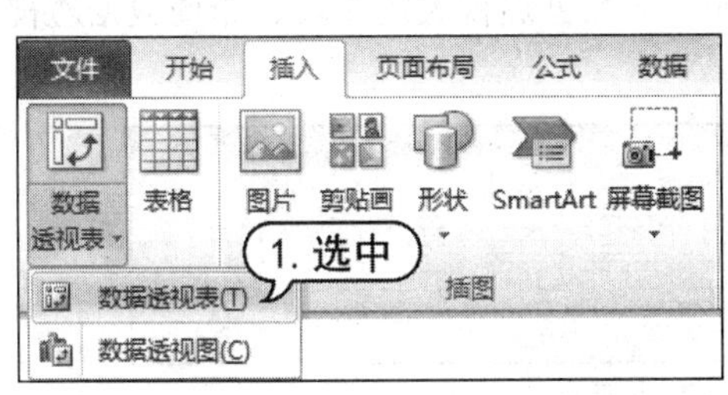


图 7-60　选择【数据透视表】命令

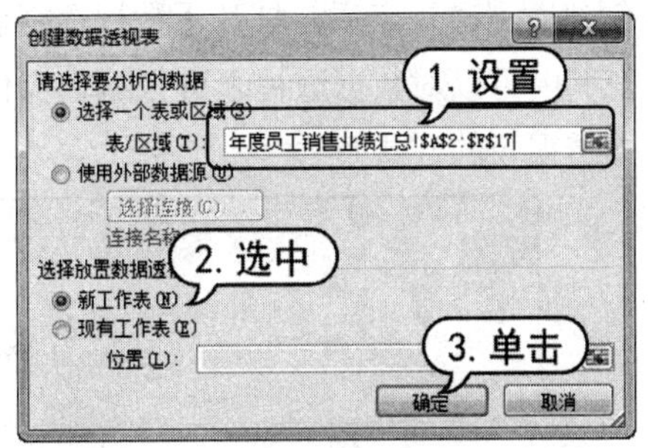


图 7-61　【创建数据透视表】对话框

(4) 此时，在工作簿中添加一个新工作表，同时插入数据透视表，并将新工作表命名为“数据透视表”，如图 7-62 所示。

(5) 在【数据透视表字段列表】窗格的【选择要添加到报表的字段】列表中选中【员工编号】之外的所有字段，并将它们分别拖动到对应的区域，完成数据透视表的布局设计，如图 7-63 所示。

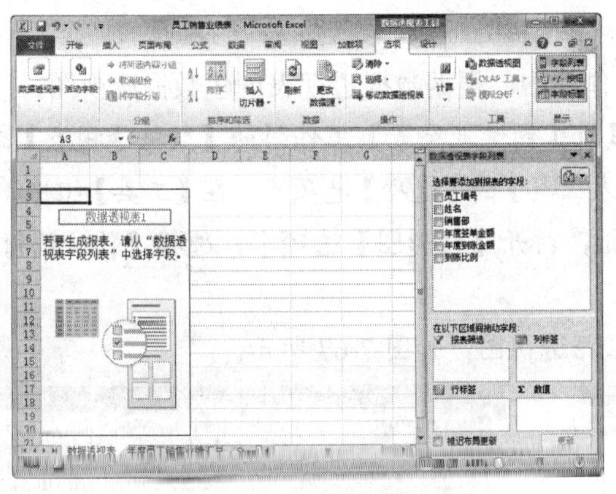


图 7-62　插入数据透视表

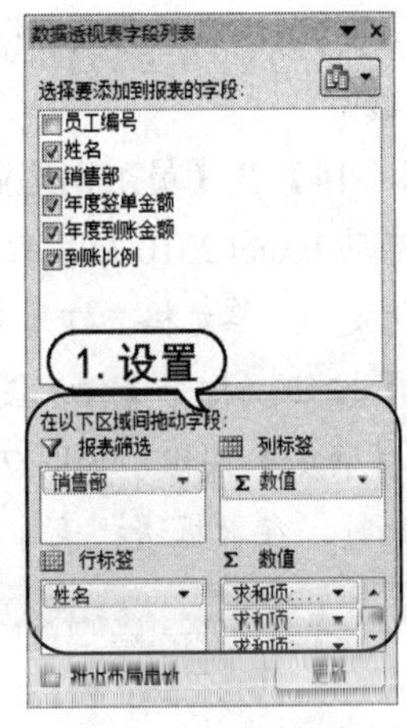


图 7-63　布局设计

(6) 调整布局后，数据透视表会及时更新，效果如图 7-64 所示。

| 销售部 | (全部) | | |
|---|---|---|---|
| 行标签 | 求和项:年度签单金额 | 求和项:年度到账金额 | 求和项:到账比例 |
| 曹阳 | 550000 | 430000 | 0.781818182 |
| 程谨 | 1080000 | 1020000 | 0.944444444 |
| 方微 | 860000 | 800000 | 0.930232558 |
| 何尽皆 | 550000 | 470000 | 0.854545455 |
| 何良亮 | 800000 | 800000 | 1 |
| 洪阳 | 470000 | 345000 | 0.734042553 |
| 蒋冬冬 | 580000 | 510000 | 0.879310345 |
| 李雨晴 | 500000 | 370000 | 0.74 |
| 刘莎 | 990000 | 990000 | 1 |
| 马兴鑫 | 440000 | 342000 | 0.777272727 |
| 秦臻 | 1080000 | 850000 | 0.787037037 |
| 王帆 | 540000 | 450000 | 0.833333333 |
| 徐夏言 | 520000 | 440000 | 0.846153846 |
| 杨银平 | 500000 | 441000 | 0.882 |
| 张卿 | 706000 | 618000 | 0.875354108 |
| 总计 | 10166000 | 8876000 | 12.86554459 |

图 7-64　数据透视表效果

**提示**

创建数据透视表需要 2 个步骤来完成，它们分别是：第一步，选择数据源的范围；第二步，设计将要生成的透视表的布局。另外，用户还可以随时修改创建好的数据透视表的结构。

在创建数据透视表后，打开【数据透视表工具】的【选项】和【设计】选项卡，如图 7-65 所示。在其中可以对数据透视表进行编辑操作，如设置数据透视表的字段、布局数据透视表、设置数据透视表的样式等。

图 7-65　【设计】选项卡

## 7.5.2　创建数据透视图

数据透视图是一个动态的图表，可以看作是数据透视表和图表的结合。使用它可以将创建的数据透视表中的数据以图表形式显示出来。

在 Excel 2010 中，可以根据数据透视表快速创建数据透视图，从而更加直观地显示数据透视表中的数据。

【例 7-14】在【员工销售业绩表】工作簿中，根据数据透视表创建数据透视图。

(1) 启动 Excel 2010 应用程序，打开【员工销售业绩表】工作簿的【数据透视表】工作表。

(2) 选定 A3 单元格，打开【数据透视表工具】的【选项】选项卡，在【工具】组中单击【数据透视图】按钮，打开【插入图表】对话框，打开【柱形图】选项卡，选择【簇状圆锥图】选项，单击【确定】按钮，如图 7-66 所示。

(3) 此时，在数据透视表中插入一个数据透视图，如图 7-67 所示。

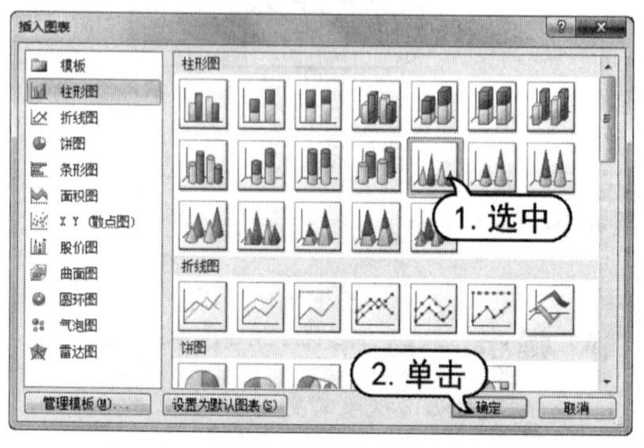


图 7-66　选择【簇状圆锥图】选项

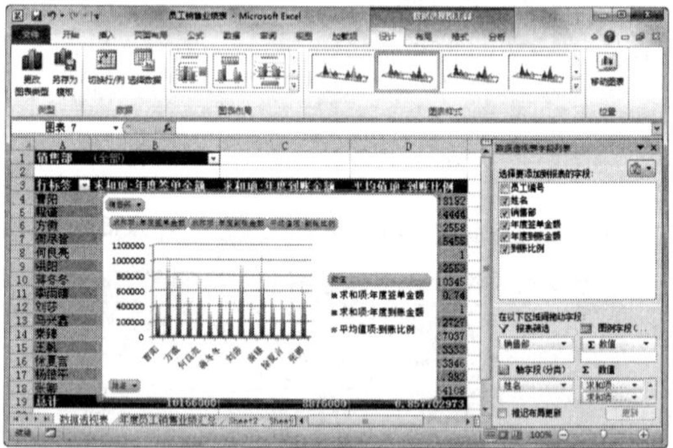

图 7-67　插入数据透视图

(4) 打开【数据透视图工具】的【设计】选项卡，在【位置】组中单击【移动图表】按钮，打开【移动图表】对话框，选中【新工作表】单选按钮，单击【确定】按钮，如图 7-68 所示。

(5) 此时，在工作簿中添加一个新工作表，同时插入数据透视图，并将该工作表命名为“数据透视图”，如图 7-69 所示。

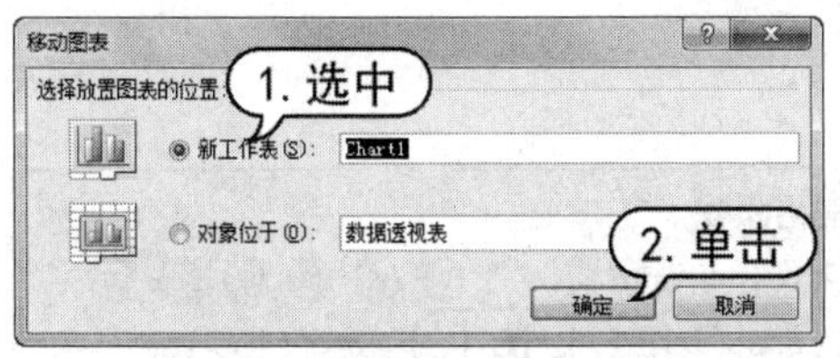


图 7-68　【移动图表】对话框

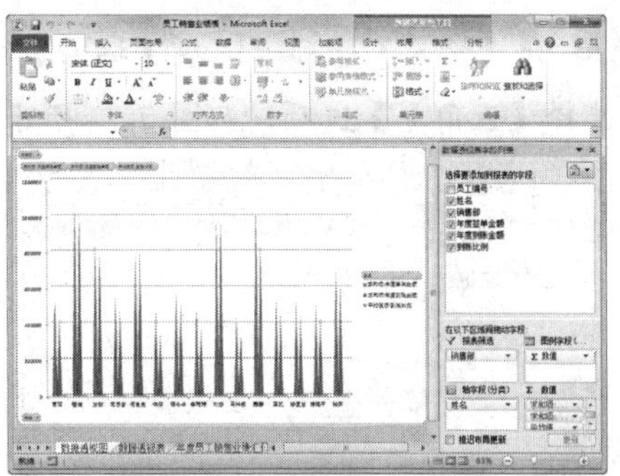

图 7-69　插入数据透视图

在创建数据透视图后，打开【数据透视表工具】的【设计】、【布局】、【格式】和【分析】等选项卡，如图 7-70 所示。在其中可以设置数据透视图的设计、布局、格式以及分析功能，设置方法与设置普通图表相同。

图 7-70　【设计】选项卡

## 7.6　添加表格修饰元素

Excel 2010 具有强大的图形处理功能和数据计算功能。该图形处理功能允许用户向工作表中添加图形、图片和文本框等修饰表格的元素。

### 7.6.1　添加绘制形状

利用 Excel 2010 系统提供的形状，可以绘制出各种图形。在 Excel 2010 中，打开【插入】选项卡，在【插图】组中单击【形状】按钮，可以打开【形状】菜单。利用【形状】菜单，可以方便地绘制各种基本图形，如直线、圆形、矩形、正方形、星形等。

【例 7-15】创建【招聘申请单】工作簿，在其中绘制形状，并设置其格式。

(1) 启动 Excel 2010 应用程序，创建【招聘申请单】工作簿，并在 Sheet 1 工作表中输入数据，如图 7-71 所示，根据需要设置单元格的格式。

**提示**

打开【视图】选项卡，在【显示】组中取消选中【网格线】复选框，隐藏工作表中单元格的网格线。

(2) 打开【插入】选项卡，在【插图】组中单击【形状】按钮，从弹出的【星与旗帜】列表框中选择【五角星】选项，如图 7-72 所示。

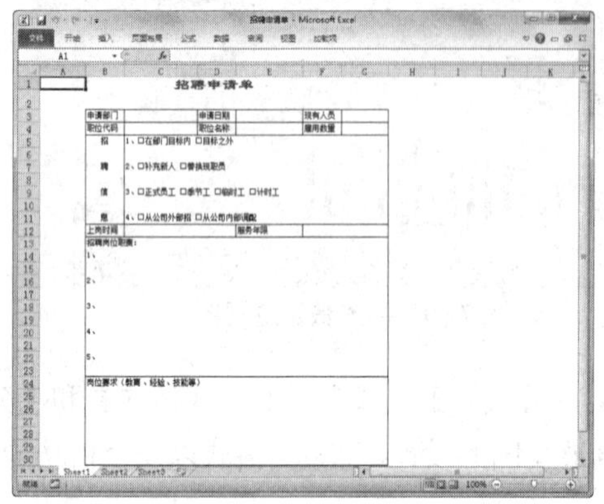

图 7-71　输入数据

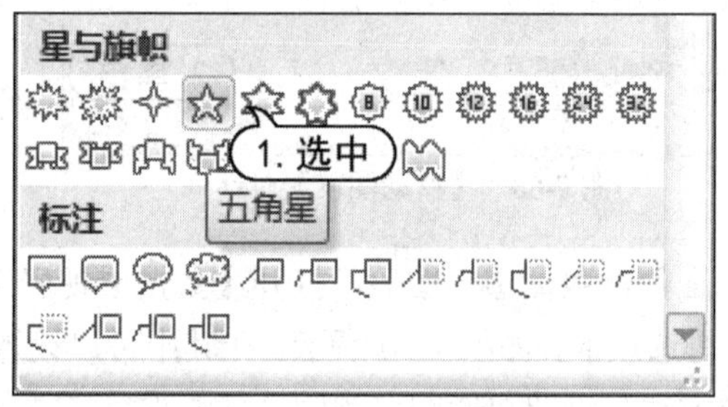


图 7-72　选择【五角星】选项



(3) 拖动鼠标在工作表标题位置绘制一个五角星形状。使用同样的方法，绘制其他 5 个五角星形状，如图 7-73 所示。

(4) 选中所有的形状，打开【绘图工具】的【格式】选项卡，在【形状样式】组中单击【其他】按钮，从弹出的列表框中选择一种形状样式，如图 7-74 所示。

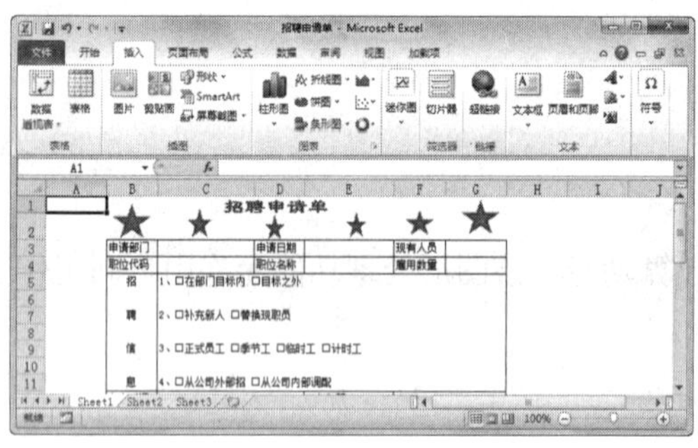

图 7-73　绘制五角星形状

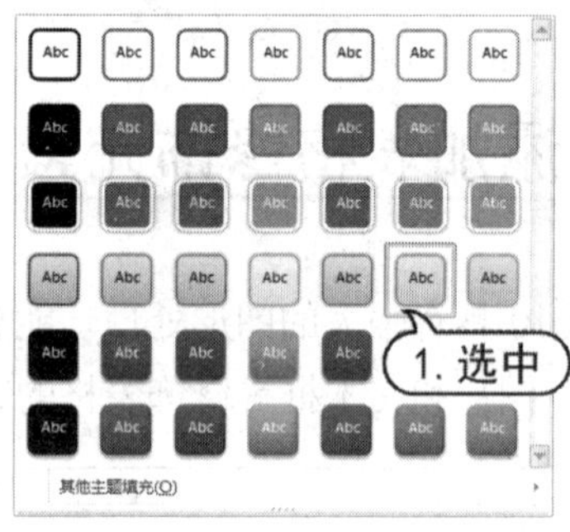


图 7-74　选择样式

(5) 在【格式】选项卡的【形状样式】组中单击【形状轮廓】按钮，从弹出的菜单中选择【无轮廓】命令，如图 7-75 所示。

(6) 此时 6 个五角星自动应用形状样式，如图 7-76 所示。

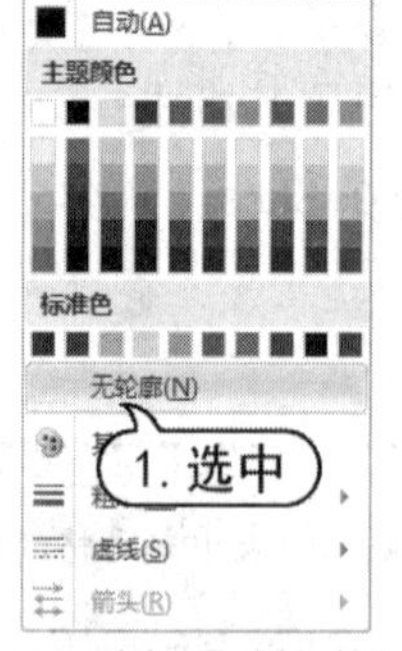


图 7-75　选择【无轮廓】命令

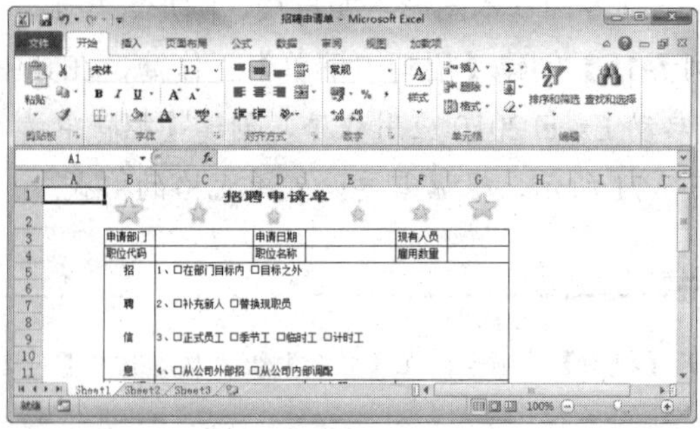

图 7-76　应用样式

## 7.6.2　添加图片

在 Excel 2010 工作表中，可以插入来自本地磁盘的图片，也可以应用程序自带的剪贴画。

【例 7-16】在【招聘申请单】工作簿中插入剪贴画和图片，并设置图片格式。

(1) 启动 Excel 2010 应用程序，打开【招聘申请单】工作簿的 Sheet1 工作表。

(2) 打开【插入】选项卡，在【插图】组中单击【剪贴画】按钮，打开【剪贴画】任务窗格。在【搜索文字】文本框中输入“工作”，然后单击【搜索】按钮，Excel 2010 会自动查找与“工作”相关的剪贴画，在剪贴画列表框中选择一张剪贴画，如图 7-77 所示。

(3) 将该剪贴画插入到工作表中，拖动剪贴画四周控制点调整其大小，然后拖动剪贴画至工作表中适当位置，如图 7-78 所示。

图 7-77　选择剪贴画

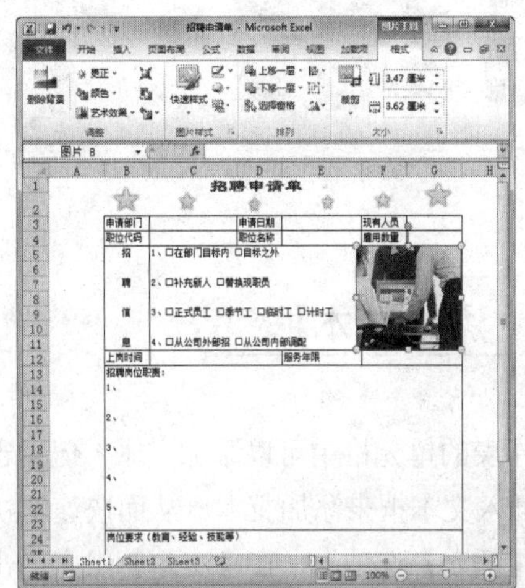


图 7-78　调整图片大小和位置

(4) 在【插入】选项卡的【插图】组中单击【图片】按钮，打开【插入图片】对话框，选择要插入的图片，然后单击【插入】按钮，如图 7-79 所示。

(5) 拖动鼠标调节图片的大小和位置，如图 7-80 所示。

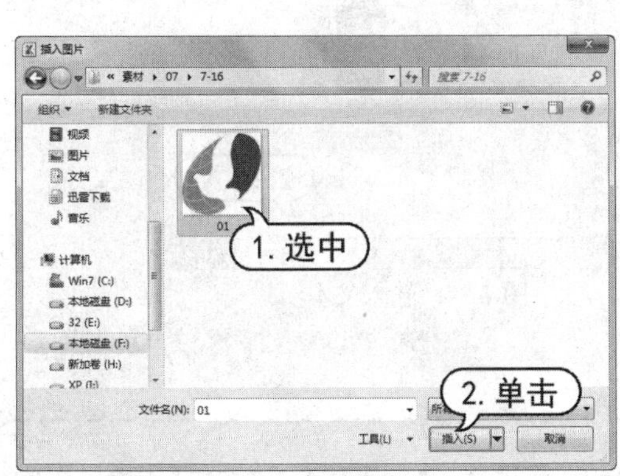


图 7-79　选择图片

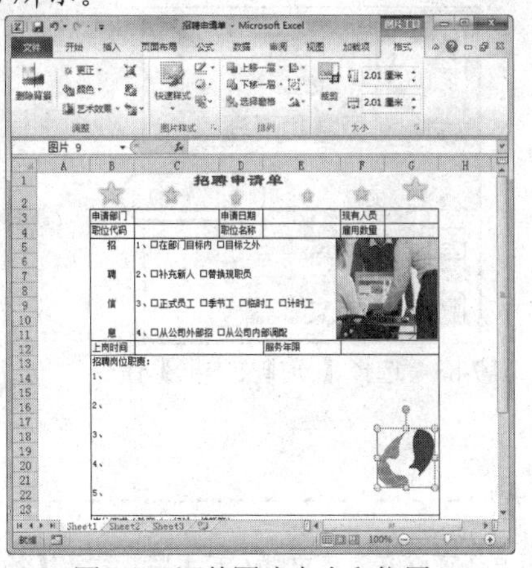


图 7-80 调整图片大小和位置

(6) 选中图片，打开【图片工具】的【格式】选项卡，在【图片样式】组中单击【其他】按钮，从弹出的列表框中选择【柔化边缘椭圆】样式，如图 7-81 所示。

(7) 此时为图片应用该样式，效果如图 7-82 所示。

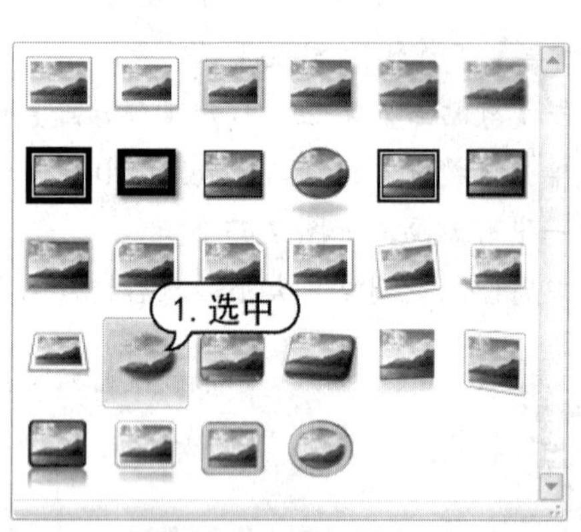


图 7-81　选择样式

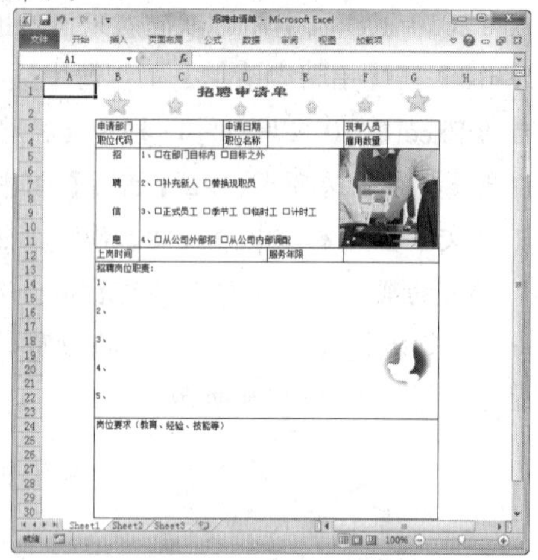


图 7-82　应用样式

## 7.6.3　添加文本框

在工作表的单元格中可以添加文本，但由于其位置固定而经常不能满足用户的需要。这时可以通过插入文本框来添加文本，从而快速解决该问题。

打开【插入】选项卡，在【文本】组中单击【文本框】按钮下的倒三角按钮，在弹出的菜单中选择【横排文本框】命令，如图 7-83 所示。然后在工作表的合适位置拖动鼠标绘制文本框，拖动鼠标调节文本框的大小和位置，在其中设置字体并输入文本，如图 7-84 所示。

图 7-83　选择【横排文本框】命令

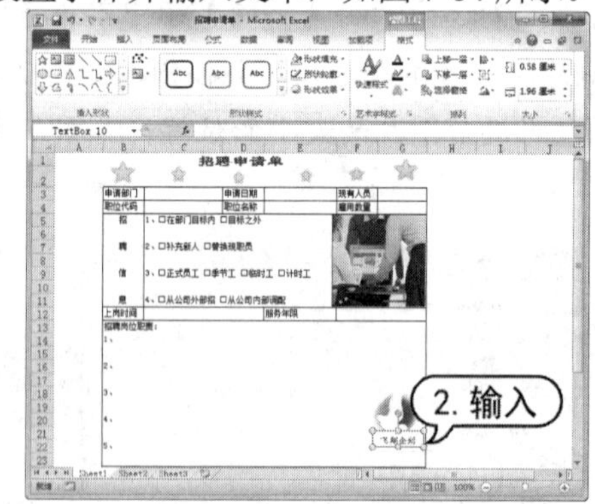


图 7-84　输入文本

**提示**

用户还可以在表格中插入艺术字，打开【插入】选项卡，在【文本】组中单击【艺术字】按钮，从弹出的【艺术字样式】列表框中选择样式，即可快速在工作表中插入艺术字。

# 7.7　上机练习

本章的上机实验主要练习修饰陶瓷工艺报价表，用户通过练习从而巩固本章所学知识。

(1) 启动 Excel 2010 应用程序，打开【产品报价】工作簿的【陶瓷工艺】工作表，如图 7-85 所示。

(2) 打开【插入】选项卡，在【文本】组中单击【艺术字】下拉按钮，从弹出的艺术字列表框中选择第 4 行第 2 列中的样式，如图 7-86 所示。

图 7-85　打开工作表

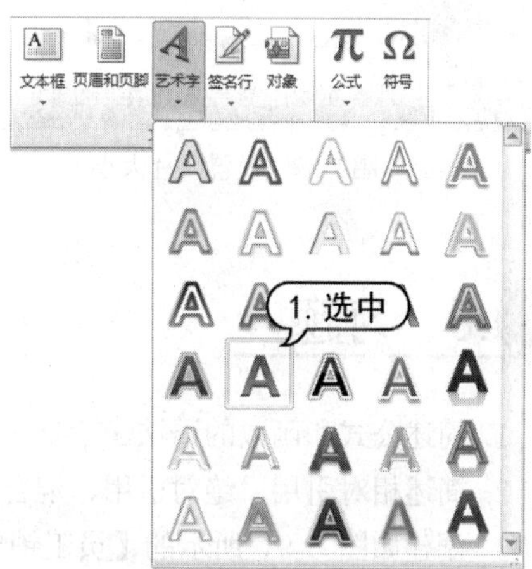


图 7-86　选择艺术字样式

(3) 在艺术字文本框中输入文本，设置其字体为【华文新魏】，字号为 40，单击【下划线】按钮 U，添加下划线，拖动鼠标调节艺术字至标题位置，如图 7-87 所示。

(4) 打开【插入】选项卡，在【插图】组中单击【图片】按钮，打开【插入图片】对话框，选择要插入的图片，单击【插入】按钮，如图 7-88 所示。

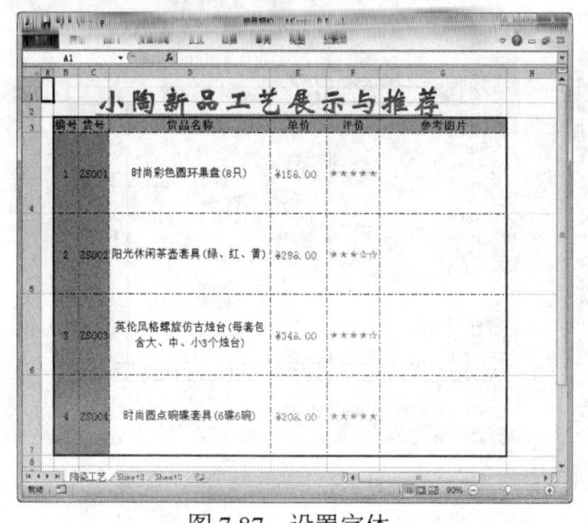


图 7-87　设置字体

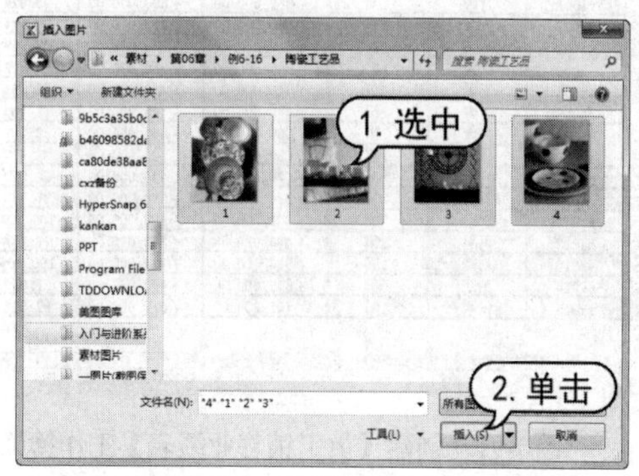


图 7-88　选择插入图片

(5) 此时所选的图片将一次性地插入到工作表中，打开【图片工具】的【格式】选项卡，在【大小】组中，设置图片的高度为“3 厘米”，宽度为“2.4 厘米”，如图 7-89 所示。

(6) 依次拖动鼠标调节图片至单元格位置中的中部位置，表格效果如图 7-90 所示。

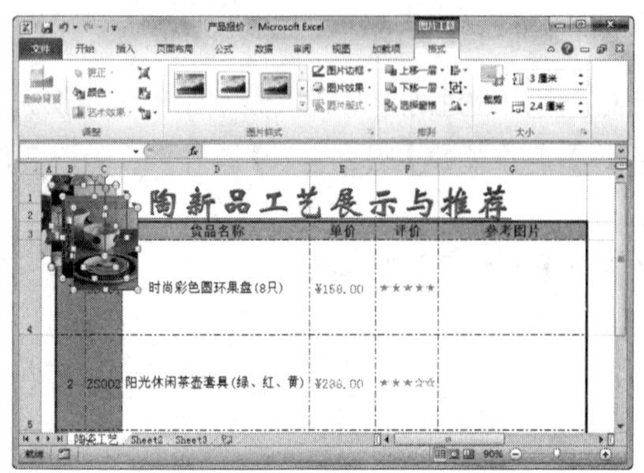

图 7-89　设置图片大小

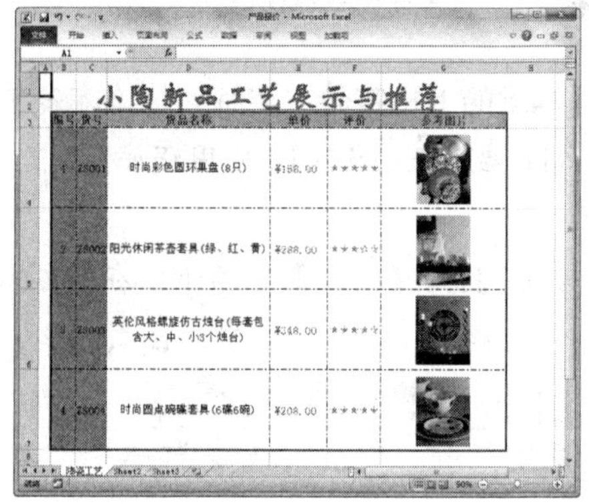

图 7-90　设置图片位置

## 7.8　习题



1. 简述公式和函数的语法。

2. 简述相对引用、绝对引用、混合引用的区别。

3. 创建如图 7-91 所示的【员工销售业绩表】工作簿，在其中练习数据排序、数据筛选和分类汇总。

4. 在【员工销售业绩表】工作簿中，根据【1 部】与【2 部】的销售统计，创建三维簇状柱形图表。

5. 在【员工销售业绩表】工作簿中创建如图 7-92 所示的数据透视表。

年度员工销售业绩汇总

| 员工编号 | 姓名 | 销售部 | 年度签单金额 | 年度到账金额 | 到账比例 |
|---|---|---|---|---|---|
| sx001 | 方岐 | 1部 | ¥860,000.00 | ¥800,000.00 | 93.02% |
| sx002 | 张非 | 2部 | ¥550,000.00 | ¥430,000.00 | 78.18% |
| sx003 | 李月影 | 2部 | ¥510,000.00 | ¥370,000.00 | 72.55% |
| sx004 | 秦臻 | 1部 | ¥1,080,000.00 | ¥850,000.00 | 78.70% |
| sx005 | 王帆 | 3部 | ¥540,000.00 | ¥450,000.00 | 83.33% |
| sx006 | 刘涛 | 2部 | ¥470,000.00 | ¥345,000.00 | 73.40% |
| sx007 | 杨萍 | 3部 | ¥500,000.00 | ¥441,000.00 | 88.20% |
| sx008 | 程谨 | 1部 | ¥1,080,000.00 | ¥1,020,000.00 | 94.44% |
| sx009 | 徐天添 | 3部 | ¥520,000.00 | ¥440,000.00 | 84.62% |
| sx010 | 胡啸天 | 3部 | ¥580,000.00 | ¥510,000.00 | 87.93% |
| sx011 | 高远 | 2部 | ¥800,000.00 | ¥800,000.00 | 100.00% |
| sx012 | 冯刚 | 2部 | ¥440,000.00 | ¥342,000.00 | 77.73% |
| sx013 | 刘莎 | 1部 | ¥990,000.00 | ¥990,000.00 | 100.00% |
| sx014 | 易惬 | 2部 | ¥540,000.00 | ¥470,000.00 | 87.04% |
| sx015 | 张卿 | 1部 | ¥706,000.00 | ¥618,000.00 | 87.54% |

图 7-91　创建【员工销售业绩表】工作簿

姓名　(全部)

| 求和项:年度到账金额 | 销售部 | | | |
|---|---|---|---|---|
| 员工编号 | 1部 | 2部 | 3部 | 总计 |
| sx001 | 800000 | | | 800000 |
| sx002 | | 430000 | | 430000 |
| sx003 | | 370000 | | 370000 |
| sx004 | 850000 | | | 850000 |
| sx005 | | | 450000 | 450000 |
| sx006 | | 345000 | | 345000 |
| sx007 | | | 441000 | 441000 |
| sx008 | 1020000 | | | 1020000 |
| sx009 | | | 440000 | 440000 |
| sx010 | | | 510000 | 510000 |
| sx011 | | 800000 | | 800000 |
| sx012 | | 342000 | | 342000 |
| sx013 | 990000 | | | 990000 |
| sx014 | | 470000 | | 470000 |
| sx015 | 618000 | | | 618000 |
| 总计 | 4278000 | 2757000 | 1841000 | 8876000 |

图 7-92　创建数据透视表

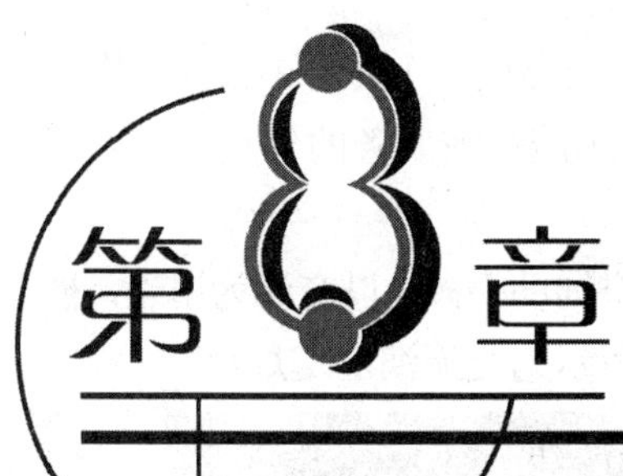

# 第8章 使用 PowerPoint 2010

## 学习目标

PowerPoint 2010 是 Office 软件系列中制作演示文稿的软件，使用 PowerPoint 可以制作出集文字、图形、图像、声音以及视频等多媒体元素为一体的演示文稿，让办公信息以更轻松、更高效的方式表达出来。本章将介绍 PowerPoint 2010 的制作演示文稿的基本操作内容。

## 本章重点

- 创建演示文稿
- 幻灯片基本操作
- 添加幻灯片文本
- 插入其他元素

## 8.1 PowerPoint 2010 办公基础

PowerPoint 2010 是制作演示文稿的办公软件，使用 PowerPoint 制作出来的整个文件叫演示文稿，而演示文稿中的每一页叫幻灯片。

### 8.1.1 PowerPoint 2010 办公应用

PowerPoint 2010 制作的演示文稿可以通过不同的方式播放：既可以打印成幻灯片，使用投影仪播放；也可以在文稿中加入各种引人入胜的视听效果，直接在电脑或互联网上播放。

PowerPoint 2010 在办公上主要有以下几种功能。

- 多媒体商业演示：PowerPoint 2010 可以为各种商业活动提供一个内容丰富的多媒体产品或服务演示的平台，帮助销售人员向最终用户演示产品或服务的优越性，如图 8-1 所示为商业演示幻灯片。
- 多媒体交流演示：PowerPoint 演示文稿是宣讲者的演讲辅助手段，以交流为用途，被广泛用于培训、研讨会、产品发布等领域，如图 8-2 所示为交流演示幻灯片。

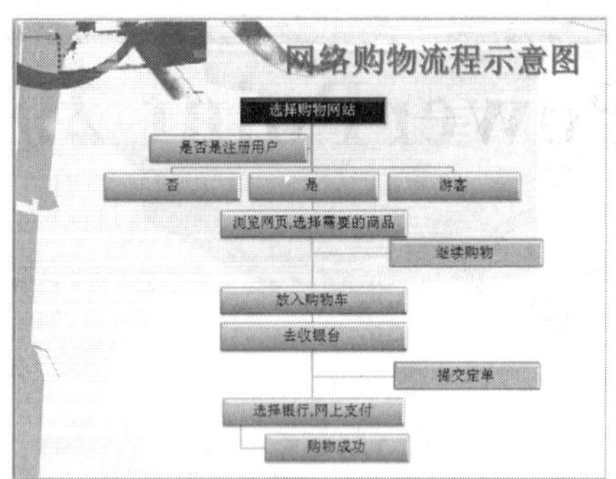


图 8-1　商业演示幻灯片

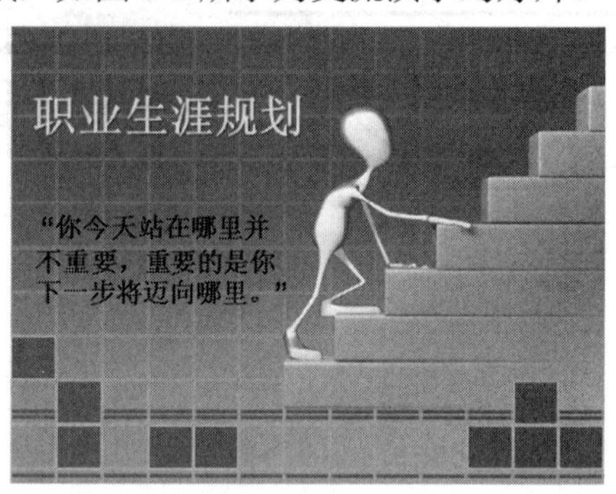


图 8-2　交流演示幻灯片

- 多媒体娱乐演示：由于 PowerPoint 支持文本、图像、动画、音频和视频等多种媒体内容的集成，因此，很多用户都使用 PowerPoint 来制作各种娱乐性质的演示文稿，例如手工剪纸集、相册等，通过 PowerPoint 的丰富表现功能来展示多媒体娱乐内容，如图 8-3 所示。

图 8-3　娱乐演示

## 8.1.2　PowerPoint 2010 工作界面

PowerPoint 2010 的工作界面主要由【文件】按钮、快速访问工具栏、标题栏、功能选项卡、功能区、大纲/幻灯片预览窗格、幻灯片编辑窗口、备注窗格和状态栏等部分组成，如图 8-4 所示。

PowerPoint 2010 的工作界面中，除了包含与其他 Office 软件相同界面的元素外，还有许多特有的组件，如大纲/幻灯片预览窗格、幻灯片编辑窗口和备注窗格栏等。

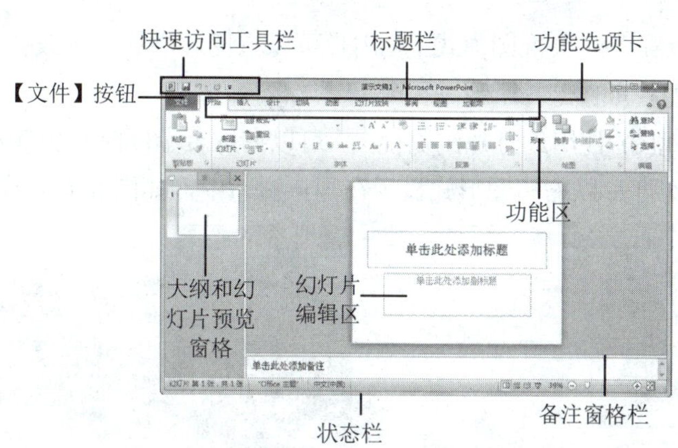


图 8-4　PowerPoint 2010 工作界面

- 大纲/幻灯片预览窗格：位于操作界面的左侧，单击不同的选项卡标签，即可在对应的窗格间进行切换。在【大纲】选项卡中以大纲形式列出了当前颜色文稿中各张幻灯片的文本内容；在【幻灯片】选项卡中列出了当前演示文档中所有幻灯片的缩略图。
- 幻灯片编辑窗口：它是编辑幻灯片内容的场所，是演示文稿的核心部分。在该区域中可对幻灯片内容进行编辑、查看和添加对象等操作。
- 备注窗格栏：位于幻灯片窗格下方，用于输入内容，可以为幻灯片添加说明，以使放映者能够更好地讲解幻灯片中展示的内容。

## 8.1.3　PowerPoint 2010 视图模式

PowerPoint 2010 提供了普通视图、幻灯片浏览视图、备注页视图、幻灯片放映视图和阅读视图 5 种视图模式。打开【视图】选项卡，在【演示文稿视图】组中单击相应的视图按钮，或者单击主界面右下角的快捷按钮，即可将当前操作界面切换至对应的视图模式。

- 普通视图：普通视图又可以分为两种形式，主要区别在于 PowerPoint 工作界面最左边的预览窗口，它分为幻灯片和大纲两种形式来显示，用户可以通过单击该预览窗口上方的切换按钮进行切换，如图 8-5 所示。

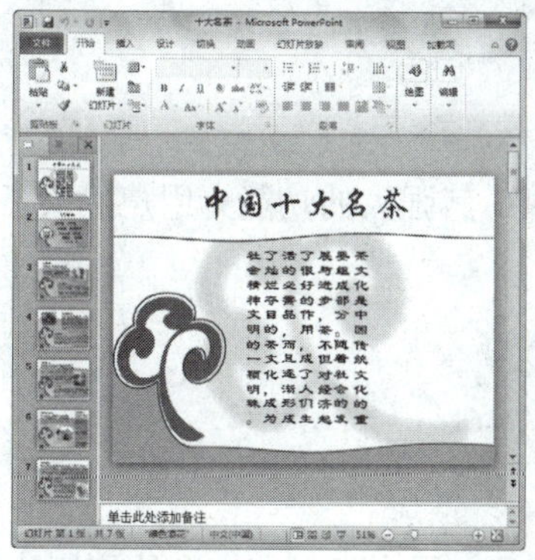


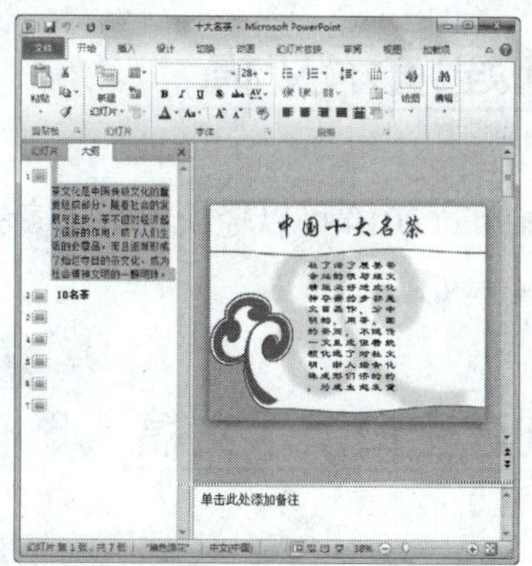


图 8-5　普通视图

- 备注页视图：在备注页视图模式下，用户可以方便地添加和更改备注信息，也可以添加图形等信息，如图 8-6 所示。
- 幻灯片浏览视图：使用幻灯片浏览视图，可以在屏幕上同时看到演示文稿中的所有幻灯片，这些幻灯片以缩略图形式显示在同一窗口中，如图 8-7 所示。

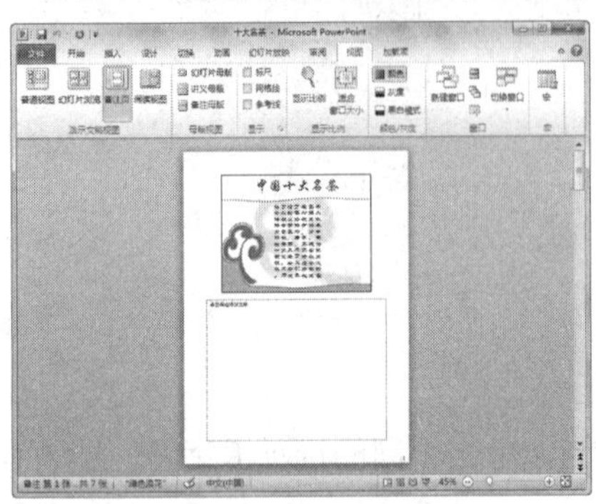


图 8-6　备注页视图

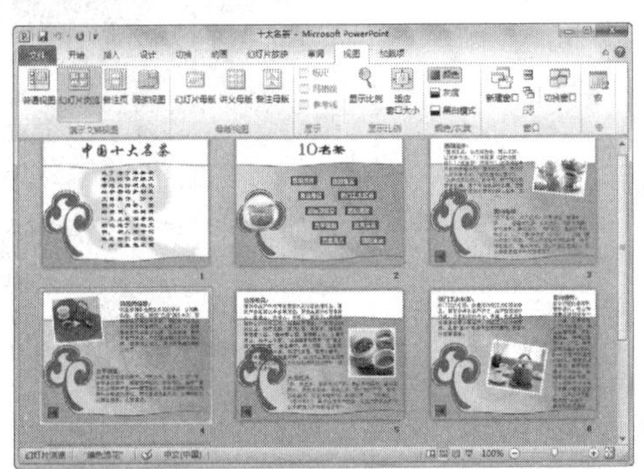


图 8-7　幻灯片浏览视图

- 幻灯片放映视图：幻灯片放映视图是演示文稿的最终效果。在幻灯片放映视图下，用户可以看到幻灯片的最终效果，如图 8-8 所示。
- 阅读视图：如果用户希望在一个设有简单控件的审阅的窗口中查看演示文稿，而不想使用全屏的幻灯片放映视图，则可以在自己的电脑中使用阅读视图，如图 8-9 所示。

图 8-8　幻灯片放映视图

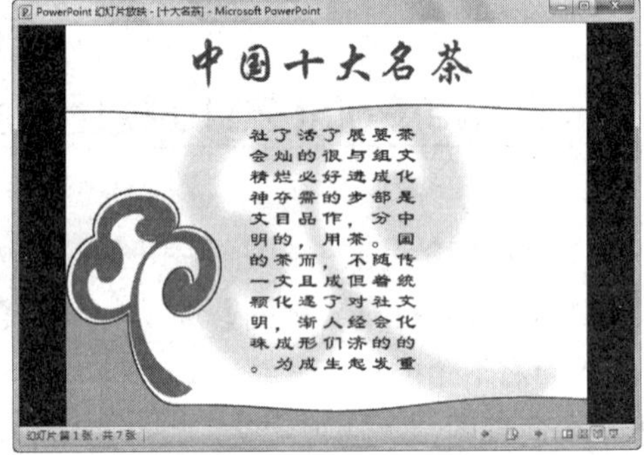


图 8-9　阅读视图

# 8.2　创建演示文稿

使用 PowerPoint 2010 可以轻松地新建演示文稿，其强大的功能为用户提供了方便，本节将介绍多种创建演示文稿的方法。

## 8.2.1　创建空白演示文稿

空白演示文稿由带有布局格式的空白幻灯片组成，用户可以在空白的幻灯片上设计出具有

鲜明个性的背景色彩、配色方案、文本格式和图片等。

创建空白演示文稿的方法主要有以下 2 种。

- 启动 PowerPoint 自动创建空演示文稿：无论是使用【开始】按钮启动 PowerPoint 2010，还是通过桌面快捷图标或者通过现有演示文稿启动，都将自动打开一个空演示文稿，如图 8-10 所示。
- 使用【文件】按钮创建空演示文稿：单击工作界面左上角的【文件】按钮，在弹出的菜单中选择【新建】命令，在右侧【可用模板和主题】列表框中单击【空白演示文稿】按钮，在右侧打开的【空白演示文稿】区域，单击【创建】按钮，即可新建一个空演示文稿，如图 8-11 所示。

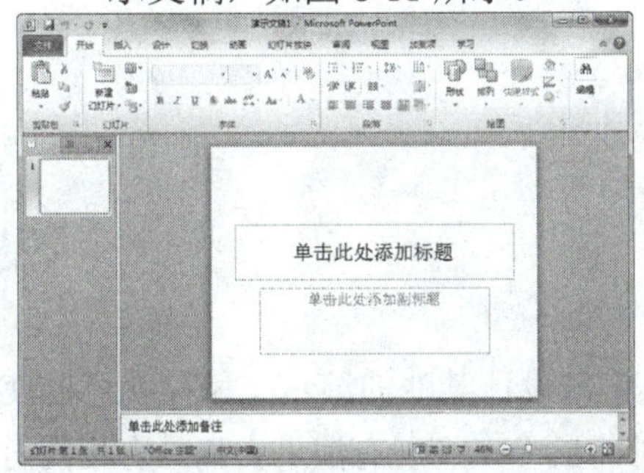


图 8-10　启动 PowerPoint 自动创建空演示文稿

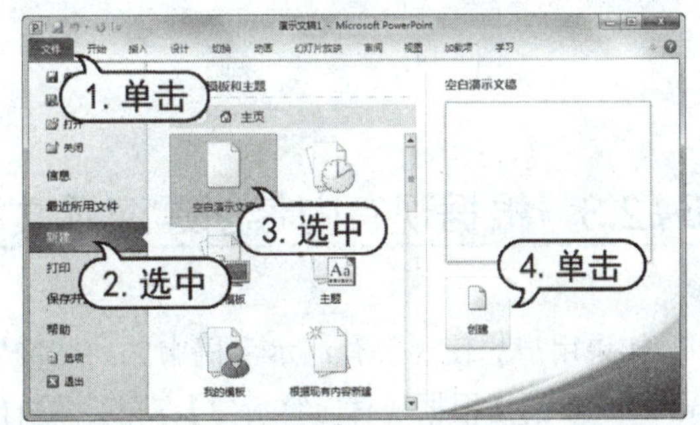


图 8-11　使用【文件】按钮创建空演示文稿

## 8.2.2　根据模板创建演示文稿

模板是一种以特殊格式保存的演示文稿，一旦应用了一种模板后，幻灯片的背景图形、配色方案等就都已经确定，所以套用模板可以提高新建演示文稿的效率。

【例 8-1】使用模板创建一个新演示文稿。

(1) 启动 PowerPoint 2010 应用程序，单击【文件】按钮，在弹出的菜单中选择【新建】命令，打开 Microsoft Office Backstage 视图，在中间的【可用的模板和主题】列表框中选择【样本模板】选项，如图 8-12 所示。

(2) 在打开的【可用的模板和主题】列表框中选择【PowerPoint 2010 简介】选项，单击【创建】按钮，如图 8-13 所示。

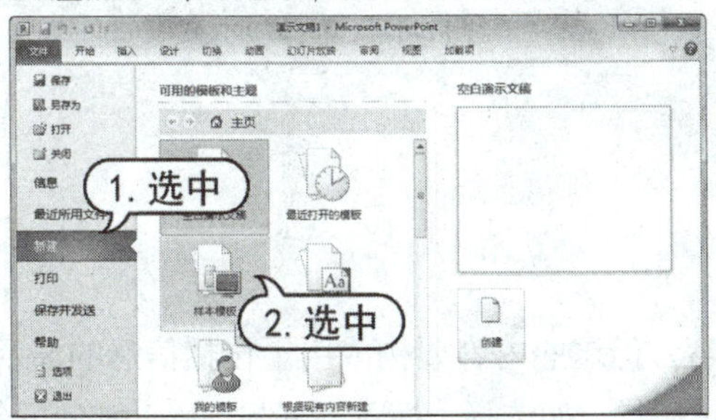


图 8-12　选择【样本模板】选项

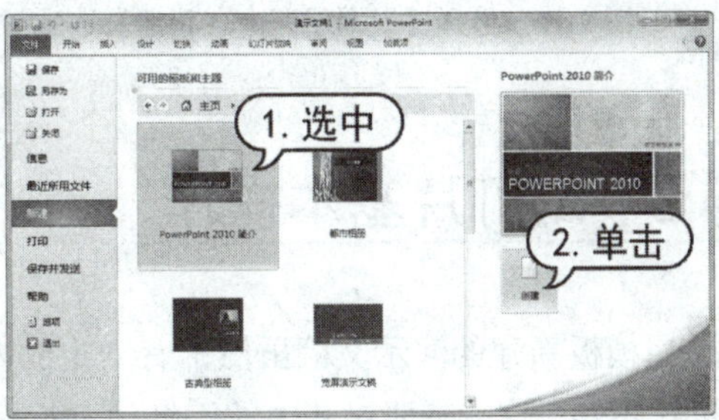


图 8-13　选择模板

(3) 此时，即可新建一个名为【演示文稿 2】的演示文稿并应用模板样式，如图 8-14 所示。

图 8-14　新建演示文稿

**提示**

用户还可以将自定义演示文稿保存为【PowerPoint 模板】类型，使其成为一个自定义模板保存在【我的模板】中。当需要使用该模板时，在【我的模板】列表框中调用即可。

计算机　基础与实训教材系列

## 8.2.3　根据现有内容创建演示文稿

如果用户想使用现有演示文稿中的一些内容或风格来设计其他的演示文稿，就可以使用 PowerPoint 的【根据现有内容新建】功能。这样就能够得到一个和现有演示文稿具有相同内容和风格的新演示文稿，用户只需在原有的基础上进行适当修改即可。

要根据现有内容新建演示文稿，只需单击【文件】按钮，选择【新建】命令，在中间的【可用的模板和主题】列表框中选择【根据现有内容新建】选项，如图 8-15 所示。然后在打开的【根据现有演示文稿新建】对话框中选择需要应用的演示文稿文件，单击【打开】按钮即可，如图 8-16 所示。

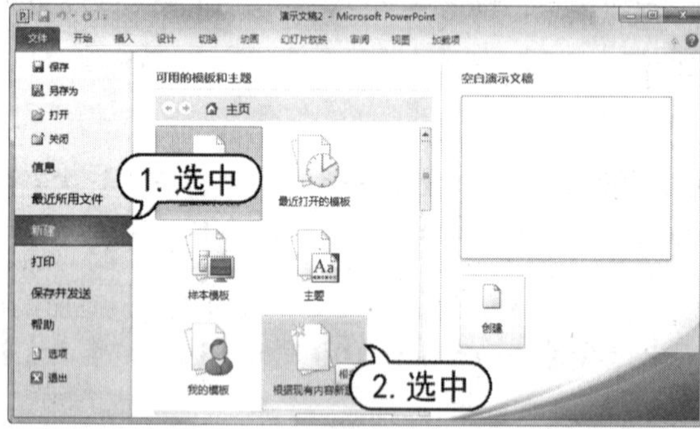


图 8-15　选择【根据现有内容新建】选项

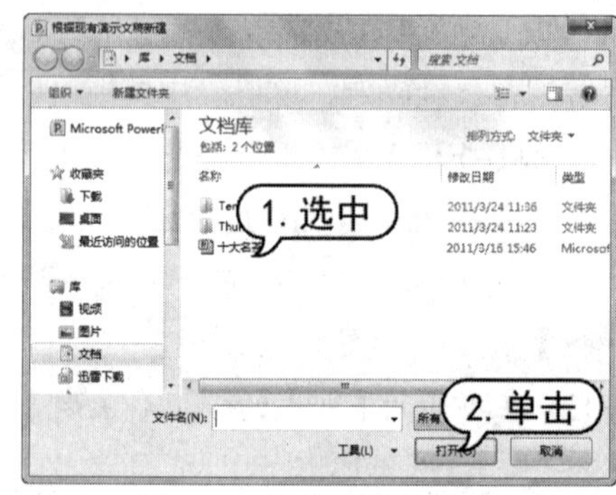


图 8-16　选择演示文稿

## 8.3　幻灯片基本操作

使用模板新建的演示文稿虽然都有一定的内容，但这些内容要构成用于传播信息的演示文稿还远远不够，这就需要对其中的幻灯片进行编辑操作，如选择、插入、复制、移动和删除等。

## 8.3.1　选择幻灯片

在 PowerPoint 2010 中，用户可以选中一张或多张幻灯片，然后对选中的幻灯片进行操作。在普通视图中选择幻灯片的方法有以下几种。

- 选择单张幻灯片：无论是在普通视图还是在幻灯片浏览视图下，只需单击需要的幻灯片，即可选中该张幻灯片。
- 选择编号相连的多张幻灯片：首先单击起始编号的幻灯片，然后按住 Shift 键，单击结束编号的幻灯片，此时两张幻灯片之间的多张幻灯片被同时选中，如图 8-17 所示。
- 选择编号不相连的多张幻灯片：在按住 Ctrl 键的同时，依次单击需要选择的每张幻灯片，即可同时选中单击的多张幻灯片，如图 8-18 所示。在按住 Ctrl 键的同时再次单击已选中的幻灯片，则取消选择该幻灯片。

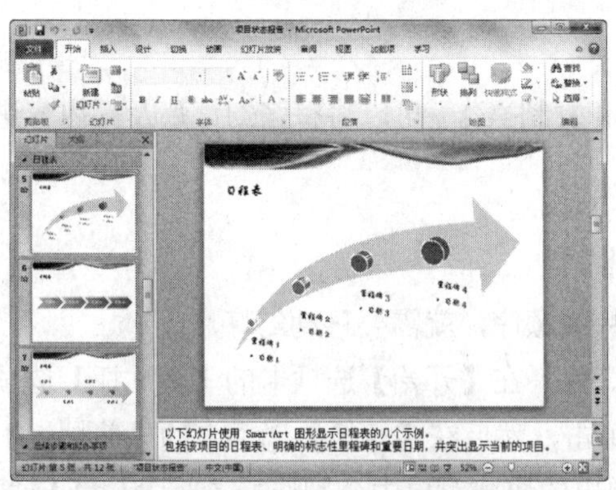
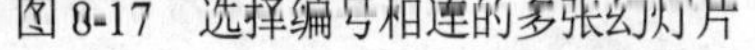
图 8-17　选择编号相连的多张幻灯片

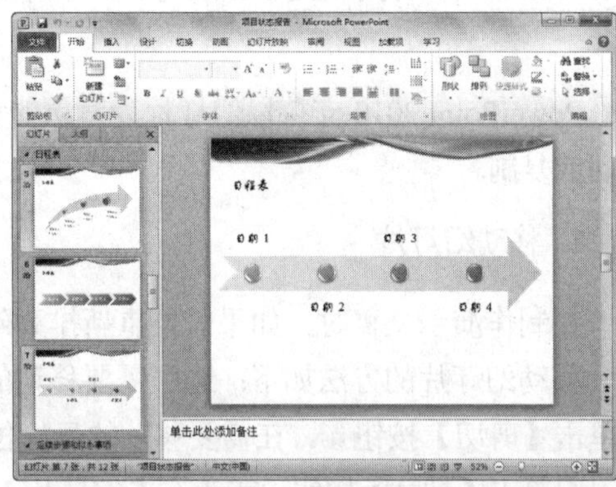
图 8-18　选择编号不相连的多张幻灯片

- 选择全部幻灯片：无论是在普通视图还是在幻灯片浏览视图下，按 Ctrl+A 组合键，即可选中当前演示文稿中的所有幻灯片。

## 8.3.2　插入幻灯片

在启动 PowerPoint 2010 应用程序后，PowerPoint 会自动建立一张新的幻灯片，随着制作过程的推进，需要在演示文稿中添加更多的幻灯片。

要插入新幻灯片，可以按照下面的方法进行操作。打开【开始】选项卡，在【幻灯片】组中单击【新建幻灯片】按钮，即可添加一张默认版式的幻灯片。当需要应用其他版式时，单击【新建幻灯片】按钮右下方的下拉箭头，在弹出的下拉菜单中选择需要的版式，即可将其应用到当前幻灯片中，如图 8-19 所示。

**知识点**

版式是指预先定义好的幻灯片内容在幻灯片中的排列方式，如文字排列及方向、文字与图表的位置等。

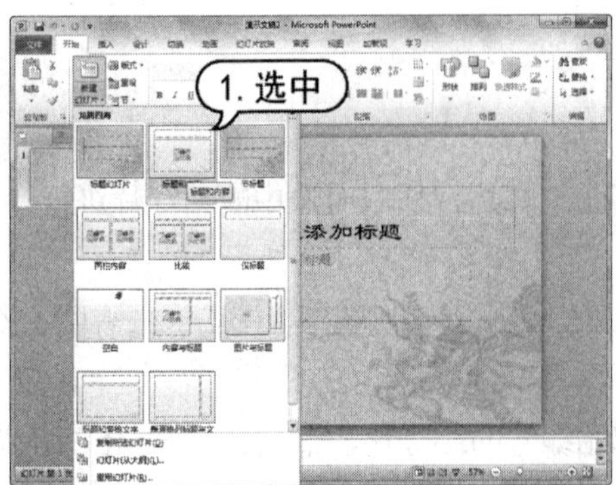


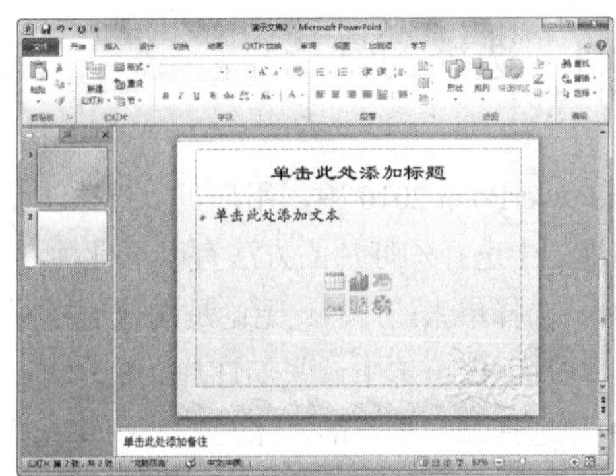


图 8-19　插入幻灯片

## 8.3.3　移动和复制幻灯片



PowerPoint 2010 支持以幻灯片为对象的移动和复制操作，可以将整张幻灯片及其内容进行移动或复制。

### 1. 移动幻灯片

在制作演示文稿时，如果需要重新排列幻灯片的顺序，就需要移动幻灯片。

移动幻灯片的方法如下：选中需要移动的幻灯片，在【开始】选项卡的【剪贴板】选项组中单击【剪切】按钮。在需要移动的目标位置单击，然后在【开始】选项卡的【剪贴板】选项组中单击【粘贴】按钮。或者右击幻灯片，在弹出的快捷菜单中分别选择【剪切】和【粘贴】命令，也可以移动幻灯片，如图 8-20 所示。

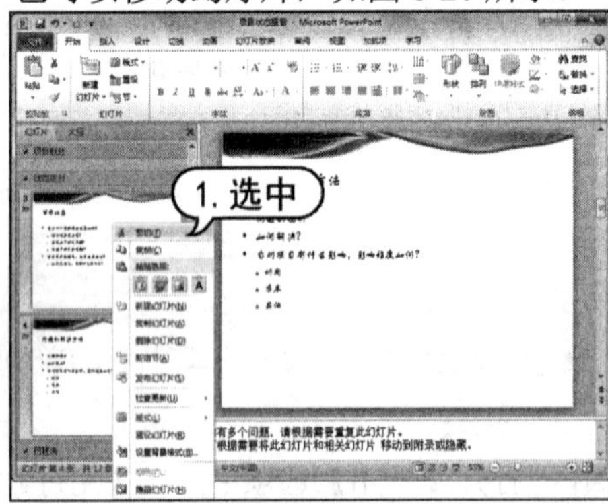


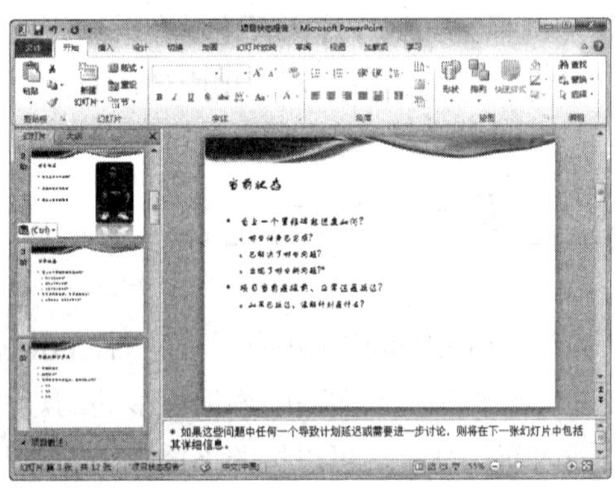

图 8-20　移动幻灯片

### 2. 复制幻灯片

在制作演示文稿时，有时会需要两张内容基本相同的幻灯片。此时，可以利用幻灯片的复制功能，复制出一张相同的幻灯片，然后对其进行适当的修改。

复制幻灯片的方法如下：选中需要复制的幻灯片，在【开始】选项卡的【剪贴板】组中单击

【复制】按钮，在需要插入幻灯片的位置单击，然后在【开始】选项卡的【剪贴板】组中单击【粘贴】按钮。或者右击幻灯片，在弹出的快捷菜单中分别选择【复制】和【粘贴】命令，也可以复制幻灯片。

## 8.3.4　删除和隐藏幻灯片

在演示文稿中删除多余幻灯片是清除大量冗余信息的有效方法，用户还可以将暂时不需要的幻灯片隐藏起来。

### 1. 删除幻灯片

删除幻灯片的方法主要有以下几种。

- 选中需要删除的幻灯片，直接按下 Delete 键。
- 右击需要删除的幻灯片，从弹出的快捷菜单中选择【删除幻灯片】命令。
- 选中幻灯片，在【开始】选项卡的【剪贴板】组中单击【剪切】按钮。

### 2. 隐藏幻灯片

制作好的演示文稿中有的幻灯片可能不是每次放映时都需要放出来，此时就可以将选定的幻灯片隐藏起来。

要隐藏幻灯片，需要右击选定幻灯片，从弹出的快捷菜单中选择【隐藏幻灯片】命令，此时，即可隐藏选中的幻灯片，在幻灯片预览窗口中隐藏的幻灯片编号上将显示【图】标志，如图 8-21 所示。

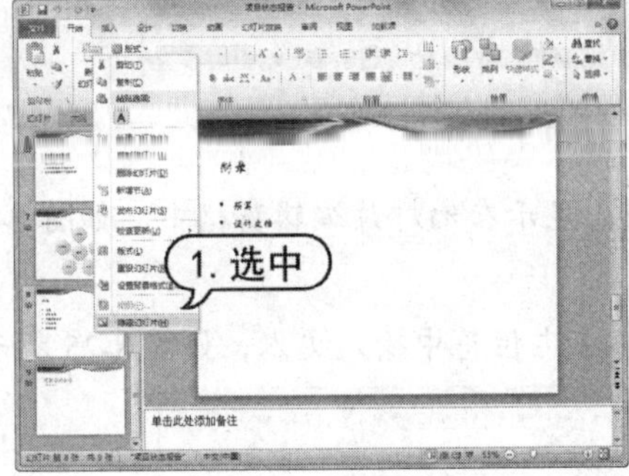


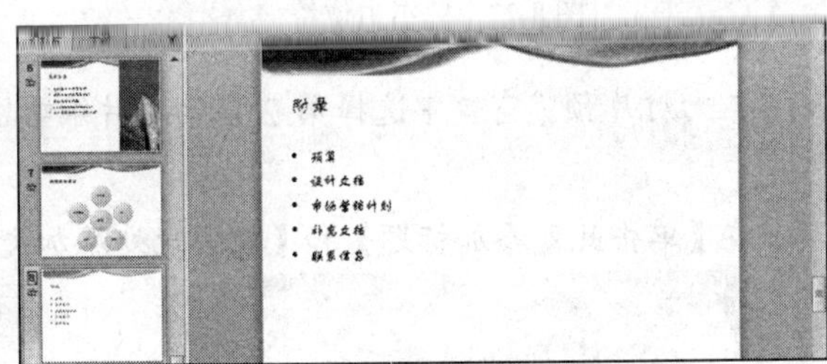

图 8-21　隐藏幻灯片

## 8.4　编辑幻灯片文本

创建好幻灯片后即可在幻灯片中插入文本内容，文本对文稿中的主题、问题的说明与阐述具有其他方式不可替代的作用，用户还可以对文本格式进行设置。

## 8.4.1 添加文本

在 PowerPoint 2010 中，不能直接在幻灯片中输入文字，用户可以通过占位符或文本框来添加文本。

### 1. 使用占位符添加文本

占位符是 PowerPoint 2010 中预先设置好的具有一定格式的文本框，在 PowerPoint 2010 的许多模板中就包含有标题、正文和项目符号列表的文本占位符。单击占位符，激活该区域，就可以在其中输入文本。

【例 8-2】打开一个演示文稿，在空白占位符中输入幻灯片文本。

(1) 启动 PowerPoint 2010，打开一个演示文稿文档，自动显示第 1 张幻灯片。单击【单击此处添加标题】文本占位符内部，此时占位符中将出现闪烁的光标，如图 8-22 所示。

(2) 切换中文输入法，输入文本“《致橡树》”，如图 8-23 所示。

图 8-22 单击占位符

图 8-23 输入文本

(3) 在幻灯片预览窗口中选择第 2 张幻灯片缩略图，显示在幻灯片编辑窗格中，如图 8-24 所示。

(4) 在【单击此处添加标题】和【单击此处添加文本】占位符中输入文本，如图 8-25 所示。

图 8-24 选择幻灯片

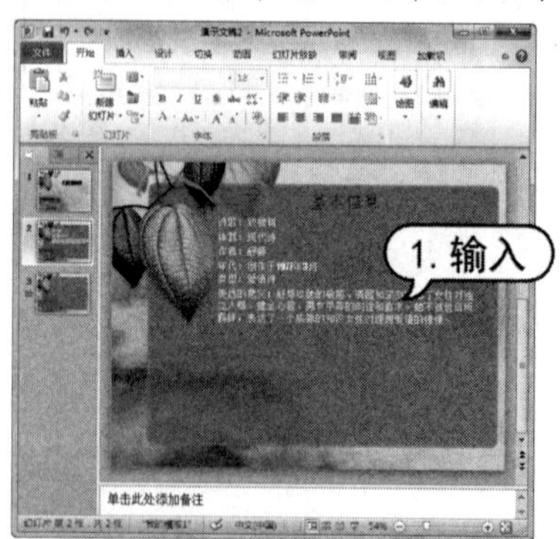

图 8-25 输入文本

计算机基础与实训教材系列

(5) 切换至第 3 张幻灯片，在【单击此处添加标题】和【单击此处添加文本】占位符中输入文本，如图 8-26 所示。

(6) 在快速工具栏中单击【保存】按钮，将演示文稿以【课件】为名保存。

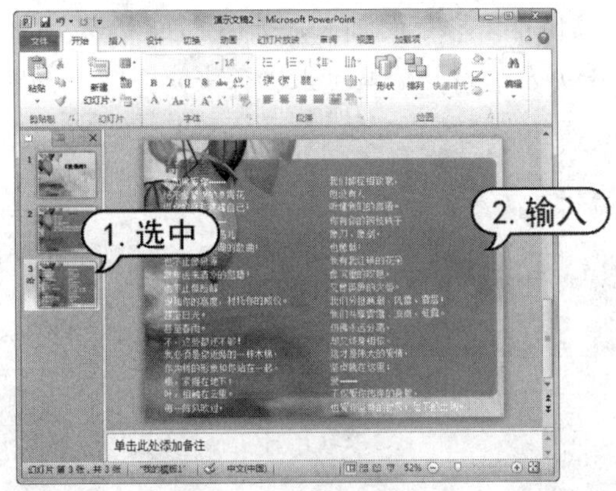


图 8-26　输入文本

### 2. 使用文本框添加文本

文本框是一种可移动、可调整大小的文字容器，它与文本占位符非常相似。使用文本框可以在幻灯片中放置多个文字块，使文字按照不同的方向排列；也可以突破幻灯片版式的制约，实现在幻灯片中任意位置添加文字信息的目的。

PowerPoint 2010 提供了两种形式的文本框：横排文本框和垂直文本框，它们分别用来放置水平方向的文字和垂直方向的文字。

【例 8-3】在【课件】演示文稿中，添加空白幻灯片，并在其中插入横排和垂直文本框。

(1) 启动 PowerPoint 2010，打开【课件】演示文稿。

(2) 在幻灯片预览窗口中选择第 3 张幻灯片缩略图，将其显示在幻灯片编辑窗格中，在【开始】选项卡的【幻灯片】选项组中单击【新建幻灯片】下拉按钮，在弹出的下拉列表框中选择【空白】选项，如图 8-27 所示。

(3) 此时添加一张空白幻灯片，为第 4 张幻灯片，如图 8-28 所示。

图 8-27　选择【空白】选项

图 8-28　添加空白幻灯片

(4) 打开【插入】选项卡，在【文本】选项组中单击【文本框】下拉按钮，在弹出的下拉菜单中选择【横排文本框】命令，移动鼠标指针到幻灯片的编辑窗口。当指针形状变为↓形状时，在幻灯片编辑窗格中按住鼠标左键并拖动，鼠标指针变成十字形状十；当拖动到合适大小的矩形框后，释放鼠标完成横排文本框的插入，如图 8-29 所示。

(5) 此时光标自动位于文本框内，输入文本“作者简介”，如图 8-30 所示。

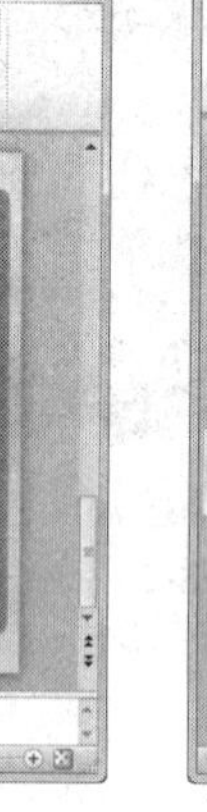

图 8-29　插入横排文本框

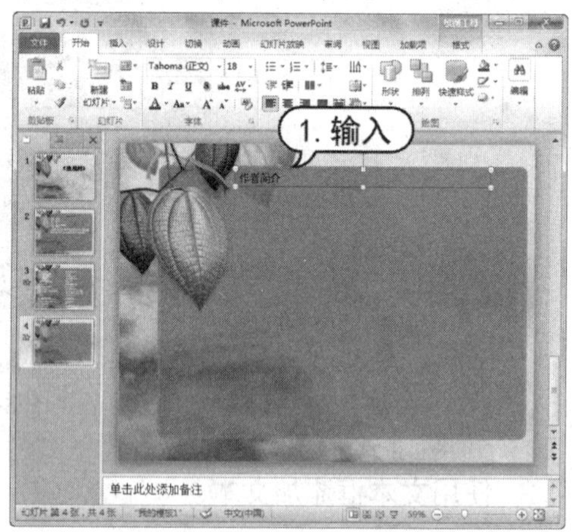


图 8-30　输入文本

(6) 使用同样的方法，在幻灯片中绘制一个垂直文本框，在其中输入文本内容，如图 8-31 所示。

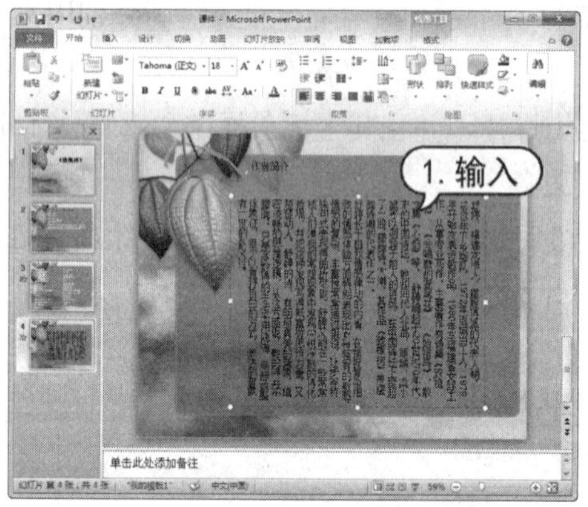


图 8-31　输入文本

**提示**

用户还可以在幻灯片中插入艺术字文本框，打开【插入】选项卡，在功能区的【文本】组中单击【艺术字】按钮，打开艺术字样式列表，单击需要的样式，即可在幻灯片中插入艺术字。

## 8.4.2　设置文本格式

为了使演示文稿更加美观、清晰，通常需要对文本格式进行设置，包括字体、字号、字体颜色、文本效果等设置。

在 PowerPoint 2010 中，当幻灯片应用了版式后，幻灯片中的文字也具有了预先定义的属性。但在很多情况下，用户仍需要按照自己的要求对文本格式重新进行设置。

【例 8-4】在【课件】演示文稿中，设置文本格式，调节占位符和文本框的大小和位置。

(1) 启动 PowerPoint 2010，打开【课件】演示文稿。

(2) 在第 1 张幻灯片中，选中占位符，在【开始】选项卡的【字体】选项组中，单击【字体】下拉按钮，从弹出的下拉列表框中选择【华文彩云】选项；单击【字号】下拉按钮，从弹出的下拉列表框中选择 72。

(3) 在【字体】选项组中单击【字体颜色】下拉按钮，从弹出的菜单中选择【其他颜色】命令，打开【颜色】对话框，选择【深橘色】色块，单击【确定】按钮，如图 8-32 所示。

(4) 此时设置了占位符字体及颜色，效果如图 8-33 所示。

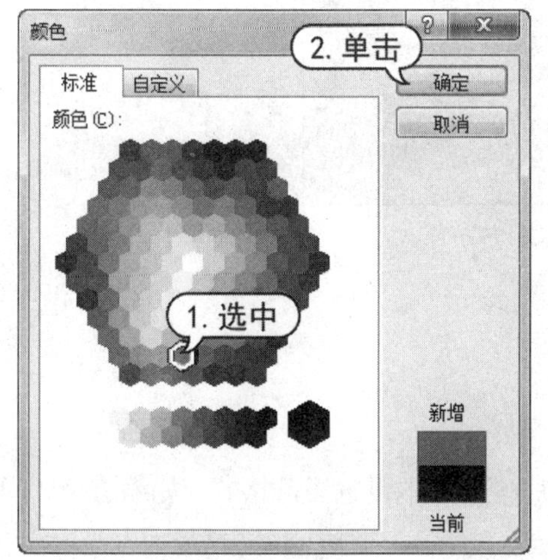


图 8-32 选择颜色

图 8-33 设置字体及颜色后效果

(5) 选择第 2 张幻灯片，使用同样的方法，设置【单击此处添加标题】占位符中的文本字体为【华文琥珀】，字号为 40；设置【单击此处添加文本】占位符中的文本字体为【隶书】，字号为 20，效果如图 8-34 所示。

(6) 使用同样的方法设置第 3 张幻灯片中的标题文本字体为【华文琥珀】，字号为 40；设置两段诗歌文本字体为【隶书】，字号为 18。分别选中标题和文本占位符，拖动鼠标调节其大小和位置，效果如图 8-35 所示。

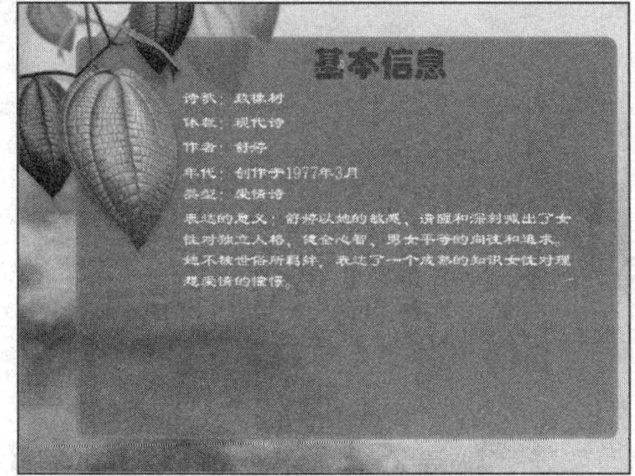


图 8-34 设置第 2 张幻灯片字体

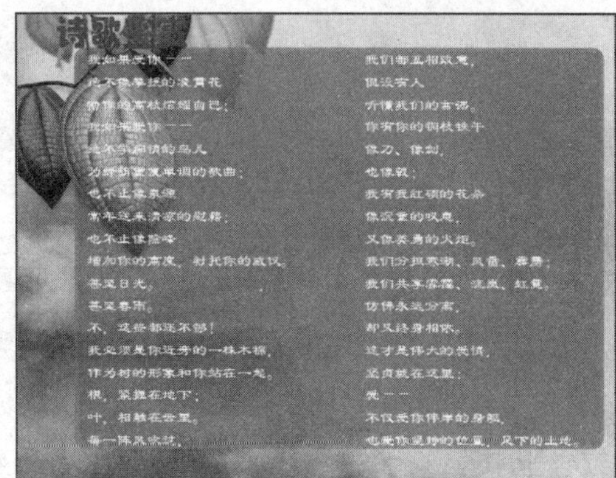

图 8-35 设置第 3 张幻灯片字体

(7) 选择第 4 张幻灯片，选中横排文本框，设置文本字体为【华文琥珀】，字号为 54，字体颜色为【深橘色】。选中垂直文本框，设置文本字体为【隶书】，字号为 20，字体颜色为【白色，背景 1】。分别选中两个文本框，调节其位置，效果如图 8-36 所示。

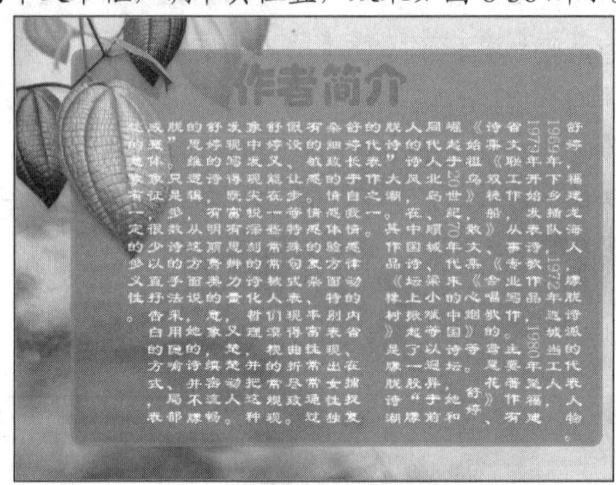


图 8-36　设置第 4 张幻灯片字体

## 8.4.3　设置段落格式

为了使演示文稿更加美观、清晰，还可以在幻灯片中为文本设置段落格式，如缩进值、间距值和对齐方式等。

【例 8-5】在【课件】演示文稿中，设置文本的段落格式。

(1) 启动 PowerPoint 2010，打开【课件】演示文稿。

(2) 选择第 2 张幻灯片，选中【单击此处添加文本】占位符中的文本，在【开始】选项卡的【段落】选项组中，单击对话框启动器按钮，打开【段落】对话框的【缩进和间距】选项卡。在【行距】下拉列表框中选择【1.5 倍行距】选项，单击【确定】按钮，如图 8-37 所示。

(3) 此时为文本段落应用该行距格式，效果如图 8-38 所示。

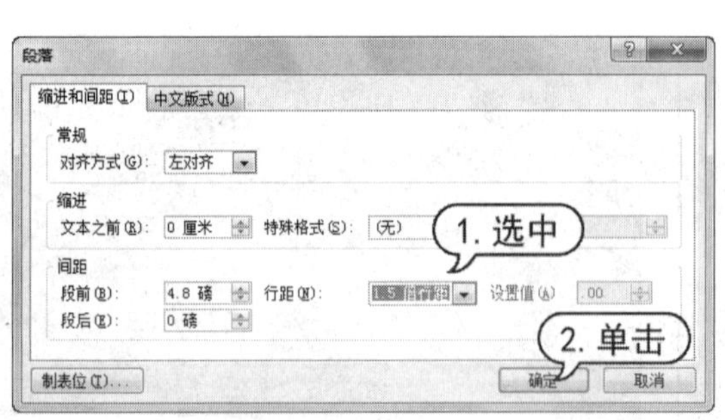


图 8-37　设置行距

图 8-38　行距效果

(4) 切换至第 3 张幻灯片，选中【单击此处添加标题】占位符，在【开始】选项卡的【段落】选项组中，单击【居中对齐】按钮，设置标题居中对齐，如图 8-39 所示。

(5) 切换至第 4 张幻灯片，选中【单击此处添加文本】占位符中的文本，在【开始】选项卡的【段落】选项组中，单击对话框启动器按钮，打开【段落】对话框的【缩进和间距】选项卡。在【特殊格式】下拉列表框中选择【首行缩进】选项，在其后的【度量值】微调框中输入数值，单击【确定】按钮，如图 8-40 所示。

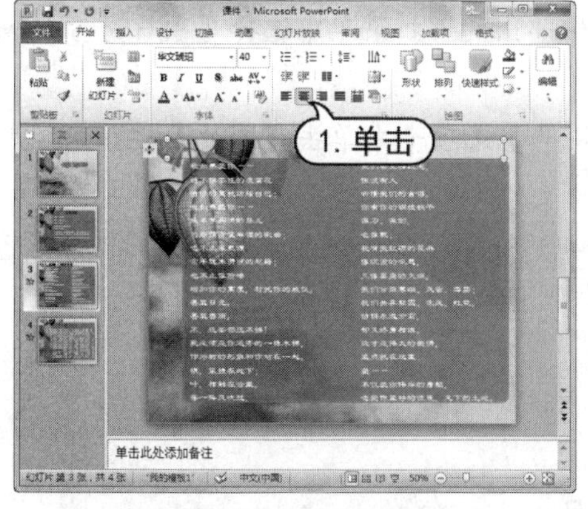


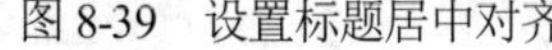
图 8-39　设置标题居中对齐

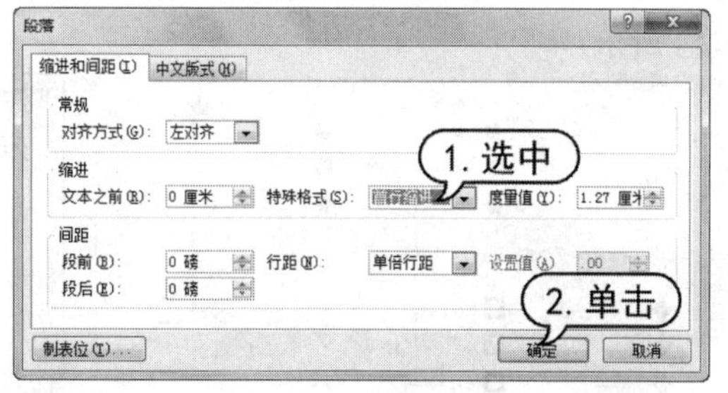


图 8-40　设置首行缩进

(6) 此时为文本框段落应用缩进值，效果如图 8-41 所示。

图 8-41　文本框段落应用缩进值效果

## 8.4.4　添加项目符号和编号

在演示文稿中，为了使某些内容更为醒目，经常要用到项目符号和编号。这些项目符号和编号用于强调一些特别重要的观点或条目，从而使主题更加美观、突出、分明。

### 1. 添加项目符号

要添加项目符号，则将光标定位在目标段落中，在【开始】选项卡的【段落】组中单击【项目符号】按钮右侧的下拉箭头，弹出项目符号菜单，在该菜单中选择需要使用的项目符号命

令即可。

【例 8-6】在【课件】演示文稿中，为文本段落添加项目符号。

(1) 启动 PowerPoint 2010，打开【课件】演示文稿。

(2) 选择第 2 张幻灯片，选中【单击此处添加文本】占位符中的文本，在【开始】选项卡的【段落】选项组中，单击【项目符号】下拉按钮，从弹出的下拉菜单中选择【项目符号和编号】命令，如图 8-42 所示。

(3) 打开【项目符号和编号】对话框，在【项目符号】选项卡中单击【图片】按钮，效果如图 8-43 所示。

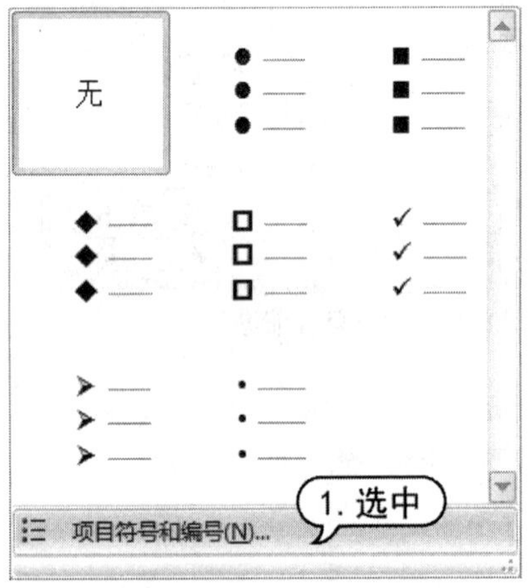


图 8-42　选择【项目符号和编号】命令

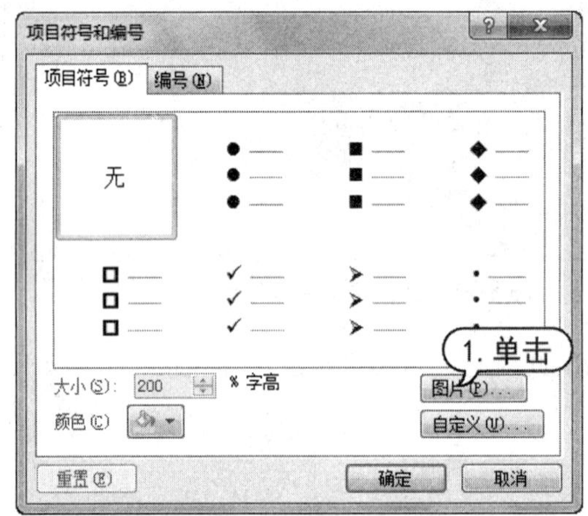


图 8-43　单击【图片】按钮

(4) 打开【图片项目符号】对话框，选择一种图片，单击【确定】按钮，如图 8-44 所示。

(5) 返回【项目符号和编号】对话框，显示图片项目符号的样式，并在【大小】文本框中输入 100，单击【确定】按钮，效果如图 8-45 所示。

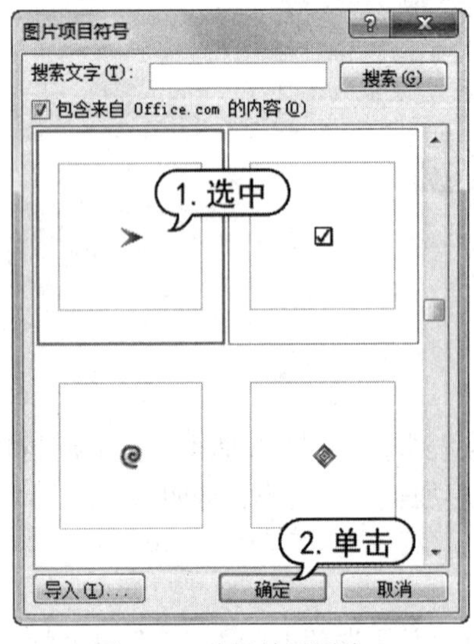


图 8-44　选择符号图片

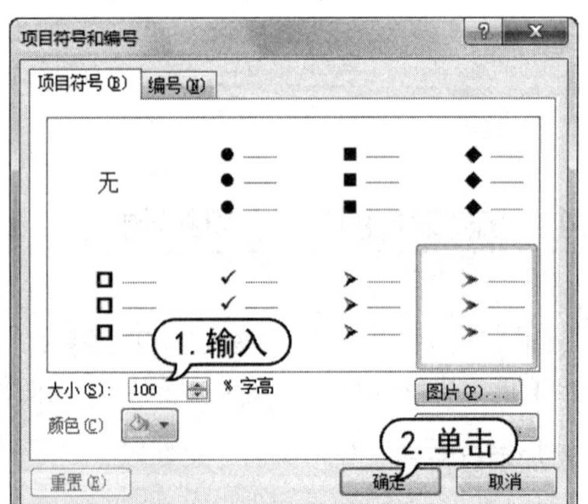


图 8-45　设置符号大小

(6) 此时将为文本段应用图片项目符号，效果如图 8-46 所示。

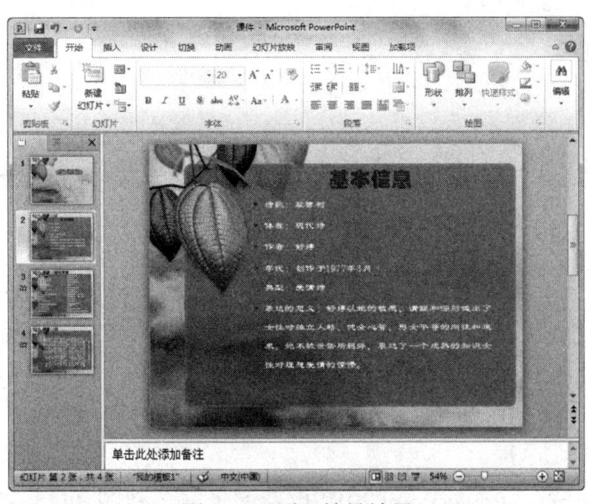


图 8-46　项目符号效果

### 2. 添加编号

在默认状态下，项目编号由阿拉伯数字构成。在【开始】选项卡的【段落】组中单击【项目符号】按钮右侧的三角按钮，在弹出的编号菜单中选择内置的编号样式，如图 8-47 所示。或者在【开始】选项卡的【段落】选项组中，单击【项目符号】下拉按钮，从弹出的下拉菜单中选择【项目符号和编号】命令，打开【项目符号和编号】对话框的【编号】选项卡，可以根据需要选择和设置编号样式，如图 8-48 所示。

图 8-47　选择内置的编号样式

图 8-48　设置编号样式

## 8.5　插入其他元素

在 PowerPoint 2010 中，可以在幻灯片中插入图片、表格及多媒体等对象，使其页面效果更加丰富。

## 8.5.1 插入图片

在演示文稿中插入图片，可以更生动形象地阐述其主题和表达的思想。在插入图片时，要充分考虑幻灯片的主题，使图片和主题和谐一致。

### 1. 插入剪贴画

要插入剪贴画，可以在【插入】选项卡的【插图】组中，单击【剪贴画】按钮，打开【剪贴画】任务窗格，在剪贴画预览列表中单击剪贴画，即可将其添加到幻灯片中，如图 8-49 所示。

### 2. 插入截图

和其他 Office 组件一样，PowerPoint 2010 也新增了屏幕截图功能。打开要截取的图片所在的位置，切换至演示文稿窗口，打开【插入】选项卡，在【图像】组中单击【屏幕截图】按钮，从弹出的菜单中选择【屏幕剪辑】命令，此时将自动切换到图片视窗中，然后按住鼠标左键并拖动截取图片，释放鼠标，即可完成截图操作，如图 8-50 所示。



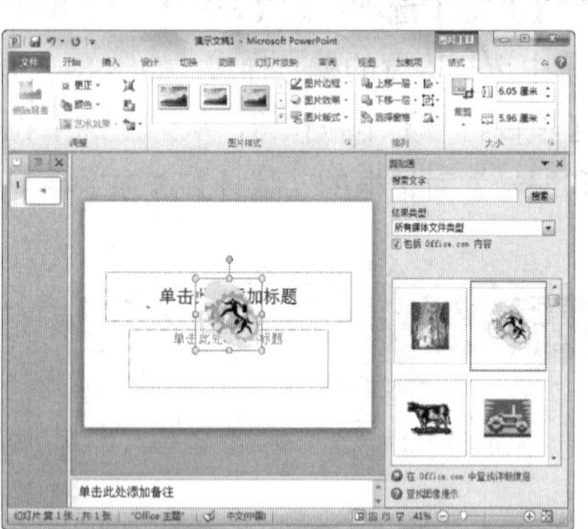

图 8-49　插入剪贴画

图 8-50　插入截图

### 3. 插入电脑中图片

要插入电脑中的图片，首先打开【插入】选项卡，在【图像】组中单击【图片】按钮，打开【插入图片】对话框，选择需要的图片后，单击【插入】按钮，即可将图片插入幻灯片中。

**【例 8-7】**在【蒲公英介绍】演示文稿中插入剪贴画和图片。

(1) 启动 PowerPoint 2010 应用程序，打开【蒲公英介绍】演示文稿，此时自动打开第 1 张幻灯片。

(2) 打开【插入】选项卡，在【图像】组中单击【剪贴画】按钮，打开【剪贴画】任务窗格。在【搜索文字】文本框中输入“蒲公英”，单击【搜索】按钮，即可在其下拉列表框中显示剪贴画，单击所需的剪贴画，将其添加到幻灯片中，如图 8-51 所示。

(3) 拖动鼠标调整剪贴画的大小和位置，如图 8-52 所示。

图 8-51　插入剪贴画

图 8-52　调整剪贴画大小和位置

(4) 选择第 2 张幻灯片，在【图像】组中单击【图片】按钮，打开【插入图片】对话框，选中要插入的图片，单击【插入】按钮，如图 8-53 所示。

(5) 拖动鼠标调整图片的大小和位置，如图 8-54 所示。

图 8-53　选择要插入的图片

图 8-54　调整图片大小和位置

(6) 同时选中两张图片，打开【图片工具】的【格式】选项卡，在【图片样式】组中单击【其他】按钮，从弹出的列表框中选择一种样式，如图 8-55 所示。

(7) 此时即可快速应用该样式，效果如图 8-56 所示。

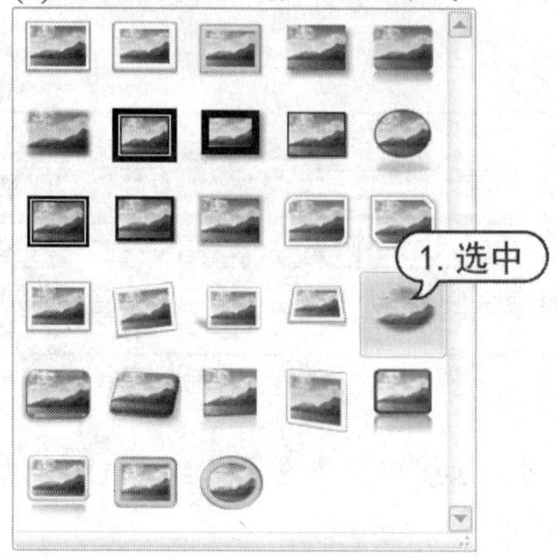


图 8-55　选择图片样式

图 8-56　应用样式效果

## 8.5.2 插入表格

PowerPoint 2010 可以为幻灯片添加表格，表格采用行列化的形式，它与幻灯片页面文字相比，更能体现出数据的对应性及内在联系。

【例 8-8】在【蒲公英介绍】演示文稿中插入表格。

(1) 启动 PowerPoint 2010 应用程序，打开【蒲公英介绍】演示文稿。

(2) 选择第 3 张幻灯片，打开【插入】选项卡，在【表格】组中单击【表格】下拉按钮，从弹出的菜单中选择【插入表格】命令，如图 8-57 所示。

(3) 打开【插入表格】对话框，在【列数】和【行数】文本框中分别输入 2 和 5，单击【确定】按钮，如 8-58 所示。

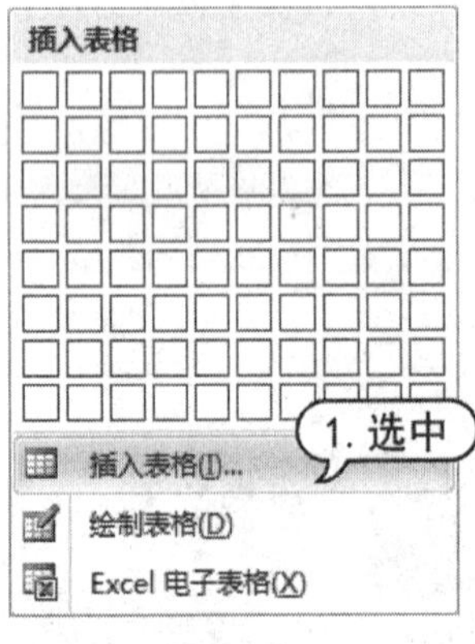


图 8-57 选择【插入表格】命令

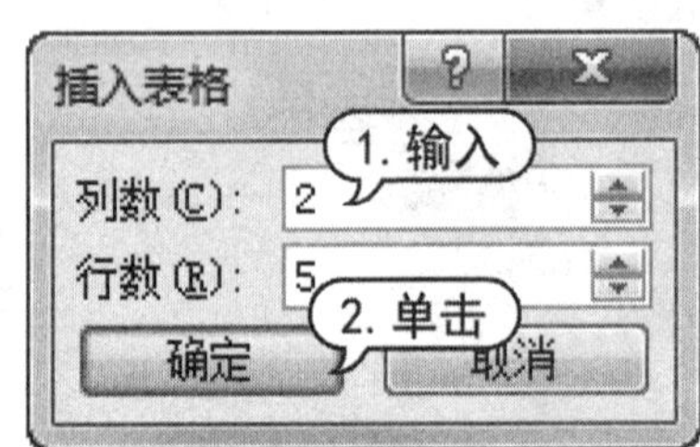


图 8-58 输入行、列数

(4) 此时在幻灯片中插入 5 行 2 列表格，然后输入表格文本内容，并拖动鼠标调整其大小和位置，如图 8-59 所示。

(5) 打开【表格工具】的【设计】选项卡，在【表格】组中单击【其他】按钮，在弹出的列表框中选择一种淡色表格样式，如图 8-60 所示。

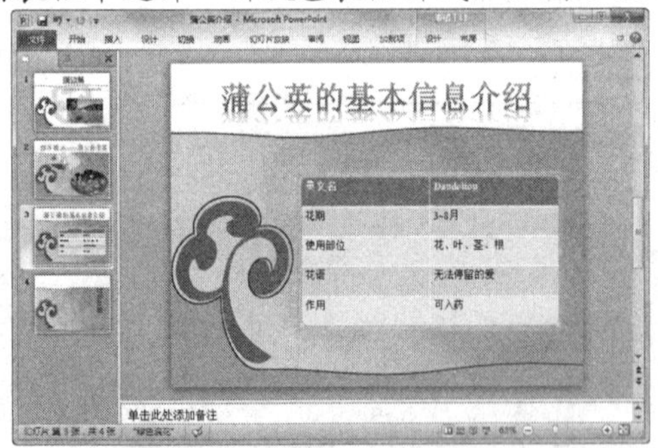


图 8-59 调整表格大小和位置

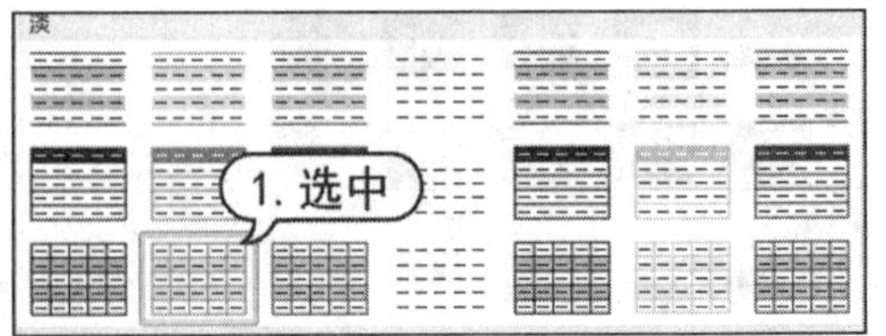


图 8-60 选择表格样式

(6) 打开【表格工具】的【布局】选项卡，在【对齐方式】组中单击【居中】按钮和【垂直居中】按钮，设置表格文本居中对齐，表格效果如图 8-61 所示。

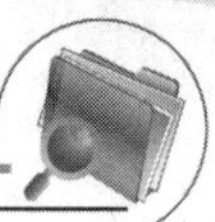

蒲公英的基本信息介绍

| 英文名 | Dandelion |
| --- | --- |
| 花期 | 3~8月 |
| 使用部位 | 花、叶、茎、根 |
| 花语 | 无法停留的爱 |
| 作用 | 可入药 |

图 8-61　设置表格文本

**提示**

用户可以直接在幻灯片中绘制表格。绘制表格的方法很简单，打开【插入】选项卡，在【表格】组中单击【表格】按钮，从弹出的菜单中选择【绘制表格】命令。当鼠标指针变为✎形状时，即可拖动鼠标在幻灯片中进行绘制。

## 8.5.3　插入多媒体对象

在 PowerPoint 2010 中可以方便地插入音频和视频等多媒体对象，使用户的演示文稿从画面到声音，多方位地向观众传递信息。

### 1. 插入声音

打开【插入】选项卡，在【媒体】组中单击【音频】下拉按钮，在弹出的下拉菜单中选择【剪贴画音频】命令，此时 PowerPoint 将自动打开【剪贴画】任务窗格，该窗格显示了剪辑中所有的声音，单击某个声音文件，即可将该声音文件插入到幻灯片中，如图 8-62 所示。

图 8-62　打开【剪贴画】任务窗格

用户还可以在幻灯片中插入声音文件，可以在【音频】下拉菜单中选择【文件中的音频】命令，打开【插入音频】对话框，从该对话框中选择需要插入的声音文件，然后单击【确定】按钮，即可将其插入到幻灯片中，如图 8-63 所示。

插入声音文件后，此时在幻灯片中将显示声音控制图标，如图 8-64 所示。单击其中的声音图标🔈，可以打开【音频工具】的【播放】选项卡进行设置。

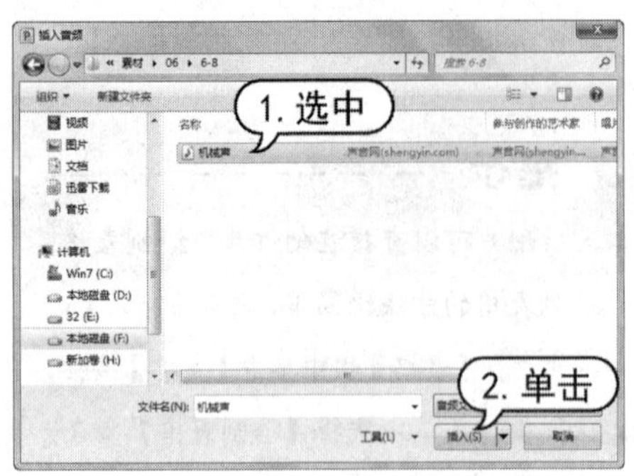


图 8-63 【插入音频】对话框

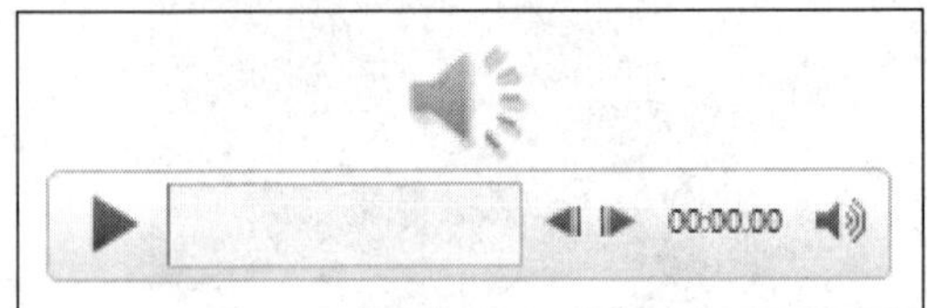


图 8-64 显示声音控制图标

### 2. 插入视频

用户可以根据需要插入 PowerPoint 2010 自带的视频和电脑文件中存放的影片，用以丰富幻灯片的内容，增强演示文稿的鲜明度。

打开【插入】选项卡，在【媒体】选项组中单击【视频】下拉按钮，在弹出的下拉菜单中选择【剪贴画视频】命令，此时 PowerPoint 将自动打开【剪贴画】任务窗格，该任务窗格显示了剪辑中所有的视频或动画，单击某个动画文件，即可将该剪辑文件插入到幻灯片中，如图 8-65 所示。

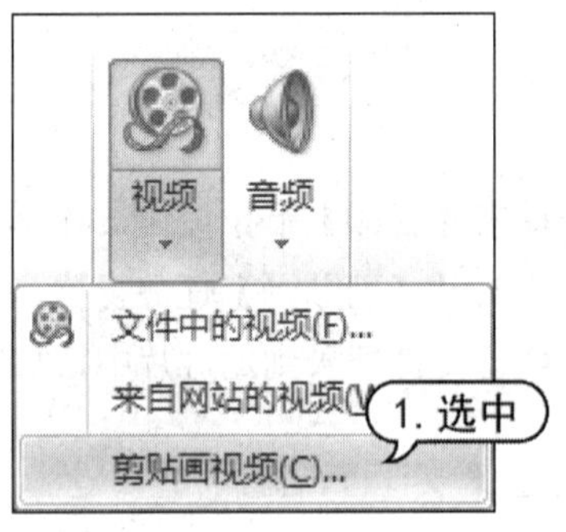

图 8-65 打开【剪贴画】任务窗格

很多情况下，PowerPoint 剪辑库中提供的影片并不能满足用户的需要，这时可以选择插入来自文件中的影片。单击【视频】下拉按钮，在弹出的菜单中选择【文件中的视频】命令，打开【插入视频文件】对话框。选择视频文件，单击【插入】按钮即可，如图 8-66 所示。

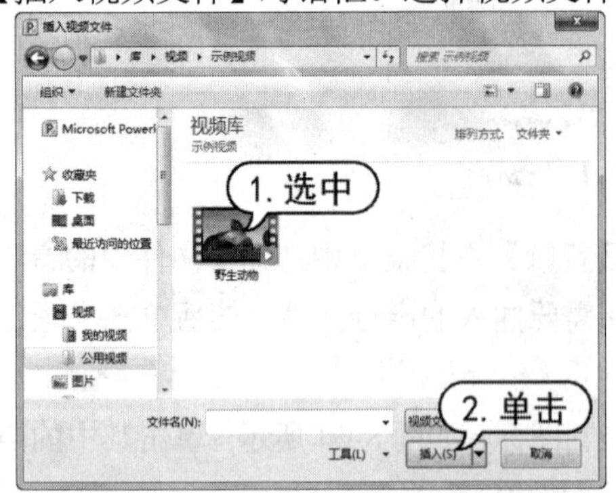


图 8-66 选择视频文件

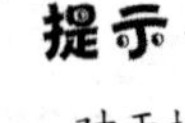

**提示**

对于插入到幻灯片中的视频，不仅可以调整它们的位置、大小、亮度、对比度、旋转等操作，还可以进行剪裁、设置透明色、重新着色及设置边框线等操作，这些操作都与图片的操作相同。

【例 8-9】在【蒲公英介绍】演示文稿中插入视频和音频。

(1) 启动 PowerPoint 2010 应用程序，打开【蒲公英介绍】演示文稿，打开第 1 张幻灯片。

(2) 打开【插入】选项卡，在【媒体】选项组中单击【音频】下拉按钮，从弹出的菜单中选择【文件中的音频】命令，打开【插入音频】对话框。选择需要插入的声音文件，单击【插入】按钮，即可插入声音，如图 8-67 所示。

(3) 此时幻灯片中将出现声音图标，使用鼠标将其拖动到幻灯片的左下方，如图 8-68 所示。

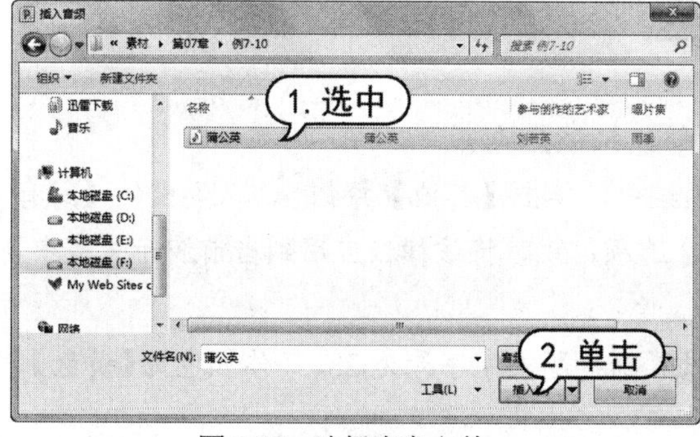


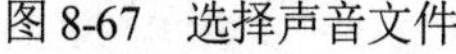

图 8-67　选择声音文件

图 8-68　拖动声音图标

(4) 选择第 4 张幻灯片，打开【插入】选项卡，在【媒体】组中单击【视频】下拉按钮，从弹出的下拉菜单中选择【文件中的视频】命令，打开【插入视频文件】对话框。选择视频文件，然后单击【插入】按钮，如图 8-69 所示。

(5) 此时即可插入视频，并调整其大小和位置，如图 8-70 所示。

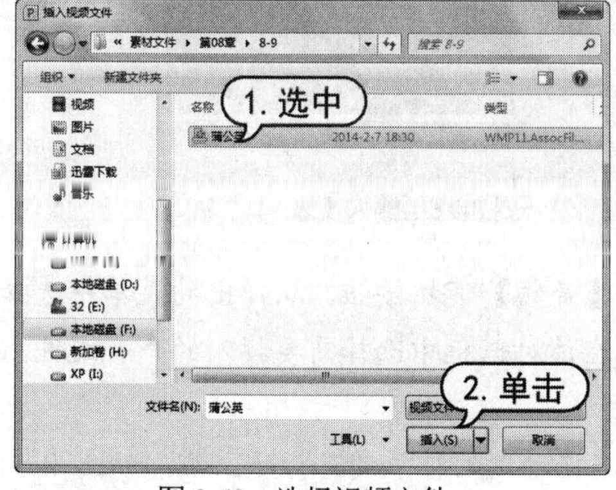


图 8-69　选择视频文件

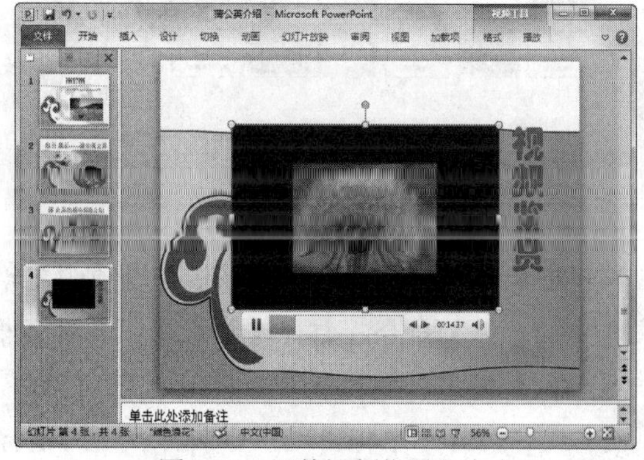

图 8-70　调整视频位置和大小

**提示**

插入视频文件后，打开【视频工具】的【播放】选项卡，在【视频选项】组中单击【开始】下拉按钮，从弹出的下拉列表中选择【自动】命令，为视频应用自动播放效果。

# 8.6 上机练习

本章的上机实验主要练习新建演示文稿【纺织机械】和制作电子相册两个实例，用户通过练习从而巩固本章所学知识。

## 8.6.1 制作【纺织机械】演示文稿

(1) 启动 PowerPoint 2010，新建一个名为【纺织机械】的演示文稿。

(2) 打开【设计】选项卡，在【主题】选项组中，单击【其他】按钮，从弹出的【所有主题】列表框的【内置】选项区域中选择【网格】选项，此时将该模板应用到当前演示文稿中，如图 8-71 所示。

(3) 在第 1 张幻灯片的占位符中输入文本，设置副标题文字字号为 28，字体颜色为【黄色】，字体效果为【阴影】，如图 8-72 所示。

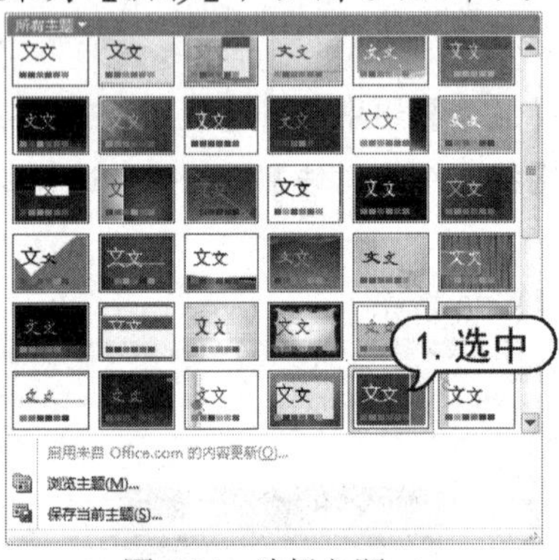


图 8-71 选择主题

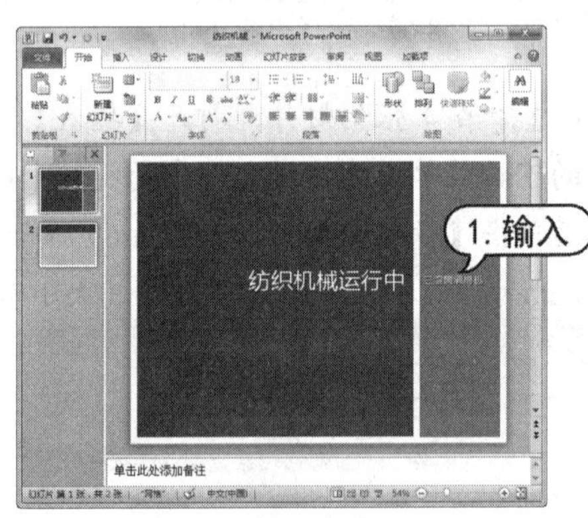


图 8-72 输入文本

(4) 在【插入】选项卡的【媒体】选项组中单击【音频】下拉按钮，从弹出的菜单中选择【文件中的音频】命令，打开【插入音频】对话框。在该对话框中选择需要插入的声音文件，单击【插入】按钮，插入声音，如图 8-73 所示。

(5) 此时幻灯片中将出现声音图标，使用鼠标将其拖动到幻灯片的正标题上侧，如图 8-74 所示。

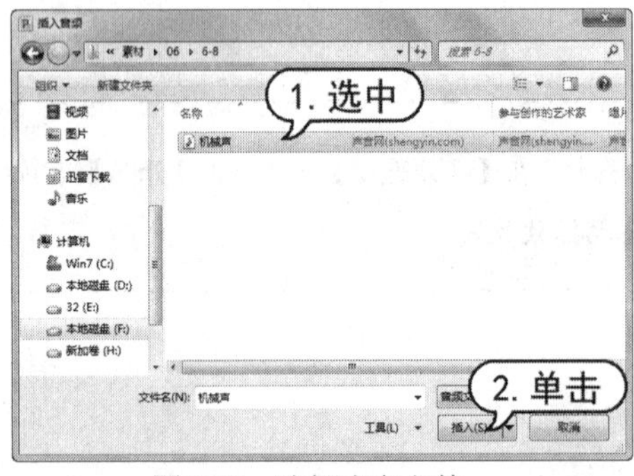


图 8-73 选择声音文件

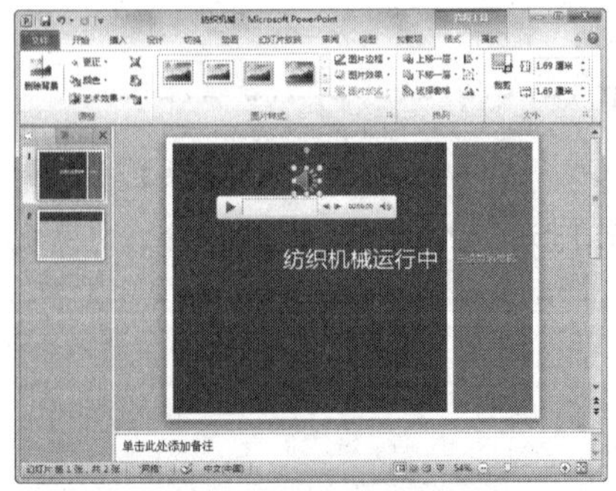


图 8-74 拖动声音图标

(6) 在幻灯片缩略图中单击第 2 张幻灯片，将其显示在编辑窗口中，输入文本，设置标题字体为 46，文本字体为 36，如图 8-75 所示。

(7) 选择第 1 张幻灯片，打开【插入】选项卡，在【媒体】选项组中单击【视频】下拉按钮，在弹出的下拉菜单中选择【剪贴画视频】命令，打开【剪贴画】任务窗格。单击需要插入的动画，将其插入到幻灯片中，并拖动鼠标调节其大小和位置，如图 8-76 所示。

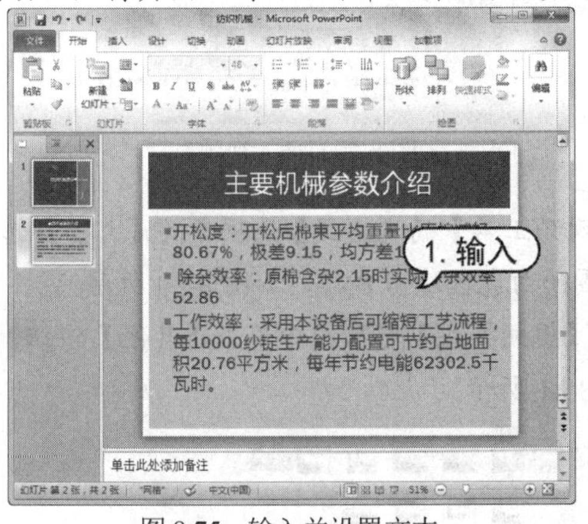


图 8-75 输入并设置文本

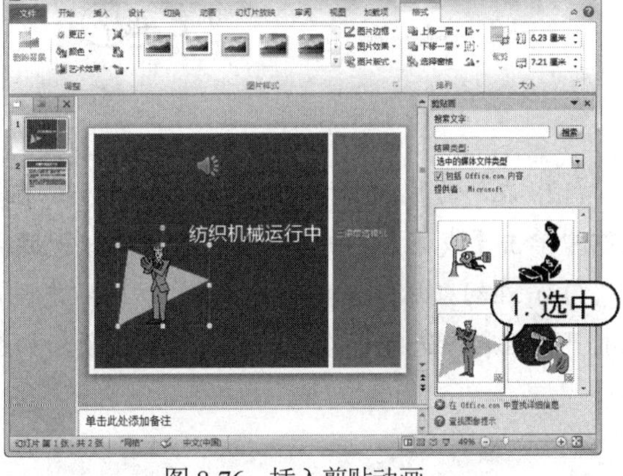


图 8-76 插入剪贴动画

(8) 打开【开始】选项卡，在【幻灯片】选项组中单击【新建幻灯片】下拉按钮，从弹出的列表框中选择【仅标题】选项，添加第 2 张新幻灯片，如图 8-77 所示。

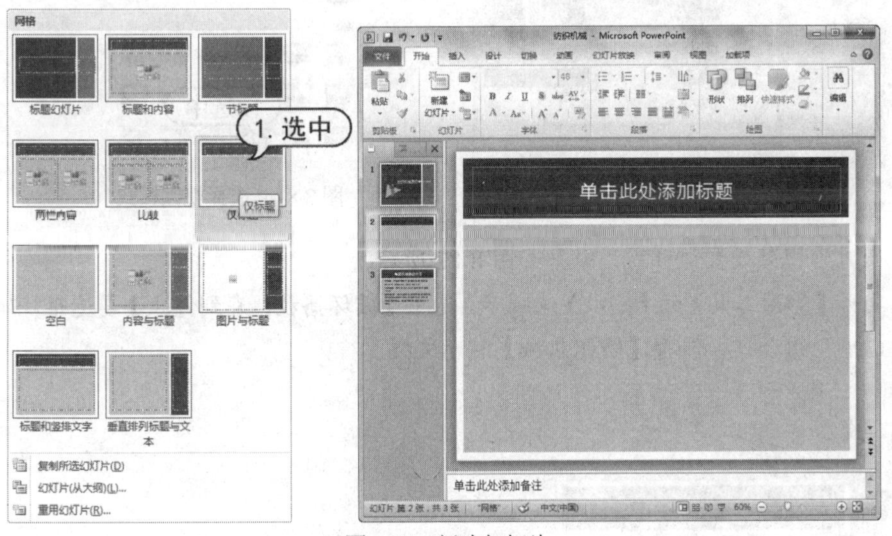


图 8-77 新建幻灯片

(9) 在【单击此处添加标题】占位符中输入文本“机械运行效果”，设置字号为 48。

(10) 打开【插入】选项卡，在【媒体】选项组中单击【视频】下拉按钮，在弹出的下拉菜单中选择【文件中的视频】命令，打开【插入视频文件】对话框。选择需要的视频文件，单击【插入】按钮，如图 8-78 所示。

(11) 此时视频将插入到幻灯片中，效果如图 8-79 所示。

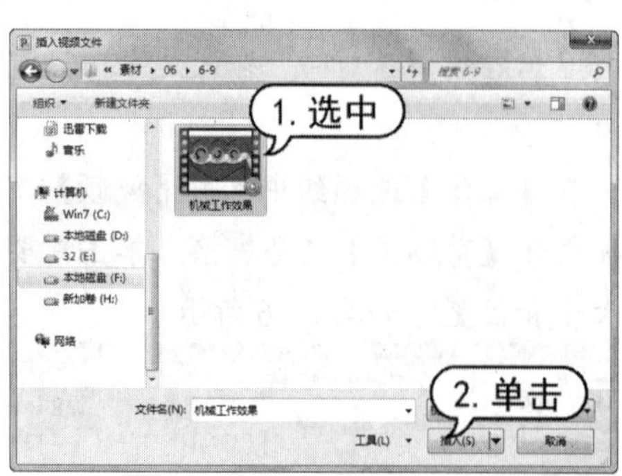


图 8-78　选择视频文件

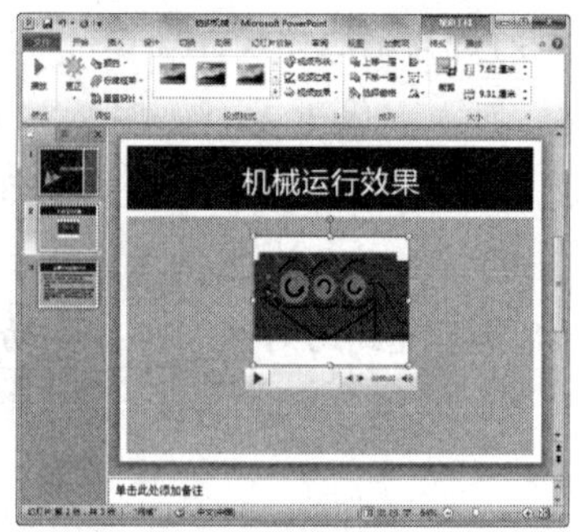


图 8-79　插入视频

(12) 在幻灯片中调整视频的位置和大小，在【视频工具】的【格式】选项卡的【大小】选项组中单击【裁剪】按钮，拖动鼠标，将该视频周围的白色区域剪裁掉，如图 8-80 所示。

(13) 在幻灯片任意处单击，退出裁剪状态。在【视频样式】选项组中单击【其他】按钮，在打开的列表中选择【监视器，灰色】选项，如图 8-81 所示。

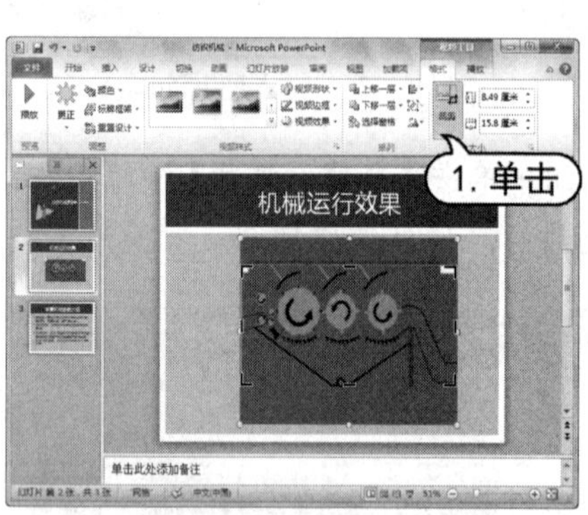


图 8-80　单击【裁剪】按钮

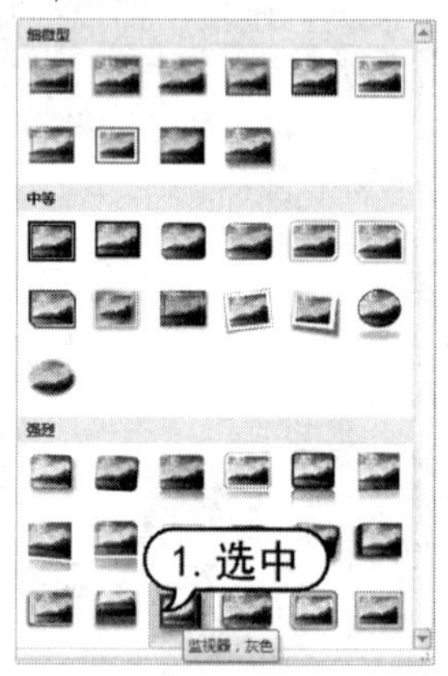


图 8-81　选择视频样式

(14) 此时为视频设置该样式，效果如图 8-82 所示。

(15) 打开【影片工具】的【播放】选项卡，选中【循环播放，直到停止】复选框，如图 8-83 所示，按 Ctrl+S 组合键，保存【纺织机械】演示文稿。

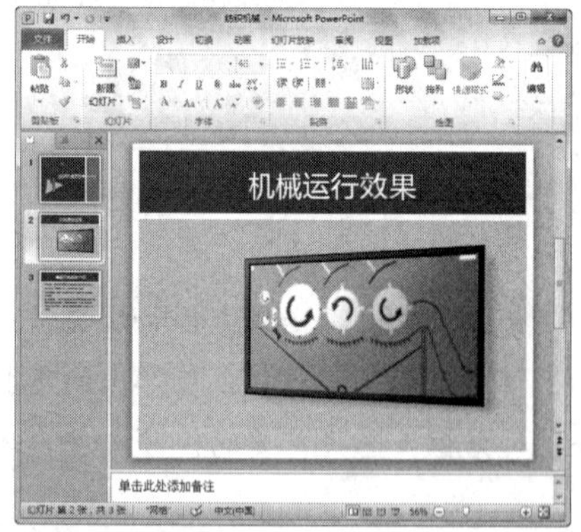


图 8-82　视频样式效果

图 8-83　选中【循环播放，直到停止】复选框

## 8.6.2 制作电子相册

(1) 启动 PowerPoint 2010，新建一个空白演示文稿。

(2) 打开【插入】选项卡，在【插图】组中单击【相册】按钮，从弹出的菜单中选择【新建相册】命令，如图 8-84 所示。

(3) 打开【相册】对话框，单击【文件/磁盘】按钮，如图 8-85 所示。

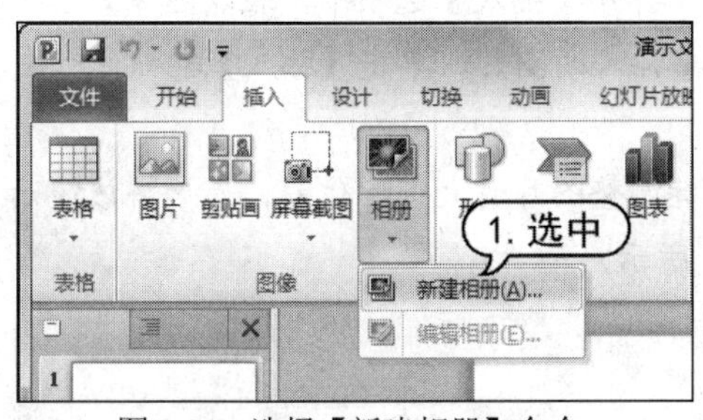


图 8-84 选择【新建相册】命令

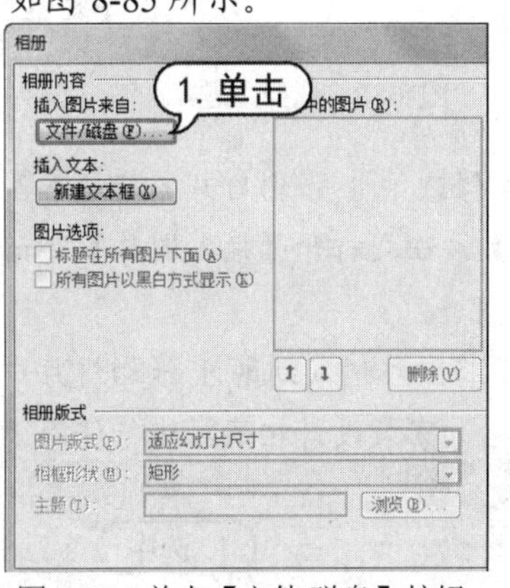


图 8-85 单击【文件/磁盘】按钮

(4) 打开【插入新图片】对话框，在图片列表中选择需要的图片，单击【插入】按钮，如图 8-86 所示。

(5) 返回到【相册】对话框，在【相册版式】选项区域的【图片版式】下拉列表中选择【2 张图片】选项，在【相框形状】下拉列表中选择【简单框架，白色】选项，在【主题】右侧单击【浏览】按钮，如图 8-87 所示。

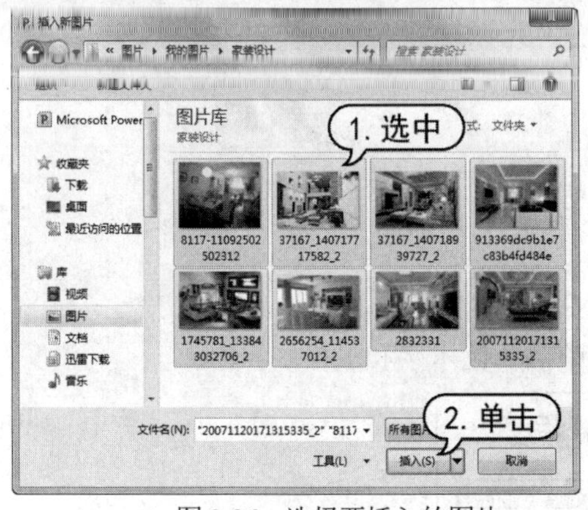


图 8-86 选择要插入的图片

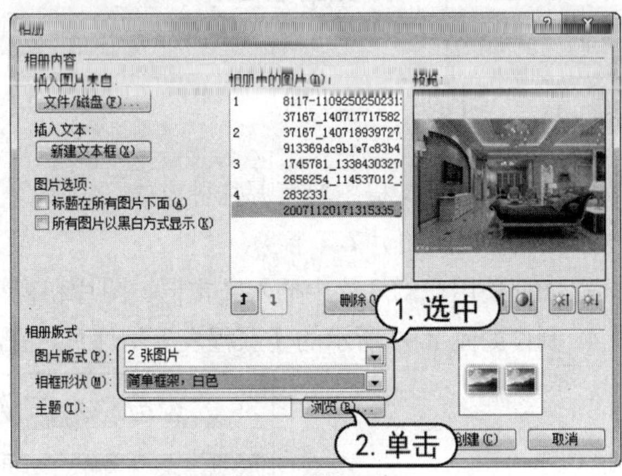


图 8-87 设置相册

(6) 打开【选择主题】对话框，选择需要的主题，单击【选择】按钮，如图 8-88 所示。

(7) 返回到【相册】对话框，单击【创建】按钮，创建包含 5 张幻灯片的电子相册，此时在演示文稿中显示相册封面和插入的图片，如图 8-89 所示。

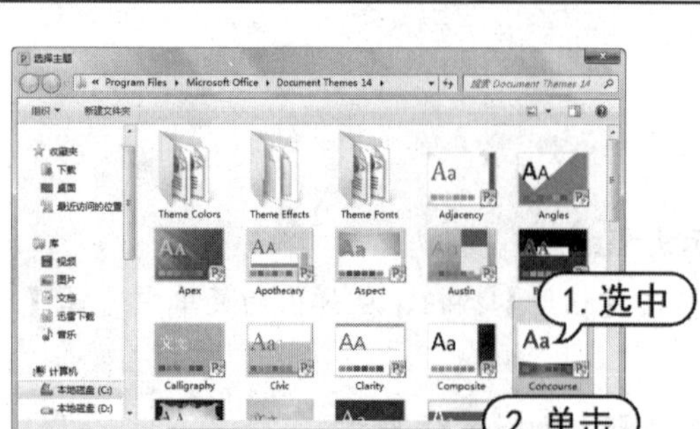


图 8-88　选择主题

图 8-89　显示相册封面和插入的图片

(8) 修改第 1 张幻灯片的标题和副标题文本，打开【插入】选项卡，在【图像】组中单击【图片】按钮，打开【插入图片】对话框，选择要插入的图片，单击【插入】按钮，如图 8-90 所示。

(9) 将图片插入到第 1 张幻灯片中，拖动鼠标调整图片的大小和位置，最后将该演示文稿以文件名"家装设计相册"进行保存，如图 8-91 所示。

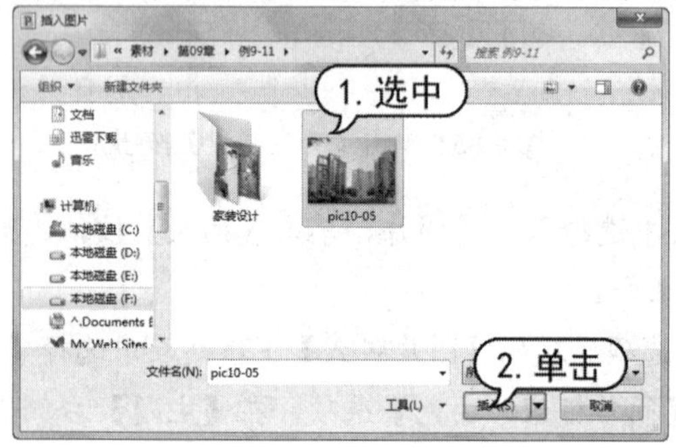


图 8-90　选择要插入的图片

图 8-91　调整图片大小和位置



## 8.7　习题

1. 创建新演示文稿主要有哪几种方式？
2. 如何隐藏幻灯片？
3. 如何使用在幻灯片中插入文本框、图片和视频文件？
4. 制作如图 8-92 所示的【课程表】幻灯片，在其中插入艺术字和表格。

办公自动化培训课程表

| | 星期一 | 星期二 | 星期三 | 星期四 | 星期五 |
|---|---|---|---|---|---|
| 1 | PowerPoint | | Outlook | | Excel |
| 2 | | Word | | | |
| 3 | | | | Access | |
| 4 | | | Excel | Word | |
| 5 | Access | | | | Outlook |
| 6 | | PowerPoint | | | |

图 8-92　制作【课程表】幻灯片

# 第9章 设计和放映幻灯片

## 学习目标

使用 PowerPoint 2010 创建演示文稿后，可以设计幻灯片外观和动画效果、设置幻灯片的放映方式等，这样能使幻灯片播放得更加顺畅和丰富。本章将介绍设计幻灯片、设置幻灯片动画效果、放映和打包演示文稿等操作内容。

## 本章重点

- 设置幻灯片母版
- 添加幻灯片切换效果
- 添加幻灯片动画效果
- 放映幻灯片
- 打包和发布演示文稿

## 9.1 设计幻灯片

为了使不同演示文稿体现不同的特色，需要为幻灯片中的对象设计不同颜色，搭配成不同的效果。PowerPoint 提供了大量的预设格式，例如配色方案、幻灯片母版、主题和背景等。

### 9.1.1 幻灯片配色设计

在 PowerPoint 设计时，用户需要掌握色彩的使用，这样才能拓展用户的视野，帮助用户设计出艺术化的幻灯片。

在人类的视觉对象中，色彩是其存在的、不可忽视的重要因素。人对色彩的感受，是人类自身在进行各种生产、生活活动时积累的各种与色彩相关的经验而造成的体验。这些经验是人在观察到某种颜色或某种色彩搭配而引起的，与这种颜色有关的物体所带来的联想。色彩在引起联想具有印象的同时，还会引起与这些联想相关的抽象印象，如表 9-1 所示。

表 9-1　色彩的联想

| 色　　相 | 具 体 联 想 | 抽 象 联 想 |
|---|---|---|
| 红 | 太阳、火焰、血液等 | 喜庆、热忱、警告、革命、热情等 |
| 橙 | 橙子、芒果、麦子等 | 成熟、健康、愉快、温暖等 |
| 黄 | 灯光、月亮、向日葵等 | 辉煌、灿烂、轻快、光明、希望等 |
| 绿 | 草原、树叶等 | 生命、青春、活力、和平等 |
| 蓝 | 大海、天空等 | 平静、理智、深远、科技等 |
| 紫 | 丁香花、葡萄等 | 优雅、神秘、高贵等 |
| 黑 | 夜晚、煤炭、墨汁等 | 严肃、刚毅、信仰、恐怖等 |
| 白 | 雪、白云、面粉等 | 纯净、神圣、安静等 |
| 灰 | 灰尘、水泥、乌云等 | 平凡、谦和、中庸等 |



在平面设计中，色彩搭配以灵活运用色彩为基础，而色彩的运用不外乎两大原则，即色彩的调和与对比。

### 1. 色彩的调和

在演示文稿平面设计时，往往需要确立一个核心的主色调，以该色调为基础进行色彩的选择。调和色彩的依据就是主色调，主色调越明显，则作品的协调感越强，而主色调越不明显，则作品的协调感就越弱。

色彩的调和依靠的是各种色彩因素的积累，以及色彩属性的相近。调和的方法主要包括以下几种。

- 色相近似调和：除素描作品以外，通常至少包含两个以上的色相。在设计平面时，使用的色彩在色相环上越相近，则色相越类似，甚至趋于同一种色相。以这种方式调和，通常需要借助色彩明度的差异化来形成画面层次感。
- 明度近似调和：可能使用了多种色相的颜色。可对这些色彩进行处理，使用近似的明度，以降低各种颜色的对比因素，使其调和。使用这种方式调和时，需要注意各颜色的饱和不可太高。
- 低饱和度色彩调和：饱和度较低会给人以整体偏灰暗的感觉，因此大量应用这类色彩，在画面的色彩组合上就一定是调和的。
- 主色调比例悬殊调和：如果主色调所占比例成分有绝对的优势，则通常这幅作品的整体色彩就是较为协调和统一的，其统一的程度与主色调和其他色调之间面积的比值成正比，即比例越大，则调和的程度越高；反之，则会由于色彩的激烈冲突而产生严重的对立。这种基于色调比例理论的调和，被称为主色调比例悬殊调和。

在了解了 4 种基本的调和方法后，即可根据这些调和色彩的原则，设计演示文稿中所采用

的色调以及搭配的色彩。

2. 色彩的对比

色彩的调和是决定平面设计作品稳定性的关键。而如果需要平面作品展示色彩的冲击力，赋予作品激情，丰富作品的内涵，则需要使用色彩对比。

所谓色彩对比，其手法与调和完全相反，需要通过差异较大的两种或更多鲜明的色彩来形成。对比的方式主要包括以下几种。

- 色相对比：色相是区别颜色的重要标志之一，多种色相对比强烈的颜色出现在同一设计作品中，本身就会产生强烈的对比效果。两种色彩在色相环上的距离越远，则对比的感觉越强烈。例如，使用饱和度高的绿色与红色、黄色与红色，以突出民俗与喜庆风格。在摄影、绘画、计算机界面设计中，色相对比的手法应用广泛，使作品中色彩的运用更显明而突出。
- 饱和度对比：在采用同一色调或同一色相来描述设计作品时，如果需要体现出色彩的对比效果，则往往可使用饱和度对比的手法。在使用这种手法时，主要侧重于将同一种色相中不同饱和度的色彩进行比较，以形成强烈的对照，使画面更富有空间感和层次感。
- 明度对比：也是一种重要的色彩对比手法。在平面色彩设计时，使用同一色相饱和度的色彩，可以用明度来区分色彩中的内容。
- 色性对比：色性也是色彩的一种重要属性，是人类根据颜色形成的关于冷暖触觉的联想。在 24 色色相环中，位置越靠上的色彩就给人以更温暖的感觉，而位置越靠下的色彩则给人以更寒冷的感觉。色性的对比是色相对比的一个分支，也是一种冲击力较强的对比。通过两种色性的颜色塑造，可以使平面作品的画面更具有空间感和立体感。处理到位的冷暖色彩，将使画面充满色彩的活力和生机。

## 9.1.2　设计幻灯片母版

母版是演示文稿中所有幻灯片或页面格式的底板，用于设置幻灯片的标题、正文文字等样式；也可以设置幻灯片的背景对象、页眉页脚等内容。用户可以在打开的母版中进行设置或修改，从而快速地创建出样式各异的幻灯片，提高工作效率。

1. 母版的类型

为了使演示文稿中的每一张幻灯片都具有统一的版式和格式，PowerPoint 2010 通过母版来控制幻灯片中不同部分的表现形式。PowerPoint 2010 提供了 3 种母版。

- 幻灯片母版：是存储模板信息的设计模板的一个元素。幻灯片母版中的信息包括字形、占位符大小和位置、背景设计和配色方案。用户通过更改这些信息，即可更改整个演示文稿中幻灯片的外观。打开【视图】选项卡，在【母版视图】选项组中单击【幻灯片母版】按钮，打开幻灯片母版视图，此时自动打开【幻灯片母版】选项卡，如图9-1所示。

- 讲义母版：是为制作讲义而准备的，通常需要打印输出，因此讲义母版的设置大多和打印页面有关。它允许设置一页讲义中包含几张幻灯片，设置页眉、页脚、页码等基本信息。在讲义母版中插入新的对象或者更改版式时，新的页面效果不会反映在其他母版视图中。打开【视图】选项卡，在【母版视图】组中单击【讲义母版】按钮，打开讲义母版视图。此时功能区自动打开【讲义母版】选项卡，如图9-2所示。

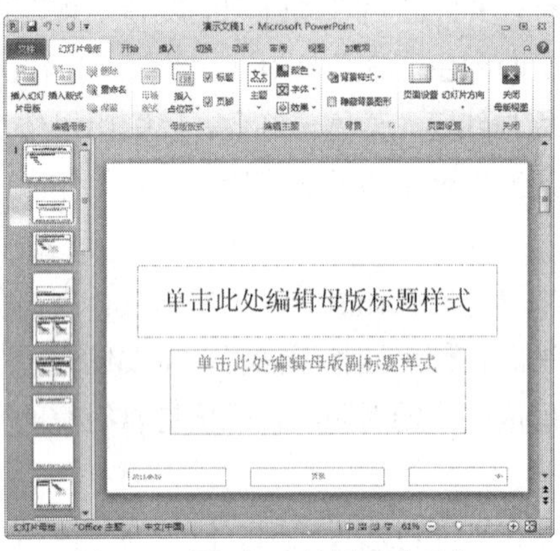


图9-1 【幻灯片母版】选项卡

图9-2 【讲义母版】选项卡

- 备注母版：主要用来设置幻灯片的备注格式，一般也是用来打印输出的，所以备注母版的设置大多也和打印页面有关。打开【视图】选项卡，在【母版视图】组中单击【确定母版】按钮，打开备注母版视图。此时功能区自动打开【备注母版】选项卡，如图9-3所示。在备注母版视图中，可以设置或修改幻灯片内容、备注内容及页眉页脚在页面中的位置、比例及外观等属性。

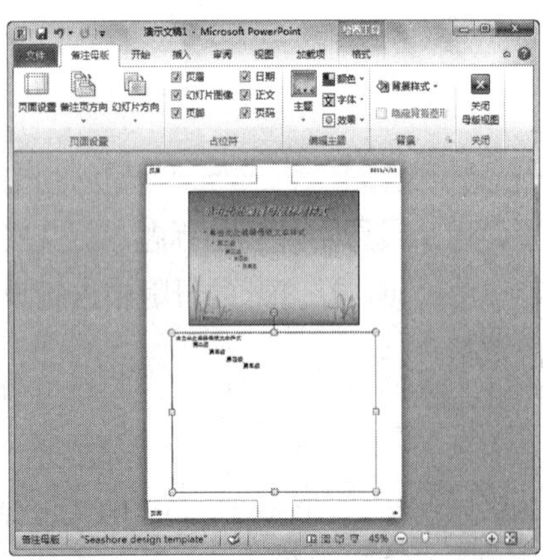

图9-3 备注母版

**提示**

无论在幻灯片母版视图、讲义母版视图还是备注母版视图中，如果要返回到普通模式时，只需要在默认打开的视图选项卡中单击【关闭母版视图】按钮即可。

### 2. 设置母版版式

在PowerPoint 2010中创建的演示文稿都带有默认的版式，这些版式一方面决定了占位符、

文本框、图片和图表等内容在幻灯片中的位置，另一方面决定了幻灯片中文本的样式。因此，用户可以按照自己的需求修改母版版式。

【例 9-1】在幻灯片母版视图中设置版式和文本格式，并调整母版中的背景图片样式。

(1) 启动 PowerPoint 2010，新建一个空白演示文稿，并将其保存为【自定义模板】文档。

(2) 选中第一张幻灯片，按 4 次 Enter 键，插入 4 张新幻灯片，效果如图 9-4 所示。

(3) 打开【视图】选项卡，在【母版视图】组中单击【幻灯片母版】按钮，切换到幻灯片母版视图，如图 9-5 所示。

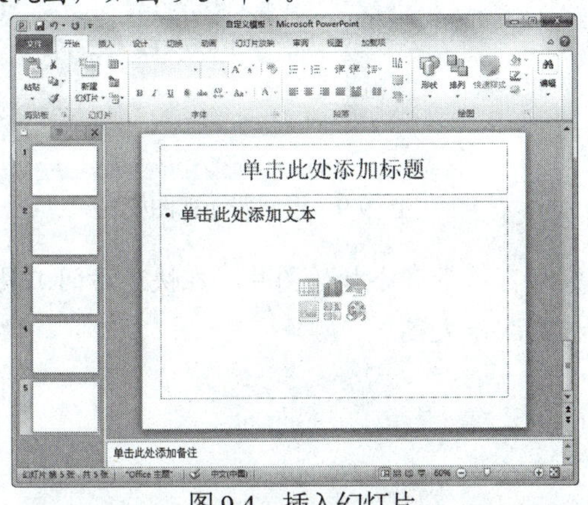


图 9-4　插入幻灯片

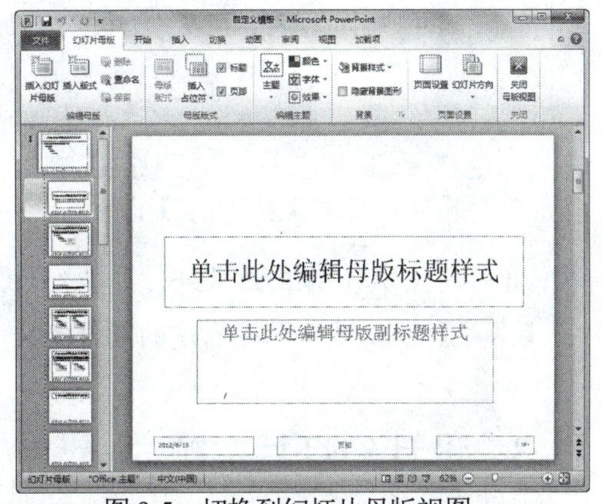


图 9-5　切换到幻灯片母版视图

(4) 选中【单击此处编辑母版标题样式】占位符，右击其边框，在打开的浮动工具栏中设置字体为【华文隶书】，字号为 60，字体颜色为【橙色，强调文字颜色 6，深色 25%】，字形为【加粗】。

(5) 选中【单击此处编辑母版标题样式】占位符，右击其边框，在打开的浮动工具栏中设置字体为【华文行楷】，字号为 40，字体颜色为【蓝色】，字形为【加粗】，并调节其大小，此时字体效果如图 9-6 所示。

(6) 选择第 3 张幻灯片，打开【插入】选项卡，在【图像】组中单击【图片】按钮，打开【插入图片】对话框，选择要插入的图片，单击【插入】按钮，如图 9-7 所示。

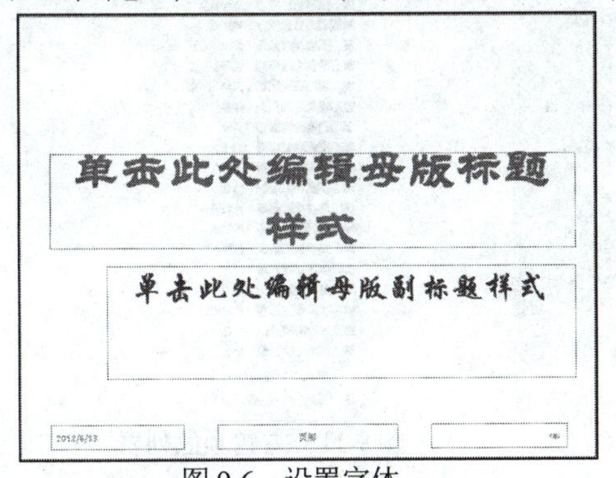


图 9-6　设置字体

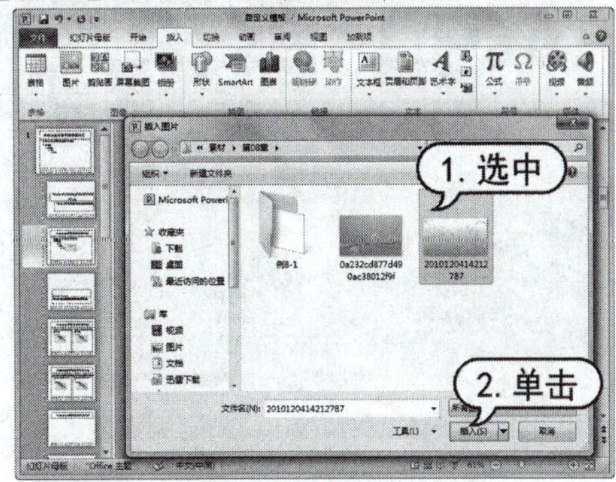


图 9-7　选择插入图片

(7) 此时，在幻灯片中插入图片，并打开【图片工具】的【格式】选项卡，调整图片的大小和位置，然后在【排列】组中单击【下移一层】下拉按钮，在弹出的菜单中选择【置于底层】

命令，如图 9-8 所示。

(8) 打开【幻灯片母版】选项卡，在【关闭】组中单击【关闭母版视图】按钮，返回到普通视图模式，如图 9-9 所示。

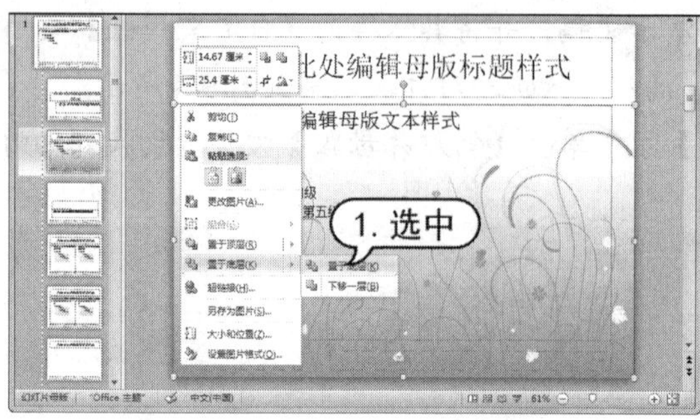


图 9-8 选择【置于底层】命令

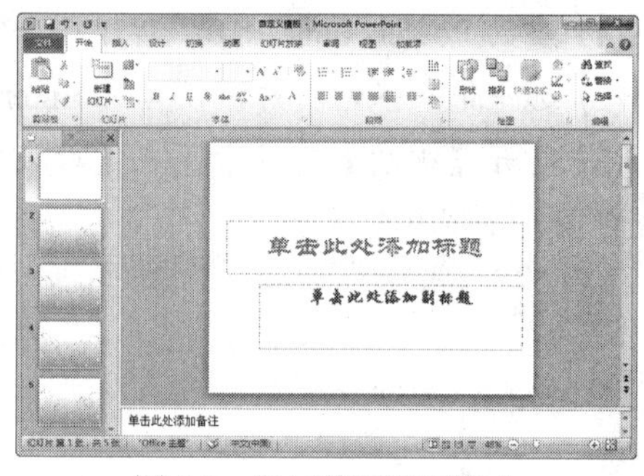


图 9-9 返回普通视图模式

(9) 此时，除第 1 张幻灯片外，其他幻灯片中都自动带有添加的图片，在快速访问工具栏中单击【保存】按钮，保存创建的【自定义模板】演示文稿。

## 9.1.3 设计幻灯片主题

PowerPoint 2010 提供了多种主题供用户选择，幻灯片主题是应用于整个演示文稿的各种样式的集合，包括颜色、字体和效果三大类。

在 PowerPoint 2010 中，打开【设计】选项卡，在【主题】组中单击【其他】按钮，从弹出的列表中选择预置的主题，如图 9-10 所示。PowerPoint 2010 还提供了多种预置的主题颜色供用户选择。在【设计】选项卡的【主题】组中单击【颜色】按钮，在弹出的菜单中选择主题颜色，如图 9-11 所示。

图 9-10 主题列表

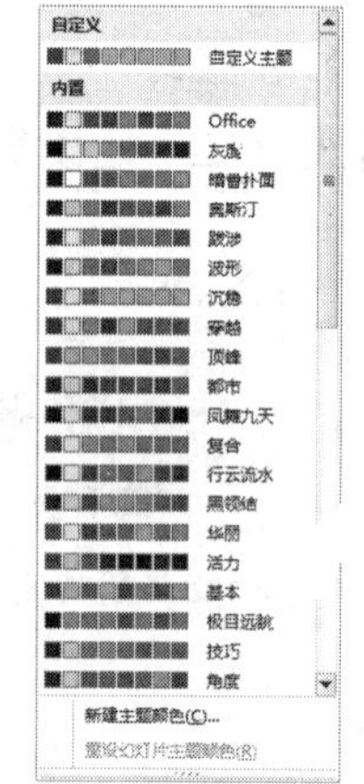


图 9-11 主题颜色列表

用户也可以自己设置主题颜色，自定义适合的主题，下面举例介绍操作的步骤。

【例 9-2】在【自定义模板】演示文稿中设置主题颜色。

(1) 启动 PowerPoint 2010，打开【自定义模板】演示文稿。

(2) 打开【设计】选项卡，在【主题】组中单击【颜色】按钮，从弹出的主题颜色菜单中选择【沉稳】内置样式，自动为幻灯片应用该主题颜色，如图 9-12 所示。

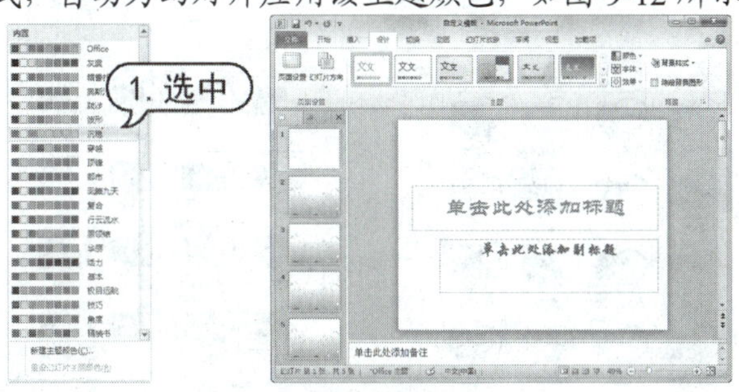


图 9-12　选择主题颜色

(3) 在【主题】组中单击【颜色】按钮，从弹出的菜单中选择【新建主题颜色】命令，打开【新建主题颜色】对话框。在【文字/背景-深色 1】选项右侧单击颜色下拉按钮，从弹出的面板中选择【其他颜色】选项。打开【自定义】选项卡，在【红色】、【绿色】和【蓝色】微调框中分别输入 25、150 和 48，单击【确定】按钮，如图 9-13 所示。

(4) 返回到【新建主题颜色】对话框，在【名称】文本框中输入“自定义主题”，单击【保存】按钮，完成自定义设置，如图 9-14 所示。

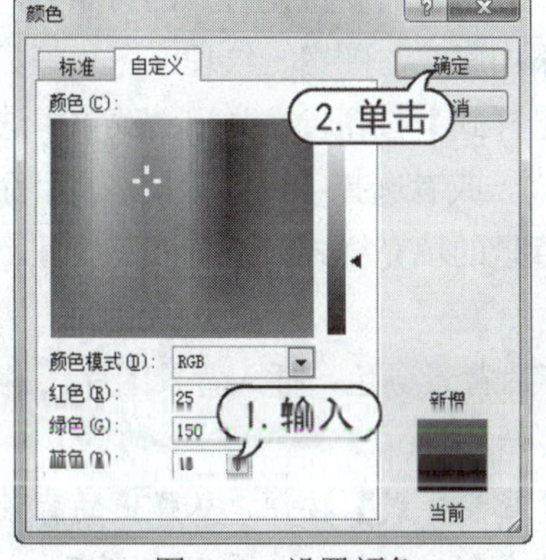


图 9-13　设置颜色

图 9-14　保存自定义设置

(5) 在【主题】选项组中单击【颜色】按钮，从弹出的主题颜色菜单中可以查看自定义的主题，选择该主题样式，将其应用到幻灯片中，如图 9-15 所示。

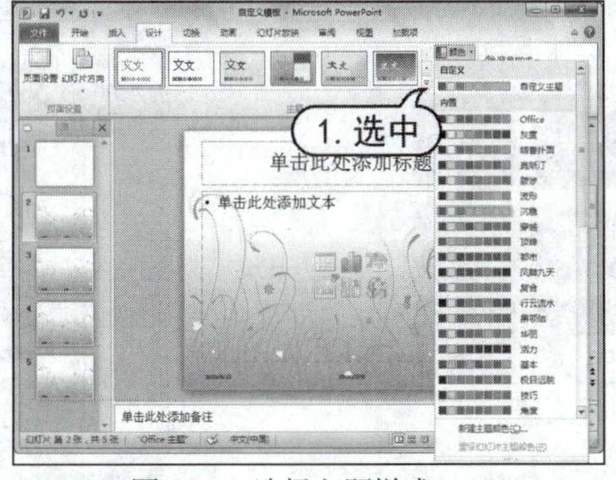


图 9-15　选择主题样式

用户还可以选择主题的效果，主题效果是 PowerPoint 预置的一些图形元素以及特效。在【设计】选项卡的【主题】组中单击【主题效果】按钮 效果，从弹出的菜单中选择预置的主题效果样式，如图 9-16 所示。

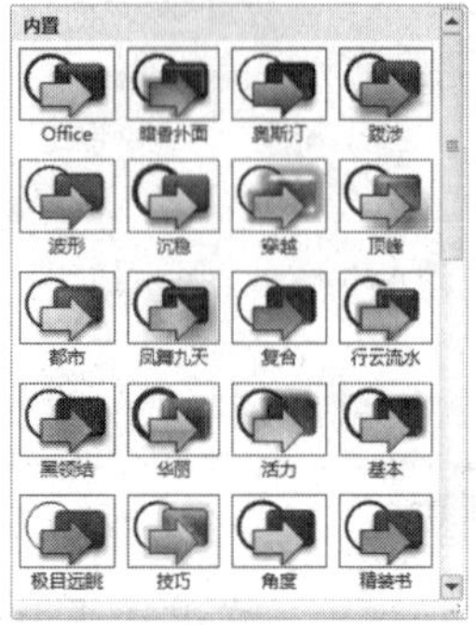

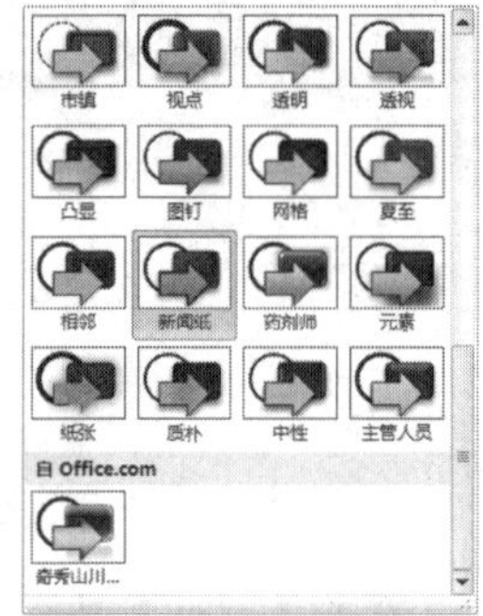


图 9-16　选择主题效果

## 9.1.4　设计幻灯片背景

在设计演示文稿时，用户除了在应用模板或改变主题颜色时更改幻灯片的背景外，还可以根据需要任意更改幻灯片的背景颜色和背景设计，如添加底纹、图案、纹理或图片等。

打开【设计】选项卡，在【背景】组中单击【背景样式】按钮，在弹出的菜单中选择需要的背景样式，即可快速应用 PowerPoint 自带的背景样式。或者选择【设置背景格式】命令，打开【设置背景格式】对话框。在该对话框中可以设置背景的填充样式、渐变以及纹理、图案填充背景等。

【例 9-3】在【自定义模板】演示文稿中设置幻灯片背景颜色，插入背景图片。

(1) 启动 PowerPoint 2010，打开【自定义模板】演示文稿。

(2) 打开【设计】选项卡，在【背景】组中单击【背景样式】按钮，从弹出的背景样式列表框中选择【设置背景格式】命令，打开【设置背景格式】对话框，如图 9-17 所示。

(3) 打开【填充】选项卡，选中【图案填充】单选按钮，在【前景色】面板中选择【浅绿】色块，然后在【图案】列表框中选择一种图案样式，单击【全部应用】按钮，如图 9-18 所示。

图 9-17　选择【设置背景格式】命令

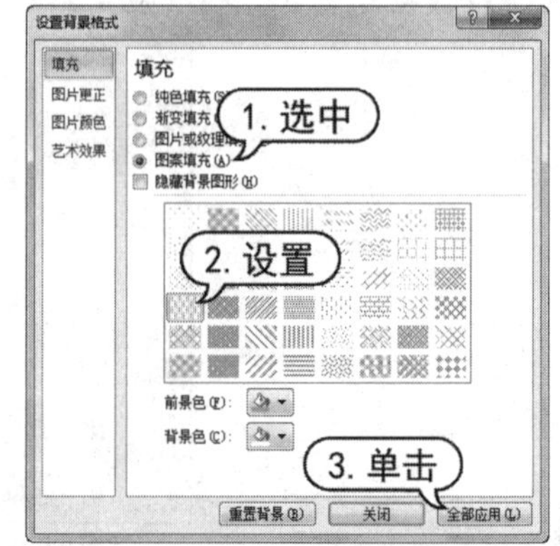


图 9-18　选择图案

(4) 此时，即可将该图案背景样式应用到演示文稿中的每张幻灯片中，如图 9-19 所示。

(5) 切换至【设置背景格式】对话框，选中【图片或纹理填充】单选按钮，单击【文件】按钮，如图 9-20 所示。

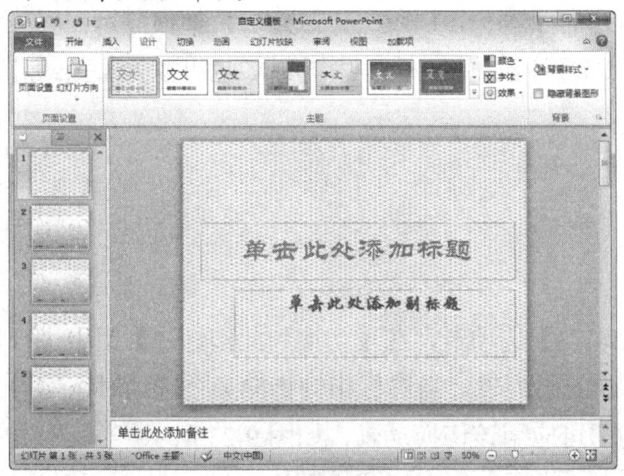


图 9-19　应用背景样式

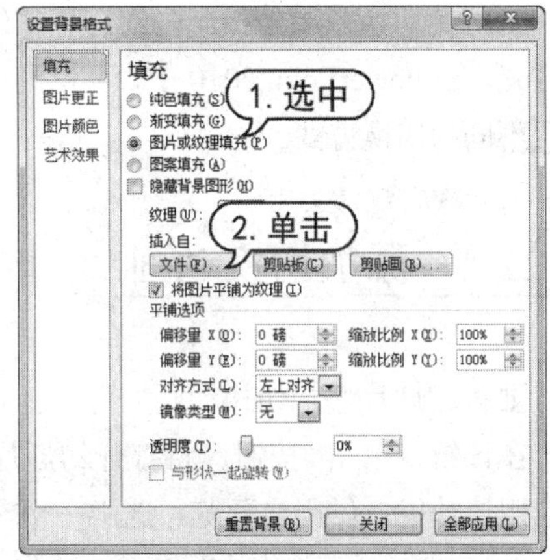


图 9-20　单击【文件】按钮

(6) 打开【插入图片】对话框，选择一种图片，单击【插入】按钮，如图 9-21 所示，将图片插入到选中的幻灯片。

(7) 返回至【设置背景格式】对话框，单击【关闭】按钮。此时幻灯片背景图片如图 9-22 所示。

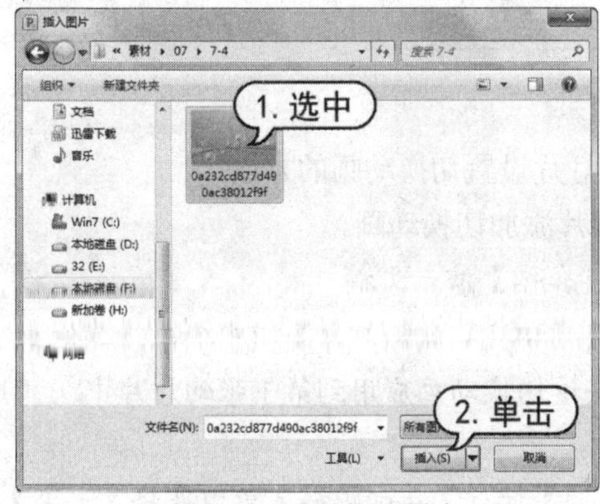


图 9-21　选择插入图片

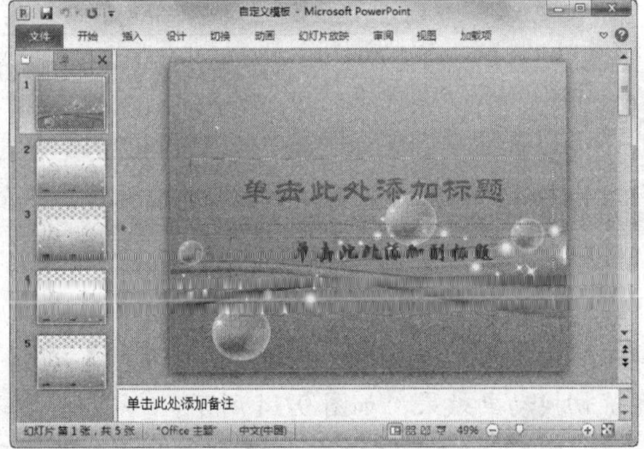


图 9-22　应用背景

**提示**

当不希望在幻灯片中出现设计模板默认的背景图形时，选中某种或某些幻灯片后，可以打开【设计】选项卡，在【背景】组中选中【隐藏背景图形】复选框，即可忽略幻灯片中的背景。另外，在【设计】选项卡的【背景】组中单击【背景样式】按钮，从弹出的菜单中选择【重置幻灯片背景】命令，可以重新设置幻灯片背景。

## 9.2 添加幻灯片切换效果

幻灯片切换效果是指一张幻灯片如何从屏幕上消失，以及另一张幻灯片如何显示在屏幕上的方式。在 PowerPoint 2010 中，可以为一组幻灯片设置同一种切换方式，也可以为每张幻灯片设置不同的切换方式。

### 9.2.1 添加切换动画

要为幻灯片添加切换动画，可以打开【切换】选项卡，在【切换到此幻灯片】组中进行设置。在该组中单击按钮，将打开幻灯片动画效果列表，当鼠标指针指向某个选项时，幻灯片将应用该效果，供用户预览，选中一个选项即可应用该切换动画，如图 9-23 所示。

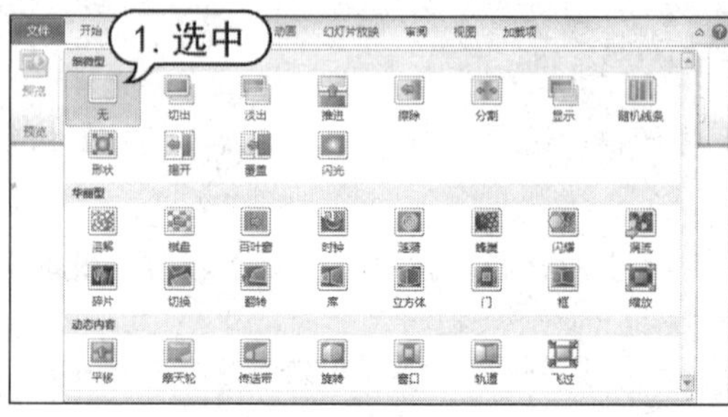


图 9-23　切换动画效果

下面以具体实例来介绍在 PowerPoint 2010 中为幻灯片设置切换动画的方法。

【例 9-4】在【蒲公英介绍】演示文稿中，为幻灯片添加切换动画。

(1) 启动 PowerPoint 2010 应用程序，打开【蒲公英介绍】演示文稿。

(2) 选中第 1 张幻灯片，打开【切换】选项卡，在【切换到此幻灯片】组中单击【其他】按钮，从弹出的切换效果列表框中选择【门】选项，将该切换动画应用到第 1 张幻灯片中，并可预览切换动画效果，如图 9-24 所示。

(3) 在【切换到此幻灯片】选项组中单击【效果选项】按钮，从弹出的菜单中选择【水平】选项，此时即可在幻灯片中预览第 1 张幻灯片的切换动画效果，如图 9-25 所示。

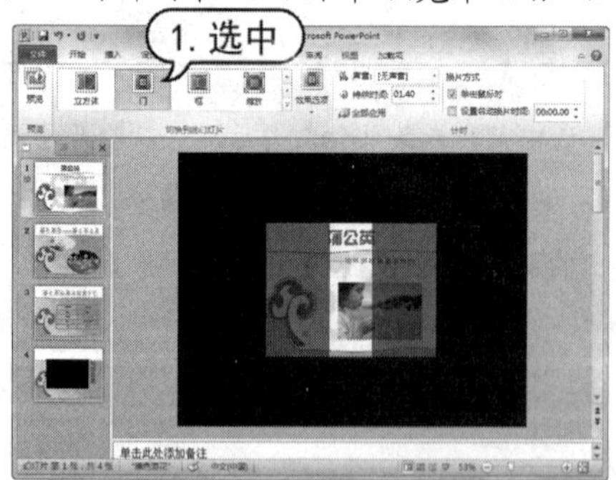


图 9-24　选择【门】切换效果

图 9-25　预览第 1 张幻灯片切换动画效果

(4) 在幻灯片缩略图中选中第 2~4 张幻灯片，使用同样的方法，为其他幻灯片添加【库】效果切换动画，如图 9-26 所示。

图 9-26　添加的【库】切换动画效果

**提示**

为第 1 张幻灯片设置切换动画时，打开【切换】选项卡，在【计时】选项组中单击【全部应用】按钮，即可将该切换动画应用在每张幻灯片中。

## 9.2.2　设置切换动画选项

添加切换动画后，还可以对切换动画进行设置，如设置切换动画时出现的声音效果、持续时间和换片方式等，从而使幻灯片的切换效果更为逼真。

【例 9-5】在【蒲公英介绍】演示文稿中，设置切换声音和切换速度。

(1) 启动 PowerPoint 2010 应用程序，打开【蒲公英介绍】演示文稿。

(2) 打开【切换】选项卡，在【计时】选项组中单击【声音】下拉按钮，从弹出的下拉菜单中选择【照相机】选项，如图 9-27 所示，为幻灯片应用该效果的声音。

(3) 在【计时】组的【持续时间】微调框中输入“01.20”，为幻灯片设置动画切换效果的持续时间，其目的是控制幻灯片的切换速度，然后单击【全部应用】按钮，将设置好的计时选项应用到每张幻灯片中，如图 9-28 所示。

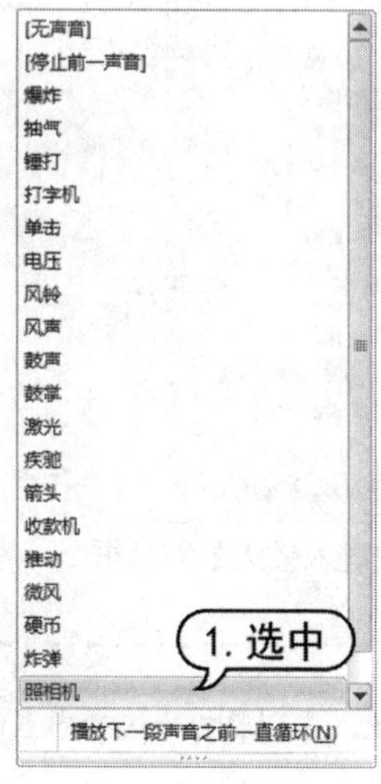


图 9-27　选择【照相机】选项

图 9-28　应用持续时间

**提示**

选中要查看的幻灯片，打开【切换】选项卡，在【预览】选项组中单击【预览】按钮，即可在幻灯片编辑窗格中查看该幻灯片的切换效果。

## 9.3 添加幻灯片动画效果

在 PowerPoint 2010 中，除了幻灯片切换动画外，还包括幻灯片的动画效果。所谓动画效果，是指为幻灯片内部各个对象设置的动画效果。用户可以对幻灯片中的文本、图形、表格等对象添加不同的动画效果，如进入动画、强调动画、退出动画和动作路径动画等。

### 9.3.1 添加进入动画效果

进入动画是为了设置文本或其他对象以多种动画效果进入放映屏幕。在添加该动画效果之前需要选中对象。对于占位符或文本框来说，选中占位符、文本框，以及进入其文本编辑状态时，都可以为它们添加该动画效果。

选中对象后，打开【动画】选项卡，单击【动画】组中的【其他】按钮，在弹出的【进入】列表框中选择一种进入效果，即可为对象添加该动画效果，如图 9-29 所示。选择【更多进入效果】命令，将打开【更改进入效果】对话框，在该对话框中可以选择更多的进入动画效果，如图 9-30 所示。

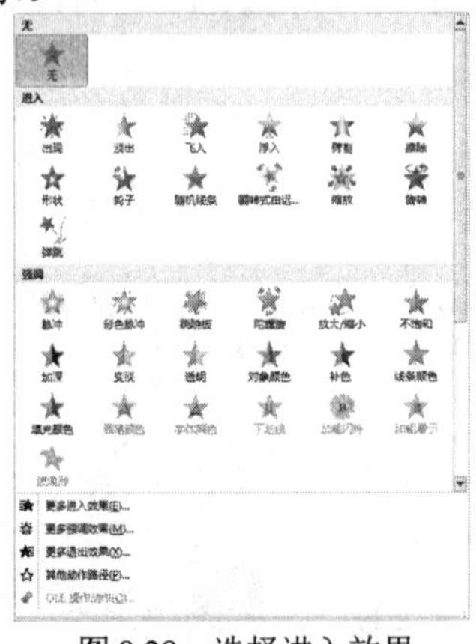

图 9-29 选择进入效果

图 9-30 【更改进入效果】对话框

**提示**

在【高级动画】组中单击【添加动画】按钮，同样可以在弹出的【进入】列表框中选择内置的进入动画效果。

【例 9-6】为【旅游景点剪辑】演示文稿中的对象设置进入动画。

(1) 启动 PowerPoint 2010，打开【旅游景点剪辑】演示文稿。

(2) 在打开的第 1 张幻灯片中选中标题占位符，打开【动画】选项卡，单击【动画】组中的【其他】按钮，从弹出的【进入】列表框中选择【弹跳】选项，如图 9-31 所示。

(3) 将正标题文字应用【弹跳】进入效果，同时预览进入效果，如图 9-32 所示。

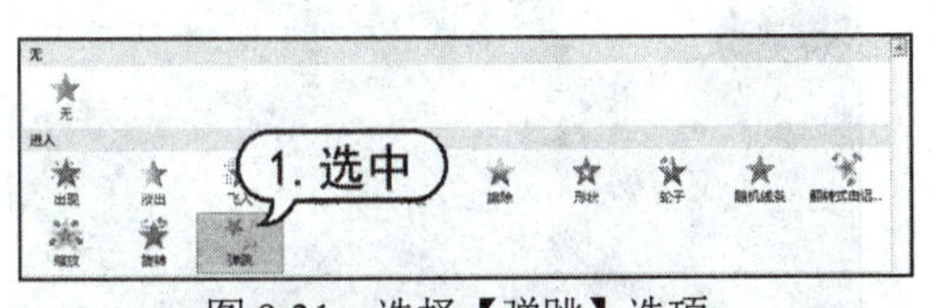


图 9-31 选择【弹跳】选项

图 9-32 预览进入效果

(4) 选中副标题占位符，在【高级动画】组中单击【添加动画】按钮，从弹出的菜单中选择【更多进入效果】命令，如图 9-33 所示。

(5) 打开【添加进入效果】对话框，在【温和型】选项区域中选择【下浮】选项，单击【确定】按钮，为副标题文字应用【下浮】进入效果，如图 9-34 所示。

图 9-33 选择【更多进入效果】命令

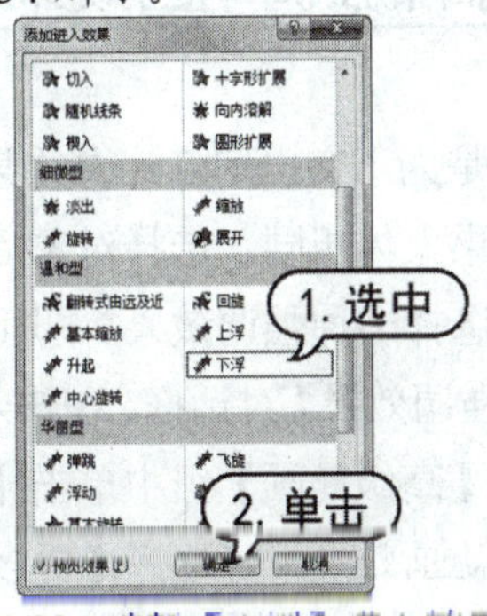


图 9-34 选择【下浮】进入效果

(6) 选中剪贴画图片，打开【更改进入效果】对话框，在【基本型】选项区域中选择【轮子】选项，单击【确定】按钮，如图 9-35 所示。

(7) 在【动画】组中单击【效果选项】下拉按钮，从弹出的下拉列表中选择【3 轮辐图案】选项，为轮子设置进入效果属性，如图 9-36 所示。

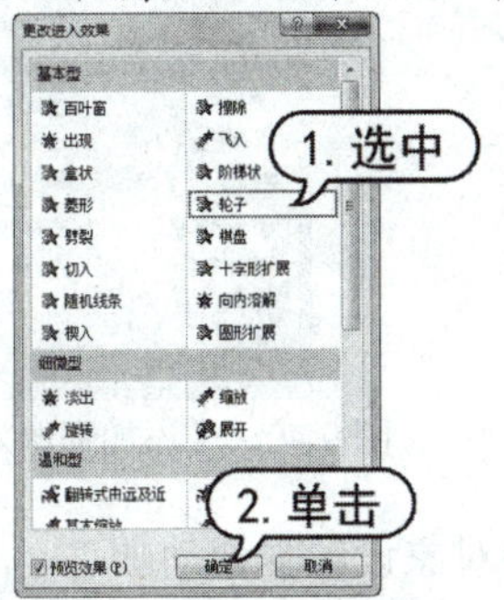


图 9-35 选择【轮子】选项

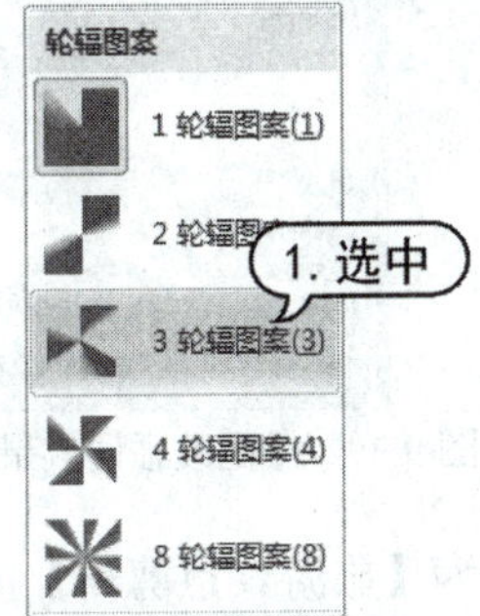


图 9-36 选择【3 轮辐图案】选项

(8) 完成第 1 张幻灯片中对象进入动画设置，在幻灯片编辑窗口中显示编号标记对象，如图 9-37 所示。

(9) 在【动画】选项卡的【预览】组中单击【预览】按钮，即可查看第 1 张幻灯片中应用的所有进入效果，如图 9-38 所示。

图 9-37 显示编号标记对象

图 9-38 查看应用进入效果

## 9.3.2 添加强调动画效果

强调动画是为了突出幻灯片中的某部分内容而设置的特殊动画效果。添加强调动画的过程和添加进入效果大体相同，选择对象后，在【动画】组中单击【其他】按钮，在弹出的【强调】列表框中选择一种强调效果，即可为对象添加该动画效果。选择【更多强调效果】命令，将打开【更改强调效果】对话框，在该对话框中可以选择更多的强调动画效果，如图 9-39 所示。

此外，在【高级动画】组中单击【添加动画】按钮，同样可以在弹出的【强调】列表框中选择一种强调动画效果。若选择【更多强调效果】命令，则打开【添加强调效果】对话框，在该对话框中同样可以选择更多的强调动画效果，如图 9-40 所示。

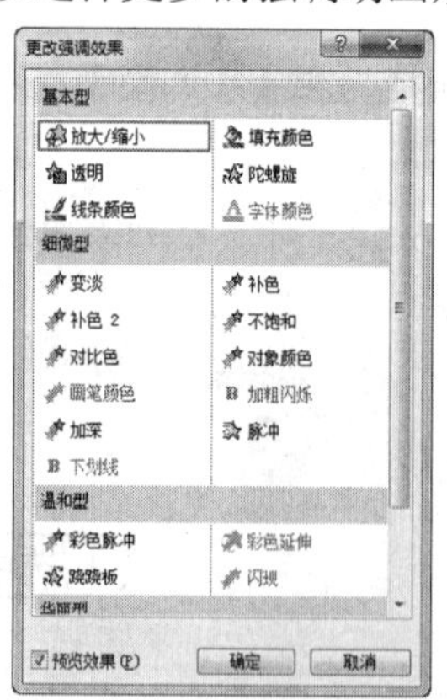

图 9-39 【更改强调效果】对话框

图 9-40 【添加强调效果】对话框

【例 9-7】为【旅游景点剪辑】演示文稿中的对象设置强调动画。

(1) 启动 PowerPoint 2010，打开【旅游景点剪辑】演示文稿。

(2) 选择第 2 张幻灯片，选中文本占位符，在打开的【动画】组中单击【其他】按钮，在弹出的【强调】列表框中选择【画笔颜色】选项，如图 9-41 所示。

(3) 此时，为文本占位符中的每段项目文本自动编号，如图 9-42 所示。

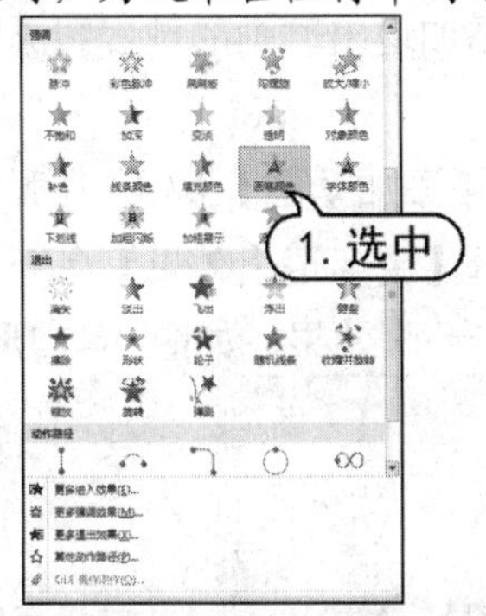


图 9-41　选择【画笔颜色】选项

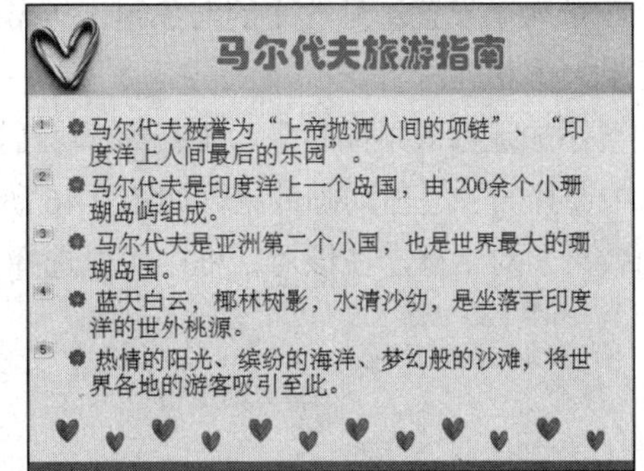


图 9-42　为每段文本自动编号

(4) 选中标题占位符，在【高级动画】组中单击【添加动画】按钮，在弹出的菜单中选择【更多强调效果】命令，如图 9-43 所示。

(5) 打开【添加强调效果】对话框，在【细微型】选项区域中选择【补色】选项，单击【确定】按钮，如图 9-44 所示。

图 9-43　选择【更多强调效果】命令

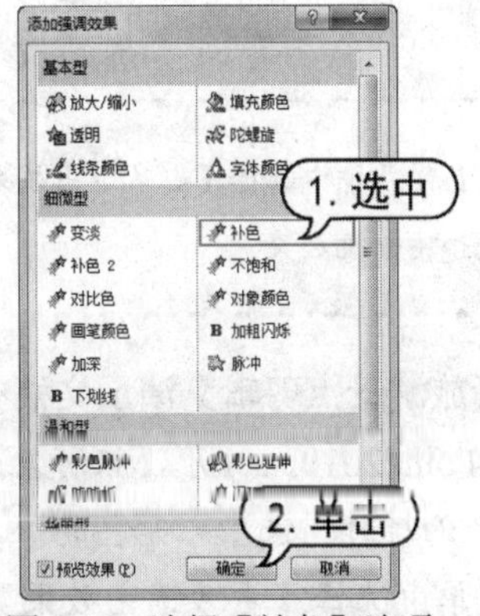


图 9-44　选择【补色】选项

(6) 使用同样的方法，为第 3~6 张幻灯片的标题占位符应用【补色】强调效果，如图 9-45 所示。

图 9-45　应用【补色】强调效果

计算机基础与实训教材系列

## 9.3.3 添加退出动画效果

退出动画是为了设置幻灯片中的对象退出屏幕的效果。添加退出动画的过程和添加进入、强调动画效果大体相同。

选中需要添加退出效果的对象，在【高级动画】组中单击【添加动画】按钮，在弹出的【退出】列表框中选择一种退出动画效果，如图 9-46 所示。若选择【更多退出效果】命令，则打开【添加退出效果】对话框，在该对话框中可以选择更多的退出动画效果，如图 9-47 所示。

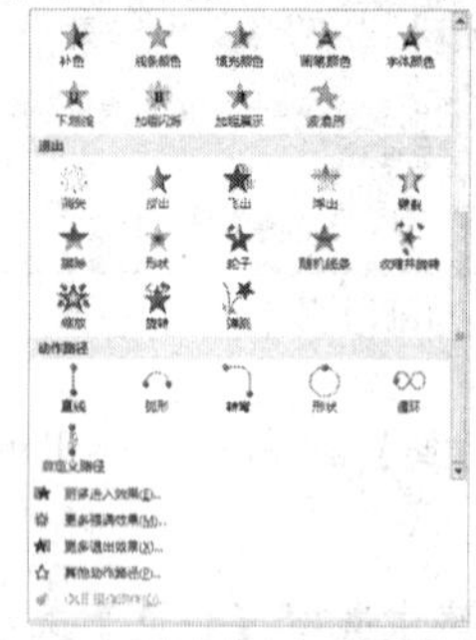

图 9-46 选择退出动画效果

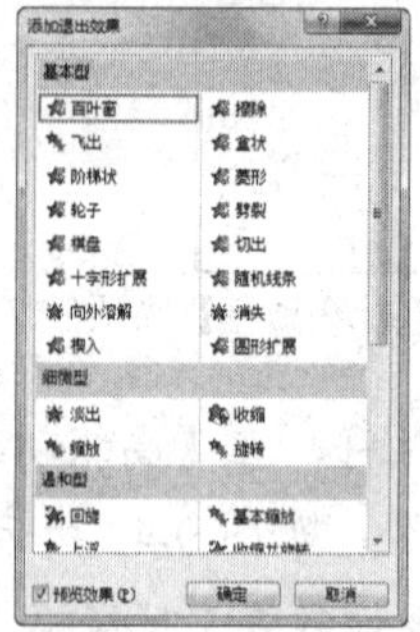

图 9-47 【添加退出效果】对话框

**提示**

在弹出的【退出】列表框中选择【更多退出效果】命令，将打开【更改退出效果】对话框，在该对话框中可以选择更多的退出动画效果。

【例 9-8】为【旅游景点剪辑】演示文稿中的对象设置退出动画。

(1) 启动 PowerPoint 2010，打开【旅游景点剪辑】演示文稿。

(2) 选择第 2 张幻灯片，选中心形图形，在【动画】选项卡的【动画】组中单击【其他】按钮，在弹出的菜单中选择【更多退出效果】命令，如图 9-48 所示。

(3) 打开【更改退出效果】对话框，在【华丽型】选项区域中选择【飞旋】选项，单击【确定】按钮，如图 9-49 所示。

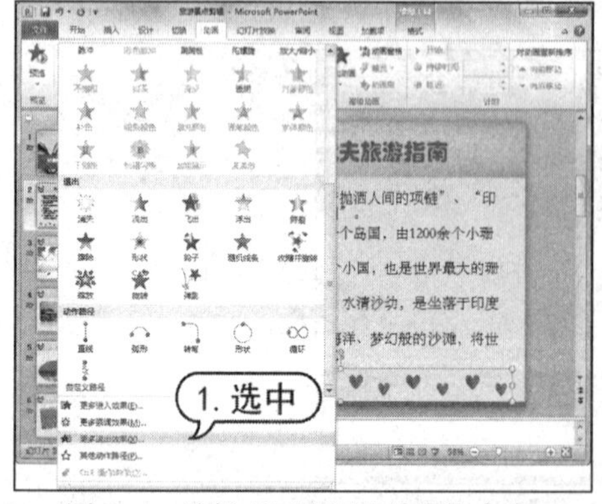


图 9-48 选择【更多退出效果】命令

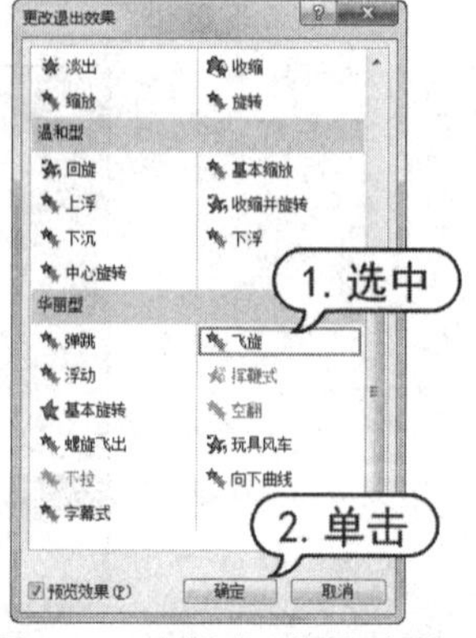


图 9-49 选择【飞旋】选项

(4) 返回至幻灯片编辑窗口中，此时在心形图形前显示数字编号，如图 9-50 所示。

(5) 在【动画】选项卡的【预览】组中单击【预览】按钮，查看第 2 张幻灯片中应用的所有动画效果，如图 9-51 所示。

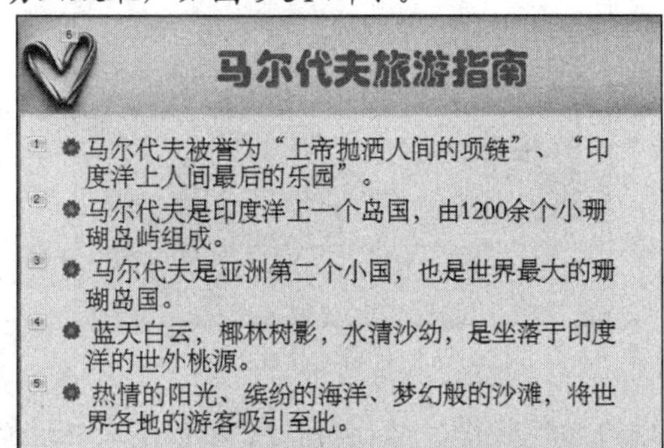


图 9-50　显示数字编号

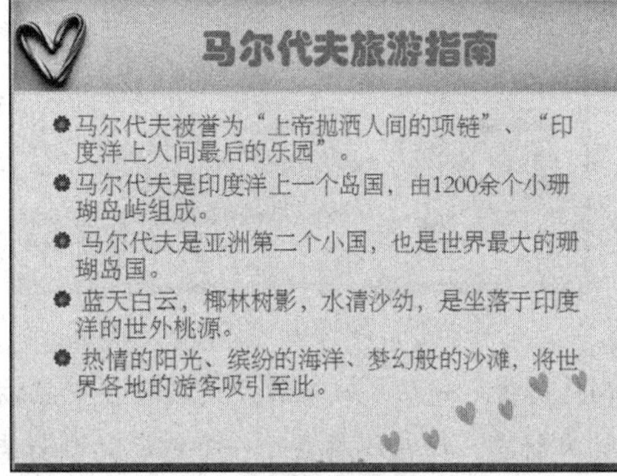


图 9-51　预览动画效果

## 9.3.4　添加动作路径动画效果

动作路径动画又称为路径动画，可以指定文本等对象沿预定的路径运动。PowerPoint 中的动作路径动画不仅提供了大量预设路径效果，还可以由用户自定义路径动画。

添加动作路径效果的步骤与添加进入动画的步骤基本相同，在【动画】组中单击【其他】按钮，在弹出的【动作路径】列表框中选择一种动作路径效果，即可为对象添加该动画效果，如图 9-52 所示。若选择【其他动作路径】命令，打开【更改动作路径】对话框，可以选择其他的动作路径效果，如图 9-53 所示。

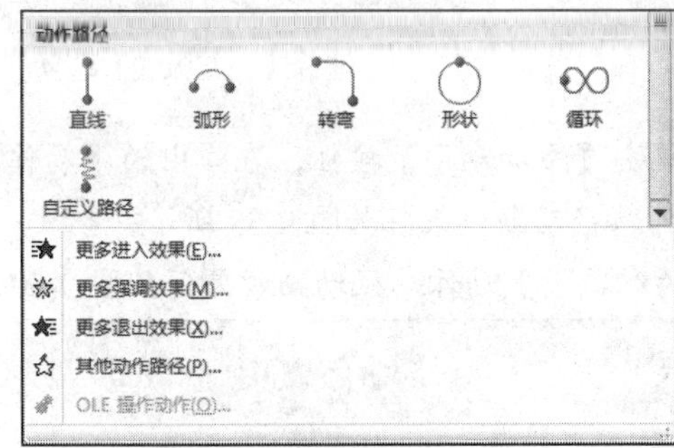


图 9-52　选择动作路径效果

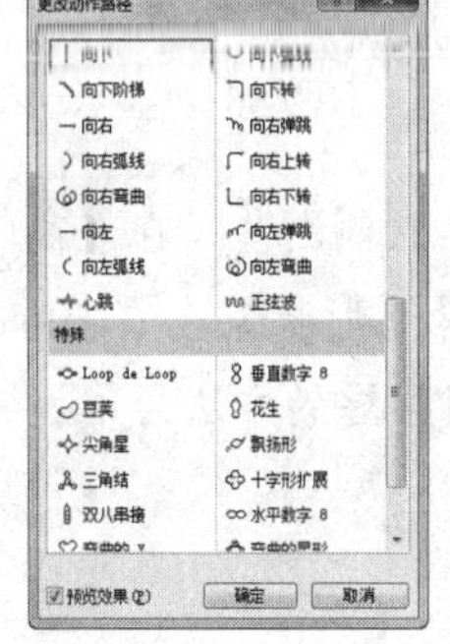


图 9-53　【更改动作路径】对话框

【例 9-9】为【旅游景点剪辑】演示文稿中的对象设置动作路径动画。

(1) 启动 PowerPoint 2010，打开【旅游景点剪辑】演示文稿。

(2) 选择第 4 张幻灯片，选中右侧的心形对象，打开【动画】选项卡，在【动画】组中单击【其他】按钮，在弹出的【动作路径】列表框中选择【自定义路径】选项，此时，将鼠标指针移动到心形图形附件，待鼠标指针变成十字形状时，拖动鼠标绘制曲线，如图 9-54 所示。

(3) 双击完成曲线的绘制，此时即可查看心形形状的动作路径，如图 9-55 所示。

图 9-54　绘制动作路径

图 9-55　查看动作路径

(4) 查看完成动画效果后，在幻灯片中显示曲线的动作路径，动作路径起始端将显示一个绿色的▶标志，结束端将显示一个红色的▶标志，两个标志以一条虚线连接，如图 9-56 所示。

(5) 选中左侧的图片，在【高级动画】组中单击【添加动画】按钮，在弹出的菜单中选择【其他动作路径】命令。打开【添加动作路径】对话框，选择【向左弧线】选项，单击【确定】按钮，为图片设置动作路径，如图 9-57 所示。

图 9-56　显示动作路径起始端

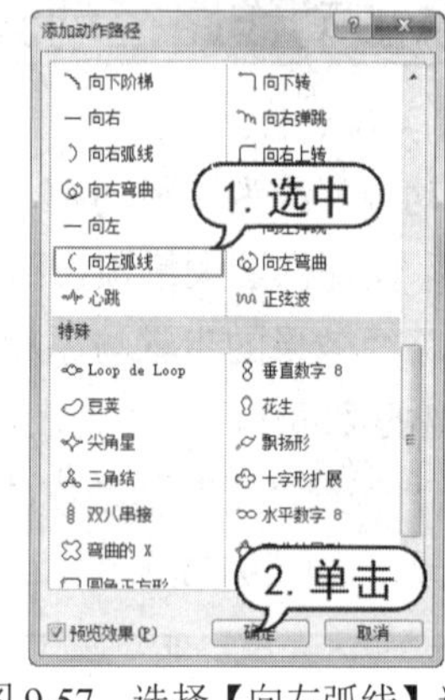


图 9-57　选择【向左弧线】选项

(6) 选择右侧图片，在【高级动画】组中单击【添加动画】按钮，在弹出的【动作路径】列表框中选择【形状】选项，为图片应用该动作路径动画效果，如图 9-58 所示。

(7) 使用同样的方法为第 5~6 张幻灯片中的对象设置动作路径动画效果，如图 9-59 所示。

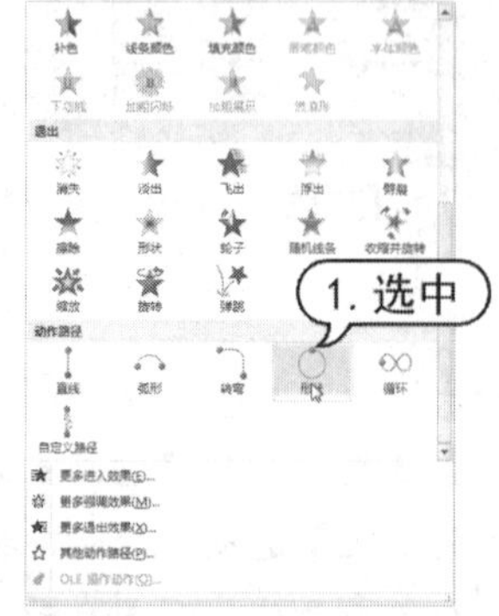


图 9-58　选择【形状】选项

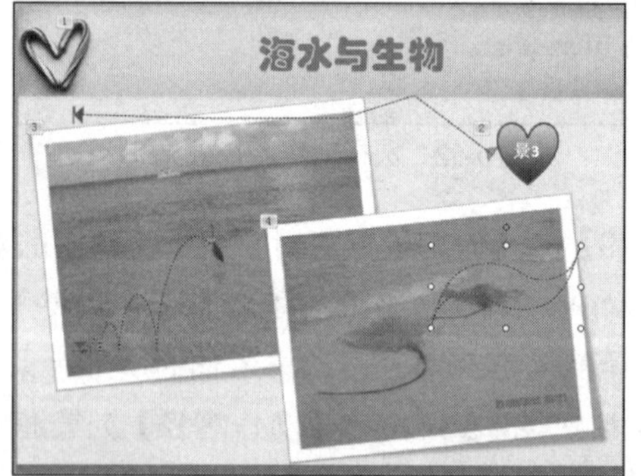


图 9-59　设置动作路径动画效果

## 9.3.5　添加交互式动画效果

在 PowerPoint 2010 中，可以为幻灯片中的文本、图像等对象添加超链接或者动作。当放映幻灯片时，可以在添加了超链接的文本或动作的按钮上单击，程序将自动跳转到指定的页面，或者执行指定的程序。演示文稿不再是从头到尾播放的线形模式，而是具有了一定的交互性。

### 1. 添加超链接

超链接是指向特定位置或文件的一种连接方式，可以利用它指定程序的跳转位置。在 PowerPoint 2010 中，超链接可以跳转到当前演示文稿中的特定幻灯片、其他演示文稿中特定的幻灯片、自定义放映、电子邮件地址、文件或 Web 页上。

【例 9-10】为【旅游景点剪辑】演示文稿中的副标题文本添加超链接。

(1) 启动 PowerPoint 2010，打开【旅游景点剪辑】演示文稿。

(2) 在打开的第 1 张幻灯片中选中【单击此处添加副标题】文本占位符中的文本“首选旅游地”，打开【插入】选项卡，在【链接】选项组中单击【超链接】按钮。

(3) 打开【插入超链接】对话框，在【请选择文档中的位置】列表框中选择【3. 马尔代夫全景】选项，在屏幕提示的文字右侧单击【屏幕提示】按钮，如图 9-60 所示。

(4) 打开【设置超链接屏幕提示】对话框，在【屏幕提示文字】文本框中输入文本，单击【确定】按钮，如图 9-61 所示。

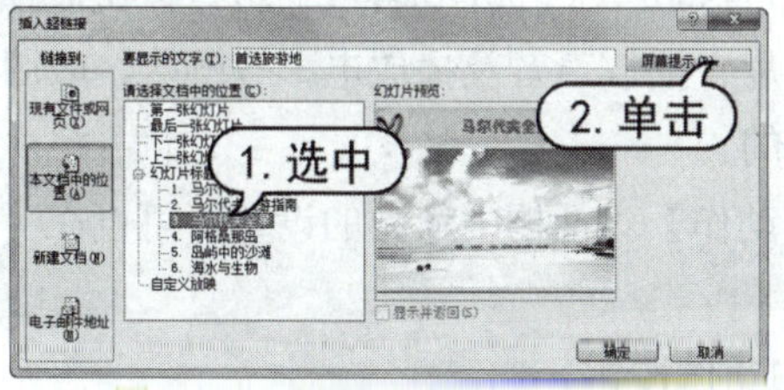


图 9-60　【插入超链接】对话框

图 9-61　输入文本

(5) 返回至【插入超链接】对话框，单击【确定】按钮，此时所选中的副标题文字变为蓝色且下方出现横线，如图 9-62 所示。

(6) 在键盘上按下 F5 键放映幻灯片，当放映到第 1 张幻灯片时，将鼠标移动到副标题文字超链接，此时鼠标指针变为手形，此时弹出一个提示框，显示屏幕提示信息，如图 9-63 所示。

图 9-62　显示超链接

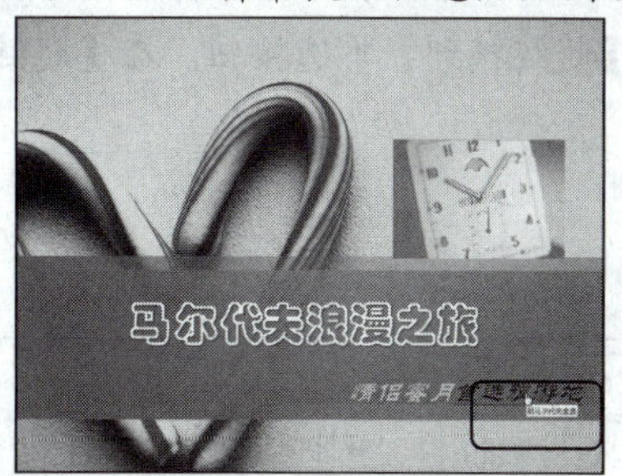


图 9-63　显示提示信息

(7) 单击超链接，演示文稿将自动跳转到第 3 张幻灯片，如图 9-64 所示。

(8) 按 Esc 键，退出放映模式，返回到幻灯片编辑窗口，此时第 1 张幻灯片中的超链接将改变颜色，表示在放映演示文稿的过程中已经预览过该超链接，如图 9-65 所示。

图 9-64　幻灯片自动跳转

图 9-65　超链接变色

**提示**

右击添加超链接，在快捷菜单中选择【取消超链接】命令，即可删除该超链接。



### 2. 添加动作按钮

动作按钮是 PowerPoint 2010 预先设置好的一组带有特定动作的图形按钮，这些按钮被预先设置为指向前一张、后一张、第一张、最后一张幻灯片、播放声音及播放电影等链接，应用这些预置好的按钮，可以实现在放映幻灯片时跳转的目的。

设置动作与设置超链接是相互影响的，在【设置动作】对话框中所做的设置，可以在【编辑超链接】对话框中表现出来。

【例 9-11】为【旅游景点剪辑】演示文稿中添加动作按钮。

(1) 启动 PowerPoint 2010，打开【旅游景点剪辑】演示文稿。

(2) 选择第 3 张幻灯片，打开【插入】选项卡，在【插图】组中单击【形状】按钮，在打开菜单的【动作按钮】选项区域中选择【后退或前一项】按钮，在幻灯片的右上角拖动鼠标绘制形状，如图 9-66 所示。

(3) 当释放鼠标时，系统将自动打开【动作设置】对话框，在【单击鼠标时的动作】选项区域中选中【超链接到】单选按钮，在【超链接到】下拉列表框中选择【幻灯片】选项，如图 9-67 所示。

图 9-66　选择【后退或前一项】按钮

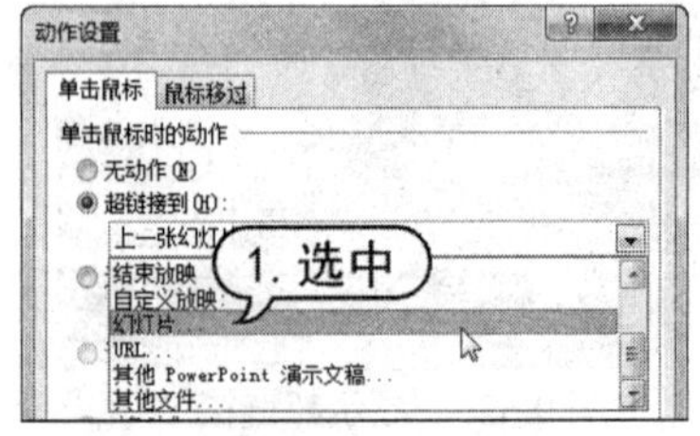


图 9-67　选择【幻灯片】选项

(4) 打开【超链接到幻灯片】对话框，在该对话框中的【幻灯片标题】列表框中选择【2. 马尔代夫旅游指南】选项，单击【确定】按钮，如图 9-68 所示。

(5) 返回【动作设置】对话框，打开【鼠标移过】选项卡，在选项卡中选中【播放声音】复选框，并在其下方的下拉列表中选择【单击】选项，单击【确定】按钮，如图 9-69 所示。

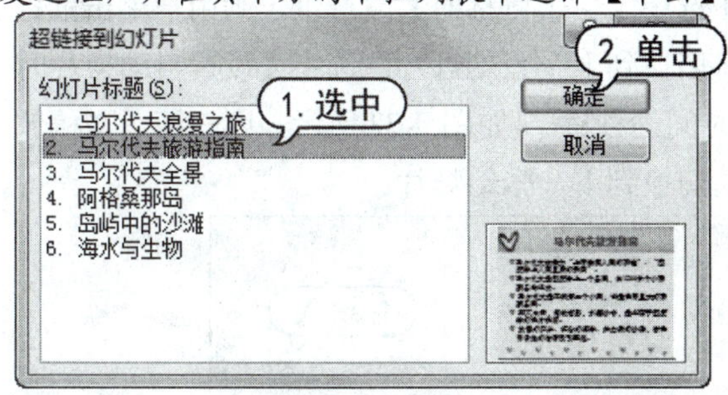


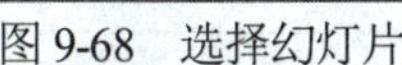

图 9-68　选择幻灯片

图 9-69　选择【单击】选项

(6) 在幻灯片中选中绘制的图形，打开【绘图工具】的【格式】选项卡，单击【形状样式】组中的【其他】按钮，在弹出的列表框中选择第 5 行第 3 列样式，如图 9-70 所示。

(7) 此时为图形快速应用该形状样式，幻灯片效果如图 9-71 所示。

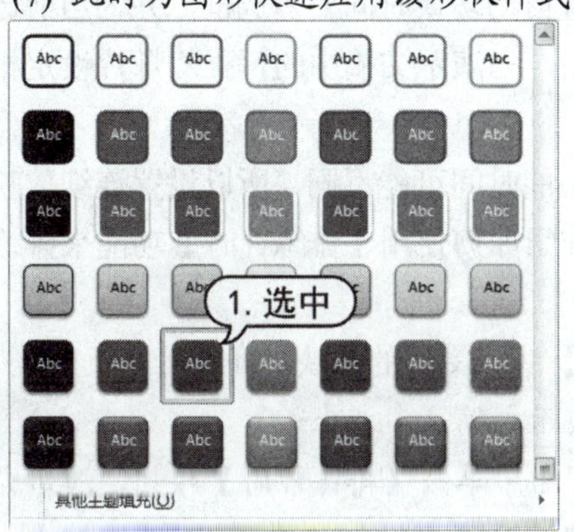


图 9-70　选择形状样式

图 9-71　应用样式效果

## 9.4　放映幻灯片

幻灯片制作完成后，就可以放映了。在放映幻灯片之前可对放映方式进行设置，PowerPoint 2010 提供了灵活的幻灯片放映控制方法和适合不同场合的幻灯片放映类型。

### 9.4.1　设置放映方式

PowerPoint 2010 提供了多种演示文稿的放映方式，最常用的是幻灯片页面的演示控制，主要有幻灯片的定时放映、连续放映及循环放映等。

## 1. 定时放映幻灯片

用户在设置幻灯片切换效果时，可以设置每张幻灯片在放映时停留的时间，当等待到设定的时间后，幻灯片将自动向下放映。

打开【切换】选项卡，在【计时】选项组中选中【单击鼠标时】复选框，则用户单击鼠标或按下 Enter 键和空格键时，放映的演示文稿将切换到下一张幻灯片；选中【设置自动换片时间】复选框，并在其右侧的文本框中输入时间(时间为秒)后，如图 9-72 所示，则在演示文稿放映时，当幻灯片等待了设定的秒数之后，将自动切换到下一张幻灯片。

图 9-72　输入时间

## 2. 连续放映幻灯片

在【切换】选项卡的【计时】选项组中选中【设置自动切换时间】复选框，并为当前选定的幻灯片设置自动切换时间，再单击【全部应用】按钮，为演示文稿中的每张幻灯片设定相同的切换时间，即可实现幻灯片的连续自动放映。

需要注意的是，由于每张幻灯片的内容不同，放映的时间可能不同，所以设置连续放映的最常见方法是通过【排练计时】功能完成。下面举例介绍如何使用【排练计时】功能来排练整个演示文稿放映的时间。

【例 9-12】使用排练计时功能排练【蒲公英介绍】演示文稿的放映时间。

(1) 启动 PowerPoint 2010，打开【蒲公英介绍】演示文稿。

(2) 打开【幻灯片放映】选项卡，在【设置】选项组中单击【排练计时】按钮，演示文稿将自动切换到幻灯片放映状态，此时演示文稿左上角将显示【录制】对话框，如图 9-73 所示。

(3) 整个演示文稿放映完成后，将打开 Microsoft PowerPoint 对话框，该对话框显示幻灯片播放的总时间，并询问用户是否保留该排练时间，单击【是】按钮，如图 9-74 所示。

图 9-73　显示【录制】对话框

图 9-74　单击【是】按钮

(4) 此时，演示文稿将切换到幻灯片浏览视图，从幻灯片浏览视图中可以看到每张幻灯片下方均显示各自的排练时间，如图 9-75 所示。

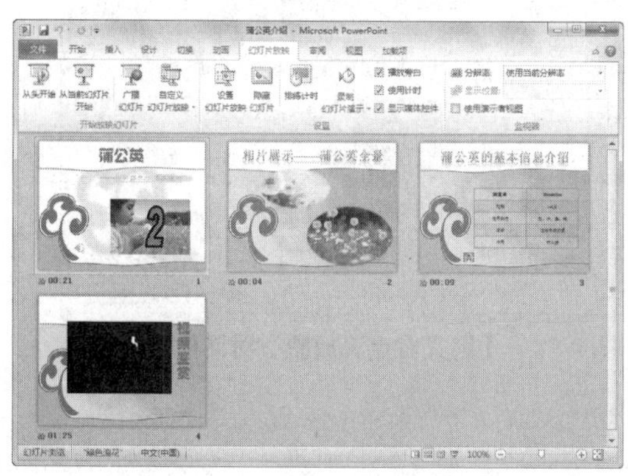


图 9-75　显示排练时间

> **提示**
>
> 在排练计时的过程中，演讲者可以确切了解每一页幻灯片需要讲解的时间，以及整个演示文稿的总放映时间。

### 3. 循环放映幻灯片

用户将制作好的演示文稿设置为循环放映，可以应用于如展览会场的展台等场合，让演示文稿自动运行并循环播放。

打开【幻灯片放映】选项卡，在【设置】组中单击【设置幻灯片放映】按钮，打开【设置放映方式】对话框。在【放映选项】选项区域中选中【循环放映，按 ESC 键终止】复选框，如图 9-76 所示，则在播放完最后一张幻灯片后，会自动跳转到第 1 张幻灯片，而不是结束放映，直到用户按 Esc 键退出放映状态。

图 9-76　选中【循环放映，按 ESC 键终止】复选框

### 4. 自定义放映幻灯片

自定义放映是指用户可以自定义演示文稿放映的张数，使一个演示文稿适用于多种观众，即可以将一个演示文稿中的多张幻灯片进行分组，以便该特定的观众放映演示文稿中的特定部分。用户可以用超链接分别指向演示文稿中的各个自定义放映，也可以在放映整个演示文稿时只放映其中的某个自定义放映。

打开【幻灯片放映】选项卡，单击【开始放映幻灯片】选项组中的【自定义幻灯片放映】按钮，在弹出的菜单中选择【自定义放映】命令，打开【自定义放映】对话框，单击【新建】按钮，如图 9-77 所示。打开【定义自定义放映】对话框，在其中进行相关的自定义设置，如图

9-78 所示。

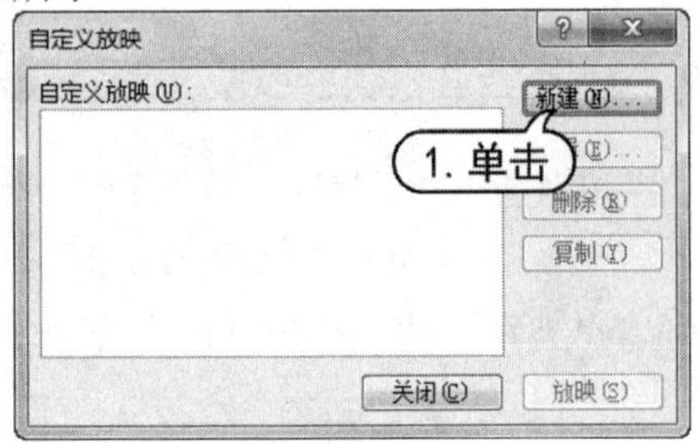


图 9-77　单击【新建】按钮

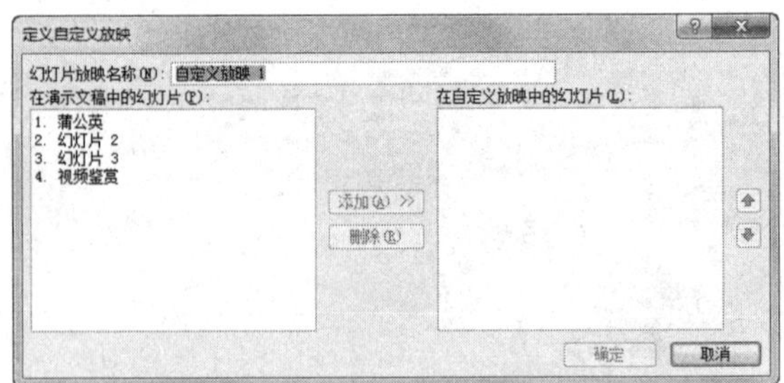


图 9-78　【定义自定义放映】对话框

## 9.4.2　设置放映模式

在【设置放映方式】对话框的【放映类型】选项区域中可以设置幻灯片的放映模式。

- 【演讲者放映】模式(全屏幕)：该模式是系统默认的放映类型，也是最常见的全屏放映方式。在这种放映方式下，演讲者现场控制演示节奏，具有放映的完全控制权。用户可以根据观众的反应随时调整放映速度或节奏，还可以暂停下来进行讨论或记录观众即席反应，甚至可以在放映过程中录制旁白。一般用于召开会议时的大屏幕放映、联机会议或网络广播等。
- 【观众自行浏览】模式(窗口)：观众自行浏览是在标准 Windows 窗口中显示的放映形式，放映时的 PowerPoint 窗口具有菜单栏、Web 工具栏，类似于浏览网页的效果，便于观众自行浏览。
- 【展台浏览】模式(即全屏幕)：采用该放映类型，最主要的特点是不需要专人控制就可以自动运行，在使用该放映类型时，如超链接等的控制方法都失效。当播放完最后一张幻灯片后，会自动从第一张重新开始播放，直至用户按下 Esc 键才会停止播放。该放映类型主要用于展览会的展台或会议中的某部分需要自动演示等场合。

**知识点**

使用【展台浏览】模式放映演示文稿时，用户不能对其放映过程进行干预，必须设置每张幻灯片的放映时间，或者预先设定演示文稿排练计时，否则可能会长时间停留在某张幻灯片上。

## 9.4.3　控制放映过程

完成放映前的准备工作后就可以开始放映幻灯片了。常用的放映方法为从头开始放映和从当前幻灯片开始放映。

- 从头开始放映：按下 F5 键，或者在【幻灯片放映】选项卡的【开始放映幻灯片】组中单击【从头开始】按钮。

- ◉ 从当前幻灯片开始放映：在状态栏的幻灯片视图切换按钮区域中单击【幻灯片放映】按钮，或者在【幻灯片放映】选项卡的【开始放映幻灯片】组中单击【从当前幻灯片开始】按钮。

在放映演示文稿的过程中，用户可以根据需要按放映次序依次放映、快速定位幻灯片、为重点内容做上标记、使屏幕出现黑屏或白屏和结束放映等操作。

### 1. 按放映次序依次放映

如果需要按放映次序依次放映，则可以进行如下操作。

- ◉ 单击鼠标左键。
- ◉ 在放映屏幕的左下角单击按钮。
- ◉ 在放映屏幕的左下角单击按钮，或者在放映屏幕任意处右击，在弹出的菜单中选择【下一张】命令。

### 2. 快速定位幻灯片

如果不需要按照指定的顺序进行放映，则可以快速定位幻灯片。在放映屏幕的左下角单击按钮，从弹出的菜单中选择多种命令进行切换。另外，在屏幕任意处右击，在弹出的快捷菜单中选择【定位至幻灯片】命令，从弹出的子菜单中选择要播放的幻灯片，同样可以实现快速定位幻灯片操作，如图 9-79 所示。

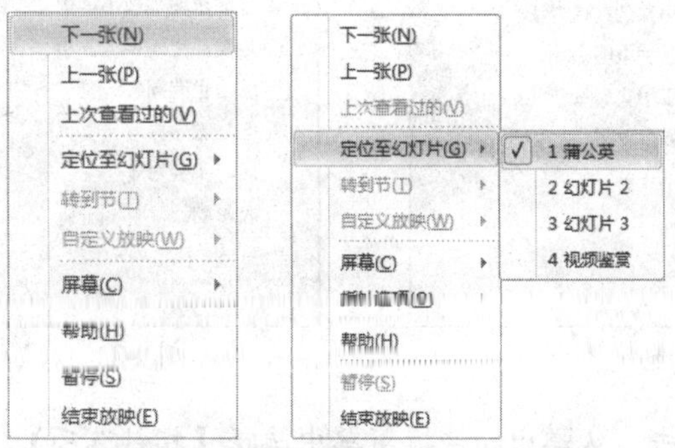


图 9-79　使用命令定位幻灯片操作

### 3. 为重点内容做上标记

使用 PowerPoint 2010 提供的绘图笔可以为重点内容做上标记。绘图笔的作用类似于板书笔，常用于强调或添加注释。用户可以选择绘图笔的形状和颜色，也可以随时擦除绘制的笔迹。

放映幻灯片时，在屏幕中右击鼠标，在弹出的快捷菜单中选择【指针选项】|【荧光笔】命令，将绘图笔设置为荧光笔样式，然后按住左键拖动鼠标即可绘制标记。

【例 9-13】放映【光盘策划提案】演示文稿，使用绘图笔标注重点。

(1) 启动 PowerPoint 2010，打开【光盘策划提案】演示文稿。

(2) 打开【幻灯片放映】选项卡，在【开始放映幻灯片】组中单击【从头开始】按钮，放映演示文稿，如图 9-80 所示。

(3) 当放映到第 2 张幻灯片时，单击 按钮，或者在屏幕中右击，在弹出的快捷菜单中选择【荧光笔】命令，将绘图笔设置为荧光笔样式。单击 按钮，在弹出的快捷菜单中选择【墨迹颜色】命令，在打开的【标准色】面板中选择【黄色】选项，如图 9-81 所示。

图 9-80　放映演示文稿

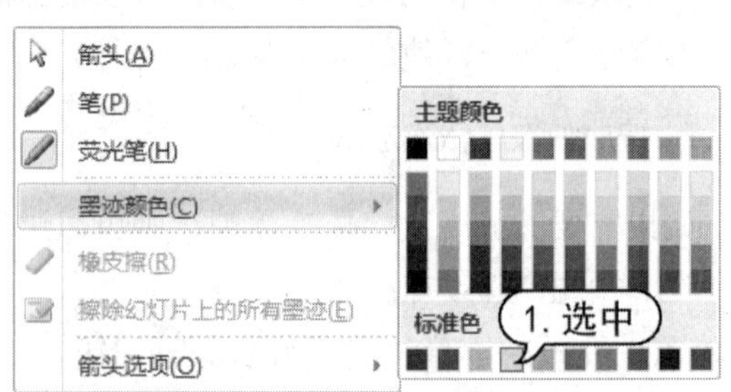


图 9-81　选择【黄色】选项

(4) 此时鼠标指针变为一个小矩形形状，在需要绘制的地方拖动鼠标绘制标记，如图 9-82 所示。

(5) 当放映到第 3 张幻灯片时，右击空白处，从弹出的快捷菜单中选择【指针选项】|【笔】命令，如图 9-83 所示。

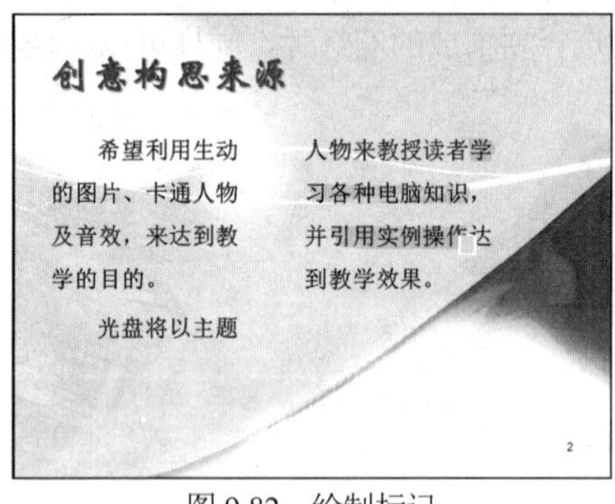


图 9-82　绘制标记

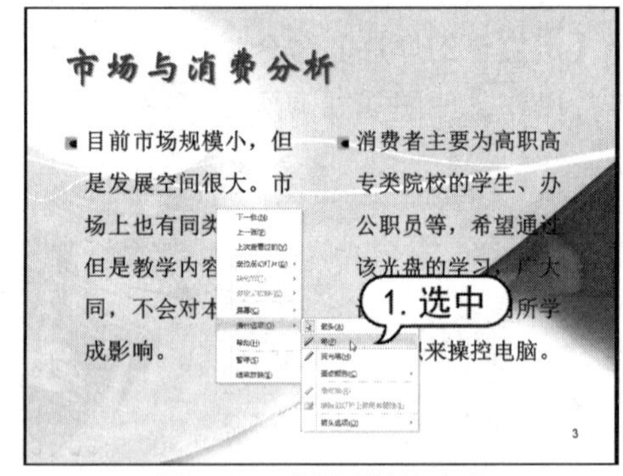


图 9-83　选择【笔】命令

(6) 在放映视图中右击，从弹出的快捷菜单中选择【指针选项】|【墨迹颜色】命令，然后从弹出的颜色面板中选择【红色】选项，如图 9-84 所示。

(7) 此时拖动鼠标在放映界面中的文字下方绘制墨迹，如图 9-85 所示。

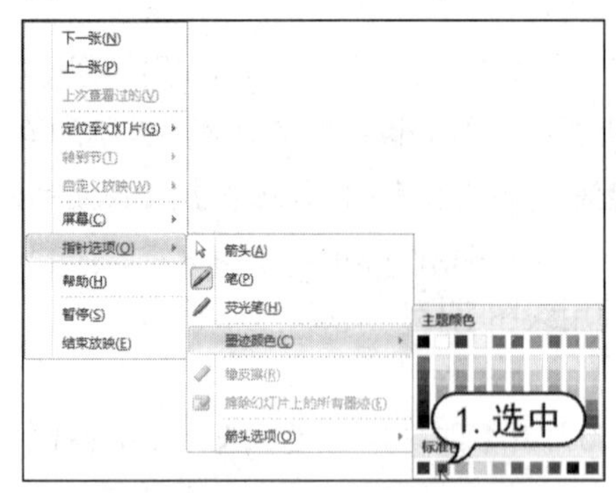


图 9-84　选择【红色】选项

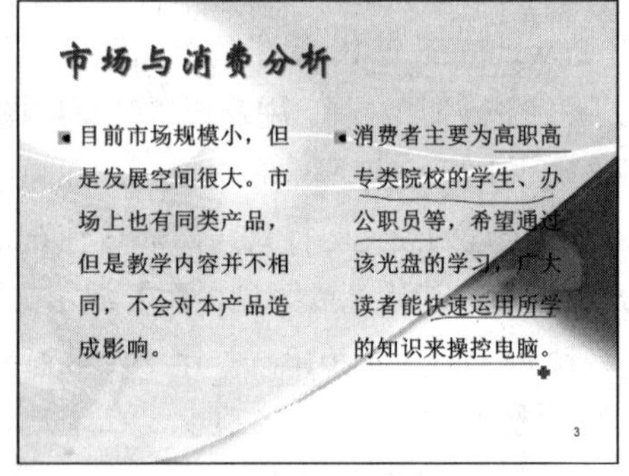


图 9-85　绘制墨迹(1)

(8) 使用同样的方法，在其他幻灯片中绘制墨迹，如图 9-86 所示。

(9) 当幻灯片播放完毕后，单击鼠标左键退出放映状态时，系统将弹出对话框询问用户是否保留在放映时所做的墨迹注释，单击【保留】按钮，将绘制的注释图形保留在幻灯片中，如图 9-87 所示。

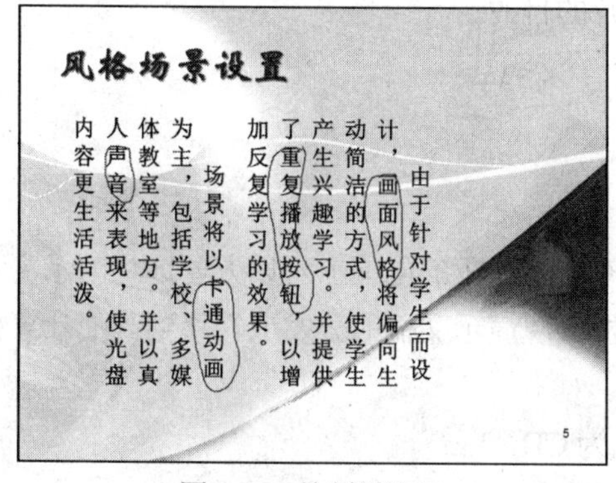


图 9-86　绘制墨迹(2)

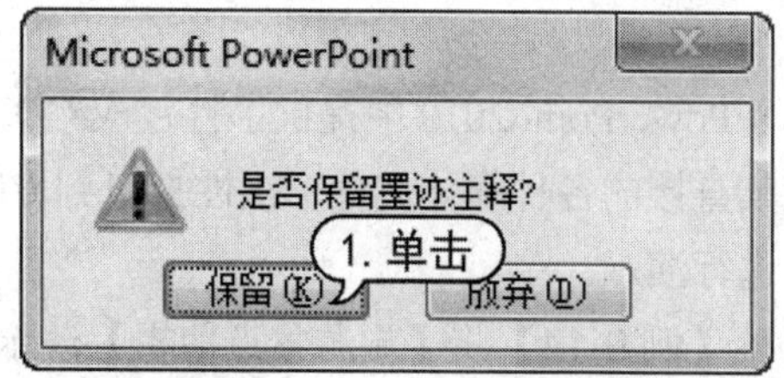


图 9-87　单击【保留】按钮

### 4. 使屏幕出现黑屏或白屏

在幻灯片放映的过程中，有时为了避免引起观众的注意，可以将幻灯片进行黑屏或白屏显示。具体方法为，在右键快捷菜单中选择【屏幕】|【黑屏】命令或【屏幕】|【白屏】命令即可，如图 9-88 所示。

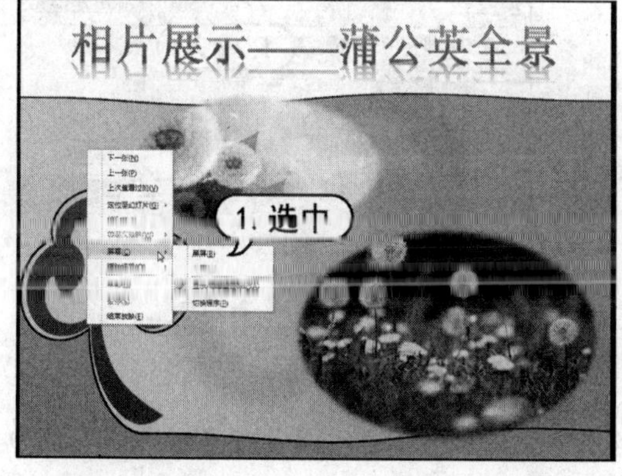


图 9-88　选择【黑屏】或【白屏】命令

**提示**

除了选择右键菜单命令外，还可以直接使用快捷键，按下 B 键，将出现黑屏；按下 W 键，将出现白屏。

### 5. 结束放映

在幻灯片放映的过程中，有时需要结束放映操作，可以按 Esc 键，或者单击按钮(或在幻灯片中任意处右击)，从弹出的菜单中选择【结束放映】命令，此时演示文稿将退出放映状态。

**提示**

在幻灯片放映的过程中，还可以暂停放映幻灯片，具体操作为，在右键快捷菜单中选择【暂停】命令。

# 9.5 打包和发布演示文稿

将 PowerPoint 制作出来的演示文稿打包成 CD，供其他用户欣赏。发布演示文稿时将幻灯片存储到幻灯片库中，以达到共享和调用各个幻灯片的目的。

## 9.5.1 打包演示文稿

PowerPoint 2010 中提供了打包成 CD 功能，在有刻录光驱的电脑上可以方便地将演示文稿及其链接的各种媒体文件一次性打包到 CD 上，轻松实现演示文稿的分发或转移到其他计算机上进行演示。

【例 9-14】将【旅游景点剪辑】演示文稿打包为 CD。

(1) 启动 PowerPoint 2010，打开【旅游景点剪辑】演示文稿。

(2) 单击【文件】按钮，在弹出的菜单中选择【保存并发送】命令。在中间窗格的【文件类型】选项区域中选择【将演示文稿打包成 CD】选项，并在右侧的窗格中单击【打包成 CD】按钮，如图 9-89 所示。

(3) 打开【打包成 CD】对话框，在【将 CD 命名为】文本框中输入“旅游景点 CD”，单击【添加】按钮，如图 9-90 所示。

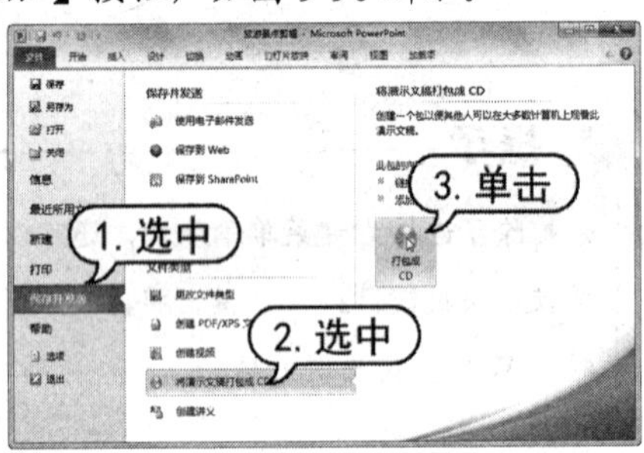


图 9-89 单击【打包成 CD】按钮

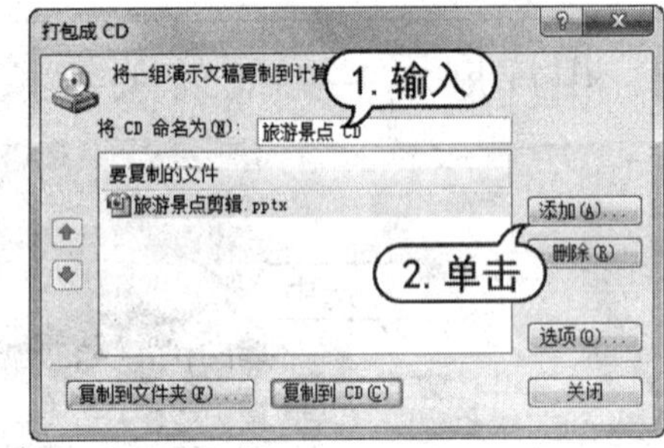


图 9-90 为 CD 命名

(4) 打开【添加文件】对话框，选择【励志名言】文件，然后单击【添加】按钮，如图 9-91 所示。

(5) 返回至【打包成 CD】对话框，可以看到添加的幻灯片，单击【选项】按钮，如图 9-92 所示。

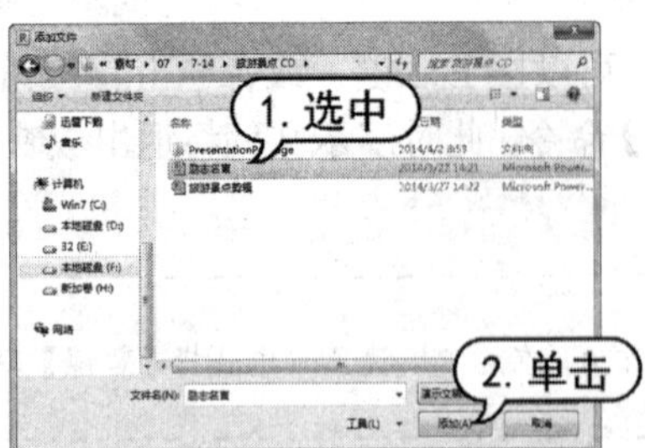


图 9-91 选择文件

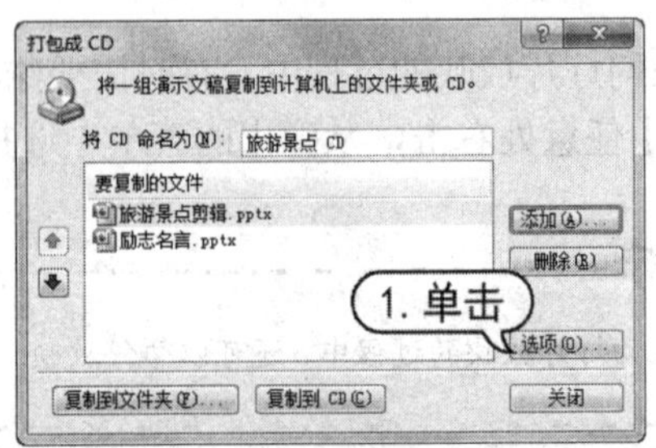


图 9-92 显示添加的幻灯片名称

(6) 打开【选项】对话框，选择包含的文件，在密码文本框中输入相关的密码(这里设置打开密码为123，修改密码为456)，单击【确定】按钮，如图9-93所示。

(7) 在打开的【确认密码】对话框中输入打开密码，单击【确定】按钮，效果如图9-94所示。

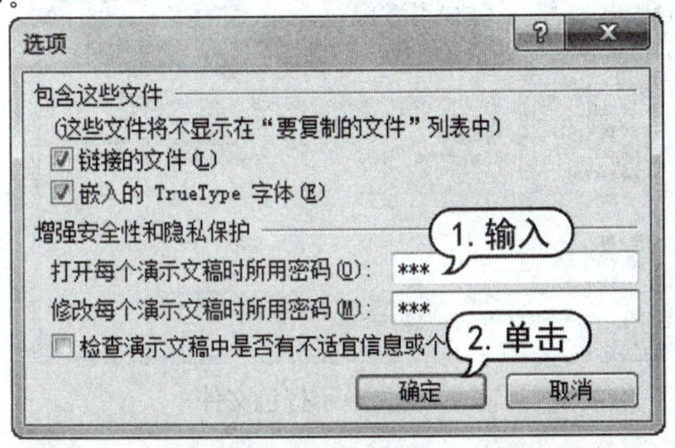


图9-93 设置密码

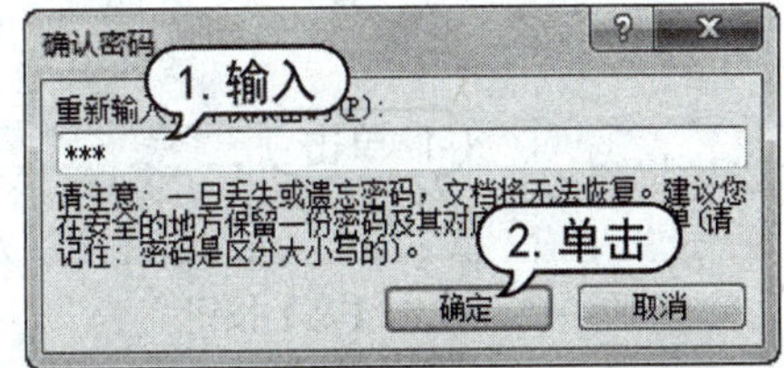


图9-94 【确认密码】对话框

(8) 返回【打包成CD】对话框，单击【复制到文件夹】按钮，如图9-95所示。

(9) 打开【复制文件夹】对话框，在【位置】文本框右侧单击【浏览】按钮，效果如图9-96所示。

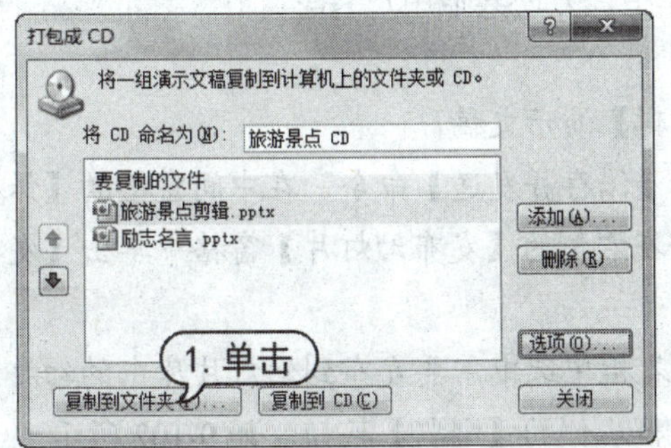


图9-95 单击【复制到文件夹】按钮

图9-96 单击【浏览】按钮

(10) 打开【选择位置】对话框，在其中设置文件的保存路径，单击【选择】按钮，如图9-97所示。

(11) 返回至【复制到文件夹】对话框，在【位置】文本框中查看文件的保存路径，单击【确定】按钮，如图9-98所示。

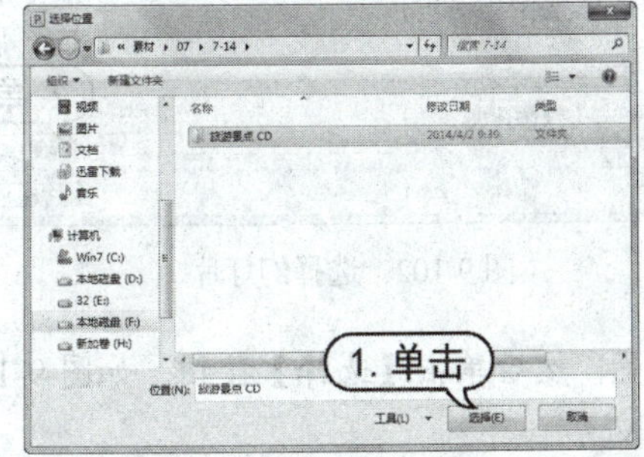


图9-97 设置文件保存路径

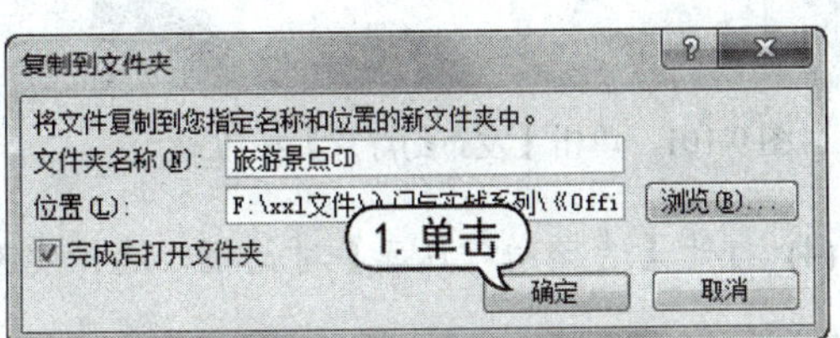


图9-98 查看文件保存路径

(12) 打开提示框，单击【是】按钮，如图 9-99 所示。

(13) 此时系统将开始自动复制文件到文件夹，打包完毕后，将自动打开保存的文件夹【旅游景点 CD】，将显示打包后的所有文件，效果如图 9-100 所示。

图 9-99　单击【是】按钮

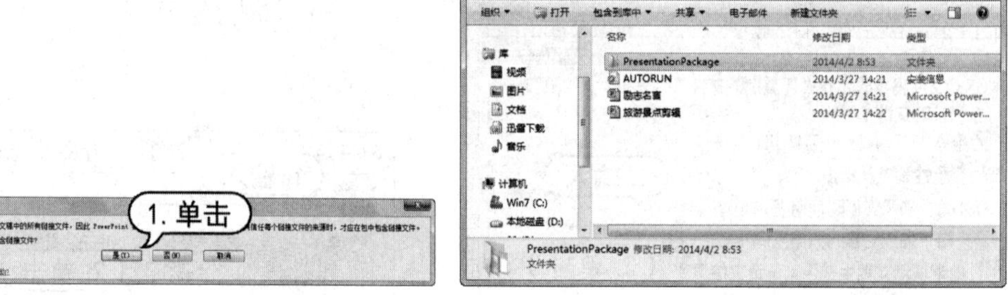


图 9-100　显示打包文件

## 9.5.2　发布演示文稿



PowerPoint 2010 可以将幻灯片发布到幻灯片库中，方便其他用户共享。

【例 9-15】发布【旅游景点剪辑】演示文稿。

(1) 启动 PowerPoint 2010，打开【旅游景点剪辑】演示文稿。

(2) 单击【文件】按钮，在弹出的菜单中选择【保存并发送】命令。在中间窗格的【保存并发送】选项区域中选择【发布幻灯片】选项，并在右侧的【发布幻灯片】窗格中单击【发布幻灯片】按钮，如图 9-101 所示。

(3) 打开【发布幻灯片】对话框，在中间的列表框中选中需要发布到幻灯片库中的幻灯片缩略图前的复选框，然后单击【发布到】下拉列表框右侧的【浏览】按钮，如 9-102 所示。

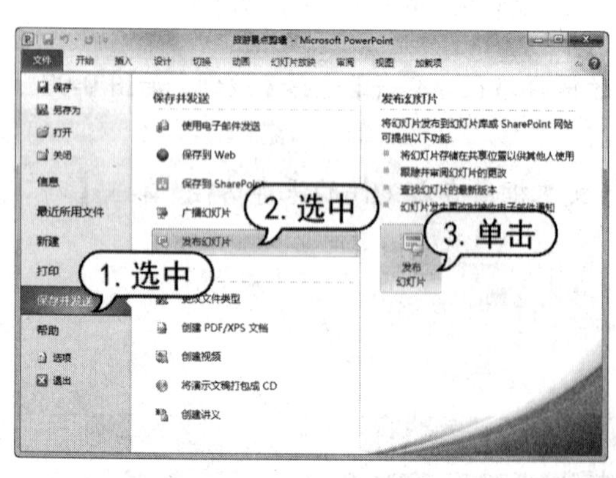


图 9-101　单击【发布幻灯片】按钮

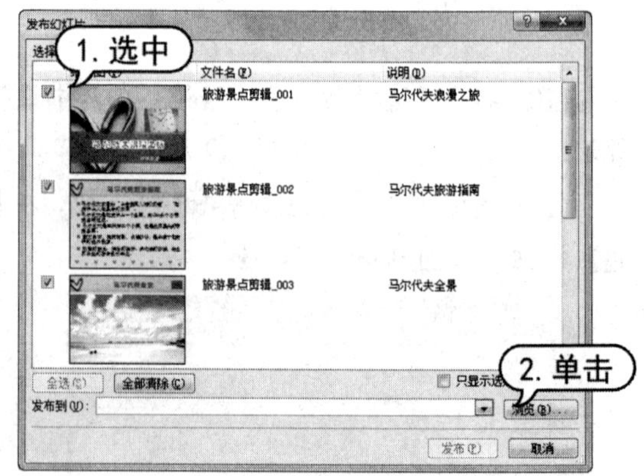


图 9-102　选择幻灯片

(4) 打开【选择幻灯片库】对话框，选择发布的位置，然后单击【选择】按钮，如图 9-103 所示。

(5) 返回至【发布幻灯片】对话框，在【发布到】下拉列表框中显示发布到的位置，单击

【发布】按钮，如图 9-104 所示。

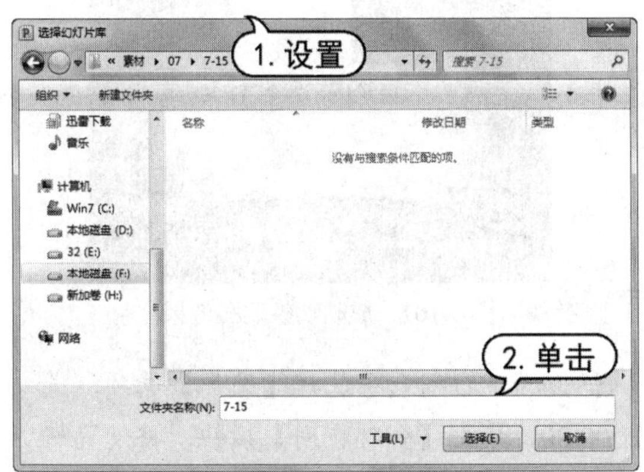


图 9-103　选择发布位置



图 9-104　显示发布位置

(6) 此时即可在发布的幻灯片库位置查看发布后的幻灯片，表格效果如图 9-105 所示。

图 9-105　查看发布后的幻灯片

**提示**

演示文稿制作完成后，还可以将它们转换为其他格式的文件，如图片文件、幻灯片放映以及 RTF 大纲文件等。在 PowerPoint 演示文稿中，单击【文件】按钮，从弹出的【文件】菜单中选择【另存为】命令，打开【另存为】对话框。在【保存类型】列表中选择格式输出即可。

## 9.6　上机练习

本章的上机实验主要练习在电子相册中设计动画效果这个实例，用户通过练习从而巩固本章所学知识。

(1) 启动 PowerPoint 2010，打开【家装设计相册】演示文稿。

(2) 自动显示第 1 张幻灯片，打开【切换】选项卡，在【切换到此幻灯片】组中单击【其他】按钮，从弹出的【华丽型】列表中选择【涟漪】选项，如图 9-106 所示。

(3) 此时即可将【涟漪】型切换动画应用到第 1 张幻灯片中，并自动放映该切换动画效果，如图 9-107 所示。

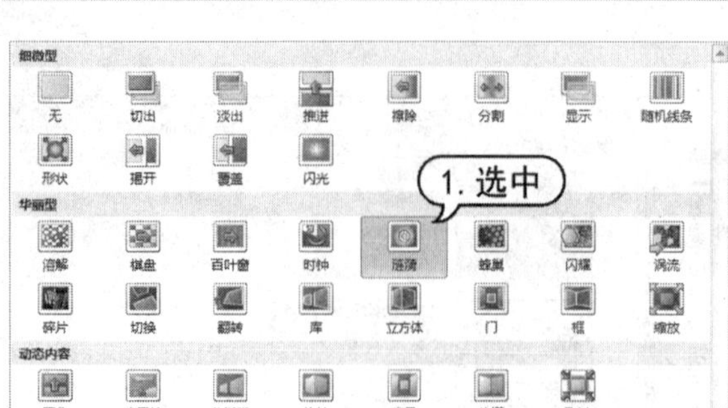


图 9-106　选择【涟漪】选项

图 9-107　放映切换动画效果

(4) 在【计时】组中单击【声音】下拉按钮，从弹出的下拉列表中选择【风声】选项，选中【换片方式】下的所有复选框，并设置时间为 01:00.00，单击【全部应用】按钮，将设置好的效果和计时选项应用到所有幻灯片中，如图 9-108 所示。

(5) 单击状态栏中的【幻灯片浏览】按钮，切换至幻灯片浏览视图，在幻灯片图片下显示切换效果图标和自动切片时间，如图 9-109 所示。

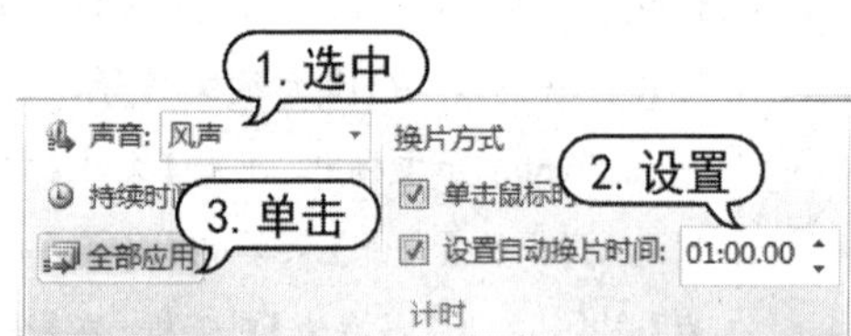


图 9-108　设置效果和计时选项

图 9-109　幻灯片浏览视图

(6) 使用同样方法，切换至普通视图，在打开的第 1 张幻灯片中，选中正标题占位符，打开【动画】选项卡，在【动画】组中单击【其他】按钮，在弹出的【进入】效果列表中选择【轮子】选项，为标题占位符应用该进入动画效果，如图 9-110 所示。

图 9-110　设置进入动画效果

(7) 选中副标题占位符，在【高级动画】组中单击【添加动画】按钮，在弹出的【强调】列表中选择【变淡】选项，为副标题占位符应用该强调动画效果，如图 9-111 所示。

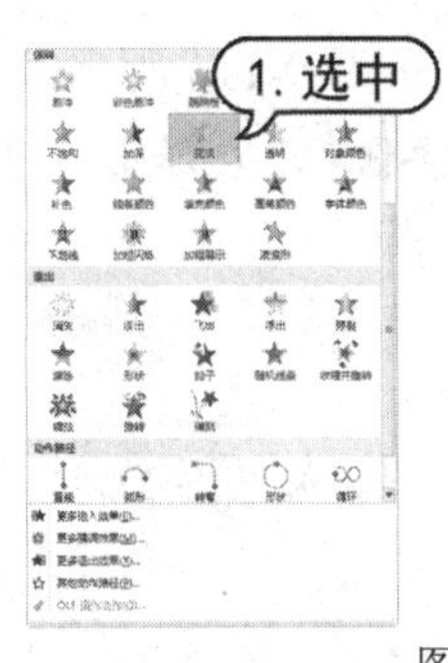

图 9-111　设置强调动画效果

(8) 选中图片，在【动画】组中单击【其他】按钮，在弹出的菜单中选择【更多进入效果】命令，打开【更多进入效果】对话框，在【细微型】选项区域中选择【展开】选项，单击【确定】按钮，为图形文本框中的文本添加该进入效果，如图 9-112 所示。

(9) 此时第 1 张幻灯片中的对象前依次标注上编号，如图 9-113 所示。

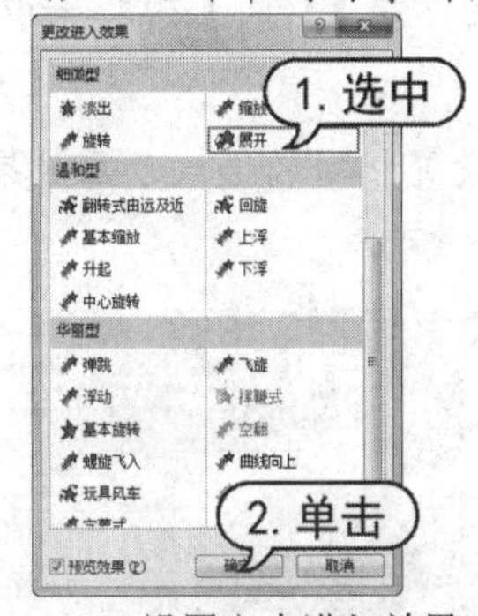


图 9-112　设置文本进入效果

图 9-113　显示标注编号



(10) 在【高级动画】组中单击【动画窗格】按钮，打开【动画窗格】任务窗格，选中第 2 个动画，右击，从弹出的快捷菜单中选择【从上一项之后开始】命令，设置开始播放顺序，如图 9-114 所示。

(11) 使用同样的方法，设置第 3 个动画的播放顺序，单击按钮，上移该效果，如图 9-115 所示。

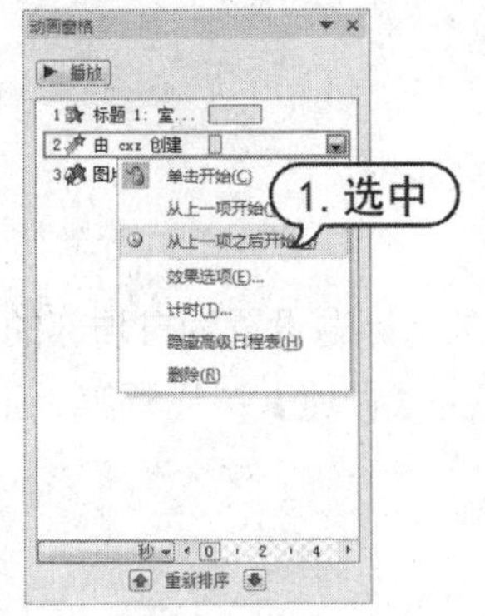


图 9-114　设置开始播放顺序

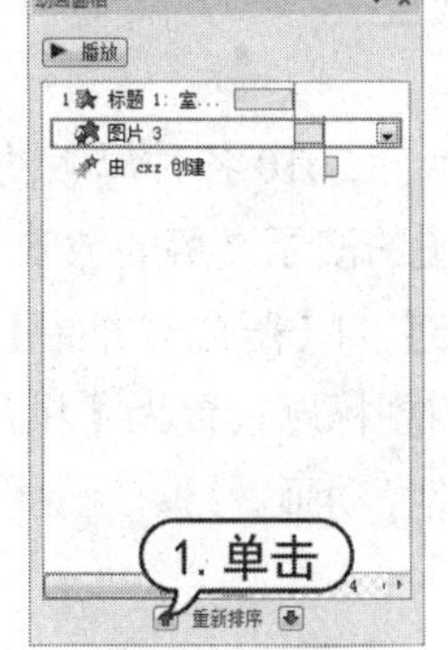


图 9-115　移动动画播放顺序

(12) 选择第 2 张幻灯片，选中左侧图片，在【动画】选项卡的【动画】组中单击【其他】

按钮▼，在弹出的【进入】效果列表中选择【浮入】选项，如图 9-116 所示。

(13) 选中右侧的图片，在【动画】组中单击【其他】按钮▼，在弹出的【进入】效果列表中选择【轮子】选项，如图 9-117 所示。

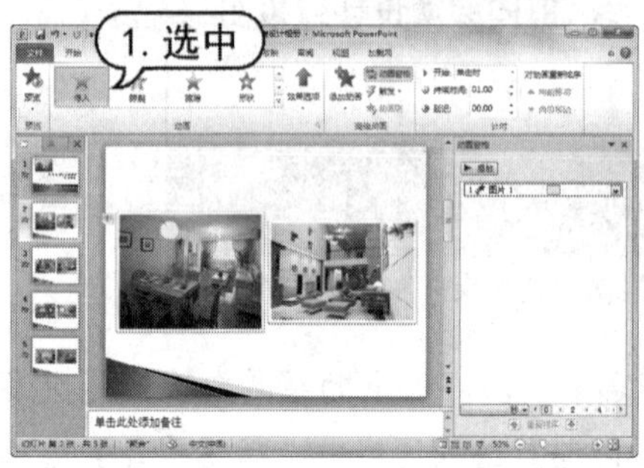


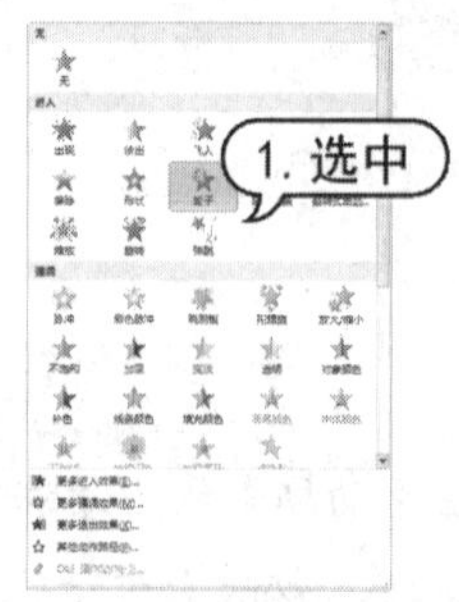

图 9-116　选择【浮入】选项　　　图 9-117　选择【轮子】选项

(14) 在【动画窗格】任务窗格中选择第 1 个动画效果，在【计时】选项卡中设置【持续时间】为“02.00”，效果如图 9-118 所示。

(15) 使用同样的方法，为第 3~5 张幻灯片中的图片设置相同的进入动画效果，如图 9-119 所示。

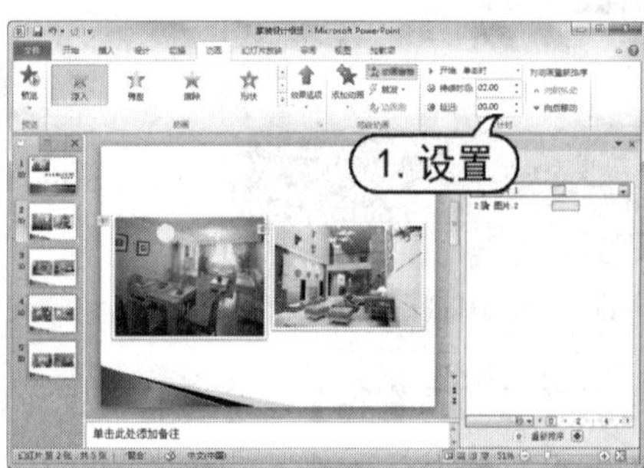


图 9-118　设置持续时间

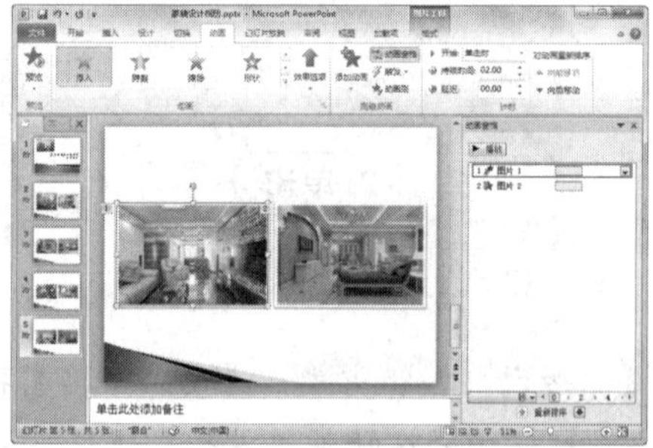

图 9-119 设置其他幻灯片进入动画效果

## 9.7　习题

1. 简述 PowerPoint 2010 各种母版的功能。
2. 简述几种常见的演示文稿的放映方式和类型。
3. 打开【例 9-5】的【蒲公英介绍】演示文稿，要求将标题设置为自顶部的【飞入】动画，期间为【快速】；将副标题设置为【棋盘】动画，期间为【慢速】；设置第 2 张幻灯片中图片为【向左】的动作路径动画。

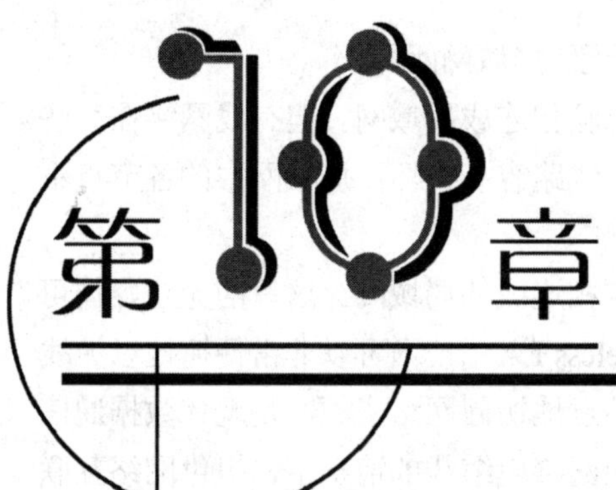

# 第10章 网络化办公应用

## 学习目标

电脑办公现在越来越离不开网络，比如在局域网中可以共享资源，使用 Internet 可以下载办公资源、发送与接收电子邮件、与客户进行网上即时聊天等。本章主要介绍实现网络化办公的各项操作。

## 本章重点

- 组建办公局域网
- 共享网络办公资源
- 下载网络办公资源
- 使用 QQ 工具交流

## 10.1 组建办公局域网络

局域网，又称 LAN(Local Area Network)，是在一个局部的地理范围内，将多台电脑、外围设备互相连接起来组成的通信网络，其用途主要在于数据通信与资源共享。办公室里组建局域网络可以让工作进行得更加顺利方便。

### 10.1.1 认识办公局域网

办公局域网与日常生活中所使用的互联网极其相似，只是范围缩小到了办公室而已。把办公用的电脑连接成一个局域网，电脑间共享资源，可以极大地提高办公效率。

办公局域网一般属于对等局域网，在对等局域网中，各台电脑有相同的功能，无主从之分，网上任意节点电脑都可以作为网络服务器，为其他电脑提供资源。

通常情况下，按通信介质将局域网分为有线局域网和无线局域网两种。

- 有线局域网：是指通过网络或其他线缆将多台电脑相连成局域网。但有线网络在某些场合要受到布线的限制，布线、改线工程量大；线路容易损坏；局域网中的各节点不可移动，如图 10-1 所示。
- 无线局域网：是指采用无线传输媒体将多台电脑相连成的局域网。这里的无线媒体可以是无线电波、红外线或激光。无线局域网(Wireless LAN)技术可以非常便捷地以无线方式连接网络设备，用户之间可随时、随地、随意地访问网络资源，是现代数据通信系统发展的重要方向。无线局域网可以在不采用网络电缆线的情况下，提供网络互联功能，如图 10-2 所示。

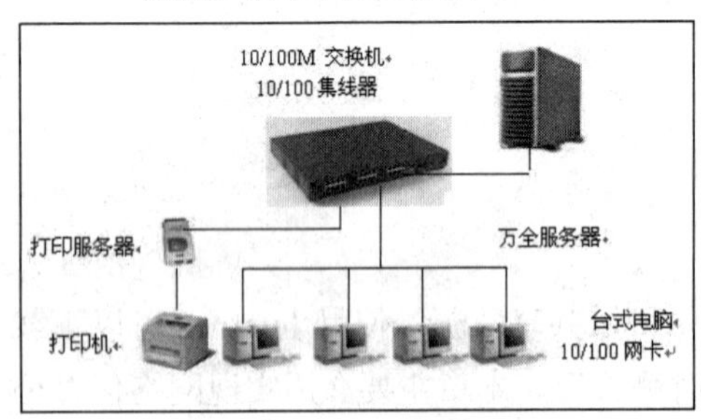


图 10-1　有线局域网

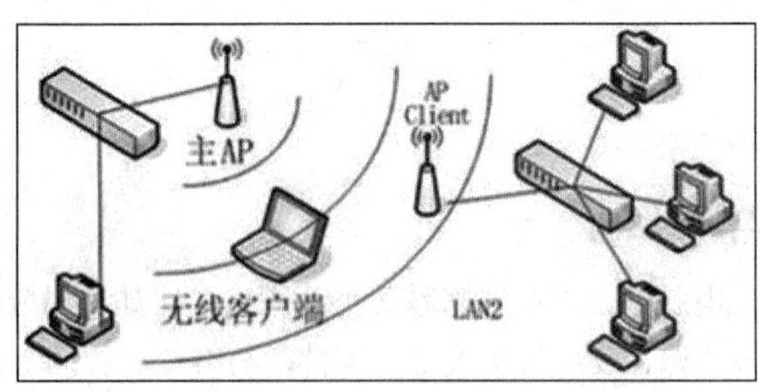


图 10-2　无线局域网

## 10.1.2　连接办公局域网

办公局域网如果是有线局域网，可以用双绞线和集线器或路由器将多台电脑连接起来。

### 1. 双绞线

双绞线(Twisted Pair Wire)是最常见的一种电缆传输介质，它使用一对或多对按规则缠绕在一起的绝缘铜芯电线来传输信号。在局域网中最为常见的是如图 10-3 所示的由 4 对、8 股不同颜色的铜线缠绕在一起的双绞线。

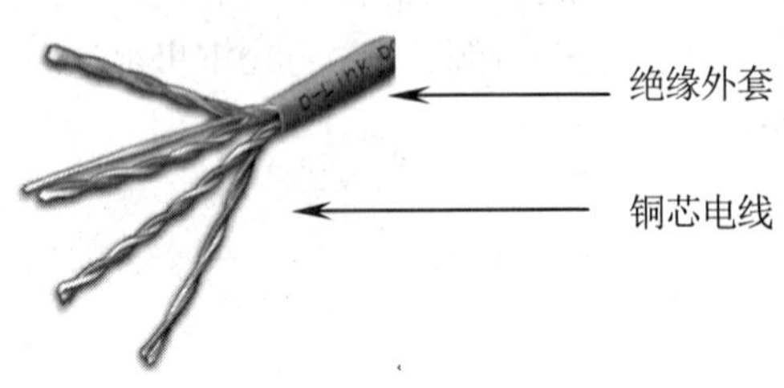


图 10-3　双绞线

**提示**

双绞线的接法有两种标准：568B 标准即正线，橙白、橙、绿白、蓝、蓝白、绿、棕白、棕；568A 标准即反线，绿白、绿、橙白、蓝、蓝白、橙、棕白、棕。

根据网线两端连接设备的不同，双绞线的制作方法分为直通线和交叉线两种。

直通线两端的线序如下。

- A 端从左到右依次为：橙白、橙、绿白、蓝、蓝白、绿、棕白、棕。

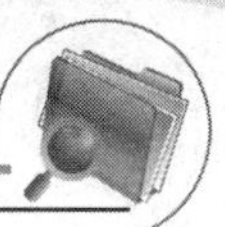

◉　B 端从左到右依次为：橙白、橙、绿白、蓝、蓝白、绿、棕白、棕。

从以上可以看出，直通线两端的线序是相同的，即都是采用 568B 标准。

交叉线两端的线序如下。

◉　A 端从左到右依次为：橙白、橙、绿白、蓝、蓝白、绿、棕白、棕。

◉　B 端从左到右依次为：绿白、绿、橙白、蓝、蓝白、橙、棕白、棕。

从以上可以看出，交叉线的一端采用 568B 标准，另一端采用 568A 标准。

在制作双绞线之前，首先需要准备好相应的工具，制作双绞线时使用的工具有斜口钳、剥线钳、压线钳和网络测试仪等。

### 2. 集线器和路由器

集线器的英文名称就是常说的 Hub，英文 Hub 是“中心”的意思，集线器是网络集中管理的最基本单元，如图 10-4 所示。随着路由器价格的不断下降，越来越多的用户在组建局域网时会选择路由器，如图 10-5 所示。与集线器相比，路由器拥有更加强大的数据通道功能和控制功能。

图 10-4　集线器

图 10-5　路由器

要连接局域网络的设备，只需将网线的一端水晶头插入电脑机箱后的网卡接口中，然后将网线另一端的水晶头插入集线器/路由器的接口中。接通集线器/路由器即可完成局域网设备的连接操作，如图 10-6 所示。

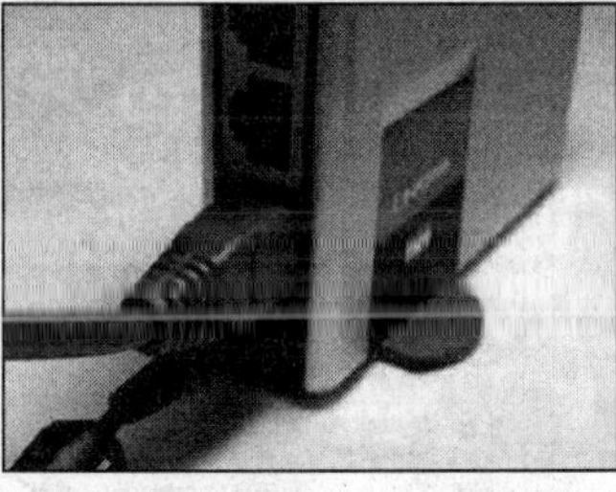

图 10-6　连接局域网设备

使用相同的方法为其他电脑连接网线，连接成功后，双击桌面上的【网络】图标，打开【网络】窗口，即可查看连接后的多台电脑图标，如图 10-7 所示。

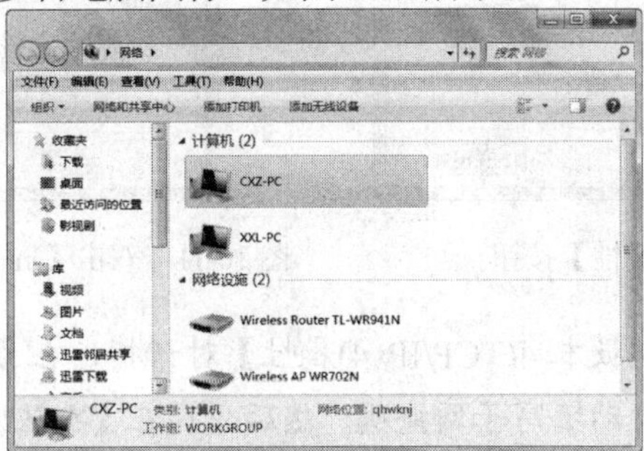


图 10-7　打开【网络】窗口

### 10.1.3 配置 IP 地址

IP 地址是电脑在网络中的身份识别码，只有为电脑配置了正确的 IP 地址，电脑才能够接入到网络。

【例 10-1】在一台电脑中配置局域网的 IP 地址。

(1) 单击任务栏右方的网络按钮，在打开的面板中单击【打开网络和共享中心】链接，如图 10-8 所示。

(2) 打开【网络和共享中心】窗口，单击【本地连接】链接，如图 10-9 所示。

图 10-8 单击【打开网络和共享中心】链接

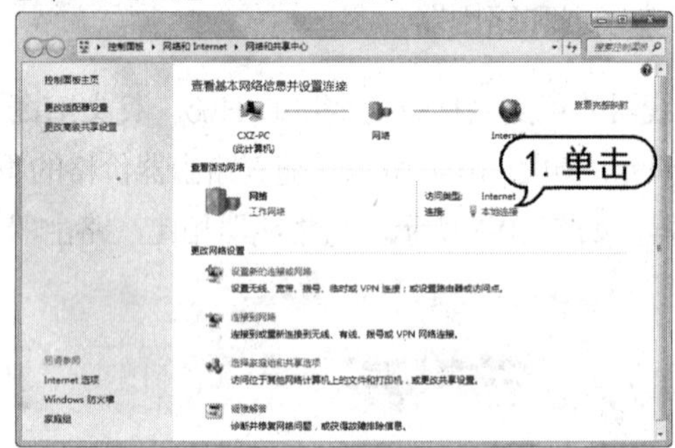


图 10-9 单击【本地连接】链接

(3) 打开【本地连接 状态】对话框，单击【属性】按钮，如图 10-10 所示。

(4) 打开【本地连接 属性】对话框，双击【Internet 协议版本 4(TCP/IPv4)】选项，如图 10-11 所示。

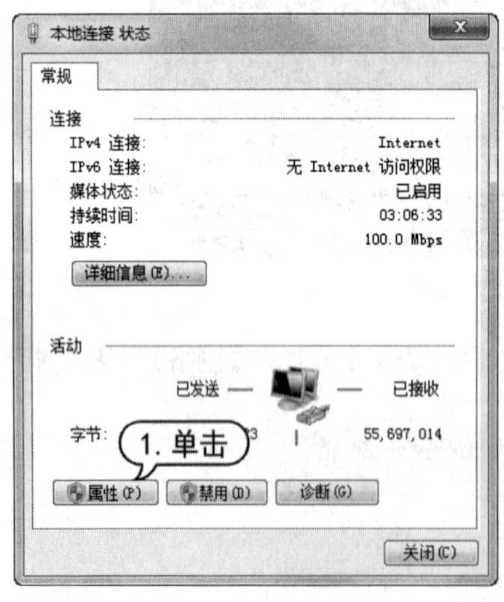


图 10-10 单击【属性】按钮

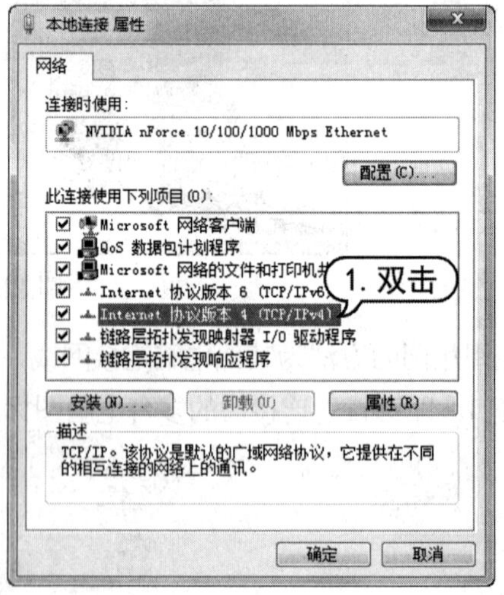


图 10-11 双击【Internet 协议版本 4(TCP/IPv4)】选项

(5) 打开【Internet 协议版本 4(TCP/IPv4)属性】对话框，在【IP 地址】文本框中输入本机的 IP 地址，按下 Tab 键会自动填写子网掩码，然后分别在【默认网关】、【首选 DNS 服务器】和【备用 DNS 服务器】中设置相应的地址。设置完成后，单击【确定】按钮，完成 IP 地址的

设置，如图 10-12 所示。

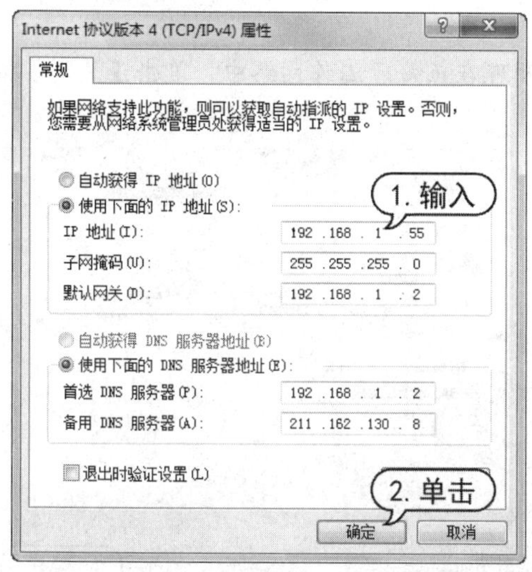


图 10-12　设置 IP 地址

**知识点**

TCP/IP 协议是 Internet 的基础协议，是用来维护、管理和调整局域网中电脑间的通信的一种通信协议。在 TCP/IP 协议中，IP 地址是一个重要的概念，在局域网中，每台电脑都由一个独有的 IP 地址来唯一识别。一个 IP 地址含有 32 个二进制(Bit)位，被分为 4 段，每段 8 位(1Byte)，如 192.168.1.2。

计算机基础与实训教材系列

## 10.1.4　配置网络位置

在 Windows 7 操作系统中第一次连接到网络时，必须选择网络位置。因为这样可以为所连接网络的类型自动进行适当的防火墙设置。

当用户在不同的位置(例如，家庭、本地咖啡店或办公室)连接到网络时，选择一个合适的网络位置将会有助于用户始终确保自己的计算机设置为适当的安全级别。

【例 10-2】在一台电脑中配置网络位置。

(1) 单击任务栏右方的网络按钮，在打开的面板中单击【打开网络和共享中心】链接，如图 10-13 所示。

(2) 打开【网络和共享中心】窗口，单击【工作网络】链接，如图 10-14 所示。

图 10-13　单击【打开网络和共享中心】链接

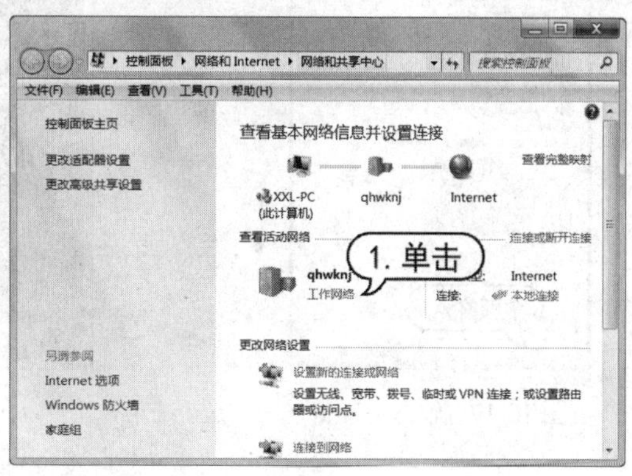


图 10-14　单击【工作网络】链接

(3) 打开【设置网络位置】对话框，设置电脑所处的网络，这里选择【工作网络】选项，如图 10-15 所示。

(4) 打开【设置网络位置】对话框，显示说明现在正处于工作网络中，单击【关闭】按钮，完成网络位置的设置，如图 10-16 所示。

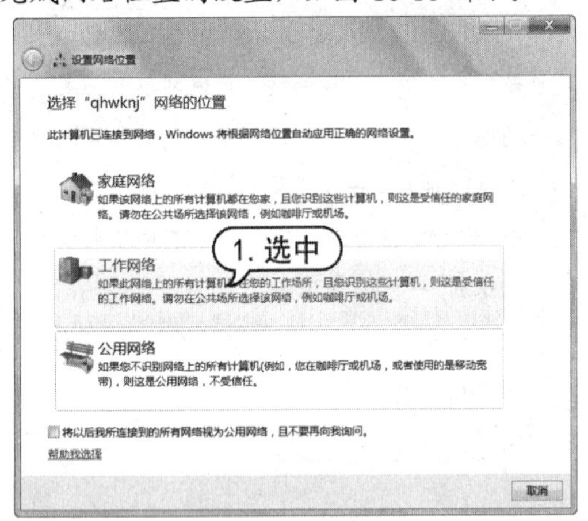


图 10-15　选择【工作网络】选项

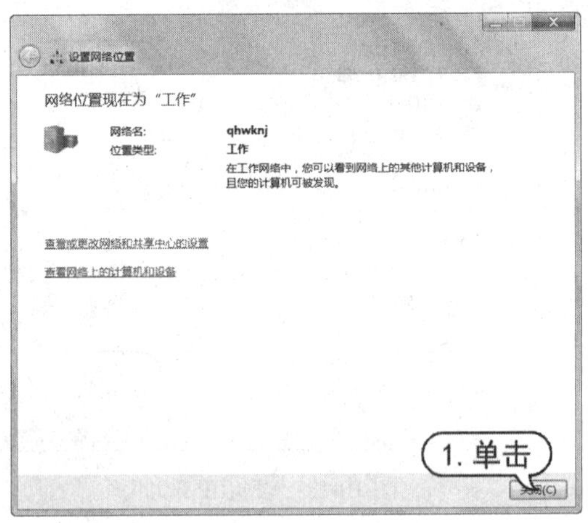


图 10-16　显示网络状态

## 10.1.5　测试网络连通性

配置完网络协议后，还需要使用 Ping 命令来测试网络连通性，查看电脑是否已经成功接入局域网当中。

【例 10-3】在 Windows 7 中使用 Ping 命令测试网络的连通性。

(1) 单击【开始】按钮，在搜索框中输入命令"cmd"，如图 10-17 所示然后按下 Enter 键，打开命令测试窗口，如图 10-18 所示。

图 10-17　输入"cmd"

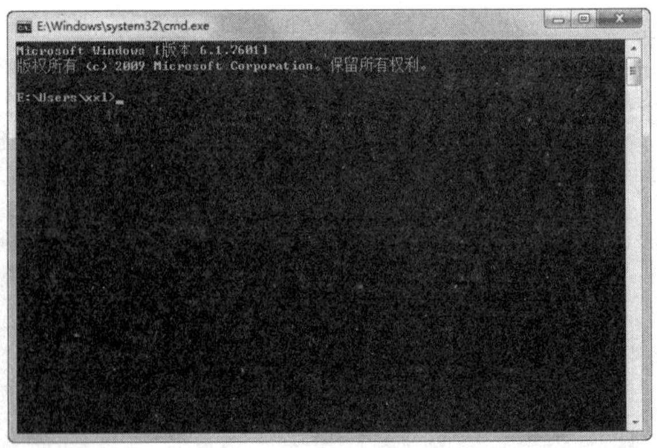


图 10-18　打开命令测试窗口

(2) 如果网络中有一台电脑(非本机)的 IP 地址是 192.168.1.50，可在该窗口中输入命令"ping 192.168.1.50"，然后按下 Enter 键，如果显示字节和时间等信息的测试结果，则说明网络已经

正常连通，如图 10-19 所示。

(3) 如果未显示字节和时间等信息的测试结果，则说明网络未正常连通，如图 10-20 所示。

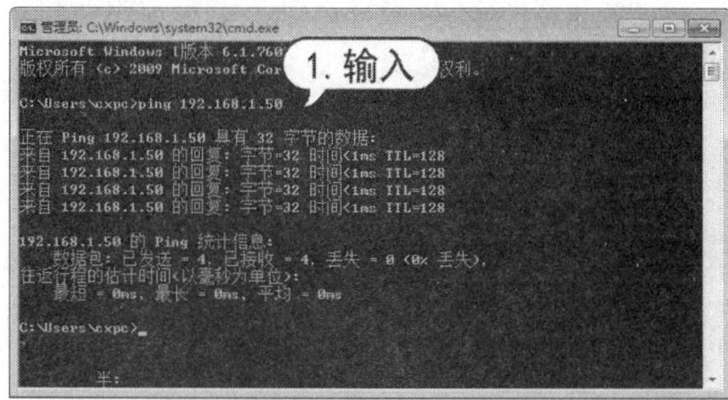


图 10-19　输入命令

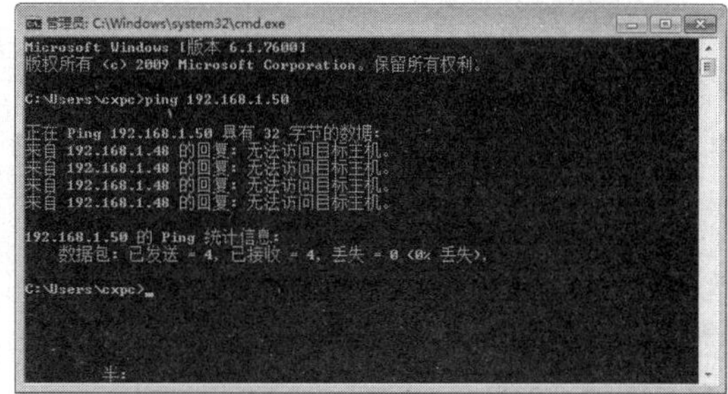

图 10-20　显示网络未正常连通

## 10.2　办公局域网共享资源

当用户的电脑接入局域网后，就可以设置共享办公资源，目的是方便局域网中其他电脑的用户访问该共享资源。

### 10.2.1　设置共享文件与文件夹

在局域网中共享的本地资源大多数是文件或文件夹资源。共享本地资源后，局域网中的任意用户都可以查看和使用该共享文件或文件夹中的资源。

【例 10-4】共享本地 C 盘中【我的资料】文件夹。

(1) 双击桌面上的【计算机】图标，打开【计算机】窗口。双击【本地磁盘(C:)】图标，如图 10-21 所示。

(2) 打开 C 盘窗口，右击【我的资料】文件夹，在弹出的快捷菜单中选择【属性】命令，如图 10-22 所示。

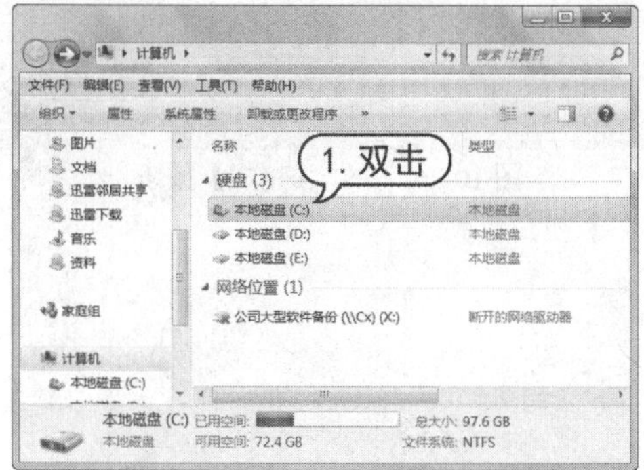


图 10-21　双击【本地磁盘(C:)】图标

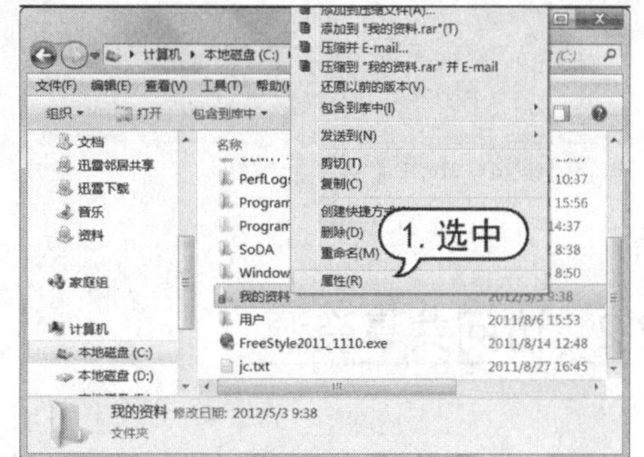


图 10-22　选择【属性】命令

(3) 打开【属性】对话框，切换至【共享】选项卡，然后单击【网络文件和文件夹共享】

区域里的【共享】按钮，如图 10-23 所示。

(4) 打开【文件共享】对话框，在上方的下拉列表中选择 Everyone 选项，然后单击【添加】按钮，Everyone 即被添加到中间的列表中，如图 10-24 所示。

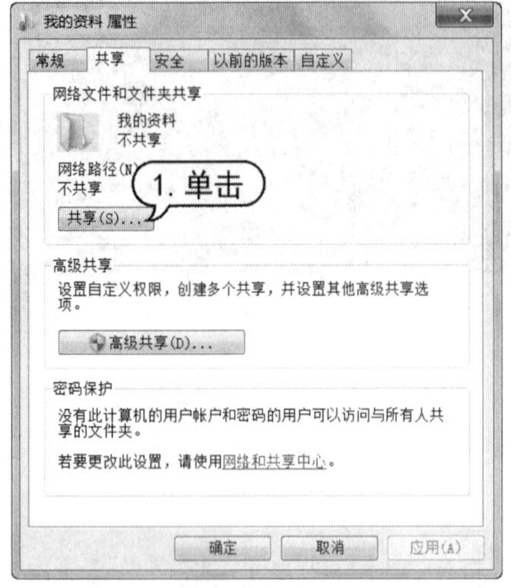


图 10-23　单击【共享】按钮

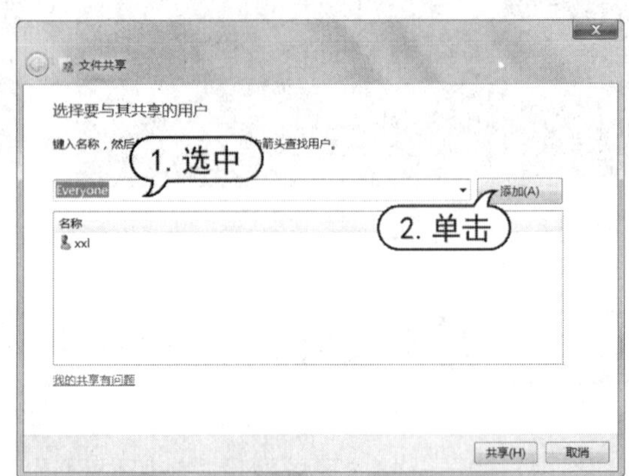


图 10-24　添加 Everyone 选项

(5) 选中列表中刚刚添加的 Everyone 选项，然后单击【共享】按钮，系统即可开始共享设置，如图 10-25 所示。

(6) 打开【您的文件夹已共享】对话框，单击【完成】按钮，完成共享操作，如图 10-26 所示。返回【属性】对话框，单击【关闭】按钮，完成设置。

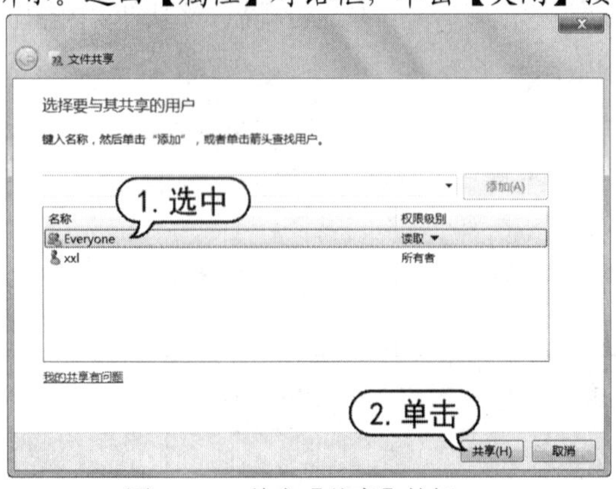


图 10-24　单击【共享】按钮

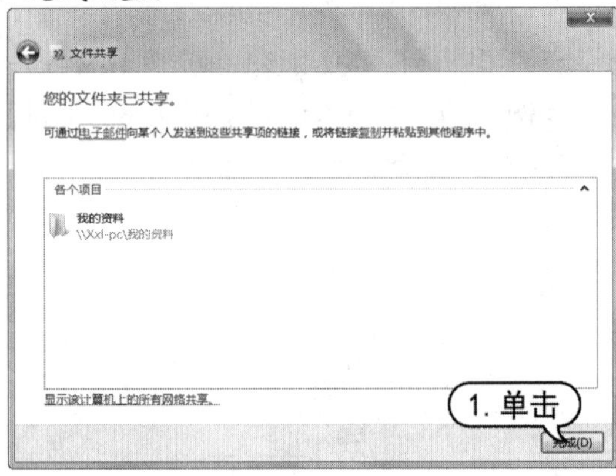


图 10-26　单击【完成】按钮

## 10.2.2　访问共享资源

在 Windows 7 操作系统中，用户可以方便地访问局域网中其他电脑上共享的文件或文件夹，获取局域网内其他用户提供的各种资源。

【例 10-5】访问局域网内名为 QHWK 的电脑，打开共享的文件夹并复制其中的文档。

(1) 双击桌面上的【网络】图标，打开【网络】窗口，双击其中的 QHWK 图标，如图 10-27 所示。

(2) 进入用户 QHWK 的电脑，其中显示了该用户共享的文件夹，双击 ShareDocs 文件夹，如图 10-28 所示，打开该文件夹。

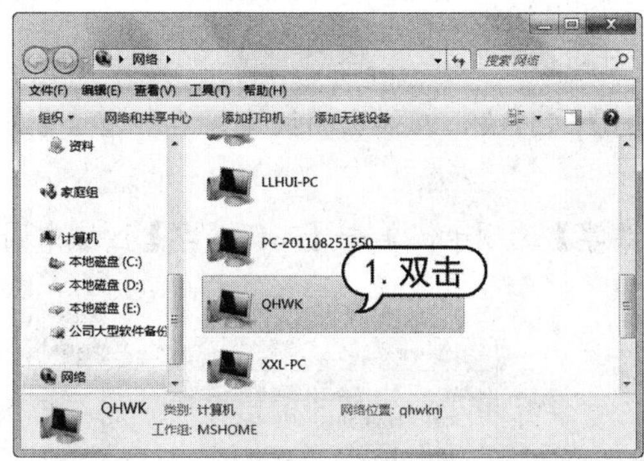


图 10-27　双击 QHWK 图标



图 10-28　双击 ShareDocs 文件夹

(3) 双击其中的 My Pictures 文件夹，打开该文件夹，显示所有的文件和文件夹，如图 10-29 所示。

(4) 右击 01.jpg 图片文档，在弹出的快捷菜单中选择【复制】命令，如图 10-30 所示。

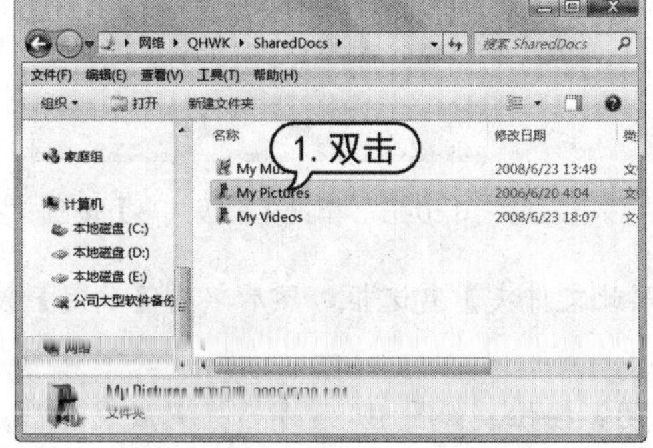


图 10-29　双击 My Pictures 文件夹

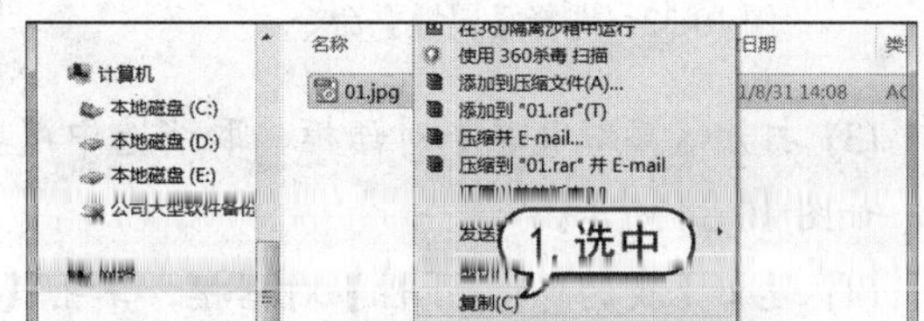


图 10-30　选择【复制】命令

(5) 双击桌面上的【计算机】图标，打开【计算机】窗口，双击其中的 D 盘图标，打开 D 盘，在空白处右击，在弹出的快捷菜单中选择【粘贴】命令，如图 10-31 所示。即可将 QHWK 电脑里的共享文档复制到本地电脑中。

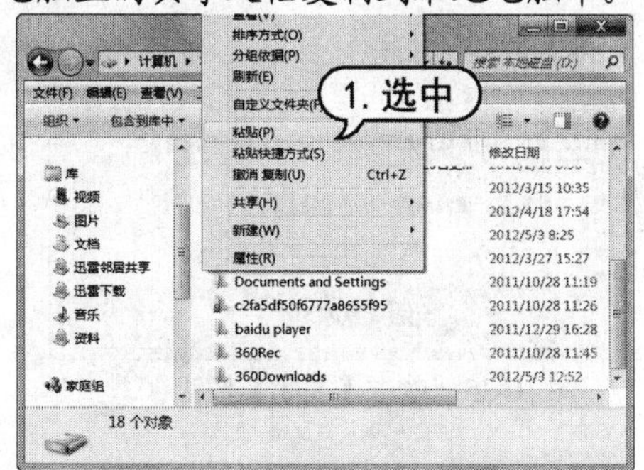


图 10-31　选择【粘贴】命令

**提示**

在【我的电脑】窗口中，在【地址】栏中输入【\\用户电脑名】，如输入【\\QHWK】，也可以快速进入局域网上 QHWK 用户的电脑。

## 10.2.3 取消共享资源

如果用户不想再继续共享文件或文件夹，可将其共享属性取消，取消共享后，其他人就不能再访问该文件或文件夹的资源了。

【例 10-6】取消 C 盘中【我的资料】文件夹的共享。

(1) 打开【本地磁盘(C:)】窗口，右击【我的资料】文件夹，在弹出的快捷菜单中选择【属性】命令，如图 10-32 所示。

(2) 打开【我的资料 属性】对话框，切换至【共享】选项卡，单击【高级共享】区域中国的【高级共享】按钮，如图 10-33 所示。

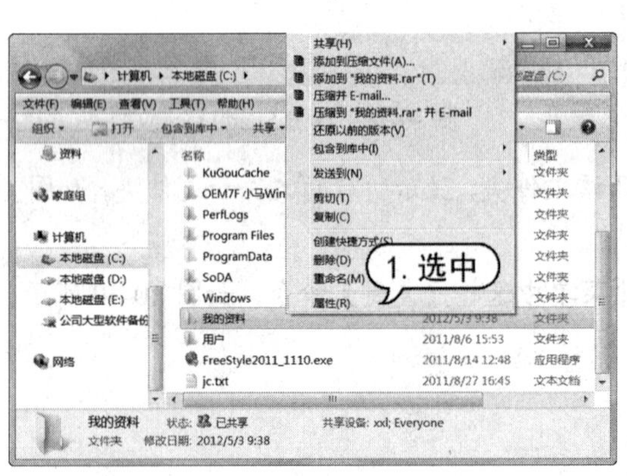


图 10-32 选择【属性】命令

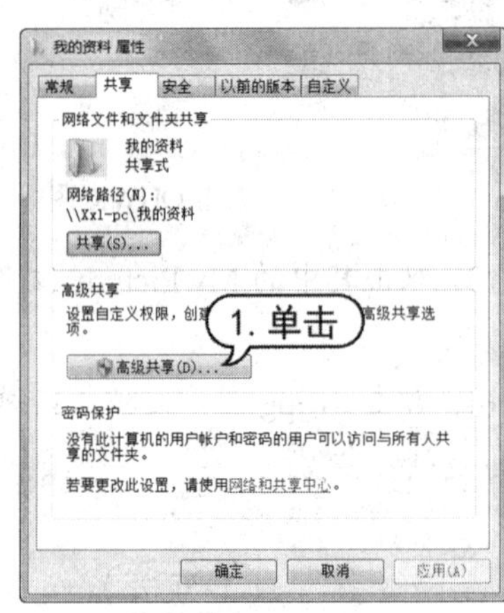


图 10-33 单击【高级共享】按钮



(3) 打开【高级共享】对话框，取消选中【共享此文件夹】复选框，然后单击【确定】按钮，如图 10-34 所示。

(4) 返回【我的资料 属性】对话框，单击【关闭】按钮，如图 10-35 所示，完成设置。

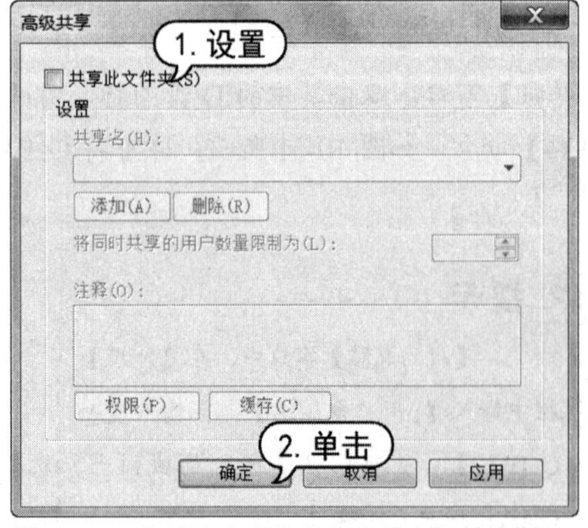


图 10-34 取消选中【共享此文件夹】复选框

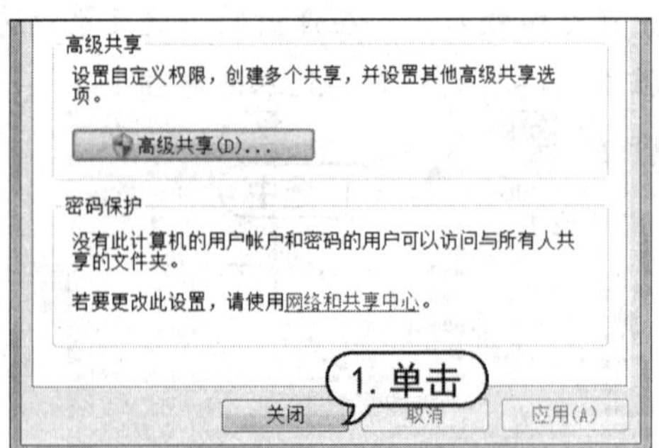


图 10-35 单击【关闭】按钮

## 10.3　使用网络办公资源

网络成功连接后就可以上网了，要上网浏览信息必须要用到浏览器。用户可以使用它在 Internet 上浏览网页，并查找办公资源。对于查找到的有用资源，用户还可将其保存或下载下来，以方便日后使用。

### 10.3.1　使用浏览器上网

浏览器是指可以显示网页服务器或者文件系统的 HTML 文件内容，并让用户与这些文件交互的一种软件。网页浏览器主要通过 HTTP 协议与网页服务器交互并获取网页，这些网页由 URL 指定，文件格式通常为 HTML，并由 MIME 在 HTTP 协议中指明。一个网页中可以包括多个文档，每个文档都是分别从服务器获取的。大部分的浏览器本身支持除了 HTML 之外的广泛的格式，例如 JPEG、PNG、GIF 等图像格式，并且能够扩展支持众多的插件。

目前，办公人员最常用的浏览器有以下几种。

- IE 浏览器：是微软公司 Windows 操作系统的一个组成部分。它是一款免费的浏览器，用户在电脑中安装了 Windows 系统后，就可以使用该浏览器浏览网页，如图 10-36 所示。
- 谷歌浏览器(Google Chrome)：又称 Google 浏览器，是一款由 Google(谷歌)公司开发的开放原始码网页浏览器。该浏览器基于其他开放原始码软件所编写，目标是提升稳定性、速度和安全性，并创造出简单且有效率的使用者界面。目前，谷歌浏览器是世界上仅次于微软 IE 浏览器的网上浏览工具，如图 10-37 所示。

图 10-36　IE 浏览器

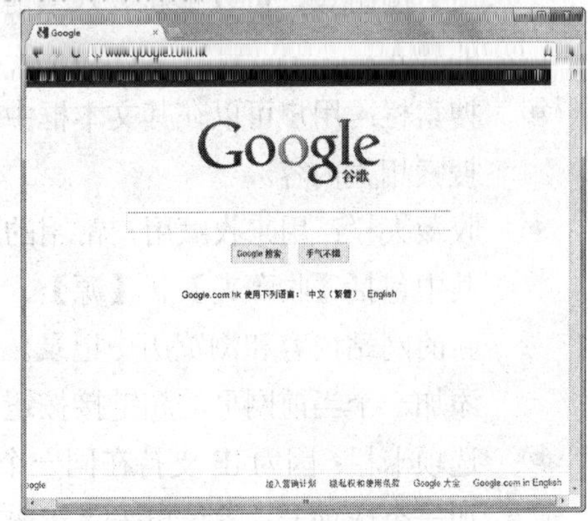



图 10-37　谷歌浏览器

- 火狐(Mozilla Firefox)浏览器：是一款开源网页浏览器，该浏览器使用 Gecko 引擎(即非 IE 内核)编写，由 Mozilla 基金会与数百个志愿者所开发。火狐浏览器是可以自由定制的浏览器，一般电脑技术爱好者都喜欢使用该浏览器。它的插件是世界上最丰富的，

刚下载的火狐浏览器一般是纯净版，功能较少，用户需要根据自己的喜好对浏览器进行功能定制，如图 10-38 所示。

- 360 安全浏览器：是一款互联网上安全的浏览器，该浏览器和 360 安全卫士、360 杀毒软件等都是 360 安全中心的系列软件产品。安装 360 软件后，通过该软件中提供的链接，下载并安装 360 浏览器，如图 10-39 所示。

图 10-38　火狐浏览器

图 10-39　360 安全浏览器

在 Windows 7 操作系统中集成了 IE 8.0 浏览器，双击桌面上的 IE 浏览器图标，即可打开 IE 浏览器，如图 10-34 所示。IE 浏览器的操作界面主要由标题栏、地址栏、搜索栏、选项卡、菜单栏、状态栏和滚动条几个部分组成。

- 标题栏：位于窗口界面的最上端，用来显示打开的网页名称，以及窗口控制按钮。
- 地址栏：用来输入网站的网址，当用户打开网页时显示正在访问的页面地址。单击地址栏右侧的按钮，可以在弹出的下拉列表中选择曾经访问过的网址；单击右侧的【刷新】按钮，可以重新载入当前网页；单击右侧的【停止】按钮，将停止当前网页的载入。
- 搜索栏：用户可以在其文本框中输入要搜索的内容，按 Enter 键或单击按钮，即可搜索相关内容。
- 收藏夹栏：用来收藏用户常用的网站。单击【收藏夹】按钮，会打开一个窗格，其中包括【收藏夹】、【源】、【历史记录】三个选项卡，分别显示收藏的网站、更新的网站内容和浏览历史记录。单击【添加到收藏夹栏】按钮，可以在收藏夹栏中添加一个当前网页的超链接按钮，单击此按钮可以快速进入相应的网页。
- 选项卡栏：因为 IE 支持在同一个浏览器窗口中打开多个网页，每打开一个网页对应增加一个选项卡标签，单击“新选项卡”按钮能打开一个空白选项卡标签，单击相应的选项卡标签可以在打开的网页之间进行切换。
- 命令栏：包含了一些常用的工具按钮，如“主页”按钮，单击该按钮可以打开设置的主页页面。
- 网页浏览区：这是浏览网页的主要区域，用来显示当前网页的内容。
- 状态栏：位于浏览器的底部，用来显示网页下载进度和当前网页的相关信息。

**提示**

IE 浏览器通过选项卡功能，可以在一个浏览器中同时打开多个网页。

【例 10-7】在 IE 中使用选项卡浏览网页。

(1) 单击【开始】按钮，在弹出的菜单中选择【所有程序】| Internet Explorer 命令，启动 IE 浏览器，然后在浏览器地址栏中输入网址“www.163.com”，然后按 Enter 键，打开网易的首页，如图 10-40 所示。

(2) 单击【新选项卡】按钮，打开一个新的选项卡，如图 10-41 所示。

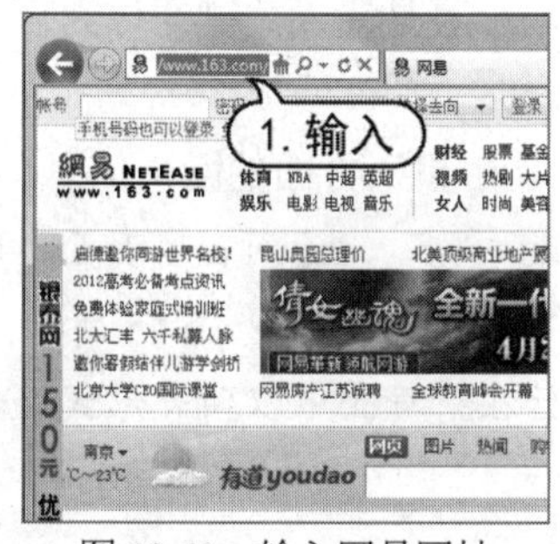


图 10-40　输入网易网址

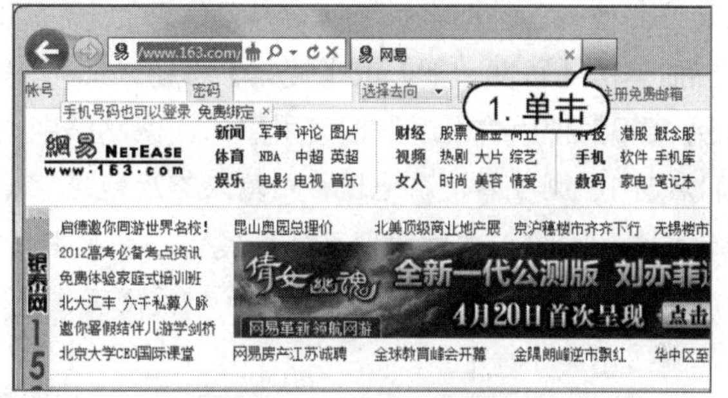


图 10-41　单击【新选项卡】按钮

(3) 在浏览器地址栏中输入网址“www.sohu.com”，然后按 Enter 键，打开搜狐网的首页，如图 10-42 所示。

(4) 右击某个超链接，然后在弹出的快捷菜单中选择【在新选项卡中打开】命令，即可在一个新的选项卡中打开该链接，如图 10-43 所示。

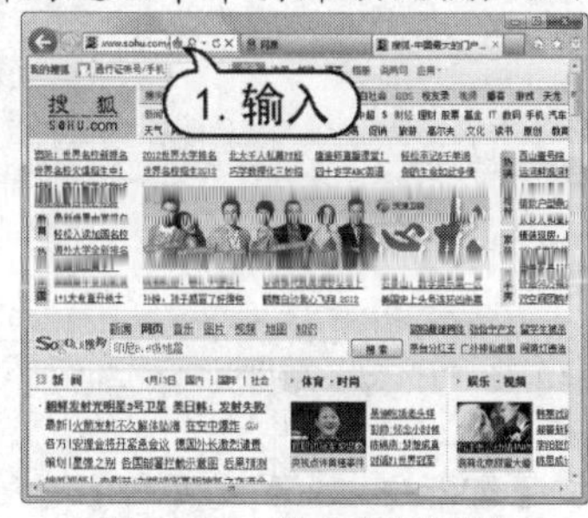


图 10-42　输入搜狐网址

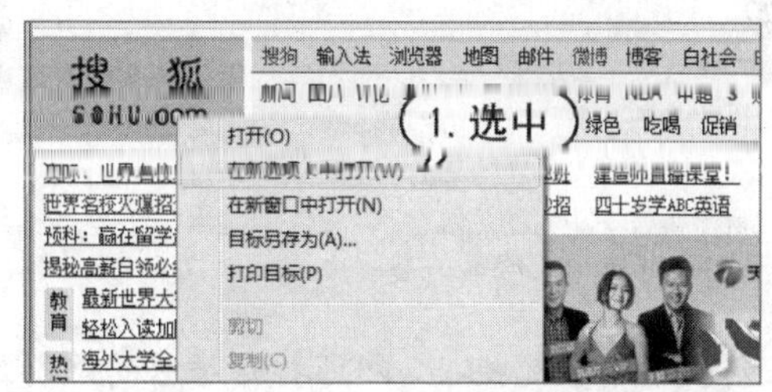


图 10-43　选择【在新选项卡中打开】命令

(5) 使用同样的方法，用户可在一个 IE 窗口中打开多个选项卡，同时打开多个网页，如图 10-44 所示。

图 10-44　打开多个选项卡

**提示**

每个选项卡按钮对应当前窗口内的一个独立的网页，单击这些标签，即可在不同的网页之间进行快速切换。

## 10.3.2　搜索办公资源

如何使用 Internet 才能找到自己需要的信息呢？这就要使用到搜索引擎。目前常见的搜索引擎有百度和 Google 等，使用它们可以帮助用户从海量网络信息中快速、准确地找出需要的信息，提高用户的上网效率。

搜索引擎是一个能够对 Internet 中资源进行搜索整理，然后提供给用户查询的网站系统。它可以在一个简单的网页页面中帮助用户实现对网页、网站、图像、音乐和电影等众多资源的搜索和定位。使用各种搜索引擎搜索办公信息的方法基本相同，一般是输入关键词作为查找的依据，然后单击【百度一下】或【搜索】按钮，即可进行查找。

【例 10-8】使用“百度”搜索引擎，搜索网络中关于“智能手机”方面的网页信息。

(1) 启动 IE 浏览器，在地址栏中输入百度地址“www.baidu.com”，访问百度页面，然后在页面的文本框中输入要搜索网页的关键词，并单击【百度一下】按钮，如图 10-45 所示。



(2) 百度会根据搜索关键词自动查找相关网页，查找完成后在新页面中以列表形式显示相关网页，如图 10-46 所示。

图 10-45　输入搜索关键词

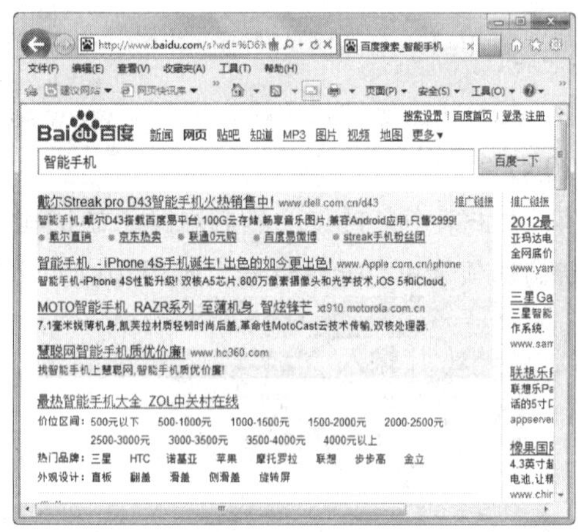


图 10-46　显示相关网页

(3) 在列表中单击超链接，即可打开对应的网页。例如单击【智能手机 百度百科】超链接，可以在浏览器中访问对应的网页，如图 10-47 所示。

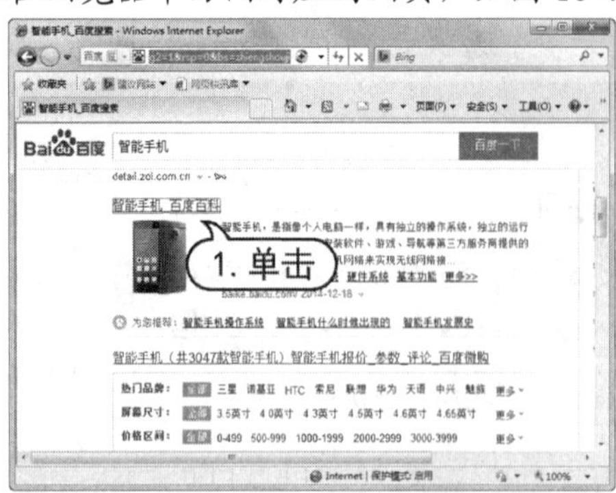


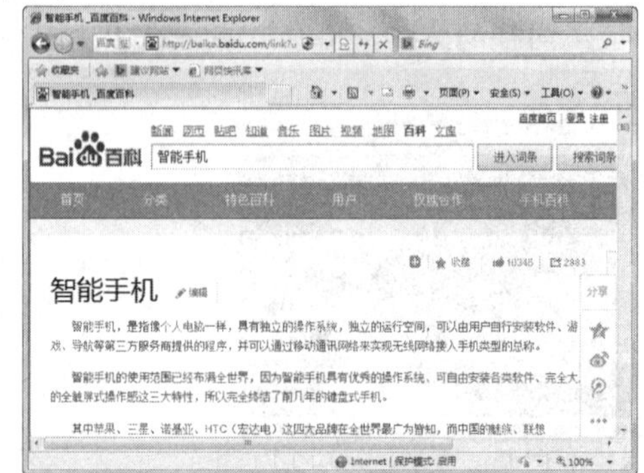


图 10-47　单击超链接访问对应的网页

## 10.3.3 保存网络办公信息

在浏览网页过程中，遇到所需的办公信息，如网页中的文本、图片等，可以将这些信息资源保存到本地电脑中，供用户参考和使用。

### 1. 保存网页中的文本

在网上查找资料时，如果碰到自己比较喜欢的文章或者是对自己比较有用的文字信息，可将这些信息保存下来以供日后使用。

首先在要保存的网页中选中文本，右击，从弹出的快捷菜单中选择【复制】命令，打开文档编辑软件(记事本、Word 等)，将其粘贴并保存即可。

此外，还可以在要保存的网页中选择【页面】|【另存为】命令，打开【保存网页】对话框，在打开的对话框中设置网页的保存位置，然后在【保存类型】下拉列表中选择【文本文件】选项。选择完成后，单击【保存】按钮，即可将该网页保存为文本文件的形式，如图 10-48 所示。双击保存后的文本文件，即可查看已经保存的网页内容。

### 2. 保存网页中的图片

网页中有大量精美的图片，用户可将这些图片保存在自己的电脑中。要保存网页中的图片，可在该图片上右击，在弹出的快捷菜单中选择【图片另存为】命令，打开【保存图片】对话框。在【保存图片】对话框中设置图片的保存位置和保存名称，然后单击【保存】按钮，即可将图片保存到本地电脑中，如图 10-49 所示。

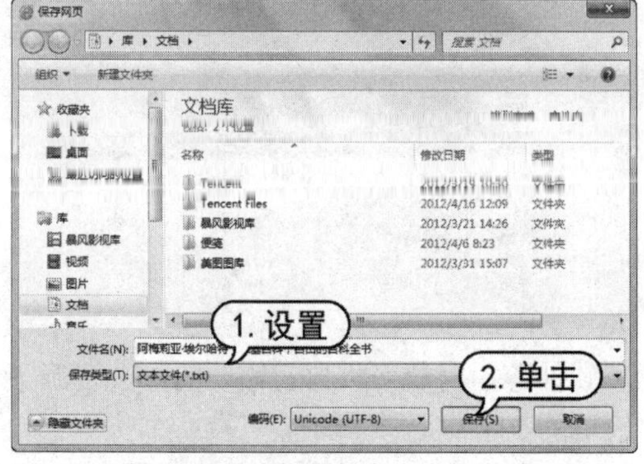


图 10-48 将网页保存为文本文件

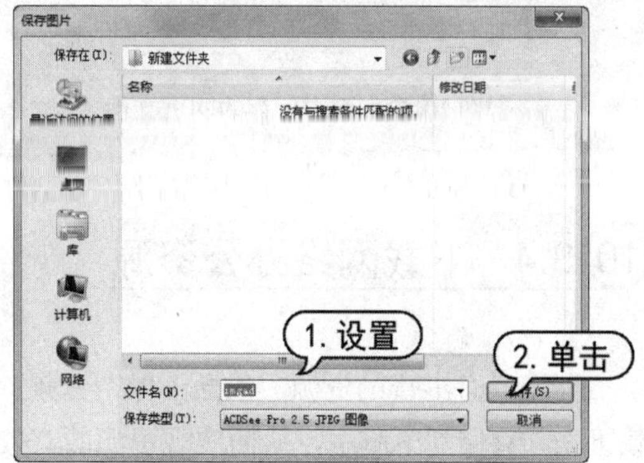


图 10-49 保存图片

### 3. 保存整个网页文件

如果用户想要在网络断开的情况下也能浏览某个网页，可将该网页整个保存在电脑的硬盘中。

【例 10-9】使用 IE 浏览器保存网页文件。

(1) 在 IE 浏览器中选择【页面】|【另存为】命令，如图 10-50 所示，打开【保存网页】对话框。

(2) 在打开的【保存网页】对话框中设置网页的保存位置，然后在【保存类型】下拉列表中选择【网页，全部】选项。选择完成后，单击【保存】按钮，即可将整个网页保存下来，如图 10-51 所示。

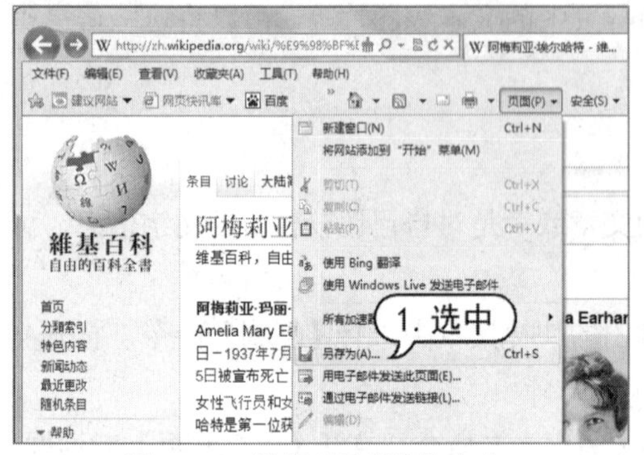

图 10-50　选择【另存为】命令

图 10-51　设置保存类型

(3) 找到该网页的保存位置，双击保存的网页文件，即可打开该网页，如图 10-52 所示。

图 10-52　双击保存的网页文件

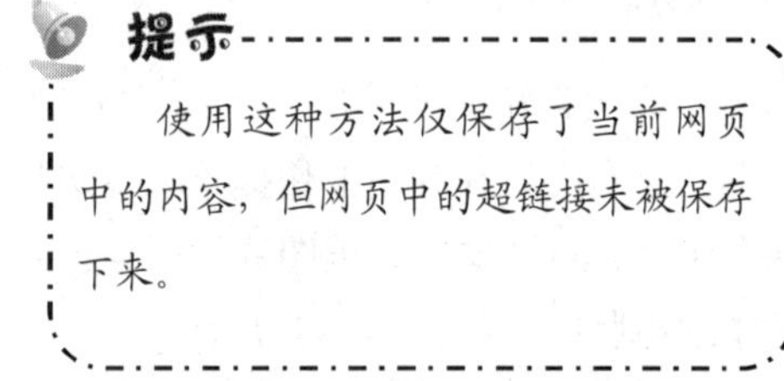

**提示**

使用这种方法仅保存了当前网页中的内容，但网页中的超链接未被保存下来。

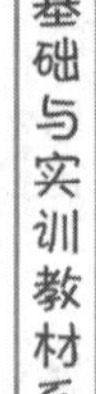


## 10.3.4　下载网络办公资源

网上具有丰富的资源，包括图像、音频、视频和软件等。用户可将自己需要的办公资源下载下来，存储到电脑中，从而实现资源的有效利用。

### 1. 使用浏览器下载

IE 浏览器提供了一个文件下载的功能。当用户单击网页中有下载功能的超链接时，IE 浏览器即可自动开始下载文件。

【例 10-10】使用 IE 浏览器，下载迅雷软件。

(1) 打开 IE 浏览器，在地址栏中输入网址“http://dl.xunlei.com/xl7.9/intro.html”，然后按 Enter 键，打开网页，如图 10-53 所示。

(2) 单击【立即下载】按钮，系统将自动打开下载提示对话框，在下载提示对话框中单击

【保存】按钮即可开始下载文件资源，如图 10-54 所示。

图 10-53　打开网页

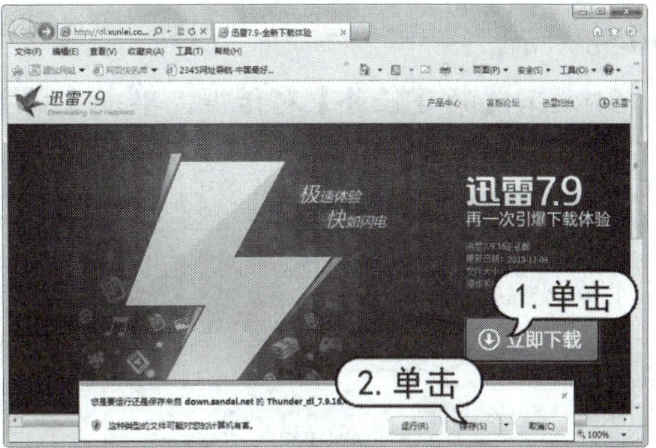


图 10-54　单击【立即下载】按钮

(3) 完成下载后，将弹出一个对话框提示是否运行下载的文件，用户在该对话框中单击【运行】按钮即可运行迅雷软件的安装程序，如图 10-55 所示。

图 10-55　单击【运行】按钮

## 2. 使用迅雷下载

迅雷是一款出色的网络资源下载工具，该软件使用多资源超线程技术，能够将网络上存在的服务器和电脑资源进行有效的整合，以最快的速度进行数据传递。

【例 10-11】使用迅雷下载聊天软件“腾讯 QQ”。

(1) 打开 IE 浏览器，访问 QQ 的下载页面，输入网址为“http://im.qq.com/qq/2013/”。

(2) 右击 QQ 下载链接，在弹出的菜单中选择【使用迅雷下载】命令，如图 10-56 所示。

(3) 打开【新建任务】对话框，单击对话框右侧的【浏览】按钮，如图 10-57 所示。

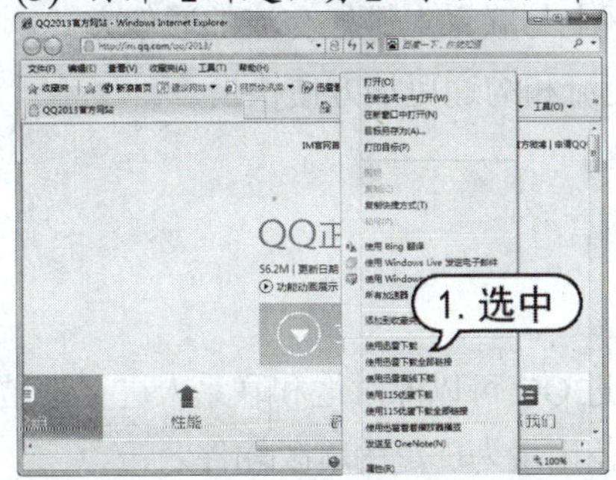


图 10-56　选择【使用迅雷下载】命令

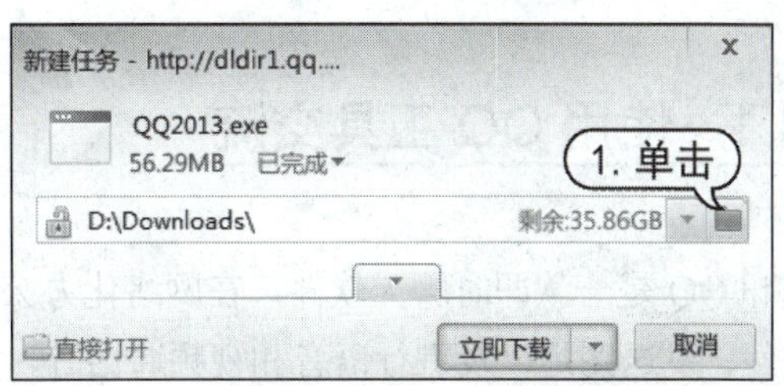


图 10-57　单击【浏览】按钮

(4) 打开【浏览文件夹】对话框，选择下载文件的保存位置，然后单击【确定】按钮，如图 10-58 所示。

(5) 返回【新建任务】对话框，单击【立即下载】按钮，如图 10-59 所示。

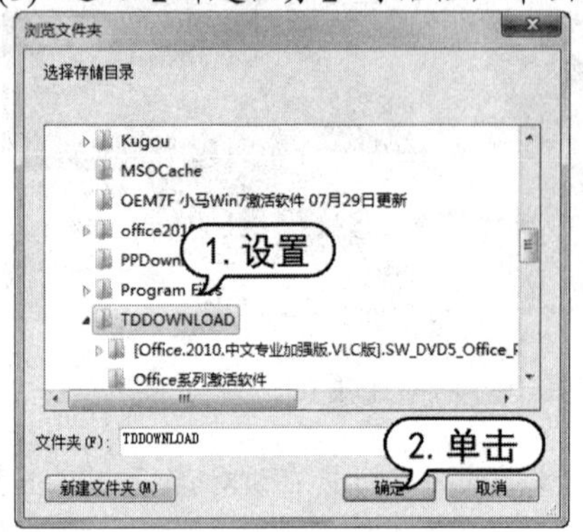


图 10-58　选择保存位置

图 10-59　单击【立即下载】按钮



(6) 迅雷开始下载文件，在主界面中可以查看与下载相关的信息与进度，如图 10-60 所示。

(7) 下载完成后，可以选中【我的下载】列表框中的【已完成】选项，显示已经下载的项，如图 10-61 所示。

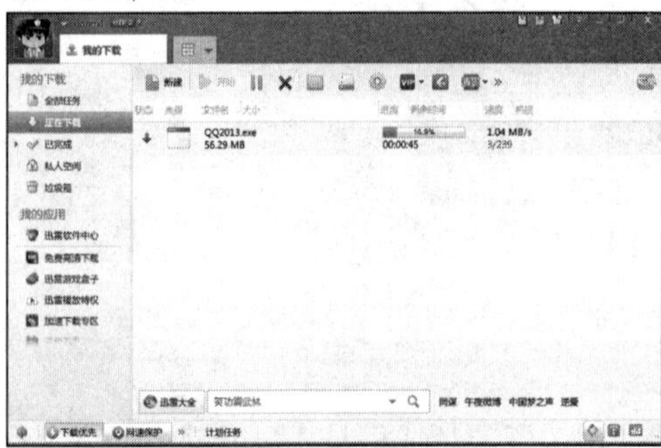

图 10-60　查看下载进度信息

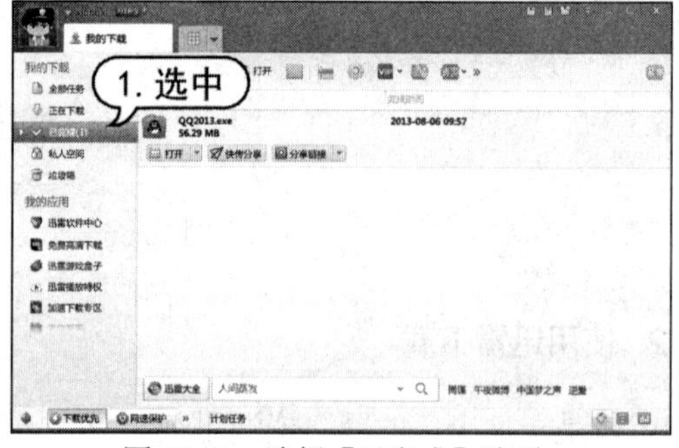


图 10-61　选择【已完成】选项

## 10.4　网络办公交流

网络交流是通过 QQ 聊天工具和电子邮件等在互联网上与联系人进行交流的通信方式。使用这些软件，可以快捷地交流办公信息，使电脑办公的交流和沟通更加方便快捷。

### 10.4.1　使用 QQ 工具交流

腾讯 QQ 是一款即时聊天软件，在网络化办公中，通过 QQ 可以即时地和联系人进行沟通、发送文件、发送图片以及进行语音和视频通话等，是目前使用最为广泛的聊天软件之一。

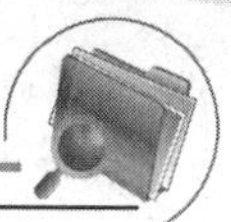

### 1. 申请 QQ 号码

要使用 QQ 与他人聊天，首先要有一个 QQ 号码，这是用户在网上与他人聊天时对个人身份的特别标识。用户可以在腾讯的官网进行申请。

【例 10-12】通过网站免费申请一个 QQ 号码。

(1) 打开 IE 浏览器，在地址栏中输入网址"http://zc.qq.com/"，然后按 Enter 键，打开申请 QQ 号码的首页。单击【网页免费申请】选项区域中的【立即申请】按钮，如图 10-62 所示。

(2) 打开选择账号类型的页面，单击【QQ 号码】链接，如图 10-63 所示。

图 10-62　单击【立即申请】按钮

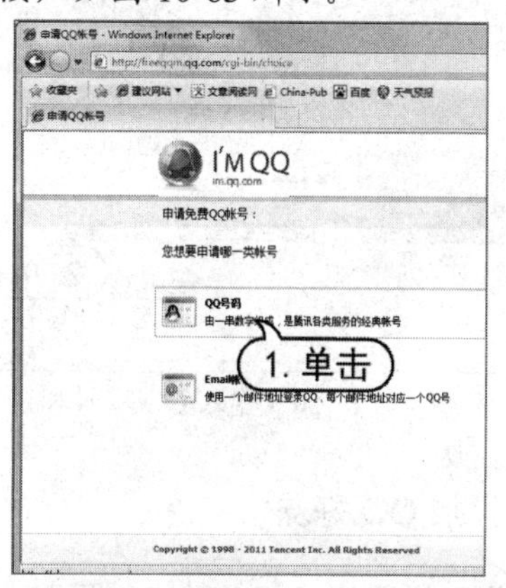


图 10--63　单击【QQ 号码】链接

(3) 打开填写基本信息的注册页面。在该页面中根据提示输入自己的个人信息，在【验证码】文本框中输入页面上显示的验证码(验证码不分大小写)。输入完成后，单击【确定 并同意以下条款】按钮，如图 10-64 所示。

(4) 如果申请成功，将打开【申请成功】页面，界面中的号码 1229848586 就是刚刚申请成功的 QQ 号码，如图 10-65 所示。

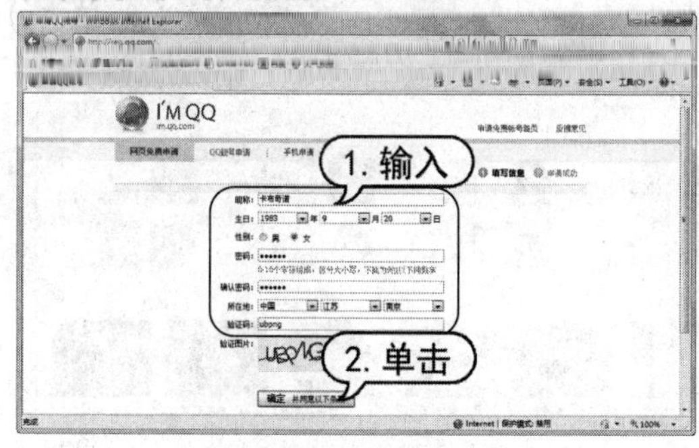


图 10-64　输入个人信息

图 10-65　QQ 申请成功

### 2. 登录 QQ

QQ 号码申请成功后，就可以使用该 QQ 号码了。在使用 QQ 前首先要登录 QQ。

双击系统桌面上的 QQ 启动图标，打开 QQ 的登录界面。在【账号】文本框中输入 QQ 号码，然后在【密码】文本框中输入申请 QQ 时设置的密码。输入完成后，按 Enter 键或单击【登录】按钮，如图 10-66 所示。此时即可开始登录 QQ，登录成功后将显示 QQ 的主界面，如图 10-67 所示。

图 10-66 输入 QQ 账号和密码

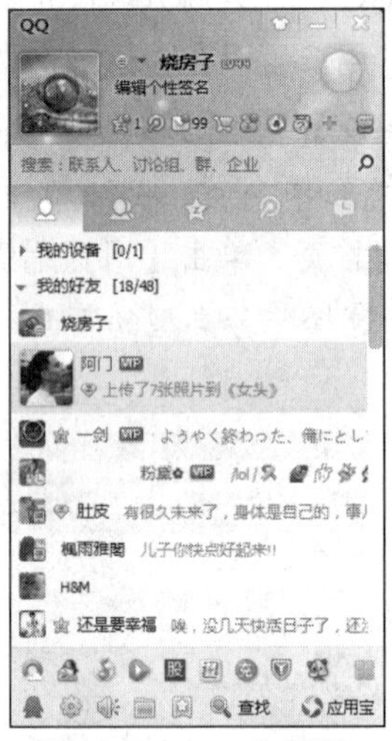


图 10-67 QQ 主界面

### 3. 添加 QQ 好友

如果知道要添加好友的 QQ 号码，可使用精确查找的方法来查找并添加好友。

【例 10-13】添加好友的 QQ 号码。

(1) 当 QQ 登录成功后，单击其主界面下方的【查找】按钮，如图 10-68 所示，打开【查找】对话框。

(2) 在【查找方式】选项区域选中的【精确查找】单选按钮，在账号文本框中输入好友 QQ 账号，单击【查找】按钮，如图 10-69 所示。

图 10-68 单击【查找】按钮

图 10-69 输入好友 QQ 账号

(3) 系统即可查找出 QQ 上的相应好友，选中该用户，然后单击【添加好友】按钮，如图 10-70 所示，打开【添加好友】对话框。

(4) 在【添加好友】对话框中要求用户输入验证信息。输入完成后，单击【下一步】按钮，如图 10-71 所示，即可发出添加好友的申请，等对方同意验证后，即可成功地将其添加为自己的好友。

图 10-70　单击【添加好友】按钮

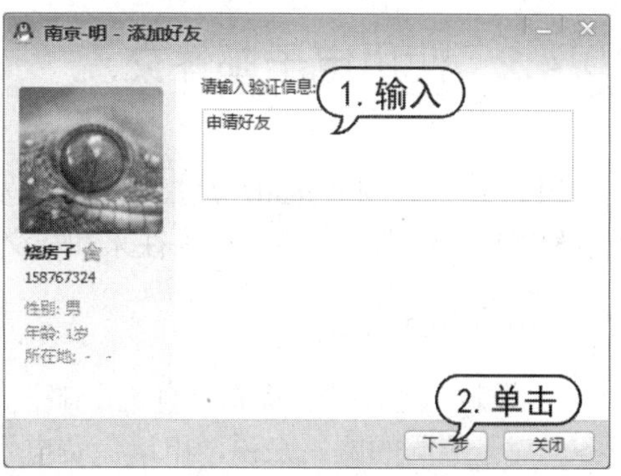


图 10-71　输入验证信息

4. 开始聊天

QQ 中有了好友之后，就可以与好友聊天了。用户可在好友列表中双击对方的头像，打开聊天窗口，如图 10-72 所示。在聊天窗口下方的文本区域中输入聊天的内容，然后按 Ctrl+Enter 组合键或者单击【发送】按钮，即可将消息发送给对方，同时该消息以聊天记录的形式出现在聊天窗口上方的区域中，如图 10-73 所示。

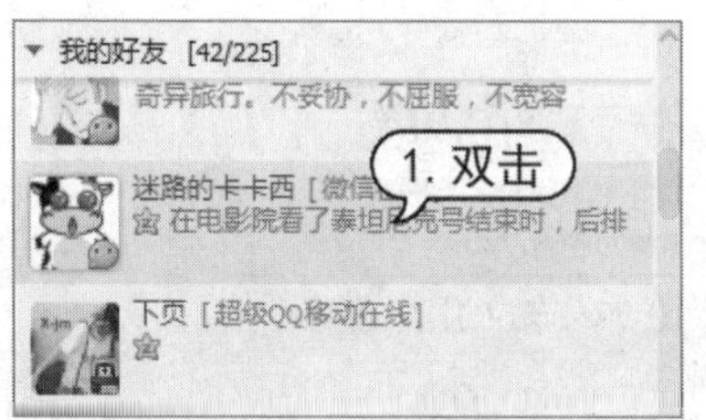


图 10-72　双击好友头像

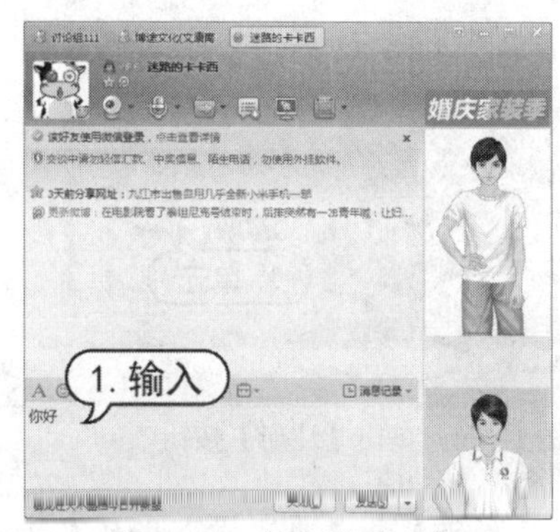


图 10-73　输入聊天文字

QQ 不仅支持文字聊天，还支持视频聊天。要与好友进行视频聊天，必须要安装摄像头，将摄像头与电脑正确地连接后，就可以与好友进行视频聊天了。

打开聊天窗口，单击该窗口上方的【开始视频会话】按钮，给好友发送视频聊天请求，如图 10-74 所示。等对方接受视频聊天请求后，双方就可以进行视频聊天了，如图 10-75 所示。在视频聊天的过程中，如果电脑安装了耳麦，还可同时进行语音聊天。

图 10-74　单击【开始视频会话】按钮

图 10-75　视频聊天

## 10.4.2 使用电子邮件交流

电子邮件又叫E-mail，是指通过网络发送的邮件，和传统的邮件相比，电子邮件具有方便、快捷和廉价的优点。在各种商务往来和社交活动中，电子邮件起着举足轻重的作用。

### 1. 申请电子邮箱

要发送电子邮件，首先要有电子邮箱。目前国内的很多网站都提供了各有特色的免费邮箱服务。对于不同的网站来说，申请免费电子邮箱的步骤基本相同。

【例 10-14】申请一个 126 免费邮箱。

(1) 打开 IE 浏览器，在地址栏中输入网址“http://www.126.com/”，然后按 Enter 键，进入 126 电子邮箱的首页，单击【注册】按钮，如图 10-76 所示。

(2) 单击首页下方的【注册】按钮，打开【用户注册】页面。在【邮件地址】文本框中输入想要使用的用户名，网页会自动检测该地址是否可用，如图 10-77 所示。

图 10-76 单击【注册】按钮

图 10-77 输入用户名

(3) 在【密码】和【再次输入密码】文本框中输入邮箱的登录密码，在【验证码】文本框中输入验证码(用户应参考该文本框右侧的图片信息填写验证码，若图片内容模糊不清，可单击【看不清楚，换张图片】链接显示另一张验证信息图片)。完成以上操作后，单击【立即注册】按钮，如图 10-78 所示。

(4) 此时即可注册一个 126 邮箱，将进入 126 邮箱管理界面，如图 10-79 所示。

图 10-78 单击【立即注册】按钮

图 10-79 126 邮箱管理界面

### 2. 阅读回复电子邮件

用户只需输入用户名和密码，然后按 Enter 键即可登录电子邮箱。进入邮箱首页后，单击页面左侧的【收件箱】选项即可显示邮箱中的邮件列表。

登录电子邮箱后，如果邮箱中有邮件，就可以阅读电子邮件了。如果想要给发信人回复邮件，直接单击【回复】按钮即可。

【例 10-15】阅读与回复电子邮件。

(1) 电子邮箱登录成功后，如果邮箱中有新邮件，则系统会在邮箱的主界面中给予用户提示，同时在界面左侧的【收件箱】按钮后面会显示新邮件的数量。单击【收件箱】按钮，将打开邮件列表，如图 10-80 所示。

(2) 在邮件列表中单击新邮件的名称链接，即可打开并阅读该邮件。单击邮件上方的【回复】按钮，如图 10-81 所示。

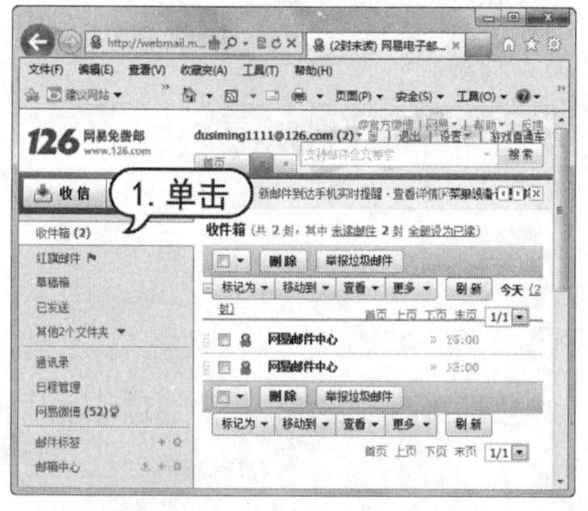


图 10-80　单击【收件箱】按钮

图 10-81　单击【回复】按钮

(3) 打开回复邮件的页面，系统会自动在【收件人】和【主题】文本框中添加收件人的地址和邮件的主题。用户只需在写信区域输入要回复的内容，然后单击【发送】按钮即可回复邮件，如图 10-82 所示。

(4) 成功回复后，系统将显示邮件回复成功界面，如图 10-83 所示。

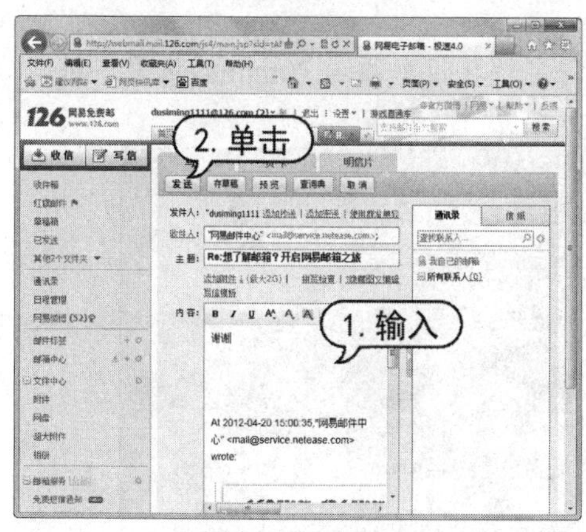


图 10-82　回复邮件

图 10-83　显示邮件回复成功界面

### 3. 撰写发送电子邮件

登录电子邮箱后，就可以给其他人发送电子邮件了。单击邮箱主界面左侧的【写信】按钮，如图 10-84 所示。打开写信的页面，在【收件人】文本框中输入收件人的电子邮件地址，在【主题】文本框中输入邮件的主题，然后在邮件内容区域输入邮件的正文，单击【发送】按钮，即可发送电子邮件，如图 10-85 所示。

图 10-84　单击【写信】按钮

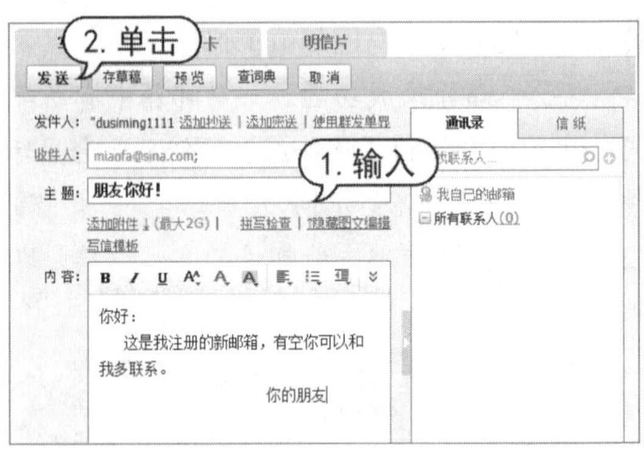

图 10-85　输入内容

## 10.5 上机练习

本章的上机实验主要练习制作网线和百度搜索南京地图两个实例，用户通过练习从而巩固本章所学知识。

### 10.5.1 制作网线

组件局域网需要网线，下面介绍使用剥线钳、搭线刀等工具制作一条网线。

(1) 在开始制作网线之前，用户应准备必要的网线制作工具，包括剥线钳、简易打线刀和多功能螺丝刀，如图 10-86 所示。

(2) 将双绞线的一端放入剥线钳的剥线口中，并定位在距离顶端 20mm 的位置，将 4 对芯线呈扇形拨开，然后将每一对芯线分开，如图 10-87 所示。

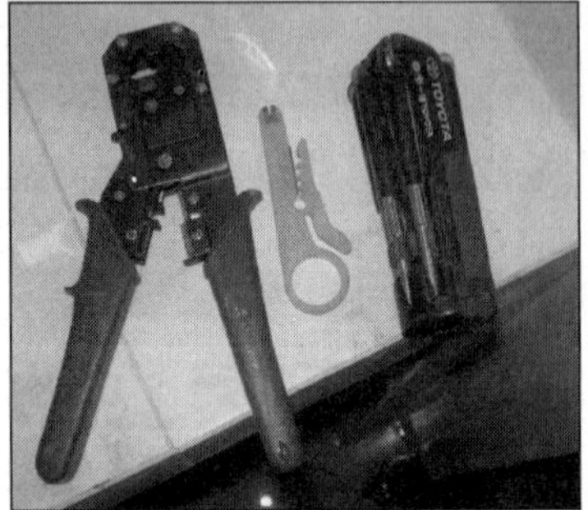
图 10-86　准备工具

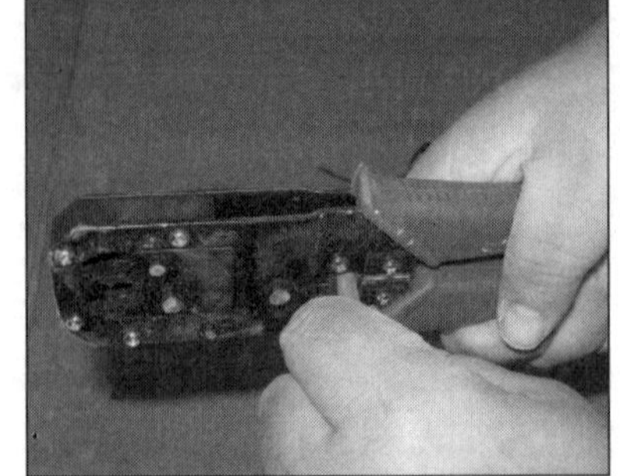
图 10-87　剥开芯线

(3) 当剥线钳的剥线口切开网线包裹层后，拉动网线，如图 10-88 所示。

(4) 将双绞线中的 8 根不同颜色的线按照 586A 和 586B 的线序排列，如图 10-89 所示。

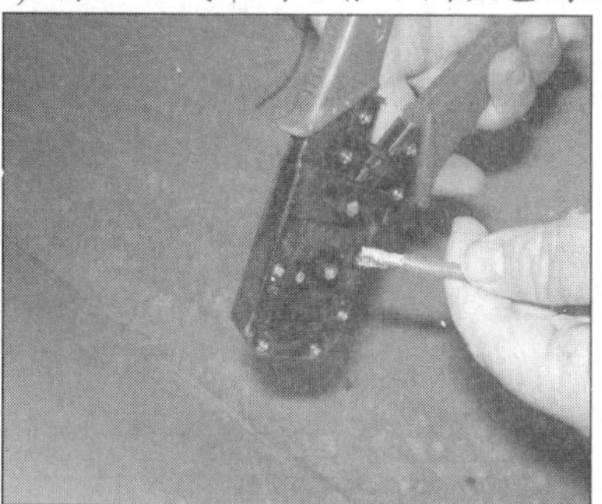

图 10-88 拉动网线

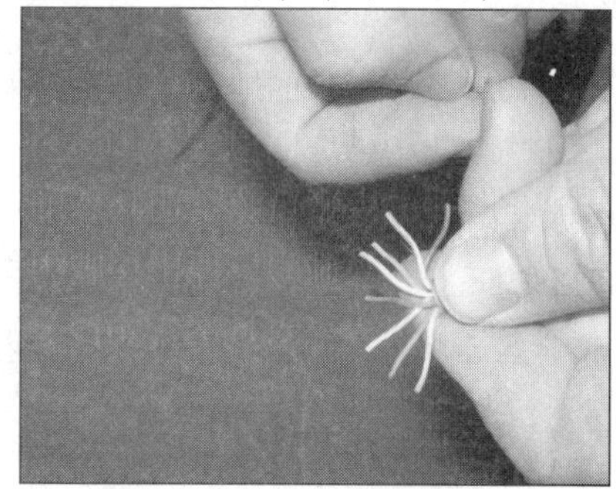

图 10-89　将网线按线序排列

(5) 将整理好线序的网线拉直，效果如图 10-90 所示。

(6) 将拉直的网线放入剥线钳中，利用剥线钳将不齐的网线剪齐，如图 10-91 所示。

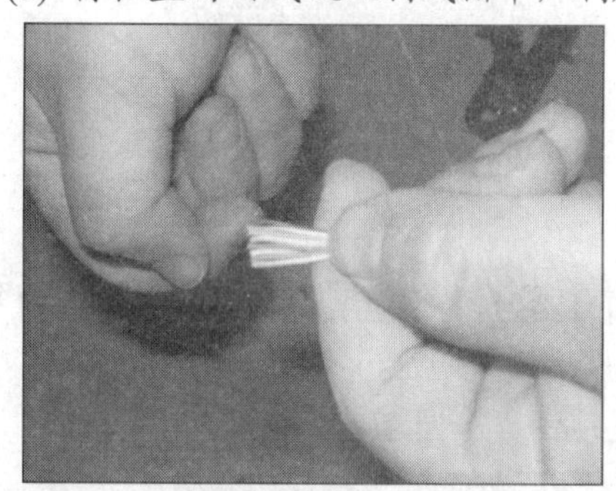

图 10-90　拉直网线

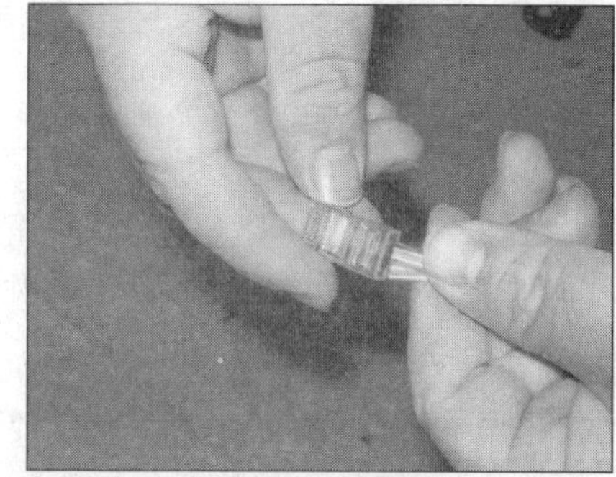

图 10-91　剪齐网线

(7) 将水晶头背面 8 个金属压片面对自己，从左至右分别将网线按照步骤(4)所整理的线序插入水晶头，如图 10-92 所示。

(8) 检查网线是否都进入水晶头后，将水晶头放入剥线钳的压线槽后，用力挤压剥线钳柄，将水晶头上的铜片压至铜线内，如图 10-93 所示。

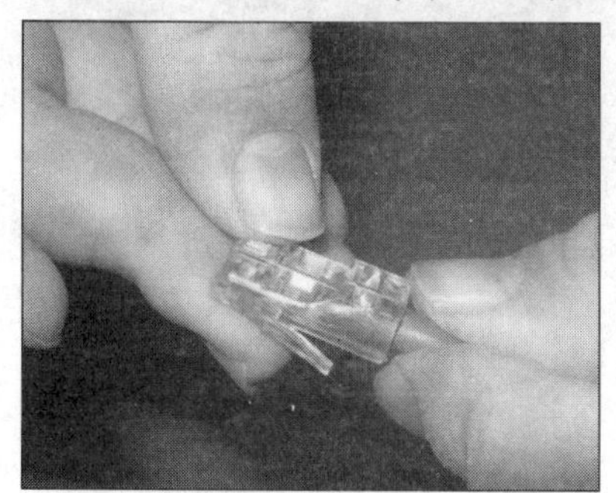

图 10-92　将网线插入水晶头

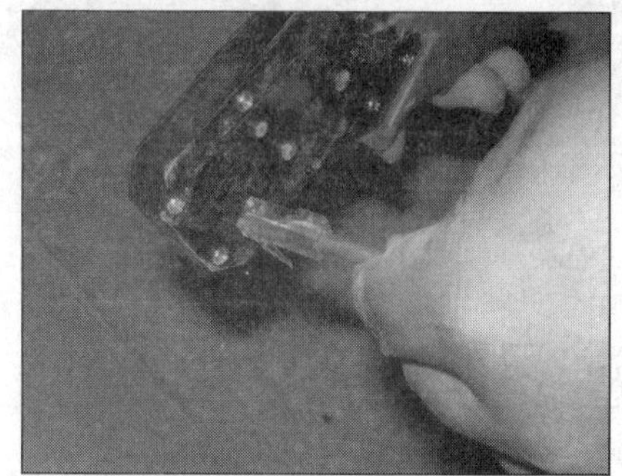

图 10-93　挤压水晶头

(9) 使用相同的方法制作网线的另一头。完成后即可得到一根网线。

## 10.5.2 使用百度搜索地图

如果想要知道某个城市的地图，可直接使用百度搜索引擎，百度电子地图可提供详细的地图信息。

(1) 启动浏览器，打开百度的首页，输入“南京市地图”，然后单击【百度一下】按钮，如图 10-94 所示。

(2) 稍后显示搜索结果，单击第一个链接，即可打开南京市地图，如图 10-95 所示。

图 10-94　输入搜索文字

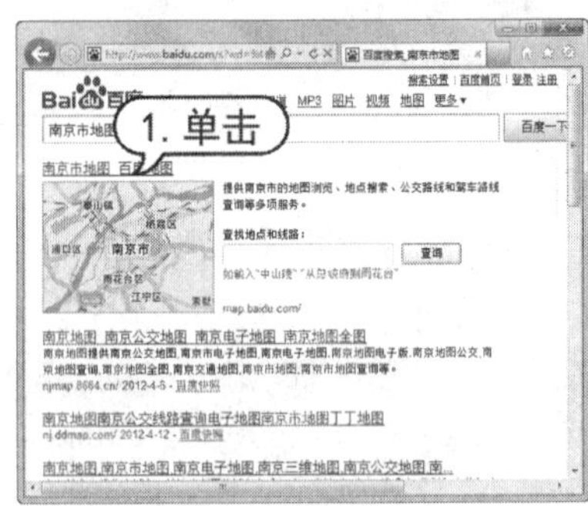


图 10-95　单击链接

(3) 地图的左侧有一个滑动竿，使用鼠标拖动此滑竿可以放大和缩小地图，当地图缩到最小时，可显示出世界地图，如图 10-96 所示。

(4) 单击地图右上角的【卫星】按钮可以切换卫星地图，如图 10-97 所示。

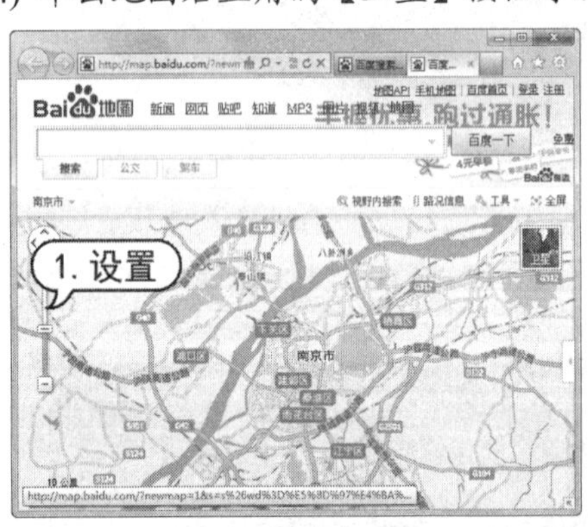


图 10-96　拖动滑竿

图 10-97　单击【卫星】按钮

## 10.6 习题

1. 使用百度搜索引擎搜索有关“2015 年欧洲杯”的网页。
2. 申请一个新浪免费邮箱，使用该邮箱向好友发送邮件。
3. 使用 QQ 新建一个账户并添加好友进行聊天。
4. 使用迅雷下载 WinRAR 压缩软件。

- ◉ 湿度：电脑正常工作的环境湿度范围在 30%~80%，湿度太低容易产生静电，造成元件损坏；湿度太高则容易使元件受潮，并引起元器件短路。电脑在工作状态下应保持通风良好，否则电脑内的线路板很容易腐蚀，使板卡过早老化。
- ◉ 防尘：如果电脑工作在灰尘较多的环境下，就有可能堵塞电脑的各种接口，使电脑不能正常工作。因此，不要将电脑安置于粉尘高的环境中，如确实需要安装，应做好防尘工作。
- ◉ 磁场干扰：强磁场会对电脑的性能产生很坏的影响，例如导致硬盘数据丢失、显示器产生花斑和抖动等。强磁场干扰主要来自一些大功率电器和音响设备等，因此，电脑要尽量远离这些设备。
- ◉ 电源电压：电脑的正常运行需要一个稳定的电压，如果家里电压不够稳定，一定要使用带有保险丝的插座，或者为电脑配置一个 UPS 电源，如图 11-1 所示。

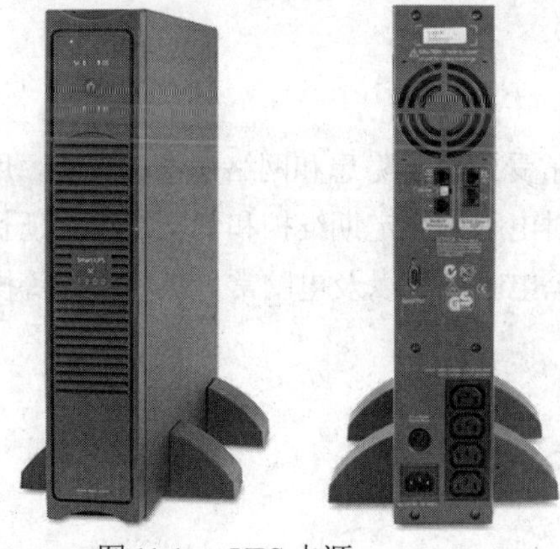

图 11-1　UPS 电源

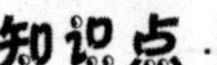

**知识点**

UPS电源即不间断电源，是将蓄电池（多为铅酸免维护蓄电池）与主机相连接，通过主机逆变器等模块电路将直流电转换成市电的系统设备。主要用于给单台计算机、计算机网络系统或其他电力电子设备如电磁阀、压力变送器等提供稳定、不间断的电力供应。

## 11.1.2 显示器日常维护

目前大多数用户使用的都是 LCD 显示器，对 LCD 显示器的维护和保养应注意以下几个方面。

- ◉ 避免屏幕内部烧坏：如果长时间不用，一定要关闭显示器，或者降低显示器的亮度，否则时间长了，就会导致内部部件烧坏或者老化。这种损坏一旦发生就是永久性的，无法挽回。

# 第11章 办公电脑的维护和优化

## 学习目标

电脑的办公安全常常受到日常隐患和网络病毒的影响，用户在使用电脑的过程中，若能养成良好的使用习惯并能对电脑进行定期维护和优化，将会延长电脑硬件的工作寿命。本章主要介绍电脑日常维护、查杀电脑病毒以及电脑常见故障排除等操作。

## 本章重点

- 电脑日常维护
- 电脑系统维护
- 电脑系统优化
- 防范电脑病毒

## 11.1 电脑设备日常维护

电脑设备的日常维护主要是指保持电脑元器件的清洁、采用正确的硬件使用方法、注意保持电脑良好的使用环境等。

### 11.1.1 电脑的使用环境

良好的使用环境可以有效地防止电脑硬件故障的发生。有关电脑的使用环境需要注意的事项有以下几点。

- 温度：电脑正常运行的理想环境温度是 5~35℃，其安放位置最好远离热源并避免阳光直射。电脑的散热已成为一个不可忽视的问题，有条件的话，最好在安放电脑的房间装上空调，以保证电脑正常运行时所需的环境温度。

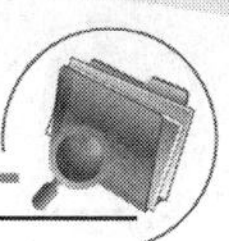

- 注意防潮：LCD 显示器应注意防潮，长时间不用的显示器，可以定期通电工作一段时间，让显示器工作时产生的热量将机内的潮气蒸发掉。另外，不要让任何具有湿气性质的东西进入 LCD。发现有雾气，要用软布将其轻轻擦去，然后才能打开电源。
- 正确清洁显示器屏幕：如果发现显示屏表面有污迹，可用沾有少许水的软布轻轻地将其擦去，不要将水直接洒到显示屏表面上，水分进入 LCD 将导致屏幕短路。
- 避免冲击屏幕：LCD 屏幕十分脆弱，所以要避免强烈的冲击和振动，LCD 中含有很多玻璃的和灵敏的电气元件，掉落到地板上或者遭遇其他类似的强烈打击会导致 LCD 屏幕以及其他一些元件的损坏。还要注意不要对 LCD 显示器表面施加压力。
- 切勿拆卸：一般用户尽量不要拆卸 LCD。即使在关闭了很长时间以后，背景照明部件中的 CFL 换流器依旧可能带有大约 1000V 的高压，这种高压能够导致严重的人身伤害。所以永远也不要尝试私自拆卸 LCD 显示屏，以免遭遇高压。

## 11.1.3　键盘和鼠标维护

键盘和鼠标在日常电脑使用的频率比较高，属于消耗品，因此在日常应用中也要注意保养。

- 由于键盘是一种机电设备，使用很频繁，加之键盘底座和各按键之间有较大的间隙，灰尘容易侵入，因此应对键盘进行定期的清洁防护。 当按键中有杂物时，可以将键盘反过来轻轻拍打，让其内的灰尘掉出。
- 机械式键盘按键失灵，大多是金属触点接触不良，或因弹簧弹性减弱而出现重复。应重点检查维护键盘的金属触点和内部触点弹簧，如图 11-2 所示。
- 使用光电鼠标时，要特别注意保持感光板的清洁和感光状态良好，避免污垢附着在发光二极管或光敏三极管上，遮挡光线的接收，如图 11-3 所示。

图 11-2　维护键盘

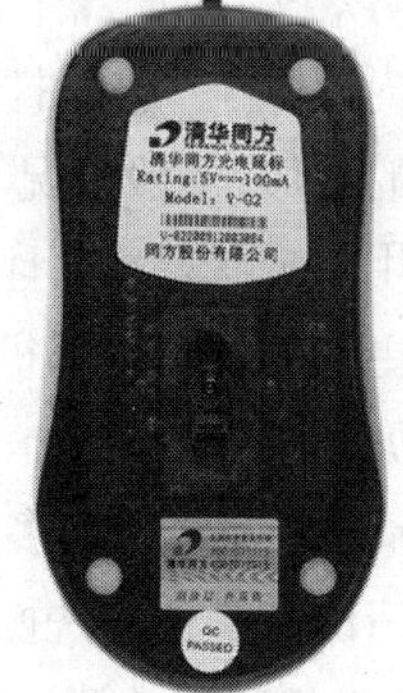


图 11-3　维护鼠标

- 对于使用 PS/2 接口的键盘和鼠标，由于不支持热插拔，因此切勿在开机状态下对其进行插拔。
- 键盘应该远离水源，一旦不小心液体进入键盘，应以最快的速度关掉计算机，将键盘按键朝下倒出液体，并用干燥的布擦拭键盘表面，然后置于通风处风干。

## 11.1.4 笔记本电脑的维护

对于拥有笔记本电脑的用户，相信无论是办公还是家用，都不希望由于笔记本电脑出现故障而导致工作成果或私人文件丢失，因此在使用中一定要做好笔记本电脑的日常维护工作。

笔记本电脑的日常保养应注意以下几个方面。

- 在使用笔记本电脑的过程中，不要轻易用手指去按液晶屏，或者用硬物与屏幕接触。
- 水分可谓是笔记本电脑的“天敌”，因此笔记本电脑旁边尽量不要放水杯和饮料杯。
- 最好购买一种笔记本电脑键盘专用的软胶，这种软胶上面有很多凹凸不平的键位，正好能够覆盖到笔记本电脑的键盘上，既可防水、防尘，又可防磨。
- 在硬盘运转的过程中，尽量不要过快地移动笔记本电脑，更不要突然撞击笔记本电脑。
- 不要在雷雨天气给笔记本电脑的电池充电，雷击所造成的瞬间电流冲击对电池来讲是极为不利的。
- 笔记本电脑屏幕开合的衔接部位非常容易损坏，因此在每次开合笔记本电脑屏幕的时候应尽量轻一点，慢一点，切忌开合速度过快过猛。另外，在平时使用笔记本电脑时，也应尽量避免让屏幕频繁前后晃动。



## 11.1.5 打印机的维护

在打印机的使用过程中，经常对打印机进行维护，可以延长打印机的使用寿命，提高打印机的打印质量。

目前，使用最为普遍的打印机类型为喷墨打印机与激光打印机两种。其中喷墨打印机日常维护主要有以下几方面。

- 内部除尘：喷墨打印机内部除尘时应注意不要擦拭齿轮，不要擦拭打印头和墨盒附近的区域；一般情况下不要移动打印头，特别是有些打印机的打印头处于机械锁定状态，用手无法移动打印头，如果强行用力移动打印头，将造成打印机机械部分损坏。
- 更换墨盒：打印机更换墨盒应注意不能用手触摸墨水盒出口处，以防杂质混入墨水，如图 11-4 所示。
- 清洗打印头：大多数喷墨打印机开机即会自动清洗打印头，并设有按钮对打印头进行清洗，具体清洗操作可参照喷墨打印机操作手册上的步骤进行。

针对激光打印机的清洁维护有以下几种方法。

- 内部除尘的主要对象有齿轮、导电端子、扫描器窗口和墨粉传感器等。在对这些设备进行除尘时可用柔软的干布对其进行擦拭，如图 11-5 所示。

图 11-4　更换墨盒

图 11-5　内部除尘

- 外部除尘时可使用拧干的湿布擦拭，如果外表面较脏，可使用中性清洁剂；但不能使用挥发性液体清洁打印机，以免损坏打印机表面。
- 在对感光鼓及墨粉盒用油漆刷除尘时，应注意不能用坚硬的毛刷清扫感光鼓表面，以免损坏感光鼓表面膜。

## 11.2　办公电脑系统维护

电脑在日常工作中和网络世界里，随时可能会产生危害系统的程序或病毒，而系统的稳定直接关系到电脑的操作。下面主要介绍办公电脑系统的日常维护。

### 11.2.1　开启防火墙

Windows 防火墙能够有效地阻止来自 Internet 中的网络攻击和恶意程序，维护操作系统的安全，它具备监控应用程序入栈和出栈规则的双向管理，同时配合 Windows 7 网络配置的文件，可以保护不同网络环境下的网络安全。

【例 11-1】在 Windows 7 中开启防火墙。

(1) 单击【开始】按钮，在【开始】菜单中选择【控制面板】命令，如图 11-6 所示。

(2) 打开【控制面板】窗口，单击【Windows 防火墙】图标，如图 11-7 所示。

图 11-6　选择【控制面板】命令

图 11-7　单击【Windows 防火墙】图标

(3) 打开【Windows 防火墙】窗口，单击左侧列表中的【打开或关闭 Windows 防火墙】链

接，如图 11-8 所示。

(4) 打开【自定义设置】窗口，分别选中【家庭或工作(专用)网络位置设置】和【公用网络位置设置】选项区域中的【启用 Windows 防火墙】单选按钮，然后单击【确定】按钮，即可开启防火墙，如图 11-9 所示。

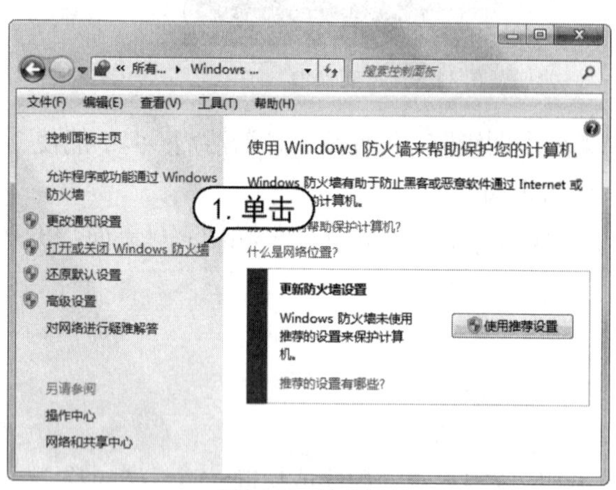


图 11-8　单击链接

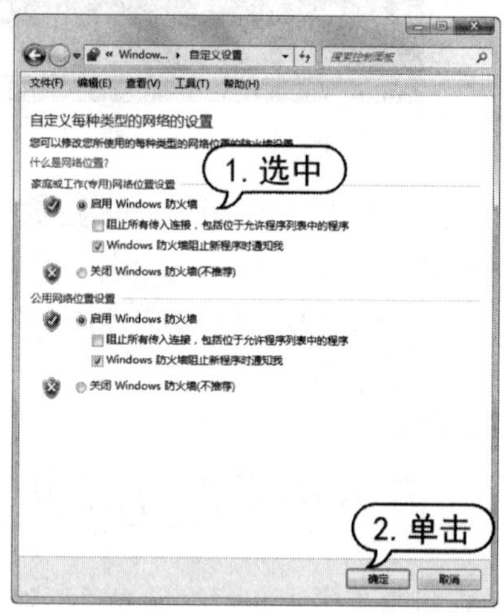


图 11-9　选中【启用 Windows 防火墙】单选按钮



## 11.2.2　开启自动更新

任何操作系统都不可能做得尽善尽美，Windows 7 操作系统也一样。Microsoft 公司通过自动更新功能对日常发现的漏洞进行及时修复，以完善操作系统的缺陷，从而确保系统免受病毒的攻击。

【例 11-2】在 Windows 7 中开启自动更新。

(1) 单击【开始】按钮，在【开始】菜单中选择【控制面板】命令。

(2) 打开【控制面板】窗口，单击【Windows Update】图标，如图 11-10 所示。

(3) 打开【Windows Update】窗口，单击【检查更新】按钮，如图 11-11 所示。

图 11-10　单击【Windows Update】图标

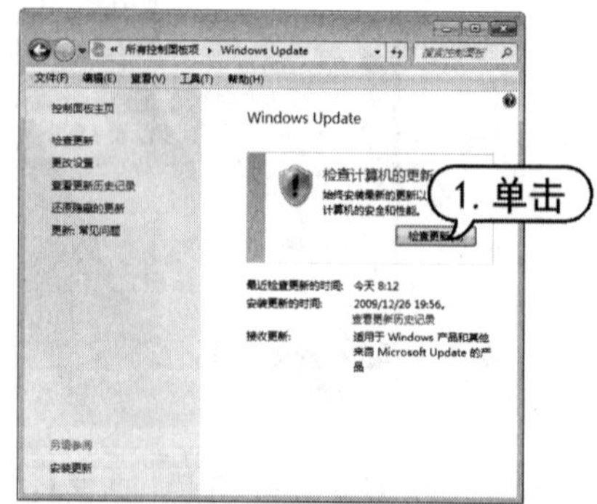


图 11-11　单击【检查更新】按钮

(4) 打开【更改设置】窗口，在【重要更新】下拉列表中选择【自动安装更新(推荐)】选项。选择完成后，单击【确定】按钮，完成自动更新的开启，如图 11-12 所示。

(5) 此时系统启动时会自动开始检查更新，并安装最新的更新文件，如图 11-13 所示。

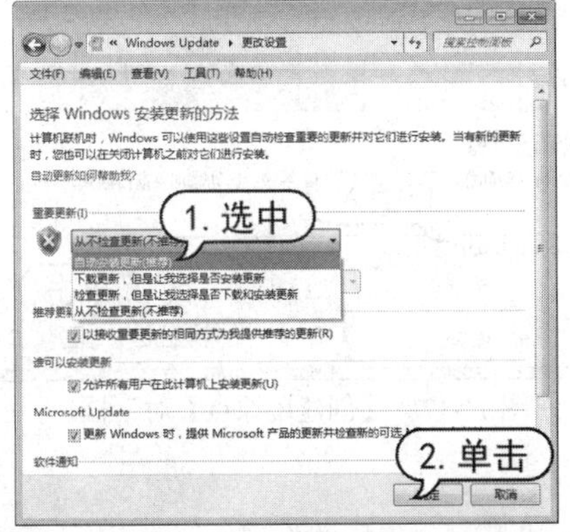


图 11-12　选择【自动安装更新(推荐)】选项

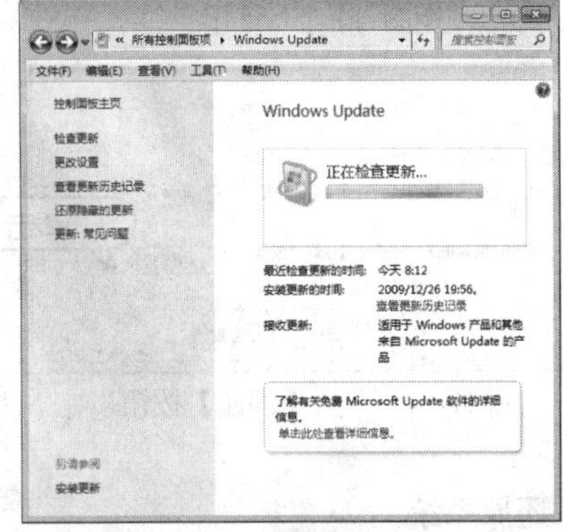


图 11-13　开始检查更新

## 11.2.3　备份和还原系统

在 Windows 7 系统环境中，系统的备份与还原功能较其他版本的 Windows 系统有明显的提升。用户几乎无须借助其他第三方软件，即可对系统随心所欲地进行备份和还原保护。

### 1. 备份系统

Windows 7 系统自带强大的数据备份功能，巧妙地使用该功能，可以使用户在电脑出现问题时迅速地将系统恢复到正常状态。

【例 11-3】在 Windows 7 中手工创建一个系统还原点。

(1) 打开【本地磁盘(C:)】窗口，右击【计算机】文件夹，选择【属性】命令，如图 11-14 所示。

(2) 打开【系统】窗口，单击窗口左侧的【系统保护】链接，如图 11-15 所示。

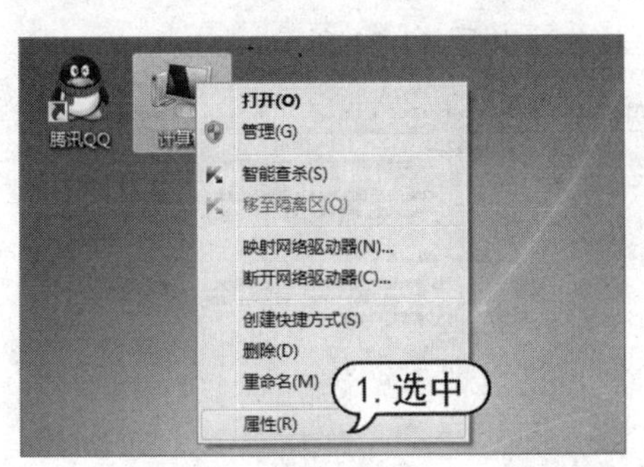


图 11-14　选择【属性】命令

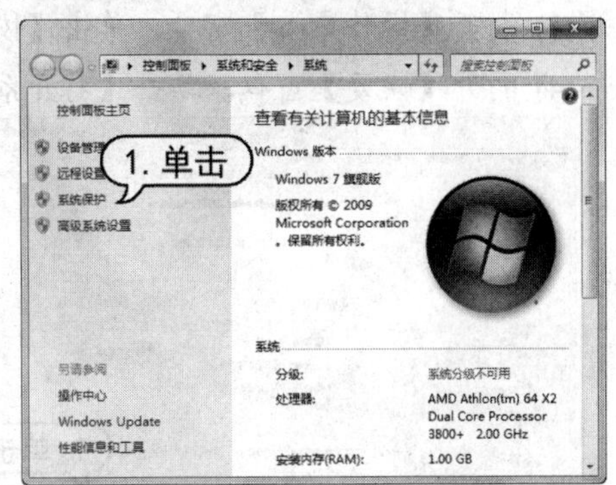


图 11-15　单击【系统保护】链接

(3) 打开【系统属性】对话框，在【系统保护】选项卡中单击【创建】按钮，如图 11-16 所示。

(4) 打开【创建还原点】对话框，输入一个还原点名称后，单击【创建】按钮，开始创建系统还原点，如图 11-17 所示。

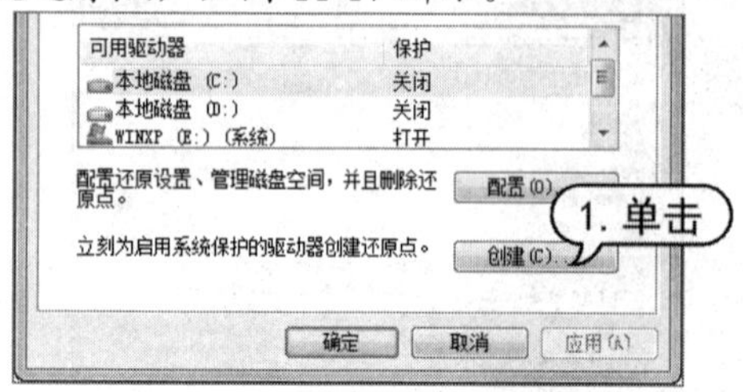


图 11-16　单击【创建】按钮

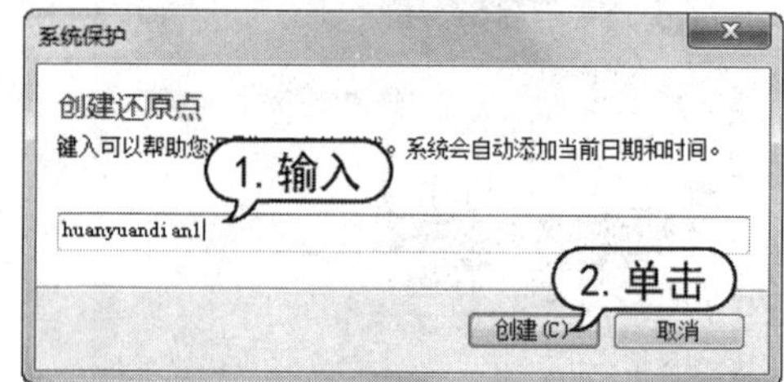


图 11-17　【创建还原点】对话框

## 2. 还原系统

创建还原点后，用户就可以利用 Windows 7 系统的还原系统功能，将已备份的系统还原。

【例 11-4】使用 Windows 7 操作系统中自带的系统还原功能，还原操作系统。

(1) 单击【开始】按钮，选择【控制面板】命令，打开【控制面板】窗口，然后单击该窗口中的【系统和安全】链接，如图 11-18 所示。

(2) 打开【系统和安全】窗口，单击【操作中心】链接，如图 11-19 所示。

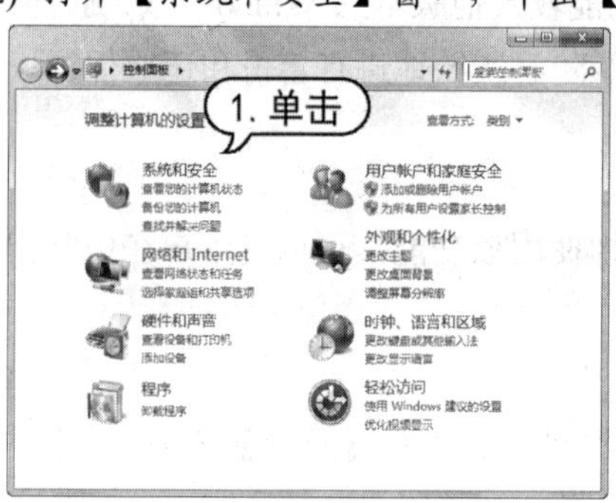


图 11-18　单击【系统和安全】链接

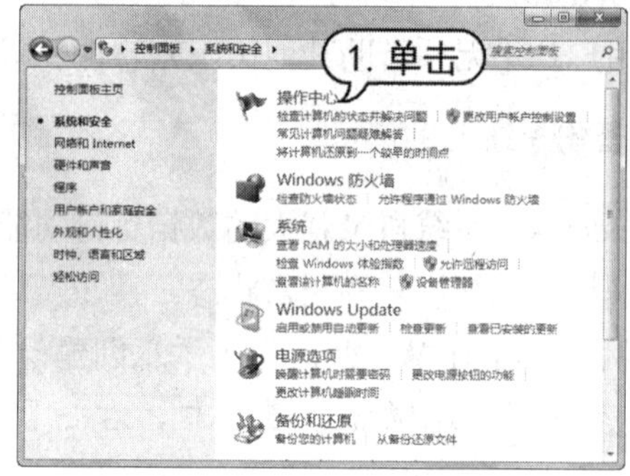


图 11-19　单击【操作中心】链接

(3) 打开【操作中心】窗口，单击【恢复】链接，如图 11-20 所示。

(4) 打开【恢复】窗口，单击【打开系统还原】按钮，如图 11-21 所示。

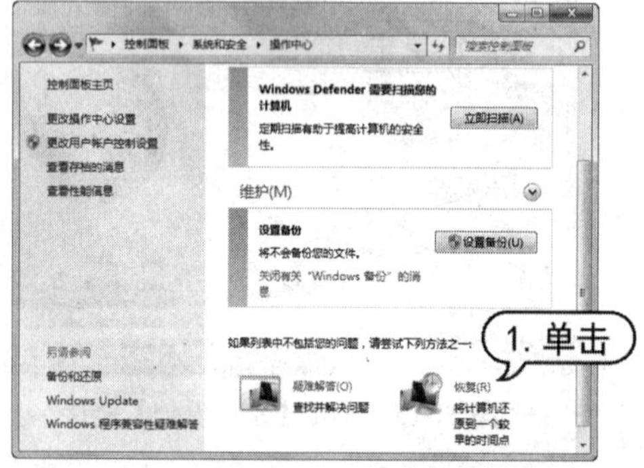


图 11-20　单击【恢复】链接

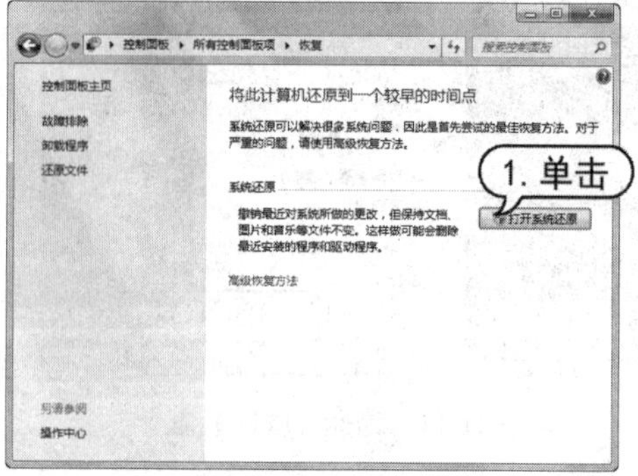


图 11-21　单击【打开系统还原】按钮

(5) 打开【还原系统文件和设置】对话框，单击【下一步】按钮，打开【将计算机还原到所选事件之前的状态】对话框，在该对话框中选中一个还原点，然后单击【下一步】按钮，如图 11-22 所示。

(6) 在打开的【确认还原点】对话框中确认所选的还原点，单击【完成】按钮，如图 11-23 所示。

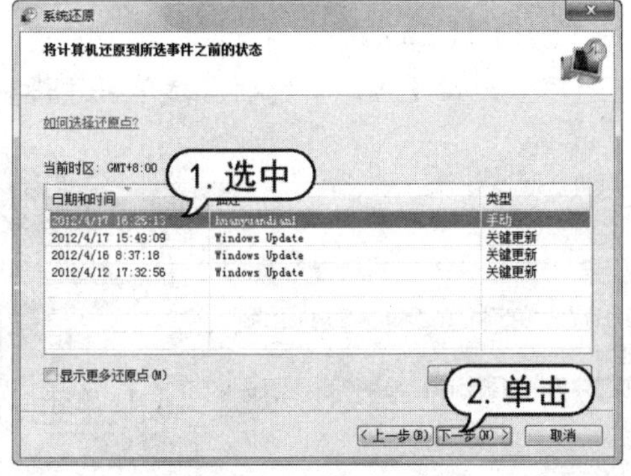


图 11-22　选择还原点

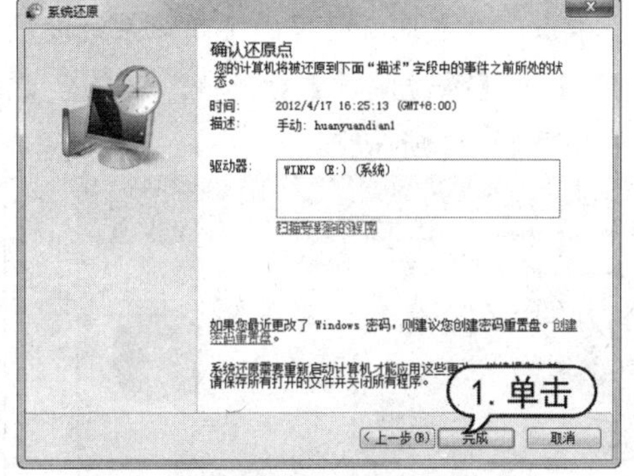


图 11-23　单击【完成】按钮

(7) 打开系统还原操作提示对话框，单击【是】按钮，开始准备还原系统，如图 11-24 所示。

(8) 稍后系统将自动重新启动，并开始进行还原操作，如图 11-25 所示。

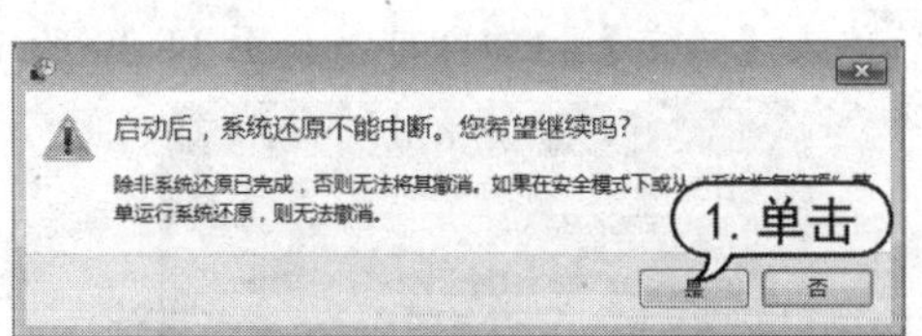


图 11-24　单击【是】按钮

图 11-25　系统进行还原

(9) 当电脑重新启动后，如果还原成功，将打开提示对话框，在该对话框中单击【关闭】按钮，完成系统还原操作。

# 11.3　办公电脑系统优化

一般 Windows 7 操作系统安装采用的都是默认设置，这些设置无法充分发挥电脑的性能，此时对系统进行一定的优化设置，能有效地提升电脑性能。

## 11.3.1　设置虚拟内存

当用户运行一个程序需要大量数据、占用大量内存时，物理内存就有可能会被“塞满”，此时系统会将那些暂时不用的数据放到硬盘中，而这些数据所占的空间就是虚拟内存。

Windows 操作系统是采用虚拟内存机制来扩充系统内存的，调整虚拟内存可以有效地提高大型程序的执行效率。

【例 11-5】在 Windows 7 操作系统中设置虚拟内存。

(1) 在桌面上右击【计算机】图标，在弹出的快捷菜单中选择【属性】命令，打开【系统】窗口，单击窗口左侧窗格里的【高级系统设置】链接，如图 11-26 所示。

(2) 打开【系统属性】对话框，切换至【高级】选项卡，在【性能】选项区域单击【设置】按钮，如图 11-27 所示。

图 11-26　单击【高级系统设置】链接

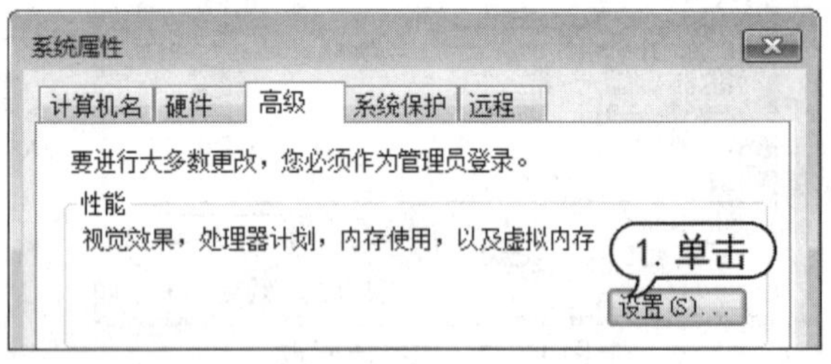

图 11-27　单击【设置】按钮



(3) 打开【性能选项】对话框，切换至【高级】选项卡，在【虚拟内存】区域单击【更改】按钮，如图 11-28 所示。

(4) 打开【虚拟内存】对话框，取消选中【自动管理所有驱动器的分页文件大小】复选框，然后选中【自定义大小】单选按钮，即可在【初始大小】和【最大值】文本框中设置合理的虚拟内存的值，设置完成后，单击【设置】按钮，然后单击【确定】按钮即可，如图 11-29 所示。

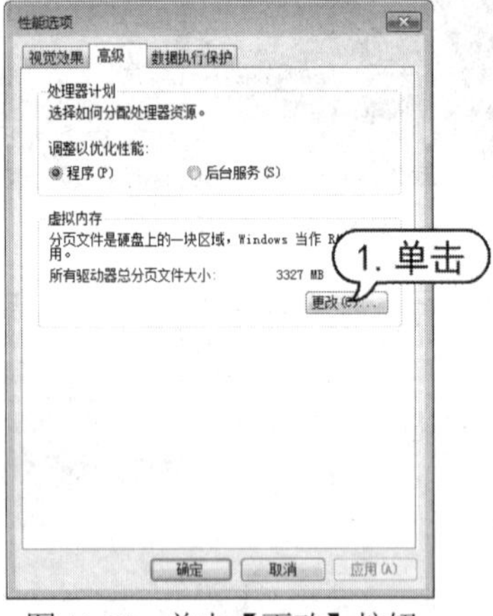

图 11-28　单击【更改】按钮

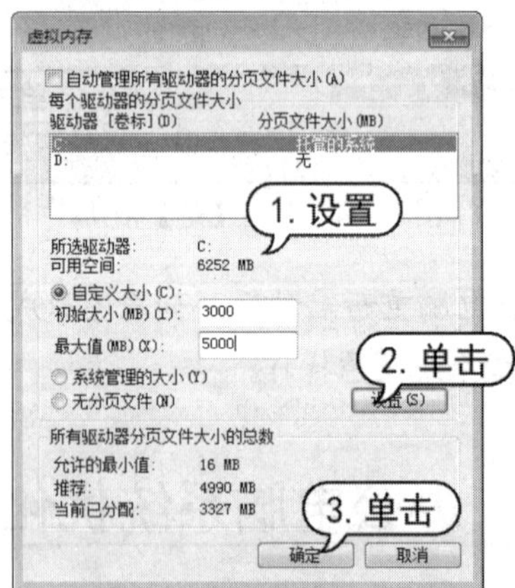

图 11-29　设置虚拟内存

## 11.3.2　自定义开机启动项

使用电脑的过程中，用户常常会安装很多软件，其中一些软件在安装完成后，会自动随着系统的启动而启动，如果开机时自动启动的软件过多，无疑会影响电脑的开机速度并占用系统

资源。此时用户可将一些不必要的开机启动项取消掉，从而降低资源消耗，加速开机过程。

【例 11-6】在 Windows 7 中自定义开机启动项。

(1) 单击【开始】按钮，在【开始】菜单的搜索框中输入“msconfig”，然后按下 Enter 键，打开【系统配置】对话框，切换至【启动】选项卡，在该选项卡中显示了开机时随系统自动启动的程序。取消选中不需要开机启动的程序复选框，然后单击“确定”按钮，如图 11-30 所示。

(2) 用户根据需要选择是否重新启动电脑，然后单击相应的按钮即可，此处可以单击【重新启动】按钮，如图 11-31 所示。

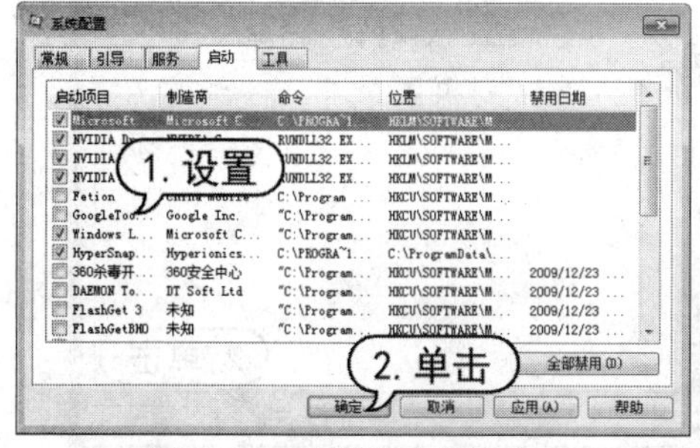


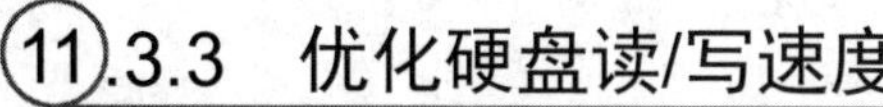

图 11-30　取消选中复选框

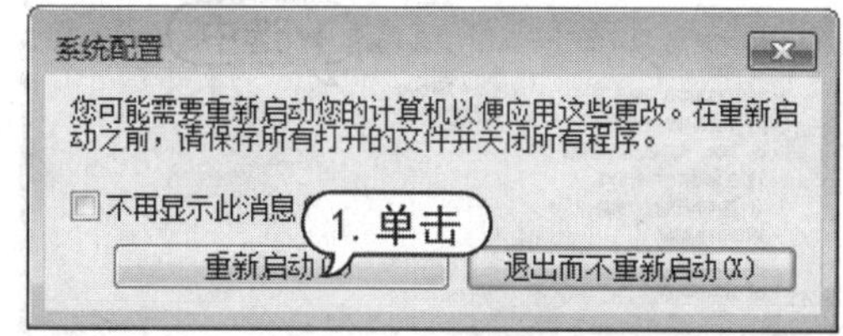


图 11-31　单击【重新启动】按钮

## 11.3.3　优化硬盘读/写速度

优化电脑硬盘的外部传输速度和内部读/写速度，可以有效地提升硬盘的读/写性能。优化磁盘速度可以大大延长电脑的使用寿命。

### 1. 优化内部读/写速度

硬盘的内部读/写速度是指从盘片上读取数据，然后存储在缓存中的速度，是评价硬盘整体性能的决定性因素。

【例 11-7】优化硬盘内部读/写速度。

(1) 右击【计算机】图标，在弹出的快捷菜单中选择【属性】命令，如图 11-32 所示。

(2) 打开【系统】窗口，单击【设备管理器】链接，如图 11-33 所示。

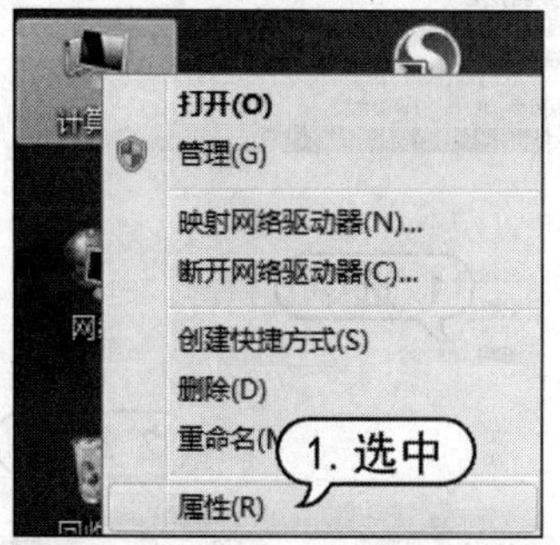


图 11-32　选择【属性】命令

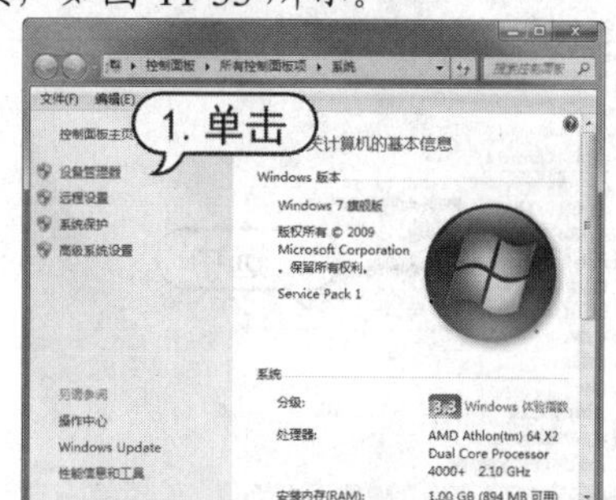


图 11-33　单击【设备管理器】链接

(3) 打开【设备管理器】窗口，在【磁盘驱动器】选项下展开当前硬盘选项，右击后选择

【属性】命令，如图 11-34 所示。

(4) 打开磁盘的【属性】对话框，选择【策略】选项卡，选中【启用设备上的写入缓存】复选框，然后单击【确定】按钮，完成设置，如图 11-35 所示。

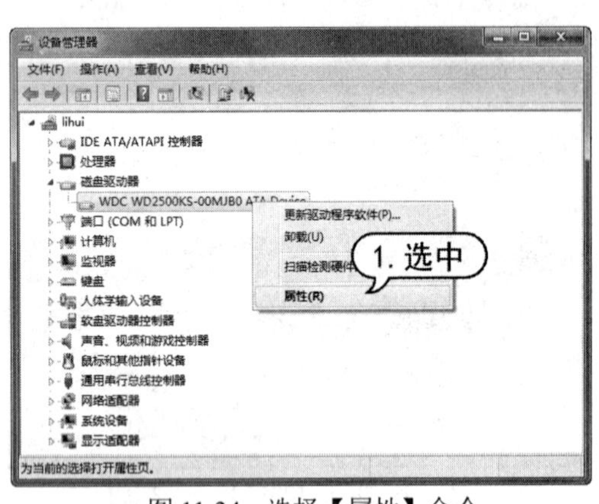


图 11-34 选择【属性】命令

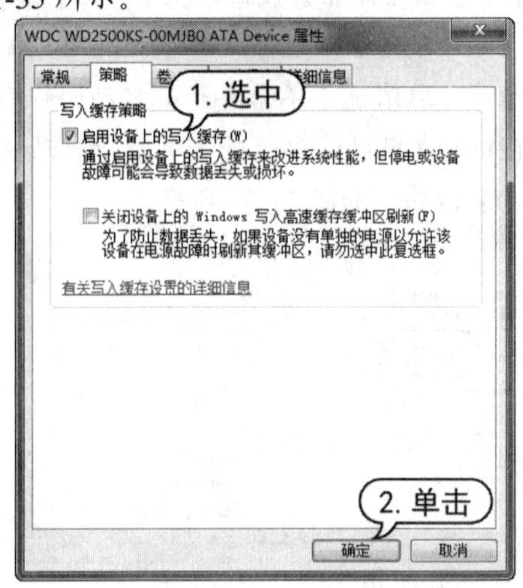


图 11-35 选中【启用设备上的写入缓存】复选框

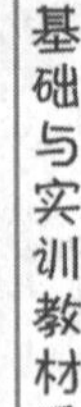


## 2. 优化外部传输速度

硬盘的外部传输速度是指硬盘的接口速度，可以优化数据传输速度。

【例 11-8】优化硬盘外部传输速度。

(1) 右击【计算机】图标，在弹出的快捷菜单中选择【属性】命令，打开【系统】窗口，单击【设备管理器】链接。

(2) 打开【设备管理器】窗口，右击【IDE ATA/ATAPI 控制器】目录下的 ATA Channel 1 选项，选择【属性】命令，如图 11-36 所示。

(3) 打开【属性】对话框，选择【高级设置】选项卡，选中【启用 DMA】复选框，然后单击【确定】按钮，完成设置，如图 11-37 所示。

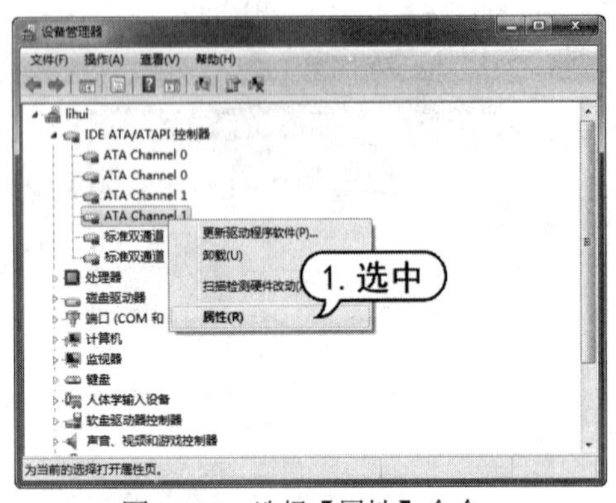


图 11-36 选择【属性】命令

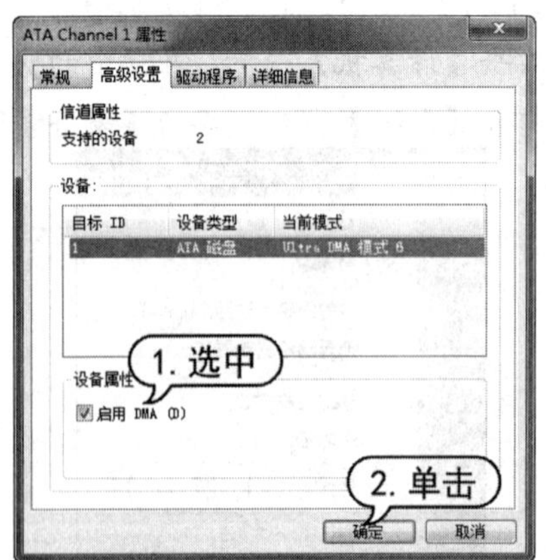


图 11-37 选中【启用 DMA】复选框

# 11.4　防范电脑病毒和木马

电脑在为用户提供各种服务与帮助的同时也存在着危险，各种电脑病毒、流氓软件、木马程序时刻潜伏在各种载体中，随时会危害电脑的正常工作。本节主要来介绍电脑病毒木马及其防护措施。

## 11.4.1　使用杀毒软件

所谓电脑病毒在技术上来说，是一种会自我复制的可执行程序。对电脑病毒的定义可以分为以下两种：一种定义是通过磁盘、磁带和网络等作为媒介传播扩散，会“传染” 其他程序的程序；另一种是能够实现自身复制且借助一定的载体存在的具有潜伏性、传染性和破坏性的程序。

### 1. 电脑感染病毒后的症状

一般来说感染上了病毒的电脑会有以下几种症状。

- 程序载入的时间变长。
- 平时运行正常的电脑变得反应迟钝，并会出现蓝屏或死机现象。
- 可执行文件的大小发生不正常的变化。
- 对于某个简单的操作，可能会花费比平时更多的时间。
- 硬盘指示灯无缘无故持续处于点亮状态。
- 系统可用内存突然大幅减少，或者硬盘的可用磁盘空间突然减小，而用户却并没有放入大量文件。
- 文件的名称或是扩展名、日期、属性被系统自动更改。
- 文件无故丢失或不能正常打开。

### 2. 预防电脑病毒的措施

在使用电脑的过程中，如果用户能够掌握一些预防电脑病毒的小技巧，那么就可以有效地降低电脑感染病毒的概率。这些技巧主要包含以下几个方面。

- 最好禁止可移动磁盘和光盘的自动运行功能，因为很多病毒会通过可移动存储设备进行传播。
- 最好不要在一些不知名的网站下载软件，很有可能病毒会随着软件一同被下载到电脑上。
- 经常从所使用的软件供应商那里下载和安装安全补丁。
- 对于游戏爱好者，尽量不要登录一些外挂类的网站，很有可能在用户登录的过程中，病毒已经悄悄地侵入了电脑系统。

- 使用较为复杂的密码，尽量使密码难以猜测，以防止钓鱼网站盗取密码。不同的账号应使用不同的密码，避免雷同。
- 如果病毒已经进入电脑，应该及时将其清除，防止其进一步扩散。
- 对重要文件应形成习惯性的备份，以防遭遇病毒的破坏，造成意外损失。
- 定期使用杀毒软件扫描电脑中的病毒，并及时升级杀毒软件。

### 3. 使用卡巴斯基杀毒

卡巴斯基是一款出色的杀毒软件，它可以保护电脑免受病毒、蠕虫、木马和其他恶意程序的危害，并能实时监控文件、网页、邮件、ICQ/MSN 协议中的恶意对象；扫描操作系统和已安装程序的漏洞，阻止指向恶意网站的链接等。其强大的主动防御功能，可保护电脑免受病毒的侵害。

如果用户怀疑系统中了病毒，可以使用卡巴斯基来手动查杀电脑病毒。

【例 11-9】使用卡巴斯基杀毒软件，查杀电脑中的病毒程序。

(1) 启动卡巴斯基，单击【智能查杀】标签，如图 11-38 所示，打开【智能查杀】选项卡。

(2) 在【智能查杀】选项卡中单击【全盘扫描】选项，开始对系统进行全盘扫描，如图 11-39 所示。

图 11-38 单击【智能查杀】标签

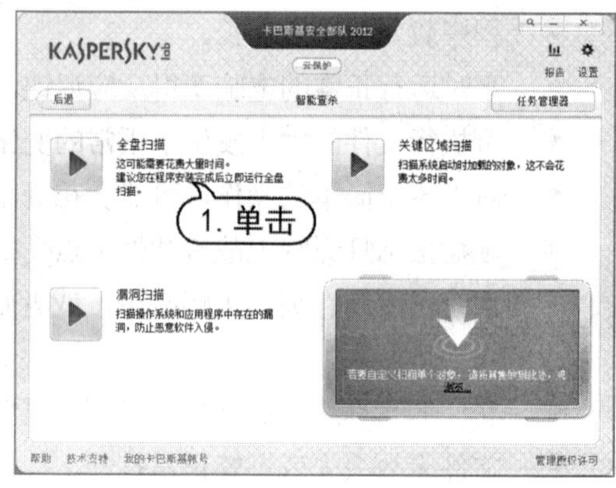


图 11-39 单击【全盘扫描】选项

**提示**

卡巴斯基病毒库几乎每天都有更新，因此卡巴斯基安装完成后，其病毒库往往不是最新的，这时就需要对病毒库进行更新，以有效地防范新型病毒。

## 11.4.2 使用查杀木马软件

木马(trojan horse)这个名称来源于古希腊传说，它指的是一段特定的程序(即木马程序)，控制者可以使用该程序来控制另一台电脑，从而窃取被控制电脑的重要数据信息。

360 安全卫士是目前国内比较受欢迎的一款免费的上网安全软件，它具有木马查杀、恶意软件清理、漏洞补丁修复、电脑全面体检、垃圾和痕迹清理等多种功能。360 安全卫士采用了新的木马查杀引擎，应用了云安全技术，能够更有效地查杀木马，保护系统安全。

【例 11-10】使用 360 安全卫士查杀木马。

(1) 启动 360 安全卫士，在其主界面中单击【木马查杀】按钮，如图 11-40 所示。

(2) 打开【木马查杀】界面，在该界面中单击【全盘扫描】按钮，如图 11-41 所示，软件便可开始对系统进行全面的扫描。

图 11-40　单击【木马查杀】按钮

图 11-41　单击【全盘扫描】按钮

(3) 在扫描的过程中，软件会显示扫描的文件数和检测到的木马，如图 11-42 所示。其中检测到木马的选项，将以红色字体显示。

(4) 对于扫描到的木马和危险程序，可先将其选中，然后单击【立即处理】按钮，如图 11-43 所示，360 安全卫士即可开始删除这些木马程序。删除完成后，按照提示重新启动电脑即可。

图 11-42　扫描文件

图 11-43　处理木马程序

## 11.5　上机练习

本章的上机实验主要练习使用 360 安全卫士修复漏洞并清理垃圾文件这个实例，用户通过练习从而巩固本章所学知识。

(1) 启动 360 安全卫士，单击其主界面中的【系统修复】按钮，切换至【系统修复】界面，

然后单击【漏洞修复】按钮，如图 11-44 所示。

(2) 360 安全卫士开始自动对系统漏洞进行扫描，并显示扫描结果，选中需要下载的补丁文件前方的复选框，然后单击【立即修复】按钮，如图 11-45 所示，360 安全卫士开始自动下载和安装补丁。

图 11-44　单击【漏洞修复】按钮

图 11-45　选中需要下载的补丁

(3) 返回 360 安全卫士主界面，单击其主界面中的【电脑清理】按钮，打开【电脑清理】界面，单击其中的【清理垃圾】标签，切换至清理垃圾文件界面，用户可设置要清理的垃圾文件的类型，单击【开始扫描】按钮，软件开始自动扫描系统中指定类型的垃圾文件，如图 11-46 所示。

(4) 扫描结束后，将显示扫描结果，选中需要清理的垃圾文件前方的复选框，然后单击【立即清理】按钮，即可将这些垃圾文件全部删除，如图 11-47 所示。

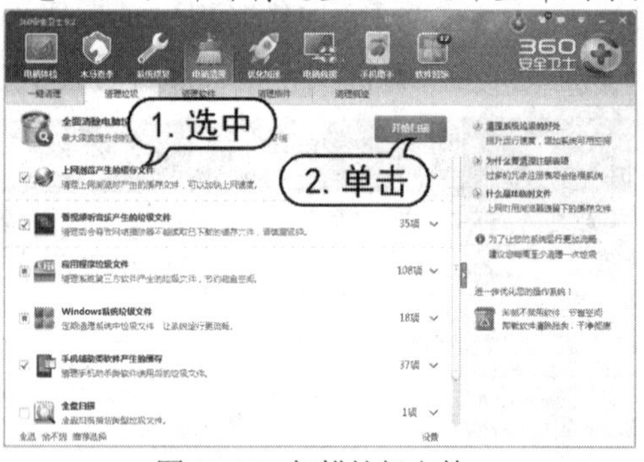


图 11-46　扫描垃圾文件

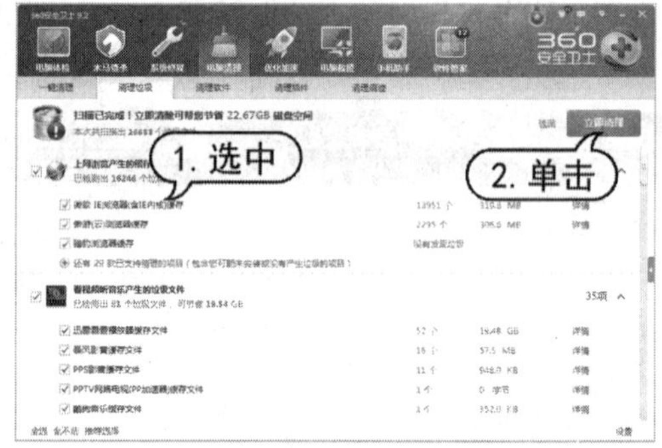


图 11-47　删除垃圾文件

## 11.6　习题

1. 进行开启防火墙和自动更新的操作。
2. 进行备份和还原操作系统的操作。
3. 使用卡巴斯基进行扫描病毒的操作。
4. 使用 360 安全卫士进行系统漏洞修复的操作。